凌祯 ◎编著

清華大学出版社
北 京

内 容 简 介

本书专注于介绍Excel在企业中的高效应用，讲解Excel实战应用技能。全书分为7篇26章，包括导入篇、基础操作篇、数据透视表篇、函数与公式篇、玩转“高大上”图表篇、打印保护篇、福利篇，完整详尽地介绍了Excel在工作中各个实战场景中的应用。

本书在编写上采用“职场小故事”导入的方式，描述一个工作中的真实问题，然后以“发现问题-解决问题-提升思考”为原则，逐步讲解这些问题的解决方案。本书从整体到各章节，始终循序渐进，以实战案例的讲解方式介绍各个知识点。除操作原理和制作技巧外，书中还配以大量的企业级应用场景和案例，帮助读者加深理解，甚至可以在实际工作中直接借鉴。

本书适合各个行业的职场人士，以及即将步入工作岗位的学生阅读。

图书在版编目（CIP）数据

趣学！职场 Excel 的新玩法 / 凌祯编著．—北京：清华大学出版社，2020.7（2024.7重印）
ISBN 978-7-302-54765-5

Ⅰ.①趣…　Ⅱ.①凌…　Ⅲ.①表处理软件　Ⅳ.① TP317.3

中国版本图书馆 CIP 数据核字（2020）第 013346 号

责任编辑：贾小红
封面设计：闰江文化
版式设计：文森时代
责任校对：马军令
责任印制：刘　菲

出版发行：清华大学出版社
网　　址：https://www.tup.com.cn，https://www.wqxuetang.com
地　　址：北京清华大学学研大厦 A 座　　邮　　编：100084
社 总 机：010-83470000　　邮　　购：010-62786544
投稿与读者服务：010-62776969，c-service@tup.tsinghua.edu.cn
质量反馈：010-62772015，zhiliang@tup.tsinghua.edu.cn
印 装 者：三河市铭诚印务有限公司
经　　销：全国新华书店
开　　本：180mm × 210mm　　印　　张：$13\frac{1}{6}$　　字　　数：451 千字
版　　次：2020 年 7 月第 1 版　　印　　次：2024 年 7 月第 4 次印刷
定　　价：79.80 元

产品编号：081452-01

大家好，我是凌祯。因为 Excel 用得还不错，也乐意帮助朋友们解决遇到的问题，所以大家都习惯亲切地喊我“表姐”，久而久之这个昵称也就叫开了。

有的小伙伴跟我提到，为什么总有那么一种人，他们上班时看起来很轻松，做汇报总被表扬，关键是他们还不用加班就能做完。

我自己刚进入职场时，也有这种感觉，每天工作都做不完，哪还有时间专门学习 Excel。结果等到年终汇报的时候，才发现根本没办法用数据量化。看到那些“大神”做出来的 Excel 汇总表，觉着一定是因为 Excel 版本不一样，别人用的版本更高级，才导致了我做不出那种样子。

为什么 Excel 学起来会感觉特别难？

有很多小伙伴和我说：“表姐，我一学 Excel 就头疼，百度经常不知道怎么搜，书也啃不动，看教程又枯燥得想睡觉。哪怕能一步步跟着操作学下来，一换到工作场景就又不会用了。”

其实大家说的问题我都遇到过，我也曾经在 Excel 上“踩坑”无数，甚至还学了如何用长长的公式和 VBA 代码来解决问题。后来才发现，有时候只要用一个快捷键就可以搞定这些问题。

这种情况非常典型。学偏了，越学越累；没学透，越做越乱！

表姐有什么轻松学好 Excel 的秘诀吗？

编写这本书的时候，我从教儿子学习使用筷子这件事上受到了启发：刚开始学习拿筷子的时候，先不跟他讲原理，而是先让他能夹到东西，这样他自然而然就有了成就感，学习使用筷子更起劲了。同样，每章都会有 3 分钟快速上手的讲解，让大家“秒懂”知识点和操作，后面的学习自然更有信心。

其实，很多人学 Excel 的感觉就像小孩子刚学拿筷子，一开始不懂怎么使用筷子时，总感觉很别扭。一旦自我构建了使用方法，那么以后无论使用什么类似筷子的物件，使用方法自然都融会贯通了。在 Excel 使用中，应用的窍门就是“数据思维”。一旦拥有了数据思维并将其贯穿于 Excel 使用中，那么面对工作中的问题时，需要用什么技巧来解决实际问题都是一通百通的。所以，后面我会用“三表原则”来帮大家建立数据思维，让你开窍！

这本书和别人的书有什么区别？

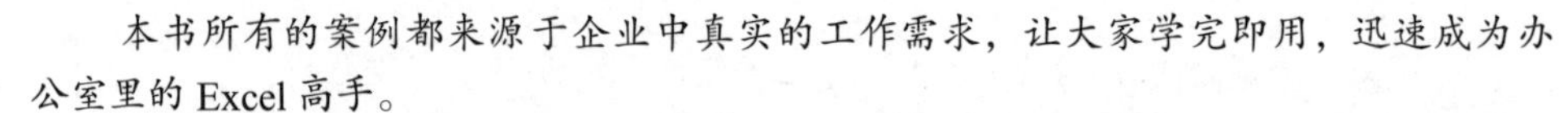

本书所有的案例都来源于企业中真实的工作需求，让大家学完即用，迅速成为办公室里的 Excel 高手。

并且，正如前面提到的，本书在编写时完全考虑到了零基础小白的学习感受，真正做到由浅入深。例如，在面对数据透视表时，大家常说不知道怎么用，我会用一套自创口诀帮你轻松解决。

与此同时，在这个“看颜值”的时代，我们的素材也是专门“美颜”过的。

你将收获什么？

全书共有7篇26章，前6篇帮大家快速诊断出120个Excel使用时容易遇到的“坑”，并给出全套“避坑”指南；第 7 篇是给大家准备的私房“福利篇”，记得去看哦。

本书将教会你：规范地自动统计数据，挖掘数据价值；巧妙应用批量处理技巧，解放你复制、粘贴的双手。学好 Excel，天天下班早！

面对工作汇报，你不仅能一劳永逸做月报，还可以做出当下最流行的大数据科技风看板。用 Excel 搞定汇报，升职加薪节节高！

可以说这是一本无门槛、超实用的书，就算你是零基础也能学会并应用到实践中！

软件版本与安装

编写本书采用的示范版本是 Excel 2016，如果用 Excel 2013 或者 Office 365 也没有问题。但请大家至少用 Excel 2010 及以上的版本。因为使用其他版本，如 Excel 2003、Excel 2007 或者是 WPS 的版本时，可能在功能上会有一些小的缺失。但大部分情况下，不影响使用，只是有些功能按钮的位置可能不太一样。

彩蛋：Excel 的前世今生——让数据发挥价值

在正式开始学习之前，我想给大家讲个小故事，你会发现，其实 Excel 一直都在我们身边。Excel 并不复杂、神秘，它就是一个让数据发挥价值的工具。记录数据和分析数据这件事，其实并不是现在这个时代的专利，也不是有了计算机以后才有的。

早在公元前 3000 年的时候，人类已经开始结绳记事了，这是最原始的数据记录。

数据规范可以追溯到明朝，朱元璋下令在财务管理上启用中文大写数字，避免数字被篡改，确保数据整理的准确性。

而最早的数据计算，早在春秋战国时期，就有了算筹，随后发展的算盘、计算器、计算机等，又进一步提高了数据计算的效率。

为了让数据发挥价值，1985 年，微软公司发明了一款非常“牛”的数据计算分析的“神器”。现在全球大约 95% 的计算机都安装了这款“神器”，它就是 Excel。

来吧！从现在开始，让我们一起趣学 Excel！

关于本书

非常感谢你选择《趣学！职场 Excel 的新玩法》。本书的原始素材来源于表姐凌祯的版权系列课程“8 小时趣学 Excel”，100 倍提升工作效率，秒杀 99.5% 的同事。书中内容由表姐凌祯及其团队伙伴（凌静、安迪）共同整理、编写而成。

这是一本专注于高效、实战技能应用的 Excel 图书。全书分为导入篇、基础操作篇、数据透视表篇、函数与公式篇、玩转“高大上”图表篇、打印保护篇、福利篇，共 7 篇。书中完整详尽地介绍了 Excel 在工作中各个实战场景的案例原型：采用真人导入的方式，描述一个工作中的真实问题，然后以“发现问题—解决问题—提升思考”的模式，逐步讲解这些问题的解决方案。

本书从整体到各章节，始终以循序渐进、实战案例的讲解方式介绍各个知识点。除操作原理和制作技巧外，书中还配以大量的企业级应用场景和案例，帮助读者加深理解，大家甚至可以在实际工作中直接借鉴。

写作团队

本书由凌祯策划并组织编写，其中：凌祯负责导入篇的编写和全书统稿工作；凌静负责基础操作篇、数据透视表篇、函数与公式篇的编写；安迪负责玩转“高大上”图表篇、打印保护篇、福利篇的编写。

本书的校核团队成员包括凌祯、凌静、安迪、路丽清、焦迎东、邓慧娴、王超和陈凯航。

衷心感谢

表姐凌祯开发的系列课程得到了广大学员的肯定并获得了一致好评。衷心感谢所有选择了表姐凌祯系列课程的超过 100 万个小伙伴，你们一直以来的支持与分享给予了我继续前行的动力，并成就了本书。

当然，这也离不开广大平台伙伴的支持与帮助，在此向“8 小时趣学 Excel”视频系列课程运营的合作伙伴表示由衷感谢。感谢壹职场平台在课程开发阶段的鼎力支持，感谢平台负责人杨远忠、吴嘉勇对课程推广和分销的大力支持，感谢课程经理林文慧在课程开发中的全心付出，谢谢所有课程学员对我的肯定、帮助与支持。

感谢清华大学出版社的贾小红老师，她在成书过程中提出了不少中肯的建议和意见。

最后还要特别感谢我的家人：感谢我的孩子张盛茗、张盛宸，感谢他们给予了我拼搏的无限动力；感谢我的爱人张平，感谢他在课程视频拍摄过程中出镜扮演（即本书中“小张”本人），感谢他对我的支持、鼓励和帮助，让我有信心和精力完成此书。

联系方式及课程服务

本书编写过程中，尽管我们每一位团队成员都不敢有丝毫懈怠，但纰漏和不足之处仍在所难免。敬请读者提出宝贵的意见和建议，你的反馈是我们继续努力的动力，并会使本书的后续版本日臻完善。

读者可以通过表姐凌祯的微信、微信公众号、电子邮箱、QQ 群等与我们联系，具体的联系方式可通过扫描封底二维码获得。

同时，读者可以通过课程合作平台——壹职场、网易云课堂、网易公开课等加入我们全套课程的系统学习中。

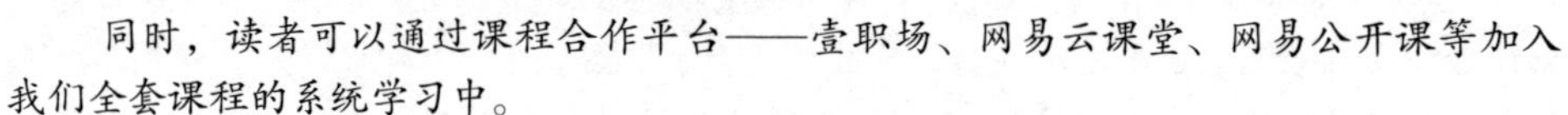

导入篇

基础操作篇

数据透视表篇

函数与公式篇

玩转“高大上”图表篇

打印保护篇

福利篇

【导入篇】

“当你还没职场优势时，

Excel 可能是你最容易逆袭的硬技能。”

1 牛刀小试：10分钟让你爱上Excel

职场新人小张去一家公司面试，看过他的简历后，老板问道：“我们这个岗位对Excel使用能力要求比较高，你操作Excel的水平怎么样？”（见图1-1）

小张拍着胸脯，自信满满地说：“我非常精通Excel。”（见图1-2）

图 1-1

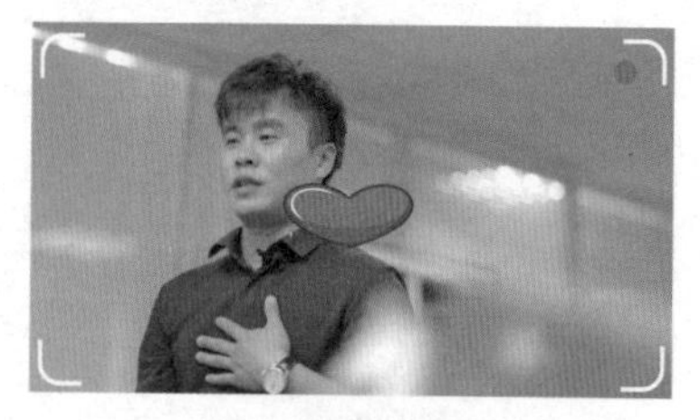

图 1-2

老板接着问了一句：“那你会用数据透视表分析数据吗？比如，拿公司的销售记录，制作年度业绩汇报？”（见图1-3）

小张错愕不已，不禁问道：“数据透视表是个什么东西！”（见图1-4）

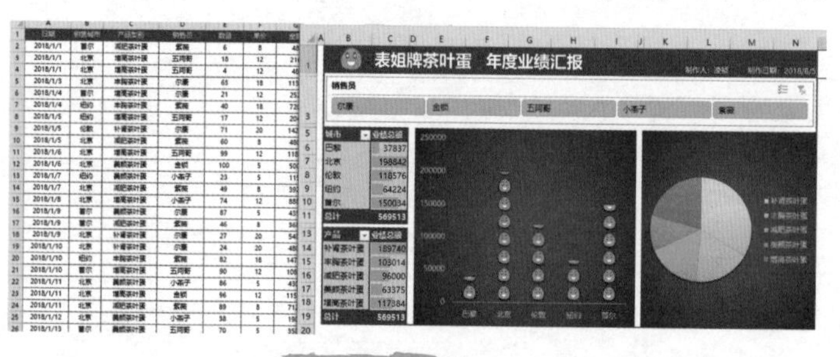

图 1-3

图 1-4

本章就跟着表姐一起看看，数据透视表这个超好用的数据分析工具吧。

1.1 快学数据透视表

（1）打开配套的 Excel 示例源文件，有一张“销售数据”表。选中“销售数据”表中的任意一个单元格→单击“插入”选项卡→“数据透视表”→弹出“创建数据透视表”对话框→选择需要放置透视表的位置，如放在“汇报模板”工作表的 B8 单元格，单击“确定”完成（见图 1-5）。

（2）在透视表区域右侧的“数据透视表字段”列表中，选中需要汇总分析的字段：选中“销售城市”+“金额”，则立即生成了“各城市的销售业绩汇总表”。

（3）再把上一步已创建的数据透视表按 Ctrl+A 全选→ Ctrl+C 复制→点选到空白位置处按 Ctrl+V 粘贴，在粘贴后的数据透视表右侧的“数据透视表字段”列表中→取消选中“销售城市”→重新选中“产品类别”，即可快速完成“各产品的销售业绩汇总表”。

（4）修改数据透视表标题名称，输入“城市”“业绩总额”“产品”等，完成数据透视表的制作（见图 1-6）。

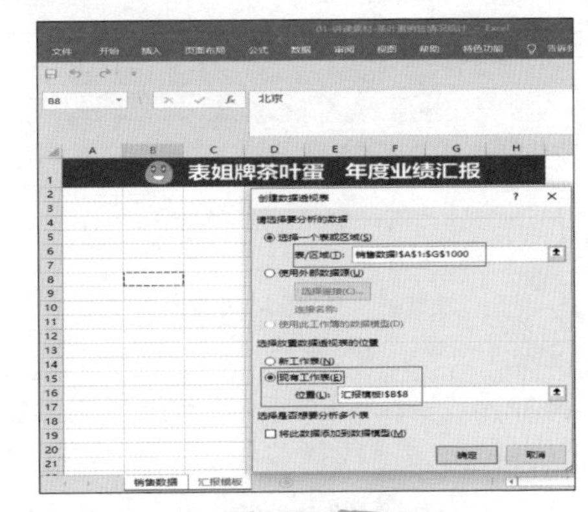

图 1-5

城市	业绩总额
巴黎	37837
北京	198842
伦敦	118576
纽约	64224
首尔	150034
总计	569513

产品	业绩总额
补肾茶叶蛋	189740
丰胸茶叶蛋	103014
减肥茶叶蛋	96000
美颜茶叶蛋	63375
增高茶叶蛋	117384
总计	569513

图 1-6

（5）实际工作中，建议把透视表的配色方案修改成和公司的主色调一致。

选中一张数据透视表后，按住 Ctrl 同时用鼠标点选另一张透视表，即可同时选两张数据透视表。单击“数据透视表工具”→“设计”选项卡→“样式”，选择一个和公司配色方案一致的样式即可（见图 1-7）。

读书笔记

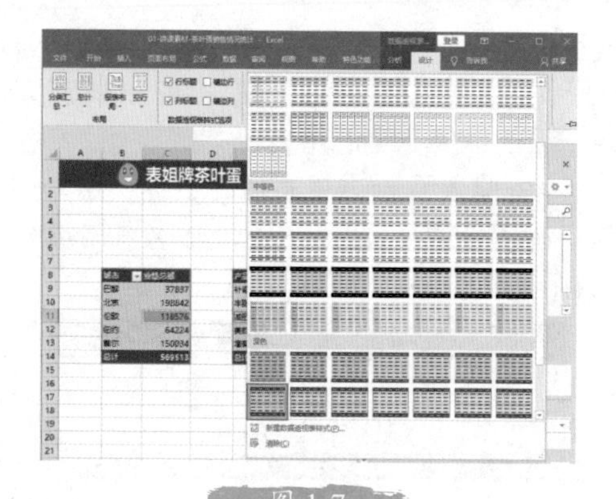

图 1-7

1.2 “秒懂”条件格式

再看看表格，可以把这些数据用图形更直观一点表现出来。选择业绩总额 C9:C13 单元格区域然后单击“开始”→“条件格式”→选择“数据条”→选择一个喜欢的颜色格式。例如，这里选择和公司 logo“茶叶蛋”一样的颜色（实心填充里的黄色样式）。同理，另一张数据透视表也如此操作（见图 1-8）。

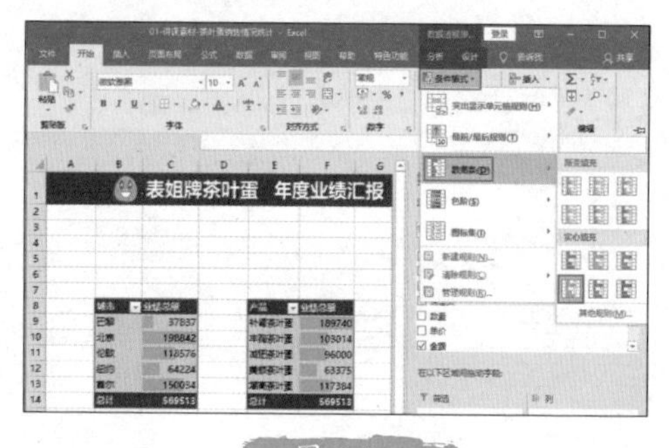

图 1-8

1.3 “秒懂”切片器

下面再看看不同的销售员的业绩怎么样，这可以通过数据透视表的“切片器”功能，实现不同销售员业绩的快速筛选与呈现。

（1）选中数据透视表→选择“分析”选项卡→单击“插入切片器”（见图 1-9）。

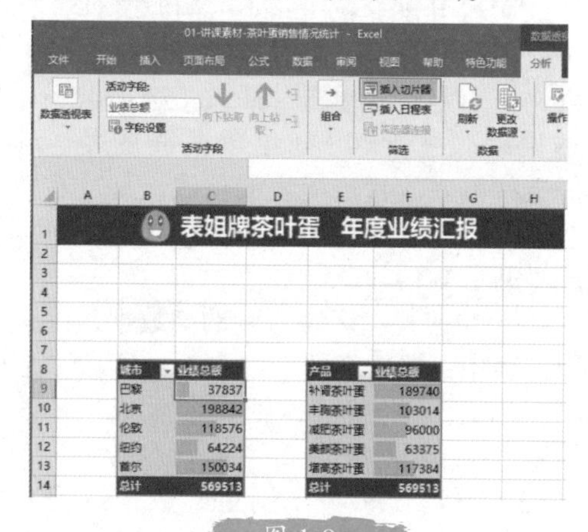

图 1-9

（2）弹出“插入切片器”对话框→选中“销售员”→单击“确定”完成（见图 1-10）。

插入切片器后，需要看哪个销售员的业绩，直接点击对应的姓名，此时整个数据透视表就动起来了。

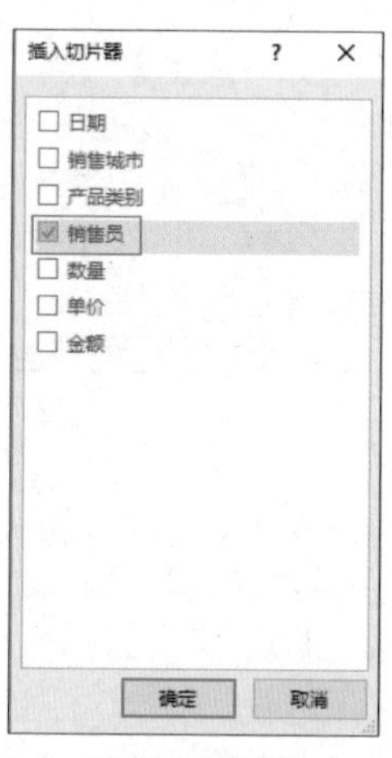

图 1-10

（3）如果要这个切片器同时控制几张数据透视表，即每点击一次使已经创建的两张数据透视表也跟着一起联动，则需要建立切片器和透视表之间的连接。选中切片器→选择“切片器工具－选项”选项卡→单击“报表连接”（见图 1-11），在弹出的“数据透视表连接（销售员）”对话框把“数据透视表 1”和“数据透视表 2”都选中后，单击“确定”完成（见图 1-12）。

（4）切片器也可以套上公司的高级灰。选中切片器后选择“切片器工具－选项”选项卡，在“切片器样式”中设置一个喜欢的颜色，如“高级灰”。继续把切片器的“列”数改为 5 列。然后根据需要，把切片器调整到合适大小（见图 1-13）。

在我漫长的 Excel 学习生涯中，有一个既专业又有耐心的人，说过这样一句名言（见图 1-14）：“在工作汇报中，文不如表，表不如图”。

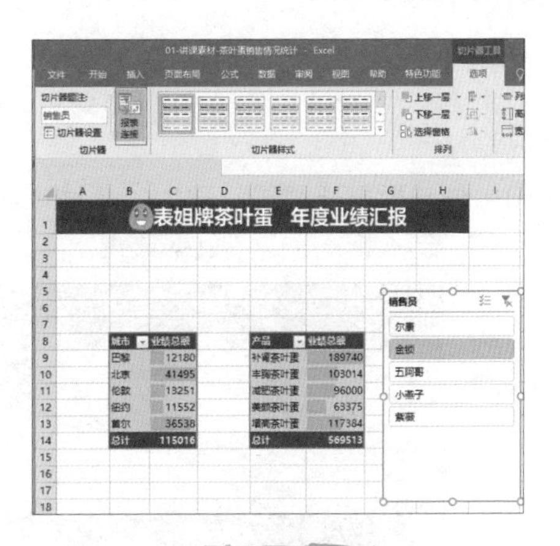

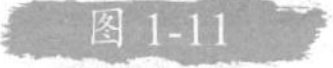
图 1-11

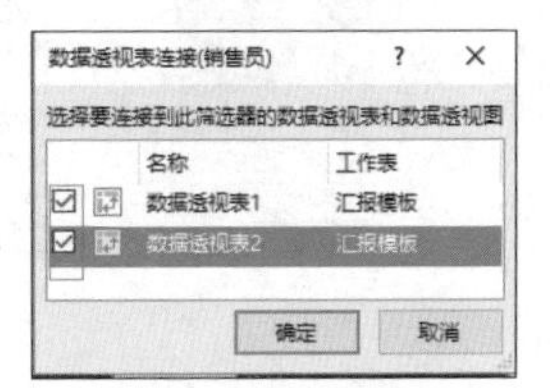

图 1-12

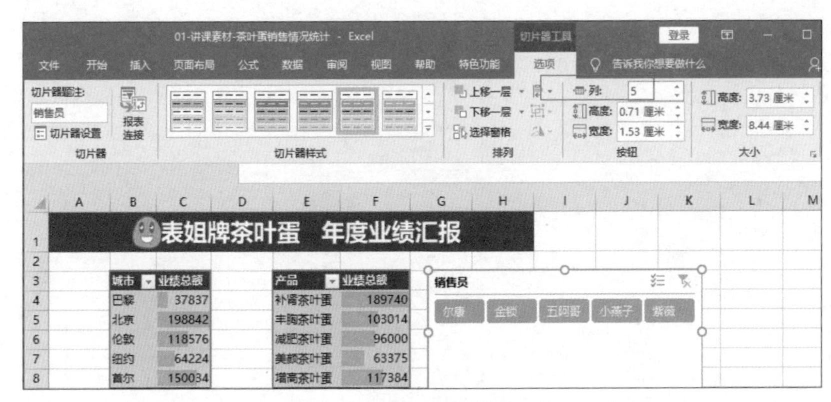

图 1-13

图 1-14

读书笔记

1.4 快学数据透视图

（1）创建数据透视图：选中“各城市的销售业绩汇总表”数据透视表→选择“数据透视表工具 - 分析”选项卡→单击“数据透视图”（见图 1-15）。

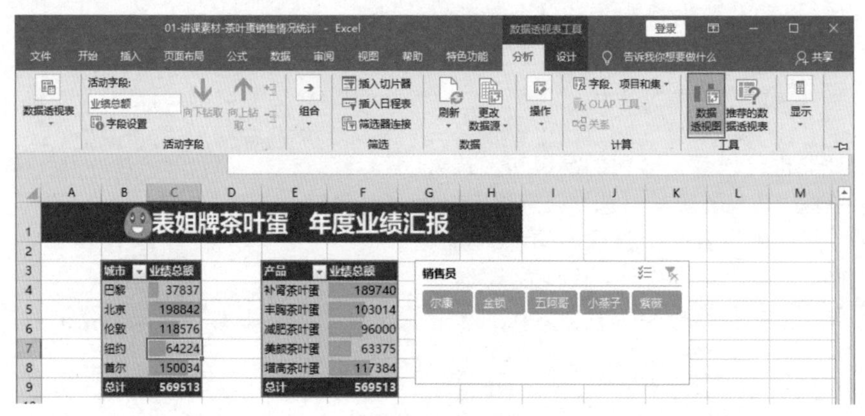

图 1-15

（2）在弹出的“插入图表”对话框中选择“柱形图”→“簇状柱形图”→单击“确定”完成（见图 1-16）。

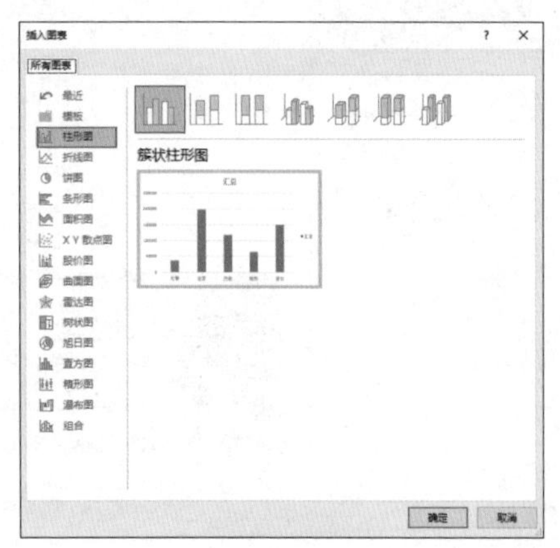

图 1-16

（3）选中“各产品的销售业绩汇总表”数据透视表→选择“数据透视表工具 - 分析”选项卡→单击“数据透视图”→在弹出的“插入图表”对话框→选择“饼图”→单击“确定”完成（见图 1-17）。

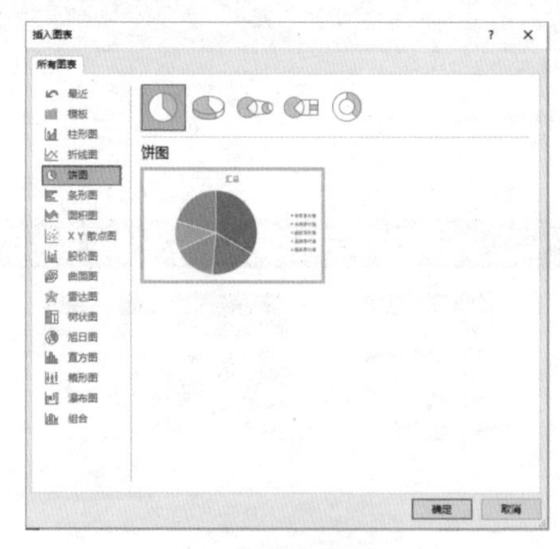

图 1-17

（4）更改数据透视表颜色。依次选中数据透视图→选择“数据透视图工具 - 设计”选项

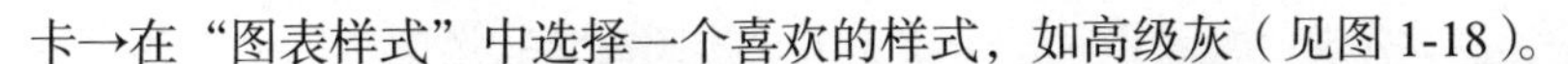

卡→在“图表样式”中选择一个喜欢的样式，如高级灰（见图 1-18）。

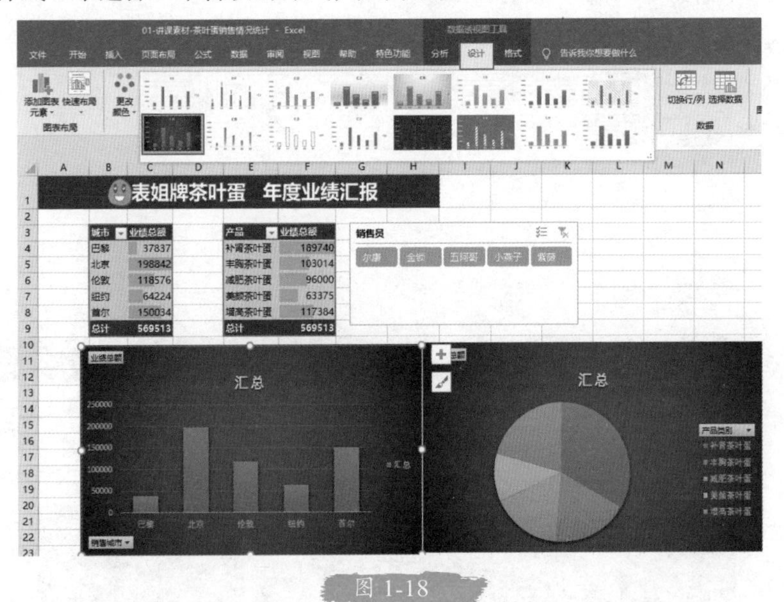

图 1-18

（5）美化数据透视图，将 logo 填充到柱形图的柱子（即数据系列的柱状图）当中。选中公司 logo 图片→按 Ctrl+C 复制→选中柱形图→单击一下柱子→按 Ctrl+V 粘贴（见图 1-19），此时柱形图变为拉长的“茶叶蛋”了。

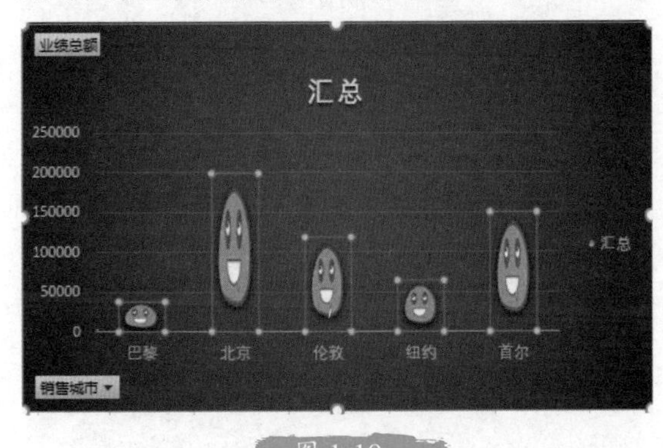

图 1-19

（6）更改图片填充样式：选中柱形图的柱子，右击选择“设置数据点格式”（见图 1-20）。在右侧“设置数据点格式”中将“填充选项”修改为“层叠”即可（见图 1-21）。

（7）删除冗余图表信息：选中图表中不需要的内容（如网格线等），按 Delete 键直接删除。

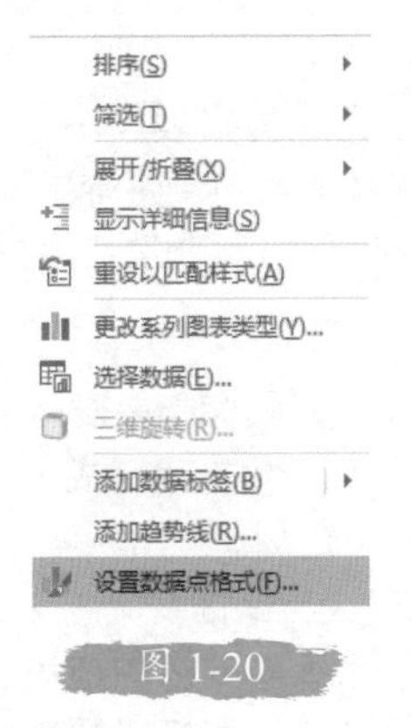

图 1-20

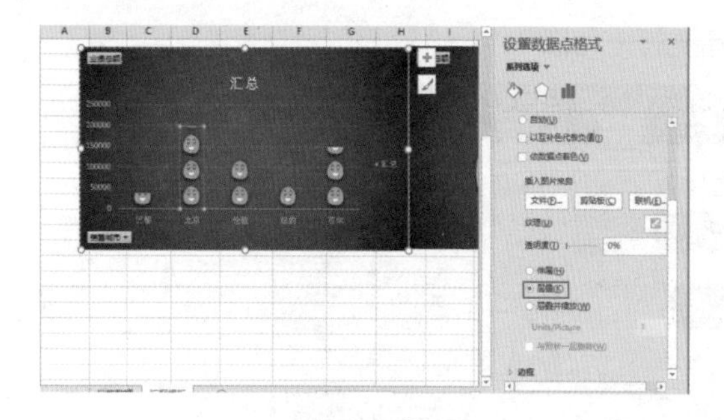

图 1-21

（8）美化饼图配色：选中饼图→选择“数据透视图工具－设计”选项卡→单击“更改颜色”→选择一个喜欢的颜色样式，如茶叶蛋的黄色色系（见图 1-22）。

读书笔记

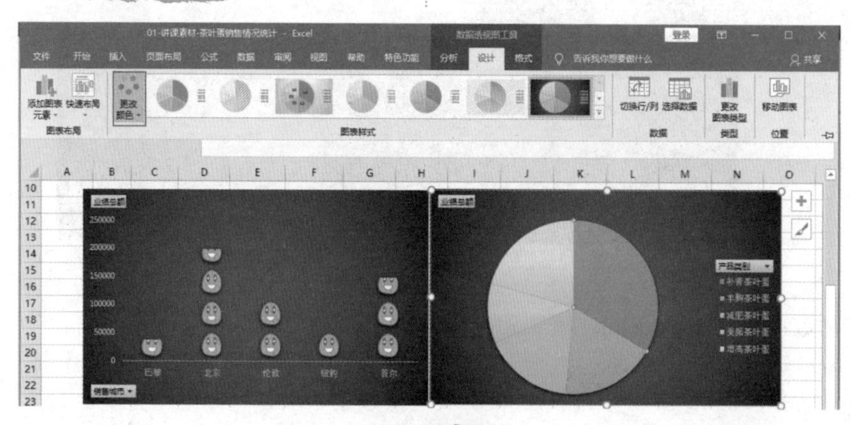

图 1-22

1.5 快学报表排版

在上述已完成的报表当中，这些图表、切片器、数据透视表都堆到一起了，看起来比较杂乱无序，下面我们就来学报表排版。

1. 图片、图表排版技巧

调排版时，将鼠标指针移动到需要调整的对象边界位置处，当指针变成上下左右“四向箭头”时，可通过鼠标的拖曳，调整其所在位置（见图 1-23）。当鼠标变为上下或左右的“双向箭头”时，可通过鼠标的拖曳，调整其大小（见图 1-24）。如果是表格或数据透视表，在调整的时候，需要把它的内容全选上。然后滑动到边框的位置，当出现四向箭头时，便可移动其所在位置。

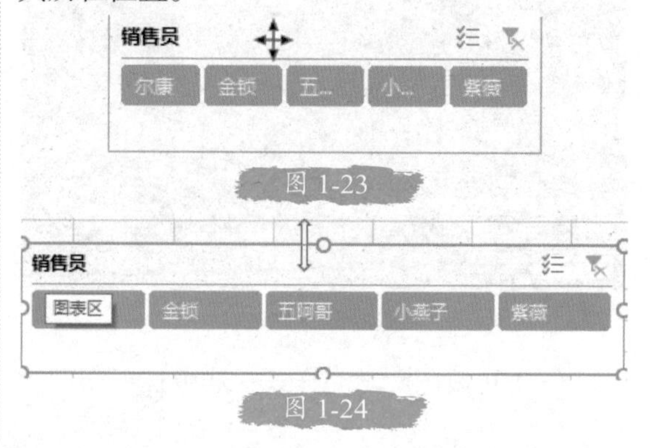

图 1-23

图 1-24

温馨提示

图表、图片在进行排版时，可以按 ALT 后用鼠标拖曳，让它的边框自动对齐到单元格网格线的位置。

2. 单元格格式设置技巧

颜色格式填充：选中单元格，选择“开始”选项卡→双击“格式刷”按钮→再单击需要填充格式的目标单元格，就可以连续使用格式刷效果，实现单元格格式的快速应用（见图 1-25）。

3. 补充图表其他信息

完成排版后，再补充一下制表人、制表时间等。可以通过快捷键 Ctrl+; 来自动填写系统当前的日期。

选中 B2:O19 单元格区域，为整体报表添加粗边框（见图 1-26），使其更像一个整体模块。

设置表格为无网格线：单击“视图”选项卡→取消选中“网格线”，使得报表界面更加清爽（见图 1-27）。

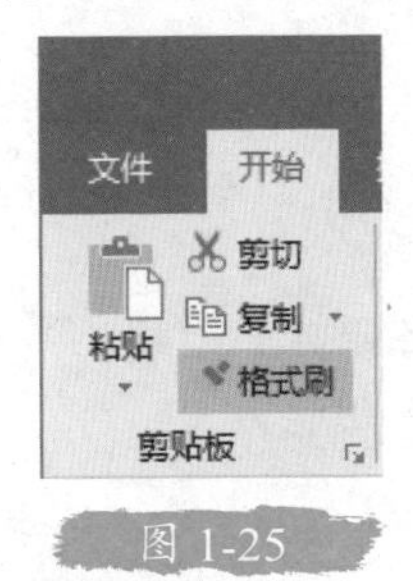

图 1-25

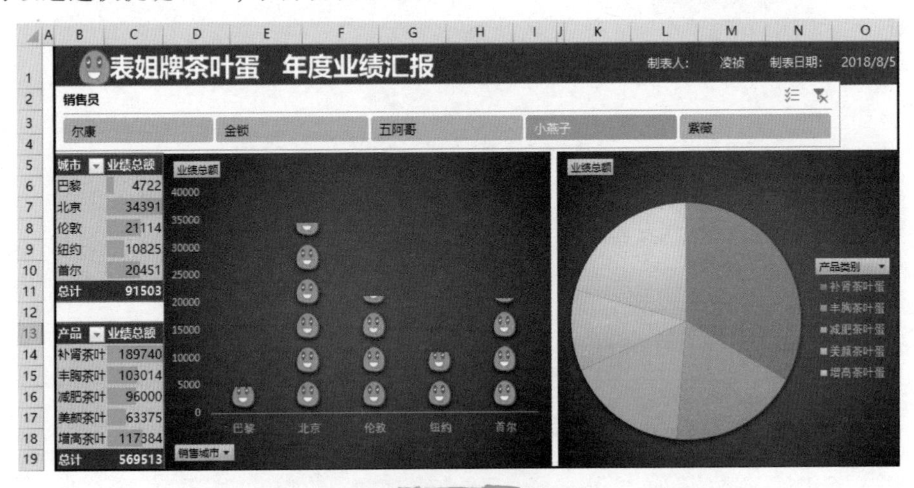

图 1-26

图 1-27

本章小结

通过以上这些操作后，茶叶蛋年度业绩表就做好了。就这么几分钟的时间，我们已经快速了解了数据透视表、条件格式、切片器、数据透视图，还有高效排版。如果以后有人问你操作Excel的水平怎么样，直接把这表递上，相信再也不会有人质疑你简历上写的“精通Excel”了。

来回顾一下本章内容：我们先用职场当中一个常见的业务场景，抛出一个业务需求，大家带着问题来学习。在带过这么多学员以后，我发现这种“以解决问题为导向”的学习方式是最高效的！

再用两三分钟的“快速上手”，让大家能够快速掌握本章的主要知识点和基础操作步骤。然后，再给大家一两个相对进阶的应用，来解决我们平时工作当中更多变的业务需求，做到学完即用。

本书也将参照上述结构，按照“问题导入→快速上手→进阶操作”的模式，提升大家的Excel实战型应用能力。

读书笔记

2 不走弯路："三表原则"——轻松玩转 Excel 的秘诀

通过前面的"牛刀小试"（见图 1-26），我们已经感受到 Excel 真的不难。其实，之所以能够轻松玩转 Excel，是因为我们带着"数据思维"去做表。这才是学习 Excel 最有价值的地方！

因为，数据思维，一是能从根本上提高效率，二是更能充分挖掘数据价值。

本章将要给大家建立起数据思维的大框架。可能乍一听会觉得有些陌生，但不要紧，可以先通过后面的内容学习，然后再回过头来看，便会有所启发。

如果有迫不及待想学习具体操作的，可以先跳过本章往后看，从第 3 章开始，都是具体的"干货"操作方法。

不过，表姐还是建议大家抽空来看一看：目标明确了，无论怎么走，都不会慌！

2.1 数据思维是什么？

大家可能会觉得：数据思维？莫不是程序员、大数据分析师开的外挂吧？我们学习 Excel，还要弄这么复杂吗？

其实，数据思维，还真不是那些厉害的程序员、数据分析师们专属的。每一个普通人，或多或少都具备数据思维。

还记得在本书前言中，表姐给大家讲的那个 Excel 前世今生的故事吗？

处理数据这个事情，从咱们几千年前的老祖宗那时就开始忙活了，并不是现代人创造的新玩意儿。从古至今，一直都有。

大家之所以一时半会儿不太明白，主要有两个原因。

（1）"时代在发展"：大数据时代的背景下，确实加重了对数据分析和挖掘数据价值的需求；像原来那样靠经验、靠拍脑门来办事儿，在海量数据的世界里，根本行不通。

（2）"没人告诉咱"：因为没有人告诉你，强化数据思维，会让你面对数据处理时，事倍功半。倘若有人说，学 Excel 就是学技巧，那么我可以肯定地告诉你，这样只会是本末倒置、越学越累。

2.2 我真的有数据思维吗？

每个人天天都要跟"数据"打交道，例如工作中常常要录入数据、整理数据，还会有些分析数据的需求。只不过你没有刻意往数据思维这方面训练，不然啊，你现在操作 Excel 的时候，肯定玩得“飞”起来。

我们来看一张工作中最常见的“流水账”表（见图 2-1）：

日期	销售城市	产品类别	销售员	数量	单价	金额
2018/1/1	首尔	减肥茶叶蛋	紫薇	6	8	48
2018/1/1	北京	增高茶叶蛋	五阿哥	18	12	216
2018/1/1	北京	增高茶叶蛋	五阿哥	4	12	48
2018/1/3	北京	丰胸茶叶蛋	尔康	63	18	1134
2018/1/4	首尔	增高茶叶蛋	尔康	21	12	252
2018/1/4	纽约	丰胸茶叶蛋	紫薇	40	18	720
2018/1/5	纽约	增高茶叶蛋	五阿哥	17	12	204
2018/1/5	伦敦	补肾茶叶蛋	尔康	71	20	1420
2018/1/5	北京	减肥茶叶蛋	紫薇	60	8	480
2018/1/6	北京	增高茶叶蛋	五阿哥	99	12	1188
2018/1/6	北京	美颜茶叶蛋	金锁	100	5	500

图 2-1

像这样记录下来的账本、清单、台账，就是数据分析的来源了。在 Excel 中，我们把这样的表格，称为数据源表，也可以叫作数据清单。

在数据源表的第 1 行，是整个表的标题行。标题行，通常都是统领下面的信息。所以这里填什么样的词汇，通常很考验一个人的水平。

如果把标题行设计成图 2-2 这样，后面继续录入新的信息的时候，或者改来改去，或者加多几列，很不方便。

日期	销售城市	北京			
	产品类别	销售员	数量	单价	金额
2018/1/1	增高茶叶蛋	五阿哥	18	12	216
2018/1/1	增高茶叶蛋	五阿哥	4	12	48
2018/1/3	丰胸茶叶蛋	尔康	63	18	1134
2018/1/5	减肥茶叶蛋	紫薇	60	8	480
2018/1/6	增高茶叶蛋	五阿哥	99	12	1188
2018/1/6	美颜茶叶蛋	金锁	100	5	500

图 2-2

琢磨把这个标题行里填上什么内容的这个事情，用 Excel 的行话来讲，就叫作字段设计。

我们再回顾一下，这是怎么一个过程：

第 1 步，根据年度汇报的要求，看看要统计什么？

第 2 步，整理日常业务的流水台账，把记录信息分列填好。

第 3 步，对每列的信息进行概括、总结，即给每列添加上标题行，也就是进行字段名称设计。

第 4 步，当有新的信息的时候，按照数据源清单表的格式要求，继续追录后面的数据。

这个过程就是：数据的规范化整理，整理出来的这张表，就是数据源表。

按照这样规范的数据源表来录入记录，一开始会感觉有点累，可是数据一多就会发现大有乾坤：补肾茶叶蛋的单价最高，且成本相对较低，综合利润最高，在市场策略上可以加大市场开发力度。而尔康在补肾茶叶蛋的业绩最高，可以将其市场经验进行总结和培训分享。这个过程，就是数据分析。

在数据源表格里，如北京、首尔、纽约、伦敦……这些都是“销售城市”的具体种类，如尔康、紫薇、小燕子……这些都是“销售员”的具体种类。像这种 Excel 表格标题字段名下可允许填写的内容，就是这个字段的参数了。这些参数，一旦确认后，就不太容易修改了，把这些参数，整理放在一张表里，就是 Excel 的参数表。我们可以根据这个参数，生成数据透视表的不同分析维度，如图 1-26 中，透视表的行标签，或者是切片器的筛选项。

最终形成的图 1-26 这张用于汇报统计结果的表格，就是汇报表。这里的形式就比较多样了，可以是图、表等。

数据思维在具体应用上来说，就是清楚、明白地让这 3 类表格：数据源表、参数表、报表，各司其职地发挥最大价值。在 Excel 的世界里，所有的表都可以划分为这样 3 类表即“三表原则”，其中：

（1）数据源表是一切数据分析的基础，是形成报表的重要来源。

（2）参数表，一是为数据源的填写和整理，提供规范的引用来源，二是为报表提供分析的维度。

（3）报表是呈现出来给人看的表，它所有的统计结果，都是基于数据源表生成而来的。

2.3 三表原则 1：预先设计参数表

参数，其实就是标题行下面填的必须唯一的信息。

例如，前面说的“销售城市”，录入“北京”，这就是唯一数据。如果录成了“首都”，这样在以后统计起来的时候就会多变，甚至遗漏信息。

平时在工作当中，遇到的参数也有很多，例如，员工的参数，可以包括员工编码、身份证信息、部门信息等，如果公司规定了部门信息得写“市场部”，那就不能随便更改成市场中心、市场部门等。

这看起来很简单，其实却是最容易出错的。因为每个人对信息的描述是不一样的，这就会导致每个人会根据自己的习惯录入数据。

如果两个人录的不是完全一模一样的，Excel 就会判断这是两个完全不一样的数据。

所以，建议大家在做数据源表前，先想想该如何去设参数。最好是把这些参数，单独列为一张参数表。

2.4 三表原则 2：规范整理数据源

设计完一个合理的表头，也把参数理清楚了，下面就要开始整理数据源了。这里一定要记住，往 Excel 里面录数据一定要符合 Excel 的规范，才能让 Excel 动起来自动汇总出各种你要的报表。

数据录入有一个大原则：“一个萝卜一个坑”。

相同类型的数据源表，尽量放在一起，汇总到一张清单内。这样就能避免“一个萝卜放在多个坑里”。

另外，还有一些数据在录入时比较容易出错，例如日期、身份证号码等，在后面的章节中，表姐也给大家准备了一些口诀，方便大家记忆。

在第 6 章内容当中，表姐会给大家一些数据规范整理的方法和“避坑指南”。

2.5 三表原则 3：自动生成报表

输出就是最好的输入，学 Excel 也是如此。

如果你用 Excel 做汇报时，从来没有用过数据透视表，那说明你只是把 Excel 当成了一个长得像表格的 Word！

看看自己是不是这样做的：先翻出过往记录信息的表格，思索出想汇报的内容。再用计算器算好结果，手工填进另一张工作表，把这张重新填写整理的表上交领导。如果数据发生变动，还得重新手动算好后再修改到表中。所以一到月底、年底要做汇报时，有些人总加班！

这样干工作，真不行！要知道别人因为早早建立好规范的数据源表，用手拖一拖，就能立刻拉出一个数据透视表来做汇报。省下的时间，还能多做几张高质量的图表。

也许你会说，我用 Excel 也能做出来统计汇报表。但实际上会玩 Excel 的人，他会先把 Excel 的表头设计好，然后根据需要往里编函数，也就是先建好模板。这样能够方便以后，在录入的时候，就立马自动算出相应结果来。压根不是等到汇报时，再去写长长的公式。

之前，有位学员问过一个问题，让我印象很深刻：同样是毕业三年，自己平时工作明明也很努力，班也没少加。可是，每次提加薪的时候，自己提的是 8000 元，拿到的还是 6000 元。同一批入职的人，有人提 8000 元，拿到的却是 1 万元。

其实，初入职场的前几年，大家的工作能力和工作经验都差不多，并没有谁上来就能有绝对的优势与别人拉开差距。

但同样是录入数据的这些小事情，如果别人做得又快又好，而你总加班还做得漏洞百出。很快，领导就会拿别人编制的表，让你直接照着填，这个时候差距就拉开了。

一个已经能够开始挖掘数据价值，一个只是数据的搬运工和键盘手，你觉得谁的“职场竞争力”更大呢？

经常有职场鸡汤会告诉大家：有时候，选择比努力更重要，思维的高度比努力更有效。

但却没有给你一把怎么学会向自己提问、怎么设计选项、怎么提高思维高度的汤勺。

所以表姐希望通过本书，给你一把用 Excel 挖掘数据价值的汤勺。也希望你看完本章以后，多琢磨一下工作中的“三表原则”，将它内化为自己的“数据思维”。

读书笔记

【基础操作篇】

“别把青春留给加班，

让 Excel 帮你开启‘自动挡’。”

3 想开"自动档"，表格规范是基础

3.1 建立基础表格

很多人都感觉打开一个空白的 Excel 文件后无从做起，别担心，跟着表姐实践一下，就会感觉 Excel 没什么难的。

1. 创建新工作簿

在桌面上右击选择"新建"→"Microsoft Excel 工作表"（见图 3-1）。

按照工作内容为文件命名。例如我们做"时间进度表"，就在 Excel 文件命名框处输入"时间进度表"（见图 3-2）后按 Enter 键，确认录入。通过双击 Excel 图标（或者是选中图标后，按 Enter 键），打开文件。

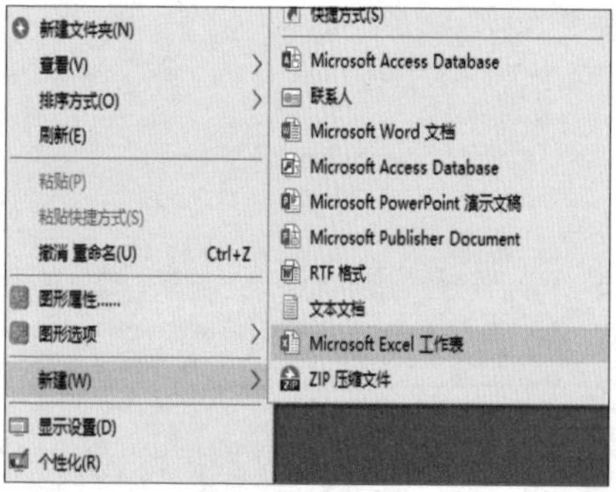

新建文件夹(N)
查看(V)
排序方式(O)
刷新(E)
粘贴(P)
粘贴快捷方式(S)
撤消 重命名(U) Ctrl+Z
图形属性......
图形选项
新建(W)
显示设置(D)
个性化(R)

快捷方式(S)
Microsoft Access Database
联系人
Microsoft Word 文档
Microsoft Access Database
Microsoft PowerPoint 演示文稿
Microsoft Publisher Document
RTF 格式
文本文档
Microsoft Excel 工作表
ZIP 压缩文件

图 3-1

图 3-2

2. 基础制表：录入表格信息

打开时间进度表后，思考一下我们编制表格的内容有哪些：做什么事情、花多少时间，这对应了项目计划、方案确认、系统建设到最终上线。

把这些内容输入表格 A 列中（见图 3-3）：

	A	B	C	D
1	项目计划	1	2	3
2	方案确认			
3	系统建设			
4	项目上线			

图 3-3

花多少时间，就是我们 1 号干什么、2 号干什么、3 号干什么……

如果输入的数据量小，推荐大家直接用"手动挡"，即手工输入 1、2、3。如果数据量大，我们先要找规律，这个规律是由 1 变成 2，再变成 3、4、5、6、7、8……找到规律后，就可以开启"自动挡"了。

选中需要开启"自动挡"的单元格后，将鼠标滑动到单元格的右下角变成"十字架"形状。这种"十字架"形状，我们称为"十字填充句柄"，在 Excel 里代表"填充"功能。

单击并向右拖动。默认的填充形式是"复制"形式的。如果想要变成逐个增加的序列，只需要单击右侧的小三角选择"填充序列"，数字就能自动按序增加了（见图 3-4）。

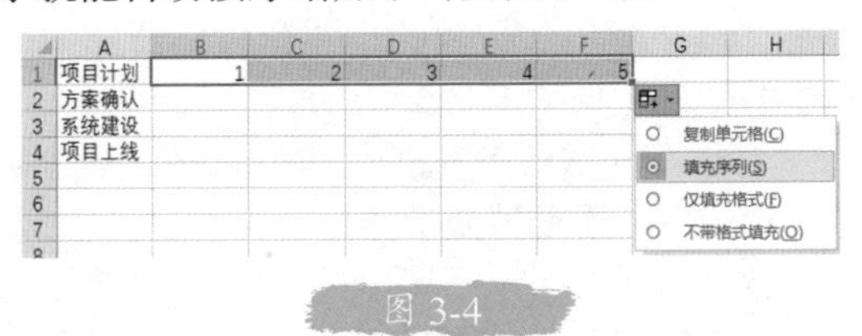

图 3-4

温馨提示

如果需要继续往后增加其他数字，只需要再把鼠标往后拉即可完成增加。

3. 基础制表：插入行、列

我们的计划中除了做什么事情、花多少时间，还需要确认“谁来干”。所以，我们需要在 A 列后面再插入一列。选中 B 列→右击选择“插入”（见图 3-5）。

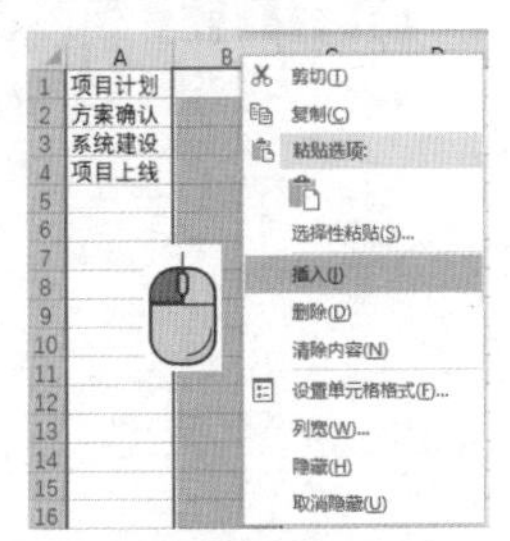

图 3-5

插入后，Excel 会在选中列的左侧插入一个新的列，继续输入“责任人”的姓名。输入完以后，将自己作为一个看表人再想一想，是不是还要加上一个小标题？

选中第 1 行→右击选择“插入”，会在选中行的上方插入一行空白行。这里将标题输入为项目阶段、责任人（见图 3-6）。

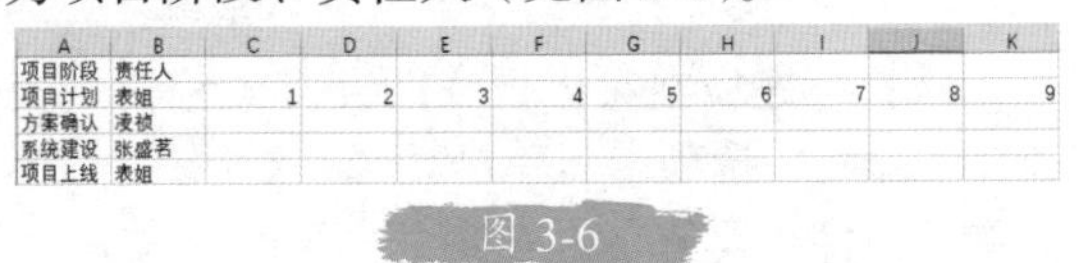

A	B	C	D	E	F	G	H	I	J	K
项目阶段	责任人									
项目计划	表姐	1	2	3	4	5	6	7	8	9
方案确认	凌祯									
系统建设	张盛茗									
项目上线	表姐									

图 3-6

检查表格后可以看出日期放的有些不太合适，因为每个阶段，实际上都要落在具体的每个日期下，所以需要把日期往上挪一下。

首先，先选中单元格中的区域。如果表格短的话，可以“手动挡”，单击后直接拖拉选中 C2:K2。

如果是特别大的表，那么就先选中第一个单元格 C2，再按住 Shift 键后，按需要选中的末端单元格 K2，就可以选择整片区域了（见图 3-7）。

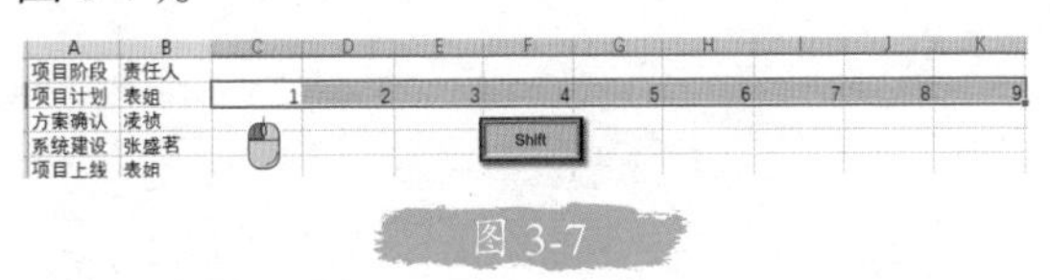

图 3-7

温馨提示

按 Shift+ 鼠标拖曳，可以选择 Excel 表格中一片连续的区域。

要移动这一行的位置，只需要将鼠标指针滑动到这个区域四周，当鼠标指针变成上下左右“四向箭头”的时候，代表已经开启移动的方式。

温馨提示

四向箭头表示移动。

在移动位置的时候，大家会发现如想放到哪里，这里的边框会出现“变粗”的效果。调整完毕后，松开鼠标，位置就移动好了（见图 3-8）。

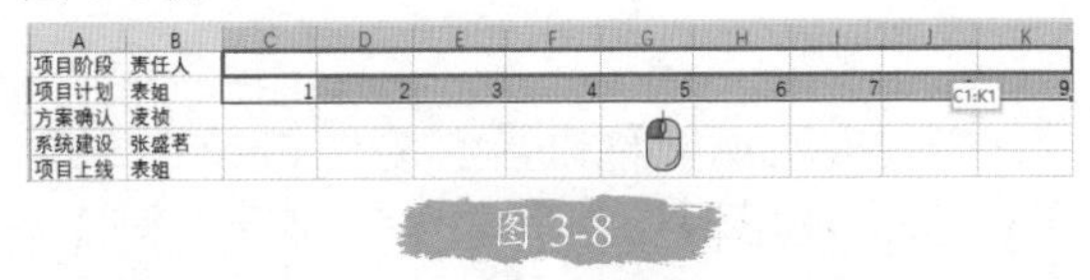

图 3-8

移动完成以后，还可以再给它加上一个总体的标题。在表格的顶部再插入一行，输入

"×××× 项目时间进度表"。

现在再看一下还有没有别的问题：1 号到 9 号是哪个月份？因此，需要在第 1 行和第 2 行中间，再插入一个空白行。

选中第 2 行→右击选择"插入"。此时，Excel 在原来表格的第 2 行之上，又插入了一个新的空白行。在 C2 单元格输入"6 月份"，这样信息就录入完成了（见图 3-9）。

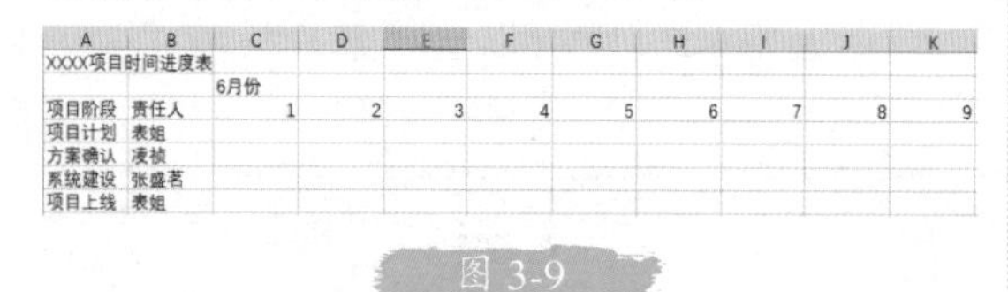

A	B	C	D	E	F	G	H	I	J	K
XXXX项目时间进度表										
		6月份								
项目阶段	责任人	1	2	3	4	5	6	7	8	9
项目计划	表姐									
方案确认	凌祯									
系统建设	张盛茗									
项目上线	表姐									

图 3-9

3.2 基础表格美化

1. 表格基础美化：单元格填充颜色

完成图 3-9 所示的表以后，在进度表中要表示每个任务花多少天，只需要到"项目阶段"与"日期"交叉对应的单元格，填充颜色就好。

选中需要填色的单元格→选择"开始"选项卡→单击"填充颜色"，就给这个单元格填充上了对应的颜色了。如果不喜欢该颜色，可以单击"填充颜色"右侧的小三角，重新选一个喜欢的颜色（见图 3-10）。

对于其他需要填充颜色的单元格，只需要依次选中后，手动填充上颜色就可以了。

这里还有一个"手动挡"变"自动挡"的方法：选中已经填充格式的单元格以后，双击"开始"选项卡→选中"格式刷"（见图 3-11），就可以连续使用"格式刷"模式，然后再依次单击需要填充颜色的单元格来完成颜色的填充（见图 3-12）。

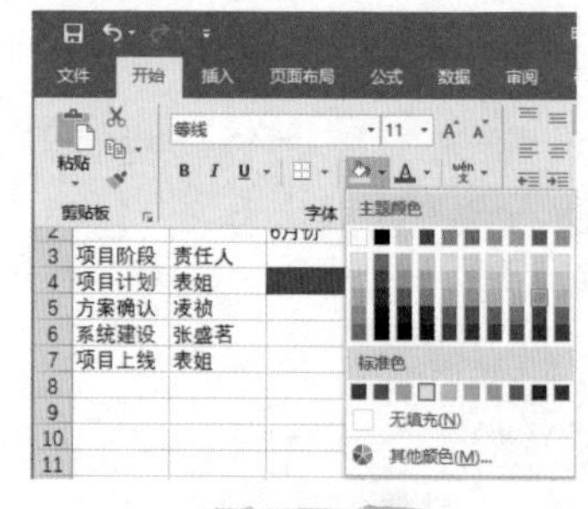

图 3-10

图 3-11

格式刷刷完以后，只需要再单击"格式刷"（或者是按 Esc 键），就可以退出该模式。

A	B	C	D	E	F	G	H	I	J	K
XXXX项目时间进度表										
		6月份								
项目阶段	责任人	1	2	3	4	5	6	7	8	9
项目计划	表姐									
方案确认	凌祯									
系统建设	张盛茗									
项目上线	表姐									

图 3-12

2. 表格基础美化：单元格边框设置

选中 A1 单元格以后，按住 Shift 键，再单击表格最尾部的单元格 K7，即快速选中 A1:K7，然后选择"开始"选项卡→单击"边框"右侧的小三角→选择"所有框线"（见图 3-13）。

3. 表格基础美化：单元格合并后居中

选择标题所在第 1 行 A1:K1 单元格区域→选择"开始"选项卡→单击"合并后居中"，标题就自动合并到中心位置了（见图 3-14）。

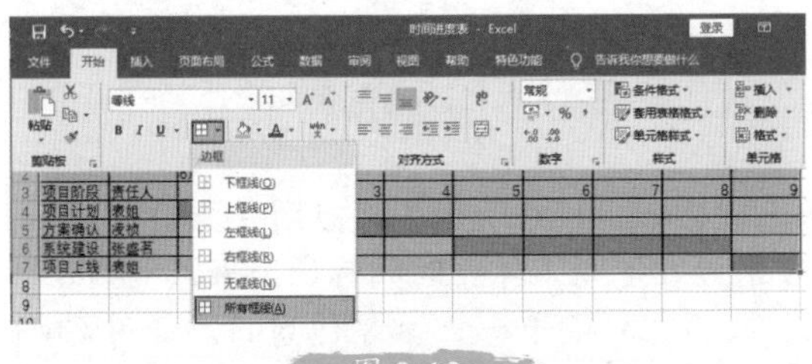

图 3-13

图 3-14

同理，对“项目阶段”“责任人”“6 月份”，也可以合并居中。

此时，使用快捷键 F4，可以快速重复上一步操作。例如，上一步是合并单元格的动作，在选择需要合并的单元格后，按下 F4 键，重复操作一次“合并后居中”的操作（见图 3-15）。

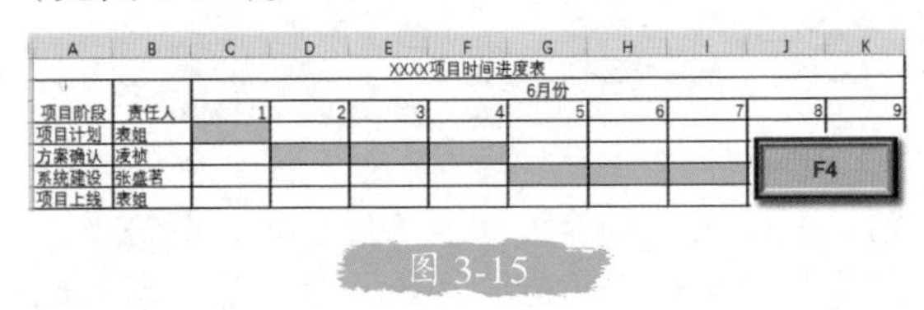

图 3-15

温馨提示

F4 键，快速重复上一步操作。

4. 表格基础美化：单元格的字体、字号设置

按 Ctrl+A 全选整张表格→选择“开始”选项卡→“字体”→选择“微软雅黑”，使用“微软雅黑”会让表格看起来更加商务一些。

关于字号，正文、表体的内容推荐选择字号：10～12 号。标题字号可以适当放大一些。可以通过字号旁边的“增加字号”或“减小字号”，做一个快速的调整（见图 3-16）。

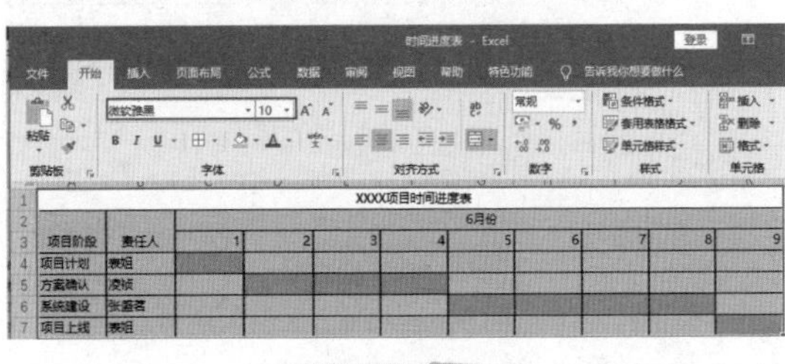

图 3-16

5. 表格基础美化：单元格的对齐方式

按 Ctrl+A 全选整张表格→选择“开始”选项卡→对齐方式中：“垂直居中”+“水平居中”（见图 3-17）。

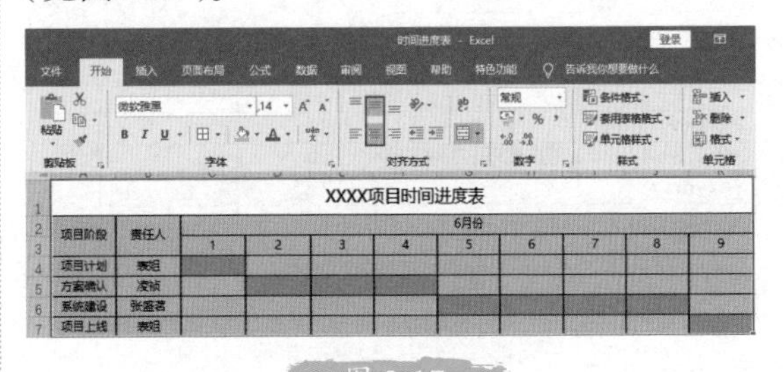

图 3-17

6. 表格基础美化：行高与列宽的设置

手工设置：选择行号的位置→右击选择“行高”→在弹出的“行高”对话框中，对行高做精确设置。一般来说，推荐的行高是 15～35，这里我们设置为 25，使表格行高显得合适一些（见图 3-18）。同理可以进行列宽的手动设置。

自动设置：如选择 B～K 列的列号后，鼠标滑动到列宽字母中间的缝隙处，当鼠标指针变成一个“竖线”+“左右”的箭头时，双击后，即可实现自动调整列宽。同理，可以进行行高的自动设置。（见图 3-19）。

图 3-18

温馨提示

选中多行/多列，双击行标/列标时，Excel会将所选择的行高、列宽自动调整到合适的大小位置；其中合适的位置大小，是根据单元格内容多少来决定的。

A	B	C	D	E	F	G	H	I	J	K
XXXX项目时间进度表										
项目阶段	责任人	6月份								
		1	2	3	4	5	6	7	8	9
项目计划	袁姐									
方案确认	凌祯									
系统建设	张盛茗									
项目上线	袁姐									

图 3-19

7. 表格基础美化：字体加粗设置

调整完以后，我们可以把标题的内容进行加粗设置。即选中标题单元格后→选择“开始”选项卡→单击“加粗”；这样表格看起来，就能够更加容易抓住重点了（见图 3-20）。

XXXX项目时间进度表										
项目阶段	责任人	6月份								
		1	2	3	4	5	6	7	8	9
项目计划	袁姐									
方案确认	凌祯									
系统建设	张盛茗									
项目上线	袁姐									

图 3-20

3.3 表格的进阶美化

完成图 3-20 所示表格以后，再检查一下，表格最好把周末休息时间标识出来，例如 6 月 2 号、3 号还有 9 号，都是休息日。通过 Ctrl+ 鼠标点选的方式来选择不连续的区域。即先选择 D3:E7 后，按 Ctrl 键，再选择 K3:K7。

选择后，尝试换个颜色，如橘色（见图 3-21）。

图 3-21

温馨提示

Ctrl+ 鼠标点选，可以选择不连续的单元格区域。

但是，直接填充“橘色”后，会出现问题：表格中只是单纯标识了休息日，但是当天的工作情况所表示的“绿色”色块的信息被掩盖了。所以，这样操作就篡改了这张表的信息，这样操作不行。按 Ctrl+Z 键，撤销上一步操作。

1. 表格进阶美化：设置单元格填充图案样式

重新选中 6 月 2 号、3 号、9 号所在单元格（D3:E7，K3:K7）→右击（或者使用快捷键 Ctrl+1）→选择“设置单元格格式”→在弹出的“设置单元格格式”对话框中，选择“填充”

页签→选择“图案样式”→选择“斜线”的样式→单击“确定”完成。

现在2号、3号、9号用底纹的形式标识的是休息日，并且用绿色填充表示的工作内容也不会被覆盖掉（见图3-22）。

图 3-22

2. 表格进阶美化：制作斜线表头

看一下这里的每个色块，实际上是通过横向地找到项目阶段，纵向地找到日期，这样来标识信息的情况，是一个需要“横、纵”去看的表。那我们就可以给它做一个斜线的表头。

选中项目阶段A2单元格→右击（或者使用快捷键Ctrl+1）→选择“设置单元格格式”→在弹出的“设置单元格格式”对话框中，选择“边框”页签→找到最右下角的“斜线”→单击“确定”完成。这样就给表头画上了一根斜线（见图3-23）。

现在只需要在“项目阶段”的文字前面，再输入“项目时间”。选中A2单元格，双击，让光标停留在“项目阶段”的文字之前，然后输入“项目时间”。

输入完以后就会发现这些字都堆在一起了。让它们换行显示，只需要单击“开始”选项卡→“自动换行”（见图3-24）。

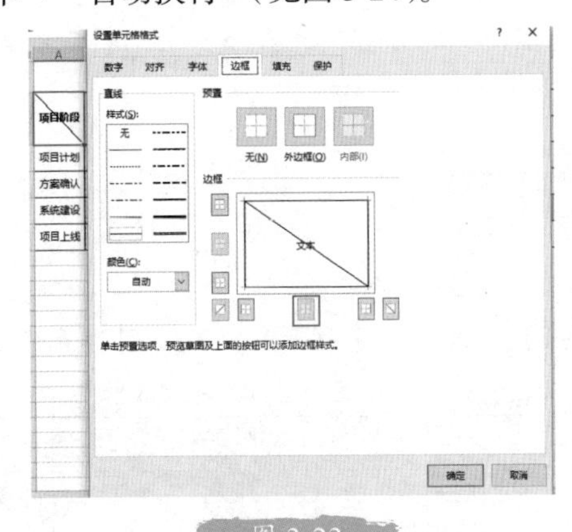

图 3-23

温馨提示

要在单元格内指定的位置进行强制换行。只需要将光标选中指定位置后，按ALT+Enter键，即可进行强制换行（见图3-25）。

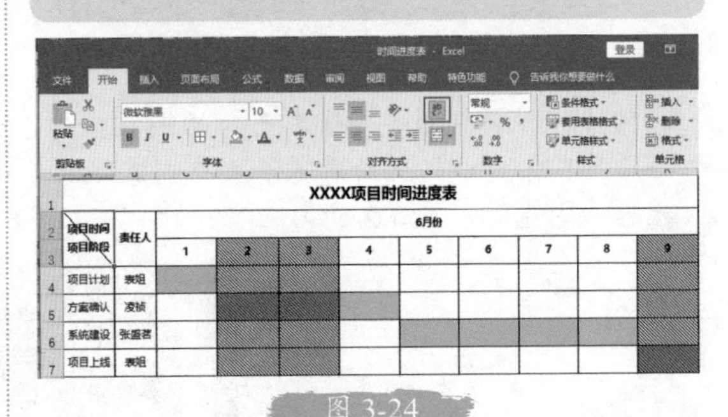

图 3-24

图 3-25

最后，再将A列的列宽调整到合适的位

置，并且调整文字对齐方式为："开始"选项卡→"左对齐"→在A2单元格，通过输入" "（空格）的方式，让表格呈现出斜线表头的最终效果（见图3-26）。

XXXX项目时间进度表										
项目时间 项目阶段	责任人	6月份								
		1	2	3	4	5	6	7	8	9
项目计划	秦旭									
方案确认	凌祯									
系统建设	张盛茗									
项目上线	秦旭									

图 3-26

小张按照前面的方法，制作了一份超大的"项目时间进度表"交给了老板，本以为会得到夸奖，结果领导打开表以后，因为表格太长了，看得头晕眼花。（见图3-27～图3-28）

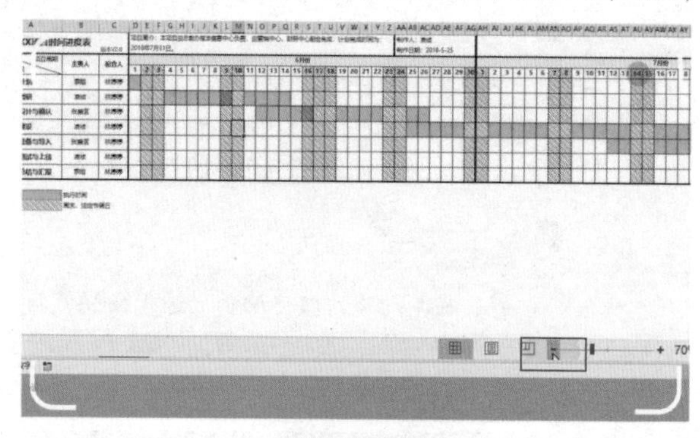

图 3-27

图 3-28

小张试图通过Excel右下角的缩放按钮，让表格尽可能缩小显示到一个页面当中。但缩小后，字体太小，反而看不清表格内容了。小张不禁疑惑（见图3-29）：对于长长的大表格，往后一拖就看不到前面的内容了，往下一拉，就看不到上面的内容了，该怎么办？

图 3-29

3.4 表格规范：冻结窗格

在工作中对于这种长表，一定要冻结它，让标题固定住。

在图 3-28 中，我们需要冻结的是第 1、2、3 行和 A ～ C 列，选中 D4 单元格→选择"视图"选项卡→"冻结窗格"→单击"冻结窗格"。设置完成以后，Excel 会以这个单元格为"冻结点"，把上面和左边的区域通过"冻结窗格"的形式给固定住（见图 3-30）。

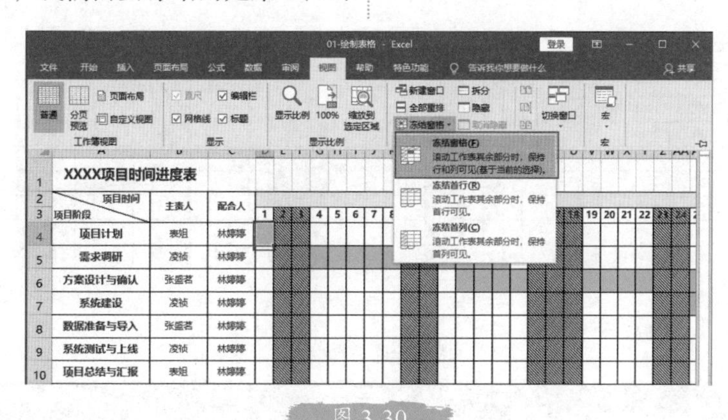

图 3-30

3.5 表格规范：标注关键信息

做完这张表以后，我们再看一下，有哪些信息是自己默认知道，但别人不知道的。

1. 标注：图上有标的，怕别人读不懂的

例如颜色标识。我们先在表格底部把色块给标下来，然后备注斜线的网格表示周末、法定节假日，绿色填充块表示执行时间（见图 3-31）。

A	B	C	D	E	F	G	H	I	J	K	L	M	N	O	P	Q	R	S	T	U	V	W	X	Y	Z	AA
XXXX项目时间进度表																										
项目时间 / 项目阶段	主责人	配合人	6月份																							
			1	2	3	4	5	6	7	8	9	10	11	12	13	14	15	16	17	18	19	20	21	22	23	24
项目计划	表姐	林婷婷																								
需求调研	凌祯	林婷婷																								
方案设计与确认	张盛茗	林婷婷																								
系统建设	凌祯	林婷婷																								
数据准备与导入	张盛茗	林婷婷																								
系统测试与上线	凌祯	林婷婷																								
项目总结与汇报	表姐	林婷婷																								
	执行时间																									
	周末、法定节假日																									

图 3-31

2．标注：图上没有标的，需要单独说明的

例如项目的简介、制表信息、版本号。

（1）项目简介：一般包括项目的由来、负责人、配合人、具体完成计划时间等信息。

（2）制表信息：包括制表人、制表日期等。

（3）版本号：像这种表可能会有多个版本的变更，这里我们写上版本 v1.0（见图 3-32）。

3．表格清洁：取消网格线，让表格更聚焦

调整完以后再看下，这张表上有很多横纵交叉的、浅灰色的、像蜘蛛网一样的网络格线。我们可以通过“视图”选项卡→取消选中“网格线”，把网格线取消显示（见图 3-33）。

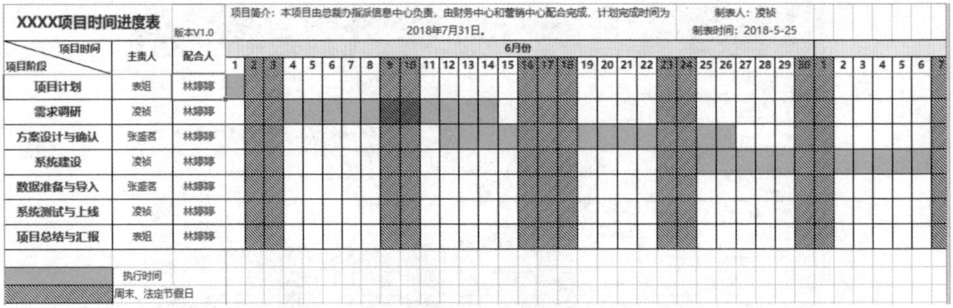

XXXX项目时间进度表　版本V1.0

项目简介：本项目由总裁办指派信息中心负责，由财务中心和营销中心配合完成，计划完成时间为2018年7月31日。

制表人：凌祯　制表时间：2018-5-25

项目阶段＼项目时间	主责人	配合人	6月份 1–30，7月份 1–7
项目计划	表姐	林婷婷	
需求调研	凌祯	林婷婷	
方案设计与确认	张盛茗	林婷婷	
系统建设	凌祯	林婷婷	
数据准备与导入	张盛茗	林婷婷	
系统测试与上线	凌祯	林婷婷	
项目总结与汇报	表姐	林婷婷	

执行时间

周末、法定节假日

图 3-32

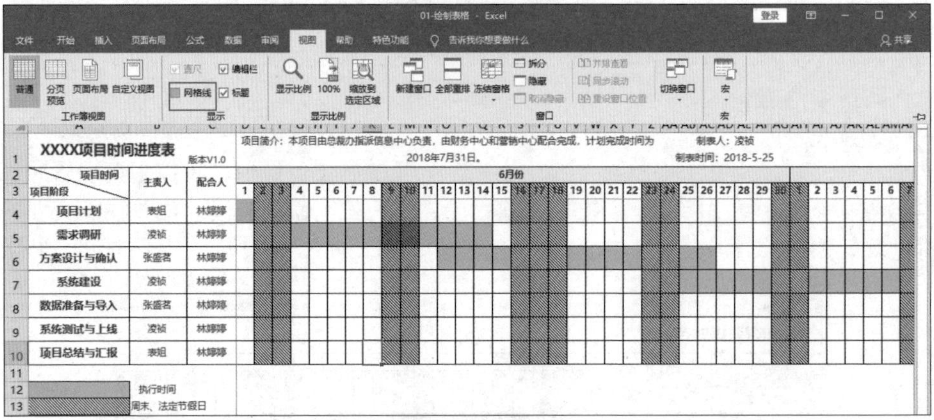

图 3-33

4．模块划分：巧用边框，划分表格不同区域

对于大表格，还可以通过“加粗边框”的形式，进行模块分隔标识。

对于说明的长段的文字，可以设置对齐方式为“左对齐”，这样看得会更清楚一些。

对于“项目的阶段”设置“左对齐”以后，如果觉得太顶头了，可以通过“开始”选项卡→“增加缩进量”，缩进一下（见图 3-34）。最后，《××××项目时间进度表》就制作完成了。

XXXX项目时间进度表 版本V1.0

项目简介：本项目由总裁办指派信息中心负责，由财务中心和营销中心配合完成，计划完成时间为2018年7月31日。

制表人：凌祯
制表时间：2018-5-25

项目时间／项目阶段	主责人	配合人	6月份																																				
			1	2	3	4	5	6	7	8	9	10	11	12	13	14	15	16	17	18	19	20	21	22	23	24	25	26	27	28	29	30	1	2	3	4	5	6	7
项目计划	表姐	林婷婷																																					
需求调研	凌祯	林婷婷																																					
方案设计与确认	张盛茗	林婷婷																																					
系统建设	凌祯	林婷婷																																					
数据准备与导入	张盛茗	林婷婷																																					
系统测试与上线	凌祯	林婷婷																																					
项目总结与汇报	表姐	林婷婷																																					

执行时间
周末、法定节假日

图 3-34

3.6 表格规范：借鉴微软模板

前面我们是从零开始，一步步地完成了一张项目时间进度表的制作，这个制作过程还是比较长的。

其实在工作当中，好的方法是借鉴前人的成果，不一定非要从零开始慢慢“绘制表格”。如果遇到新的业务表，必须要从空白表开始制作的时候，可以多看看微软的模板。从它们身上找找“做表”的感觉。这样有了感觉以后，技术上都不是什么难题了，只要一步一步就能做出来了。

可以在 Excel“文件”选项卡→“新建”页签中找到优秀的模板。如果找不着合适的，还可以去搜索一下（计算机需要联网）。

例如搜索关键词：项目，单击“查找”按钮（见图 3-35）。找到合适的模板后，单击“创建”按钮（见图 3-36），Excel 会创建一个既规范、颜值又高的项目规划器。

平时在工作当中可以多看看这些标准的模板，多多借鉴，也能够非常快地提高我们做表的水平。

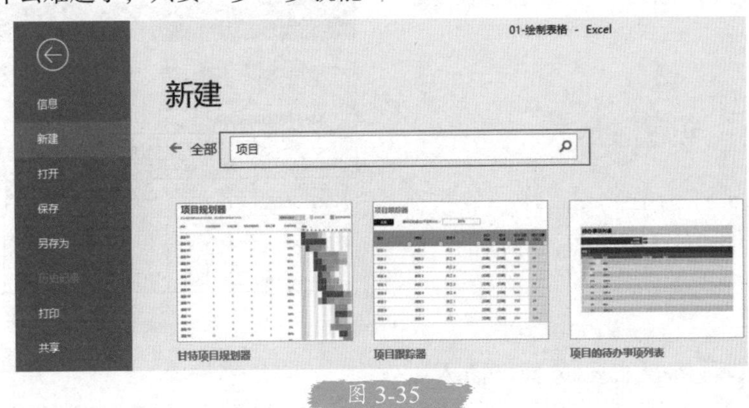

图 3-35

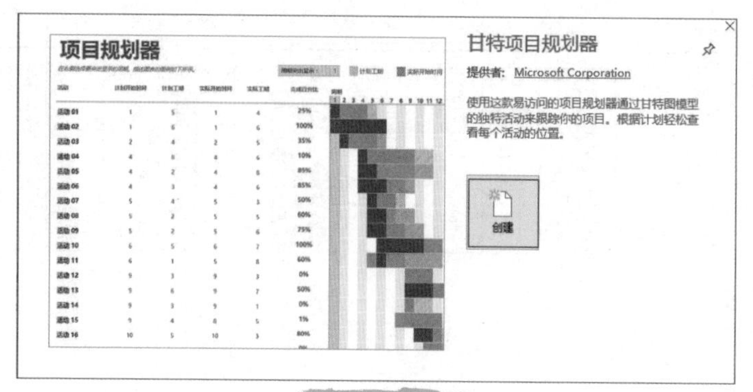

图 3-36

表姐说

本章我们学习的是绘制表格，通常是用于一些"汇报型"的表格，或者是"给人填写的单据"。

知识点一点都不难，只要大家练习一下就都能够掌握。但在具体制作时，可以根据自己的实际业务情况，先业务清晰，再做表格美化。

记得从看表人的角度，问问自己有哪些是我们自己心里清楚的，但别人不一定知道的，注意要记得标注出来。

当然了，我们做完所有的操作一定要记得保存，快捷键为 Ctrl+S。

3.7 彩蛋：设置批注

一般来说，我们审阅别人的表格，可以通过添加单元格的批注的方式，提出自己的审阅意见。

1. 创建批注

选中一个单元格→右击选择"插入批注"（见图 3-37），即可在批注框中编写批注内容。

图 3-37

2. 查看批注

要查看表格的批注，只需要单击"审阅"选项卡→"显示所有批注"，就可以把批注全部都给展示出来（见图 3-38）。

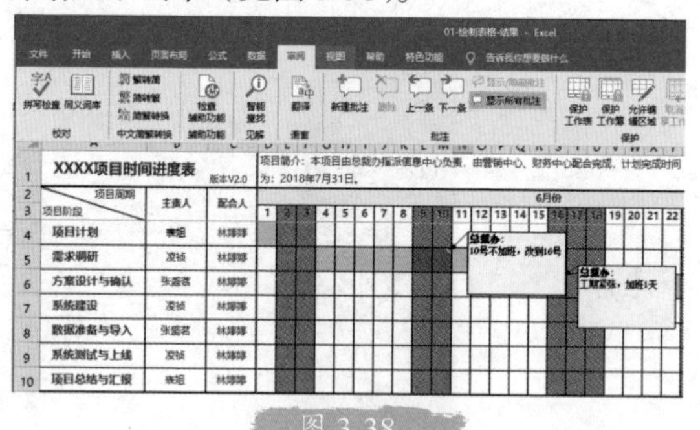

图 3-38

3. 删除批注

选中要删除批注的单元格区域→右击选择"删除批注"即可。

4 数据筛选排序“自动档”：让你告别“纯手工”

面对一堆销售记录，小张忙活了一天，伸着懒腰道：“终于录完了，不错哦，完美！可以下班了，耶！”（见图 4-1）

然而老板看过小张做的表后，批评道：“小张，看看你这表，录的日期的顺序都是乱的，做事能仔细点吗？”（见图 4-2）

小张便开始用第 3 章学的操作技巧修改表格：选中单元格，当鼠标变成四向箭头的时候，拖曳调整顺序。这样手动的拖曳，不仅低效，而且非常容易出错！

图 4-1

门店	店铺属性	日期	产品	数量	[illegible]
总店	直营店	2018/7/1	空调	5	180
天河二店	加盟店	2018/7/2	空调	3	1800
海珠店	经销商	2018/7/2	空调	4	1800
总店	直营店	2018/7/3	冰箱	4	1200
总店	直营店（旗舰）	2018/7/5	冰箱	2	1200
天河一店	直营店	2018/7/3	空调	2	1800
天河二店	加盟店	2018/7/7	洗衣机	-1	1500
天河二店	加盟店	2018/7/4	洗衣机	4	1500
海珠店	经销商	2018/7/3	洗衣机	4	1500
番禺店	经销商	2018/7/5	冰箱	1	1200
番禺店	经销商	2018/7/2	空调		180

图 4-2

4.1 排序与筛选

我们根据店面的情况，录入所有订单，生成的流水账中，录入单据并不是按照日期先后顺序依次录入的，而是按照收集门店的顺序录入的。要按照日期顺序重新整理台账，不用挨个儿手动，只要用排序就能轻松搞定。

1. 启用工具

选中表格区域→选择“开始”选项卡→“排序和筛选”→单击“筛选”（见图 4-3），在表格标题行出现筛选按钮后，单击可进行对应的升序、降序、筛选操作。

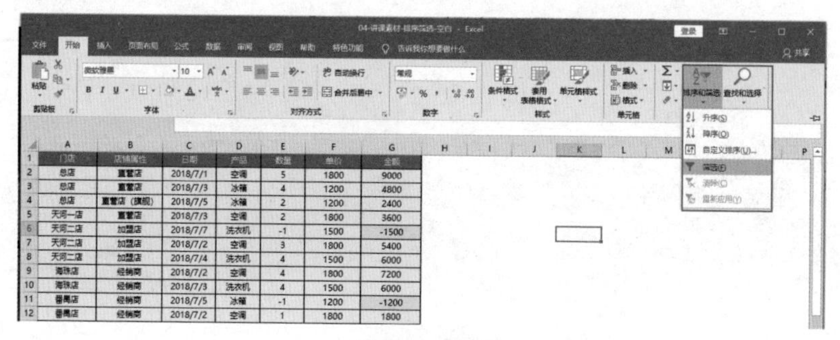

	A	B	C	D	E	F	G
1	门店	店铺属性	日期	产品	数量	单价	金额
2	总店	直营店	2018/7/1	空调	5	1800	9000
3	总店	直营店	2018/7/3	冰箱	4	1200	4800
4	总店	直营店（旗舰）	2018/7/5	冰箱	2	1200	2400
5	天河一店	直营店	2018/7/3	空调	2	1800	3600
6	天河二店	加盟店	2018/7/7	洗衣机	-1	1500	-1500
7	天河二店	加盟店	2018/7/2	空调	3	1800	5400
8	天河二店	加盟店	2018/7/4	洗衣机	4	1500	6000
9	海珠店	经销商	2018/7/2	空调	4	1800	7200
10	海珠店	经销商	2018/7/3	洗衣机	4	1500	6000
11	番禺店	经销商	2018/7/5	冰箱	-1	1200	-1200
12	番禺店	经销商	2018/7/2	空调	1	1800	1800

图 4-3

2．设置排序原则

选中“日期”所在单元格 C1→单击“筛选 / 排序”小三角→选择“升序”或“降序”即可（见图 4-4）。

	A	B	C	D	E	F	G
1	门店	店铺属性	日期	产品	数量	单价	金额
2				空调	5	1800	9000
3				冰箱	4	1200	4800
4				冰箱	2	1200	2400
5				空调	2	1800	3600
6				洗衣机	-1	1500	-1500
7				空调	3	1800	5400
8				洗衣机	4	1500	6000
9				空调	4	1800	7200
10				洗衣机	4	1500	6000
11				冰箱	-1	1200	-1200
12				空调	1	1800	1800

升序(S)
降序(O)
按颜色排序(T)
从“日期”中清除筛选(C)
按颜色筛选(I)
日期筛选(F)
搜索（全部）
(全选)
2018
七月
01
02
03
04
05
确定
取消

图 4-4

3．筛选功能：数字筛选

选中“数量”所在单元格 E1→单击“筛选 / 排序”小三角→选择“数字筛选”，可以筛选不同条件的数字结果，如介于某些数字之间（见图 4-5）。

例如，设置为介于 2～4 即“大于或等于 2”与“小于或等于 4”（见图 4-6），单击“确定”，筛选出来的就是包含 2、3、4 的数据。

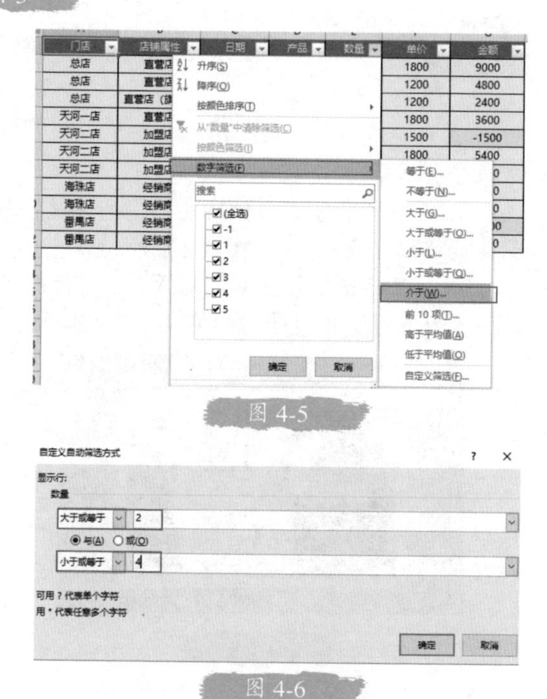

图 4-5

图 4-6

4．筛选功能：日期筛选

选中“日期”所在单元格 C1→单击“筛选 / 排序”小三角→取消选中“全选”后，仅选中“04”和“05”（见图 4-7），即可只查看 2018 年 7 月 4 日和 2018 年 7 月 5 日的明细情况（见图 4-8）。如果日期信息较多时，还可以通过“日期筛选”设置更多的筛选条件。

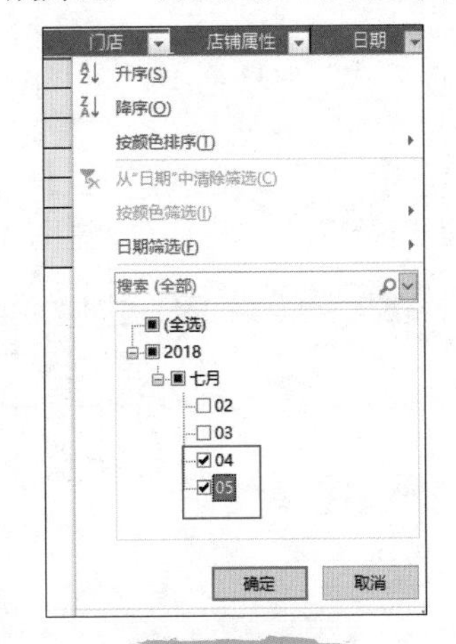

图 4-7

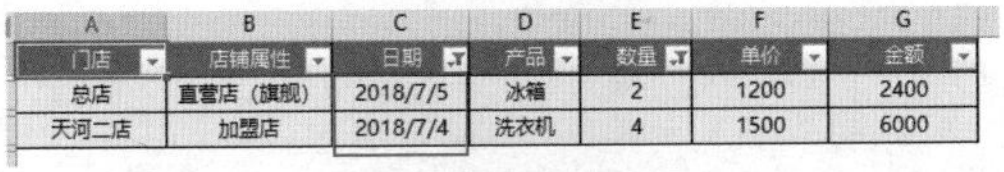

A	B	C	D	E	F	G
门店	店铺属性	日期	产品	数量	单价	金额
总店	直营店（旗舰）	2018/7/5	冰箱	2	1200	2400
天河二店	加盟店	2018/7/4	洗衣机	4	1500	6000

图 4-8

5. 清除筛选

清除单一筛选：单击“筛选 / 排序”小三角→选择“从‘数量’中清除筛选”(见图 4-9)。

图 4-9

清除所有筛选：选择“开始”选项卡→“排序和筛选”→单击“清除”(见图 4-10)。

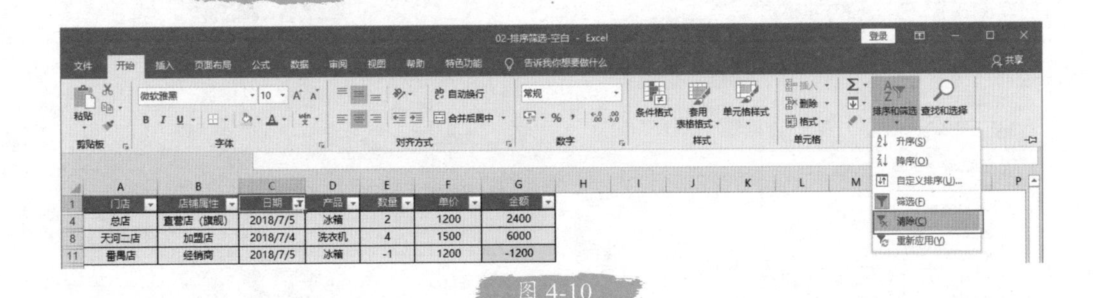

图 4-10

6. 筛选功能：颜色筛选

颜色的属性也是一样的，既可以做筛选，也可以做排序。

筛选出金额中填充颜色为黄色的数据：选中“金额”所在单元格 G1→单击“筛选 / 排序”小三角→选择“按颜色筛选”→选择黄色→单击“确定”完成（见图 4-11）。

按照金额中优先排序黄色的方式排序数据：选中“金额”所在单元格 G1→单击“筛选 / 排序”小三角→选择“按颜色排序”→选择黄色→单击“确定”完成（见图 4-12）。

读书笔记

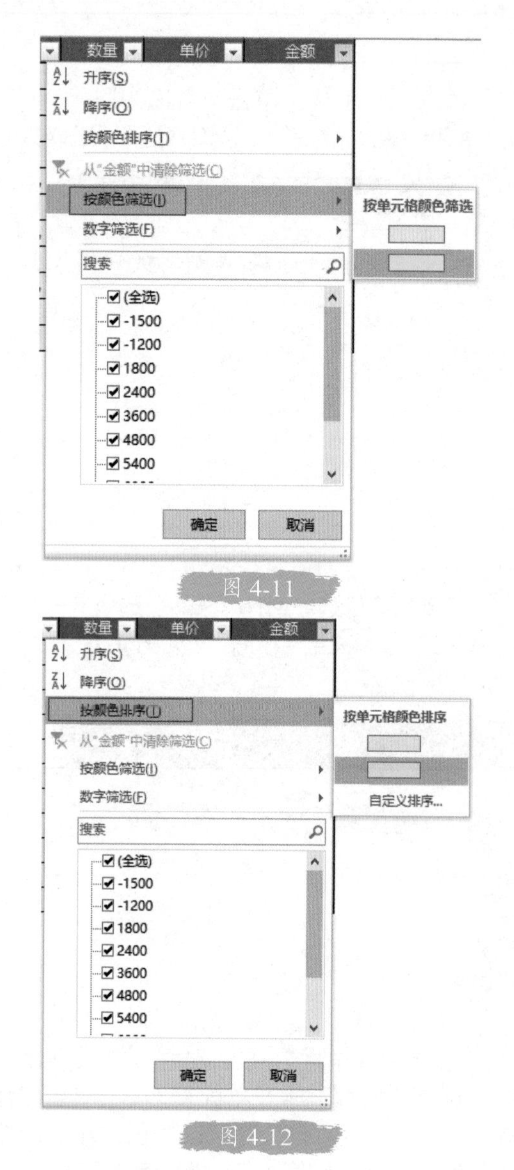

图 4-11

图 4-12

7. 筛选功能：文本筛选

查看包含“天河”店的数据情况，观察示例文件，在A列“门店”中出现了：天河一店、天河二店，在筛选时，只需要选中“门店”所在单元格 A1 →单击“筛选 / 排序”小三角→选择“文本筛选”→“包含”→在弹出的“自定义自动筛选方式”对话框中，在“包含”后文本框输入“天河”→单击“确定”完成后即可（见图 4-13、图 4-14）。筛选完成，包含“天河”的 4 条数据记录就呈现出来了（见图 4-15）。

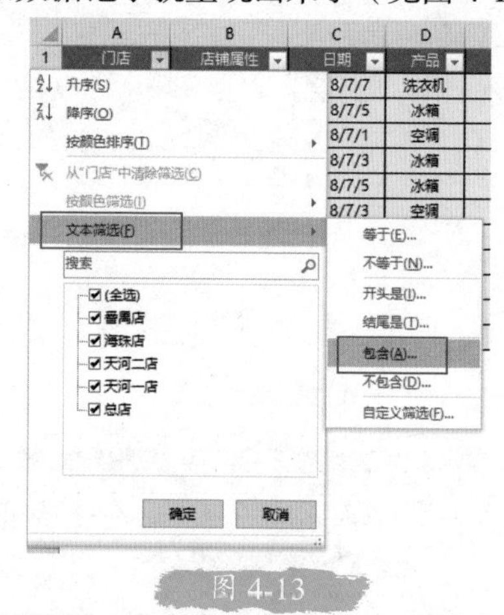

图 4-13

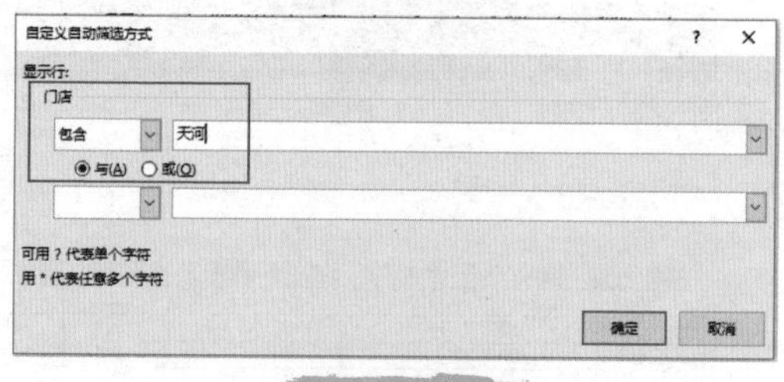

图 4-14

门店	店铺属性	日期	产品	数量	单价	金额
天河二店	加盟店	2018/7/7	洗衣机	-1	1500	-1500
天河一店	直营店	2018/7/3	空调	2	1800	3600
天河二店	加盟店	2018/7/2	空调	3	1800	5400
天河一店	加盟店	2018/7/4	洗衣机	4	1500	6000

图 4-15

4.2 “避坑”合并单元格

我们在实际工作当中，可能会遇到一些带

有合并单元格的表（见图 4-16）。这样的表格如果是为了给领导做汇报、给大家看还是比较清晰的，但是我们要做数据的筛选、排序或者统计的时候，就不那么方便了。例如，要查看“加盟店”的数据明细，当针对“店铺属性”进行“筛选”→选择“加盟店”→单击“确定”完成后（见图 4-17），得出的筛选结果仅显示两条，与实际情况不符。并且这种带合并单元格的表格无法进行正常排序。单击“清除筛选”后，将表格设置为按照“店铺属性”进行排序。Excel 会弹出错误提示：“若要执行此操作，所有合并单元格须大小相同”（见图 4-18）。也就是说，表格中包含了合并单元格，它们的大小不同，无法排序。

门店	店铺属性	日期	产品	数量	单价	金额	备注
总店	直营店	2018/7/1	空调	5	1800	9000	
		2018/7/2	冰箱	2	1200	2400	
	直营店（旗舰）	2018/7/3	冰箱	4	1200	4800	
天河一店	直营店	2018/7/3	空调	2	1800	3600	
	加盟店	2018/7/4	洗衣机	4	1500	6000	
		2018/7/4	洗衣机	4	1500	6000	
		2018/7/7	洗衣机	-1	1500	-1500	退货
		2018/7/7	洗衣机	-1	1500	-1500	退货
海珠店	经销商	2018/7/2	空调	4	1800	7200	
		2018/7/2	空调	1	1800	1800	
		2018/7/2	空调	1	1800	1800	
		2018/7/3	洗衣机	4	1500	6000	
番禺店	经销商	2018/7/5	冰箱	-1	1200	-1200	退货
		2018/7/5	冰箱	-1	1200	-1200	退货
白云店	加盟店	2018/7/1	空调	5	1800	9000	
		2018/7/2	空调	3	1800	5400	
		2018/7/2	冰箱	2	1200	2400	
		2018/7/2	空调	3	1800	5400	
		2018/7/2	空调	4	1800	7200	
		2018/7/3	冰箱	4	1200	4800	
		2018/7/3	空调	2	1800	3600	
越秀店	经销商	2018/7/3	洗衣机	4	1500	6000	

图 4-16

图 4-17

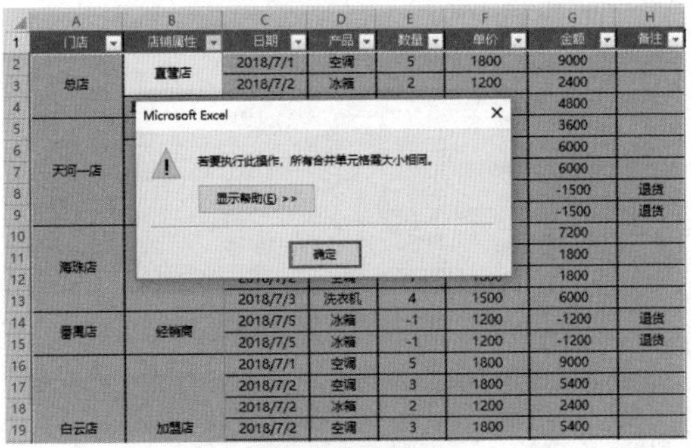

Microsoft Excel

若要执行此操作，所有合并单元格需大小相同。

显示帮助(E) >>

确定

图 4-18

1. 合并单元格的创建规则

任意选择一片单元格区域，如 D2:F12→选择“开始”选项卡→单击“合并后居中”。此时会弹出提示：“合并单元格时，仅保留左上角的值，而放弃其他值”（见图 4-19）。单击“确定”按钮，在合并后的新单元格仅保留了左上角单元格 D2 的值（见图 4-20）。

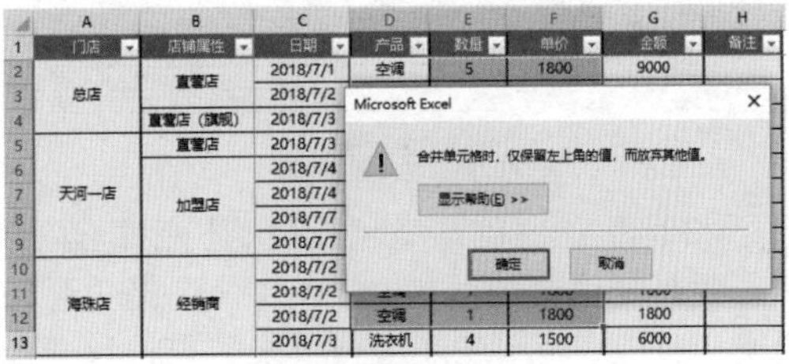

Microsoft Excel

合并单元格时，仅保留左上角的值，而放弃其他值。

显示帮助(E) >>

确定　取消

图 4-19

这也就是前面对 B 列“店铺属性”直接进行排序时，A 列“门店”只是存在于最左上角当中，无法排序的真正的原因。

2. 将合并单元格还原为数据明细

按 Ctrl+Z 键撤销上一步操作后。

（1）将 A～B 列中的合并单元格取消。选择合并单元格区域 A2:B23→选择“开始”选项卡→“合并后居中”→单击“取消单元格合并”（见图 4-21）。

	门店	店铺属性	日期	产品	数量	单价	金额	备注
1	门店	店铺属性	日期	产品	数量	单价	金额	备注
2	总店	直营店	2018/7/1	空调			0	
3			2018/7/2				0	
4		直营店（旗舰）	2018/7/3				0	
5	天河一店	直营店	2018/7/3				0	
6		加盟店	2018/7/4				0	
7			2018/7/4				0	
8			2018/7/7				0	退货
9			2018/7/7				0	退货
10	海珠店	经销商	2018/7/2				0	
11			2018/7/2				0	
12			2018/7/2				0	
13			2018/7/3	洗衣机	4	1500	6000	

图 4-20

	门店	店铺属性	日期	产品	数量	单价	金额	备注
2	总店	直营店（旗舰）	2018/7/3	冰箱	4	1200	4800	退货
3	总店	直营店	2018/7/1	空调	5	1800	9000	
4			2018/7/2	冰箱	2	1200	2400	
5	天河一店	直营店	2018/7/3	空调	2	1800	3600	
6	白云店	加盟店	2018/7/1	空调	5	1800	9000	
7			2018/7/2	空调	3	1800	5400	
8			2018/7/2	冰箱	2	1200	2400	
9			2018/7/2	空调	3	1800	5400	退货
10			2018/7/2	空调	4	1800	7200	
11			2018/7/3	冰箱	4	1200	4800	
12			2018/7/3	空调	2	1800	3600	
13	天河一店	加盟店	2018/7/4	洗衣机	4	1500	6000	
14			2018/7/4	洗衣机	4	1500	6000	
15			2018/7/7	洗衣机	-1	1500	-1500	
16			2018/7/7	洗衣机	-1	1500	-1500	
17	海珠店	经销商	2018/7/2	空调	4	1800	7200	退货
18			2018/7/2	空调	1	1800	1800	
19			2018/7/2	空调	1	1800	1800	
20			2018/7/3	洗衣机	4	1500	6000	
21	越秀店	经销商	2018/7/3	洗衣机	4	1500	6000	
22	番禺店	经销商	2018/7/5	冰箱	-1	1200	-1200	退货

图 4-21

（2）将空白的单元格信息补充完全。选择需要补全信息的区域 A2:B23→选择“开始”选项卡→“编辑”功能组→单击“查找和选择”下的小三角→选择“定位条件”→在弹出的“定位条件”对话框中，选择“空值”→单击“确定”（见图 4-22）。Excel 自动选中 A2:B23 区域中空值的单元格（见图 4-23）。

这个时候，我们再让这些单元格值等于它上方的单元格，也就是此时选中的是 A4 单元格，让它等于 A3 的值。所有的空值单元格，都要执行相同的操作。直接按 = + ↑ 后，按 Ctrl+Enter 进行公式的批量填充，结果如图 4-24 所示。

（3）将公式补全的信息选择性粘贴为数值。选中 A2:B23→按 Ctrl+C 复制→右击选择“选择性粘贴”→在弹出的“选择性粘贴”对话框中选择“数值”→单击“确定”即可。

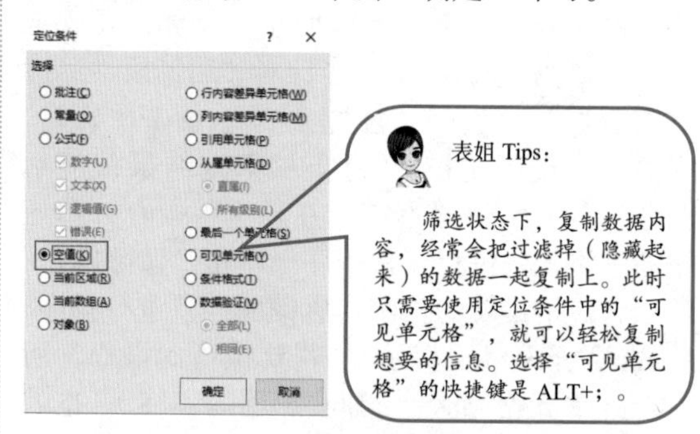

图 4-22

	门店	店铺属性	日期	产品	数量	单价	金额	备注
2	总店	直营店（旗舰）	2018/7/3	冰箱	4	1200	4800	退货
3	总店	直营店	2018/7/1	空调	5	1800	9000	
4			2018/7/2	冰箱	2	1200	2400	
5	天河一店	直营店	2018/7/3	空调	2	1800	3600	
6	白云店	加盟店	2018/7/1	空调	5	1800	9000	
7			2018/7/2	空调	3	1800	5400	
8			2018/7/2	冰箱	2	1200	2400	
9			2018/7/2	空调	3	1800	5400	退货
10			2018/7/2	空调	4	1800	7200	
11			2018/7/3	冰箱	4	1200	4800	
12			2018/7/3	空调	2	1800	3600	
13	天河一店	加盟店	2018/7/4	洗衣机	4	1500	6000	
14			2018/7/4	洗衣机	4	1500	6000	
15			2018/7/7	洗衣机	-1	1500	-1500	
16			2018/7/7	洗衣机	-1	1500	-1500	
17	海珠店	经销商	2018/7/2	空调	4	1800	7200	退货
18			2018/7/2	空调	1	1800	1800	
19			2018/7/2	空调	1	1800	1800	
20			2018/7/3	洗衣机	4	1500	6000	
21	越秀店	经销商	2018/7/3	洗衣机	4	1500	6000	
22	番禺店	经销商	2018/7/5	冰箱	-1	1200	-1200	退货
23			2018/7/5	冰箱	-1	1200	-1200	

图 4-23

门店	店铺属性	日期	产品	数量	单价	金额	备注
总店	直营店	2018/7/1	空调	5	1800	9000	
总店	直营店	2018/7/2	冰箱	2	1200	2400	
总店	直营店（旗舰）	2018/7/3	冰箱	4	1200	4800	
天河一店	直营店	2018/7/3	空调	2	1800	3600	
天河一店	加盟店	2018/7/4	洗衣机	4	1500	6000	
天河一店	加盟店	2018/7/4	洗衣机	4	1500	6000	
天河一店	加盟店	2018/7/7	洗衣机	-1	1500	-1500	退货
天河一店	加盟店	2018/7/7	洗衣机	-1	1500	-1500	退货
海珠店	经销商	2018/7/2	空调	4	1800	7200	
海珠店	经销商	2018/7/2	空调	1	1800	1800	
海珠店	经销商	2018/7/2	空调	1	1800	1800	
海珠店	经销商	2018/7/3	洗衣机	4	1500	6000	
番禺店	经销商	2018/7/5	冰箱	-1	1200	-1200	退货
番禺店	经销商	2018/7/5	冰箱	-1	1200	-1200	退货
白云店	加盟店	2018/7/1	空调	5	1800	9000	
白云店	加盟店	2018/7/2	空调	3	1800	5400	
白云店	加盟店	2018/7/2	冰箱	2	1200	2400	
白云店	加盟店	2018/7/2	空调	3	1800	5400	
白云店	加盟店	2018/7/2	空调	4	1800	7200	
白云店	加盟店	2018/7/3	冰箱	4	1200	4800	
白云店	加盟店	2018/7/3	空调	2	1800	3600	
越秀店	经销商	2018/7/3	洗衣机	4	1500	6000	

图 4-24

温馨提示

打开"定位条件"对话框的 3 种方法：

（1）"排序和筛选"下→选择"定位条件"。

（2）按快捷键 F5 或 FN+F5。

（3）按快捷键 Ctrl+G。

4.3 自定义排序

在处理好数据源表（见图 4-16）中的合并单元格后（见图 4-24），我们将根据"店铺属性"按照"直营店（旗舰）→直营店→加盟店→经销商"的顺序进行排序。在正式操作之前，先来了解一下 Excel 中已有的排序规则。

第一大类：是默认的，如数字从大到小或者从小到大的升降序。如果是文字，按照拼音的先后顺序从 A～Z 或者从 Z～A。

第二大类：Excel 当中有原装 11 种排序顺序，如按星期、月份、季度顺序排序等（见图 4-25）。

但是我们需要的"店铺属性"并不在上述规则当中，所以我们先要将这个"自定义规则"告诉给 Excel 后，才能让表格按其排序。

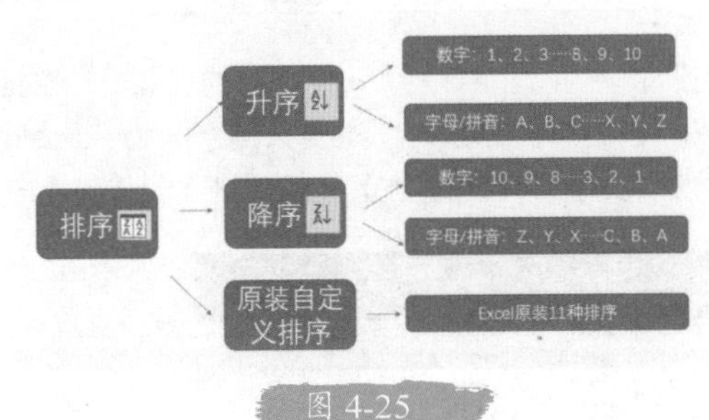

图 4-25

1. 整理排序原则

（1）将"店铺属性"所在 B 列复制一份，粘贴在表格的空白区域。

选中 B 列→按 Ctrl+C 复制→选中任一空白列，如 K 列→按 Ctrl+V 粘贴→粘贴后选择"数据"选项卡→"删除重复值"（见图 4-26）→在弹出的"删除重复值"对话框，单击"确定"（见图 4-27）→在弹出的"发现了 18 个重复值，已将其删除；保留了 4 个唯一值"提示框，单击"确定"（见图 4-28）。

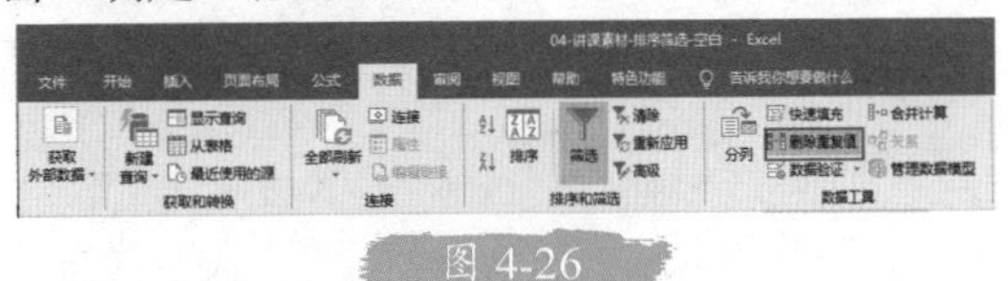

图 4-26

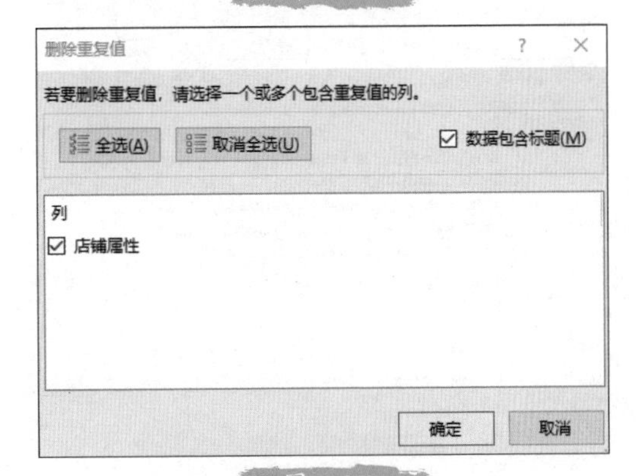

图 4-27

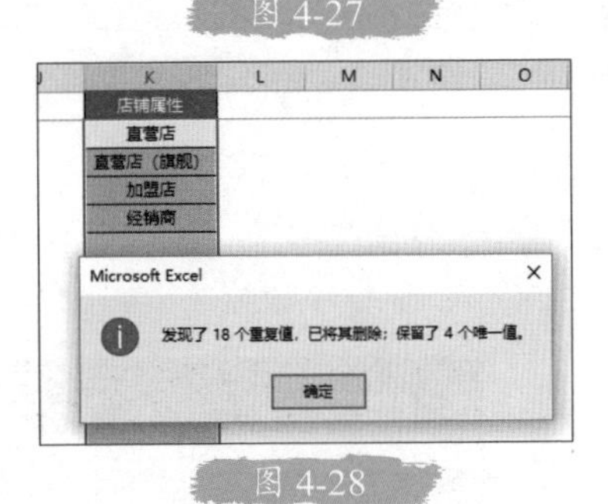

图 4-28

（2）调整逻辑顺序：选中"加盟商"所在 K4 单元格，鼠标指针滑动到边框位置，按住 Shift 键，拖曳鼠标，将其快速移动到 K5 下方的位置（见图 4-29）。松开鼠标后，快速完成

K4 和 K5 的位置调换。其功能相当于，剪切再粘贴的效果。调整后的顺序如图 4-30 所示。

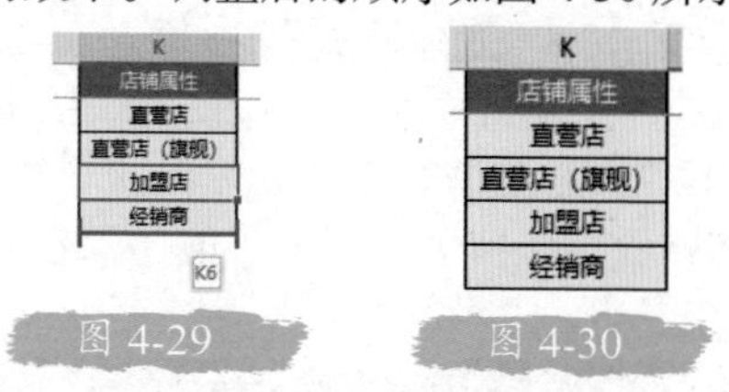
图 4-29　图 4-30

2. 设置"自定义序列"

选中整理好顺序的单元格，即图 4-30 中的 K2:K5→选择"文件"选项卡→"选项"→"高级"→"编辑自定义列表"(见图 4-31)→在弹出的"自定义序列"对话框单击"导入"，即把 K2:K5 的自定义规则导入自定义序列规则当中(见图 4-32)。

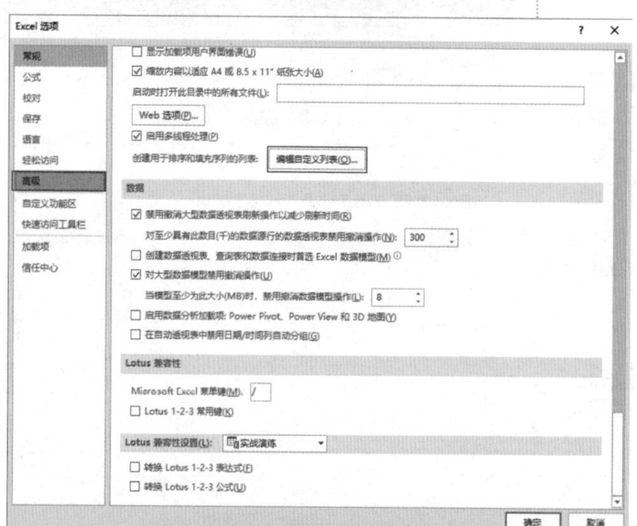
图 4-31

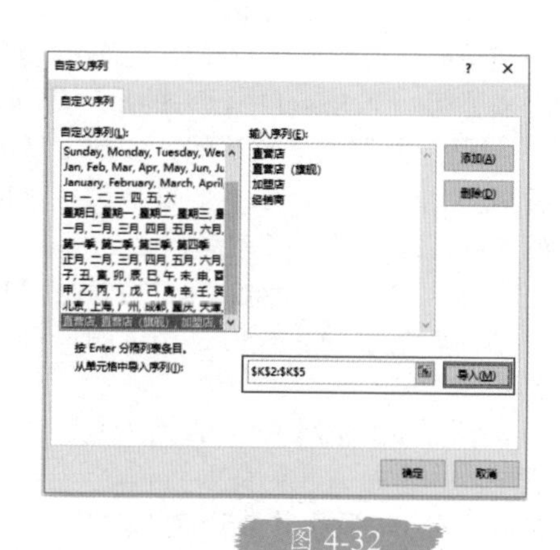
图 4-32

3. 应用自定义排序

(1)选中表格的任一单元格，如 B1→选择"开始"选项卡→"排序和筛选"→单击"自定义排序"(见图 4-33)→在弹出的"排序"对话框中设置排序规则 1："主要关键字"为"店铺属性"，"次序"为前面自定义的规则(见图 4-34)。

图 4-33

排序
添加条件(A)
删除条件(D)
复制条件(C)
选项(O)...
数据包含标题(H)
列
排序依据
次序
主要关键字
店铺属性
单元格值
店铺属性, 直营店（旗舰）, 直
确定
取消

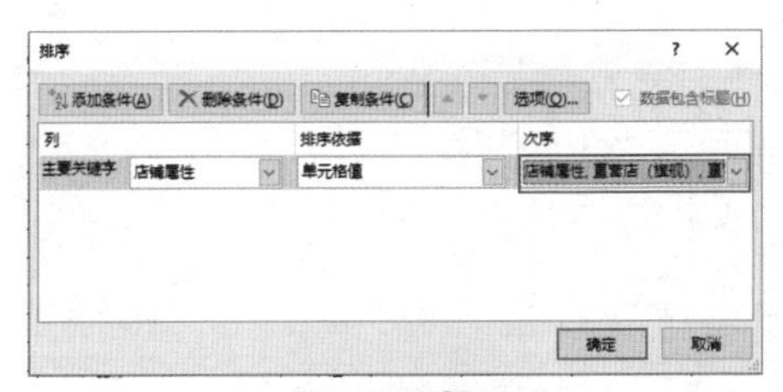

图 4-34

（2）继续添加排序规则 2：单击“添加条件”→设置“次要关键字”为“日期”,“次序”为“升序”→单击“确定”完成（见图 4-35）。

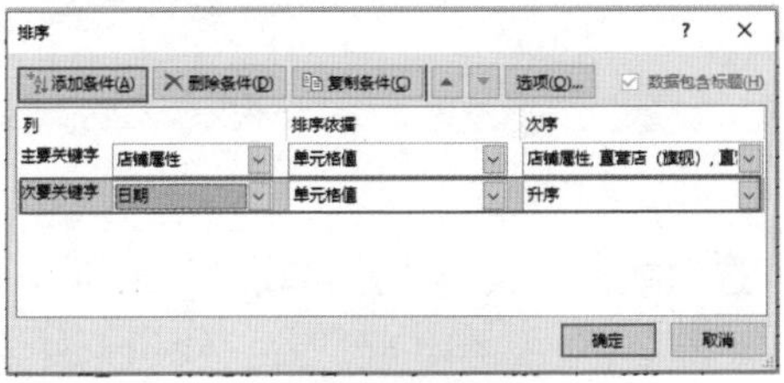

排序
添加条件(A)
删除条件(D)
复制条件(C)
选项(O)...
数据包含标题(H)
列
排序依据
次序
主要关键字
店铺属性
单元格值
店铺属性, 直营店（旗舰）, 直
次要关键字
日期
单元格值
升序
确定
取消

图 4-35

最后，我们看一下最终效果。直营店（旗舰）在最上面，“店铺属性”按照我们自定义的顺序排列。每一个店铺属性明细当中，又按照日期从小到大排序，这样整个表的顺序就规范了（见图 4-36）。

	A	B	C	D	E	F	G	H
1	门店	店铺属性	日期	产品	数量	单价	金额	备注
2	总店	直营店（旗舰）	2018/7/3	冰箱	4	1200	4800	退货
3	总店	直营店	2018/7/1	空调	5	1800	9000	
4	总店	直营店	2018/7/2	冰箱	2	1200	2400	
5	天河一店	直营店	2018/7/3	空调	2	1800	3600	
6	白云店	加盟店	2018/7/1	空调	5	1800	9000	
7	白云店	加盟店	2018/7/2	空调	3	1800	5400	
8	白云店	加盟店	2018/7/2	冰箱	2	1200	2400	
9	白云店	加盟店	2018/7/2	空调	3	1800	5400	退货
10	白云店	加盟店	2018/7/2	空调	4	1800	7200	
11	白云店	加盟店	2018/7/3	冰箱	4	1200	4800	
12	白云店	加盟店	2018/7/3	空调	2	1800	3600	
13	天河一店	加盟店	2018/7/4	洗衣机	4	1500	6000	
14	天河一店	加盟店	2018/7/4	洗衣机	4	1500	6000	
15	天河一店	加盟店	2018/7/7	洗衣机	-1	1500	-1500	
16	天河一店	加盟店	2018/7/7	洗衣机	-1	1500	-1500	
17	海珠店	经销商	2018/7/2	空调	4	1800	7200	退货
18	海珠店	经销商	2018/7/2	空调	1	1800	1800	
19	海珠店	经销商	2018/7/2	空调	1	1800	1800	
20	海珠店	经销商	2018/7/3	洗衣机	4	1500	6000	
21	越秀店	经销商	2018/7/3	洗衣机	4	1500	6000	
22	番禺店	经销商	2018/7/5	冰箱	-1	1200	-1200	退货
23	番禺店	经销商	2018/7/5	冰箱	-1	1200	-1200	

图 4-36

表姐说

本章介绍了排序、筛选，主要用于数据源的整理当中。排序、筛选默认的是文本按照拼音的顺序，数字按照大小的顺序；此外，日期还可以分为年、月、日的不同维度进行排序和筛选。

如果在工作当中遇到没有默认的排序规则时，就需要根据实际业务要求去做一个自定义的规则，才能让 Excel 按照自定义序列的规则排序。

平时在工作当中，数据源如果是不规范的，如合并单元格——呈现的时候是完全没有问题的，但如果我们要做数据分析，把它作为数据源的话，就会有各种各样的问题。对应的解决方案是把这些合并单元格取消，并且用批量填充的方法将信息补全。

我们在一开始做表的时候，可能会想得不是很全面。这没有关系，做完以后可以多看看，多做一些优化和调整。如果数据量比较小，大家用“手动挡”处理表格是没问题的。但是如果数据量比较大，还是推荐大家使用“自动挡”来提高工作效率。

4.4 彩蛋：分类汇总

在我们平时的工作当中，经常要把工作表格提交给领导看。

图 4-37 所示的表根据不同的门店做了分类，这样其实挺好的。只是在做排序、汇总、统计时可能会出问题，例如我们在最后一行添加“总计”的时候，就要跳跃，选择各个门店的汇总结果进行求和。又或者是，在统计的时候，门店记录少添加了一行，如果要新增数据，门店的汇总值又得重新计算。总之，是不够“自动化”。

造成图 4-37 中的问题的主要原因是，我们在做数据源和报表呈现的时候，没有区分出两个表格的功能。实际上，像这样按照不同的类

别“分类汇总”的功能，Excel当中就有自带的“自动挡”。

门店	店铺属性	日期	产品	数量	单价	金额	备注
总店	直营店	2018/7/1	空调	5	1800	9000	
总店	直营店	2018/7/5	冰箱	2	1200	2400	
总店	直营店（旗舰）	2018/7/3	冰箱	4	1200	4800	
总店 汇总				**11**		**16200**	
天河一店	直营店	2018/7/3	空调	2	1800	3600	
天河一店 汇总				**2**		**3600**	
天河二店	加盟店	2018/7/4	洗衣机	4	1500	6000	
天河二店	加盟店	2018/7/7	洗衣机	-1	1500	-1500	退货
天河二店	加盟店	2018/7/2	空调	3	1800	5400	
天河二店				**6**		**9900**	
海珠店	经销商	2018/7/2	空调	4	1800	7200	
海珠店	经销商	2018/7/3	洗衣机	4	1500	6000	
海珠店 汇总				**8**		**13200**	
番禺店	经销商	2018/7/5	冰箱	-1	1200	-1200	退货
番禺店	经销商	2018/7/2	空调	1	1800	1800	
番禺店 汇总				**0**		**600**	

图 4-37

1. 整理规范的数据源

（1）删除数据源表中所有包含“汇总”的行。选中B列“门店属性”→按Ctrl+G打开“定位”对话框→选择“定位条件”→在弹出的“定位条件”对话框选择“空值”→单击“确定”完成（见图4-38）。

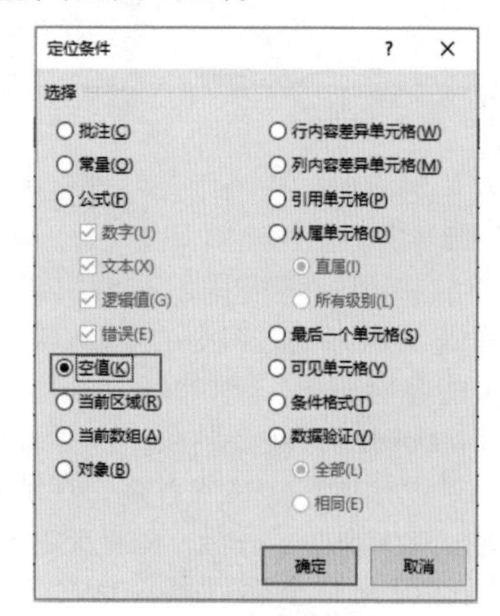

图 4-38

（2）在Excel定位好空值所在单元格后，右击选择“删除”→“整行”→单击“确定”完成（见图4-39、图4-40）。

图 4-39

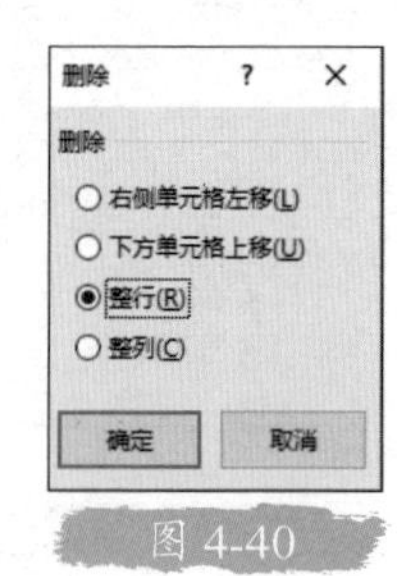

图 4-40

2. 启用分类汇总

选中数据源表→选择“数据”选项卡→单击“分类汇总”（见图4-41）→弹出“分类汇总”对话框选择分类字段为“门店”，选定汇总项为“数量”“金额”→单击“确定”完成（见图4-42）。

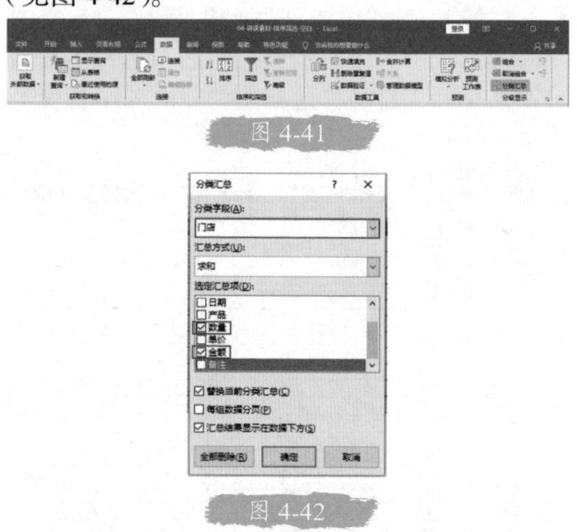

图 4-41

图 4-42

最终效果如图4-43所示，完成分类汇总以后，再检查一下有没有格式的问题，如优化一下边框和底纹等。使用分类汇总后的表格，可以在最左侧看到“1”“2”“3”分级标示，可以通过单击的方式方便地查看到不同级别的明细数据（见图 4-43）。

	A	B	C	D	E	F	G	H
1	门店	店铺属性	日期	产品	数量	单价	金额	备注
2	总店	直营店	2018/7/1	空调	5	1800	9000	
3	总店	直营店	2018/7/5	冰箱	2	1200	2400	
4	总店	直营店（旗舰）	2018/7/3	冰箱	4	1200	4800	
5	总店 汇总				11		16200	
6	天河一店	直营店	2018/7/3	空调	2	1800	3600	
7	天河一店 汇总				2		3600	
8	天河二店	加盟店	2018/7/4	洗衣机	4	1500	6000	
9	天河二店	加盟店	2018/7/7	洗衣机	-1	1500	-1500	退货
10	天河二店	加盟店	2018/7/2	空调	3	1800	5400	
11	天河二店 汇总				6		9900	
12	海珠店	经销商	2018/7/2	空调	4	1800	7200	
13	海珠店	经销商	2018/7/3	洗衣机	4	1500	6000	
14	海珠店 汇总				8		13200	
15	番禺店	经销商	2018/7/5	冰箱	-1	1200	-1200	退货
16	番禺店	经销商	2018/7/2	空调	1	1800	1800	
17	番禺店 汇总				0		600	
18	总计				27		43500	

图 4-43

3. 取消分类汇总

如果要取消分类汇总，可以通过“数据”选项卡下的“分类汇总”进行删除。

选择“数据”选项卡→单击“分类汇总”→在弹出的“分类汇总”对话框单击“全部删除”→单击“确定”完成（见图 4-44）。

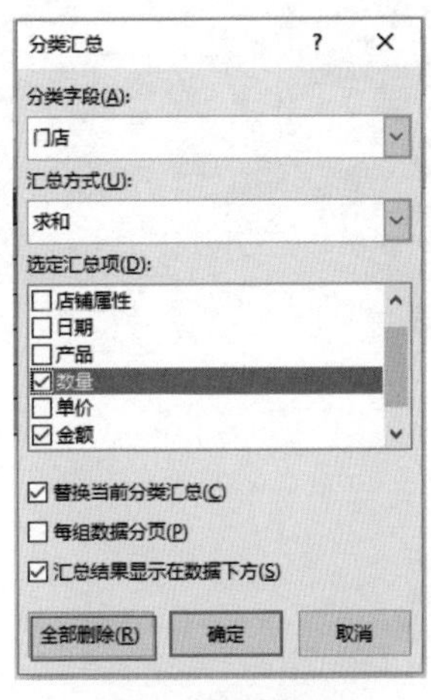

图 4-44

这样做的好处是：数据源表是数据源表。要做呈现的时候，再用呈现的工具（如“分类汇总”）来做，以便有效区分数据源表和报表。

读书笔记

5 数据规范“自动档”：教你数据验证法，录入规范不出错

小张好不容易录完的表，“手机号”“身份证号码”“入职时间”列却出现了 E+10、E+17 和 ###### 等“乱码”。（见图 5-1）

看到这张表，小张一头雾水地问道：“表姐，我这张表是不是中毒了呀？”（见图 5-2）

	A	B	C	D	E	F
1	部门	员工姓名	手机号	身份证号码	入职时间	是否住公司
2	行政部	袁姐	1.55E+10	3.6E+17	2010.4.2	是
3	市场部	李明	1.55E+10	1.1E+17	5年2月1	否
4	技术部	林婷婷	1.51E+10	4.32E+17	######	是
5	市场部	张一波	1.51E+10	1.43E+17	11年5月	否
6	技术部	王晓琴	1.56E+10	1.3E+17	######	是

图 5-1

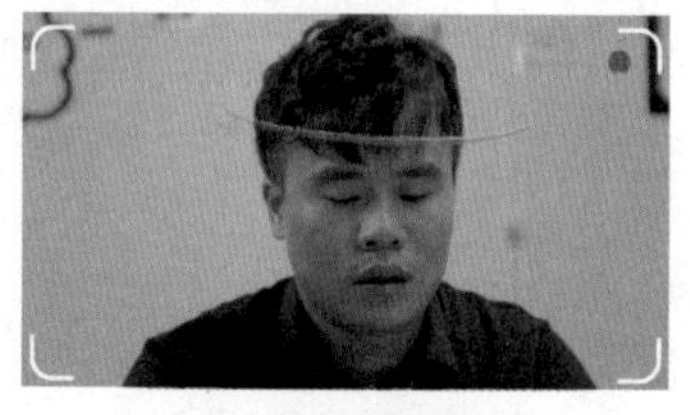

图 5-2

其实，小张的问题是因为做表的时候，数据不规范！

5.1 数据的规范录入

我们先来看看，小张的这张表究竟不规范在哪里。

1. 日期显示为“######”

原因分析：单元格列宽不够，造成显示不全。因此，当单元格内容过多时，会显示为 ######。

解决方案：将 E 列“入职时间”的列宽调大一些即可。

2. 身份证号显示为“E+”

原因分析：Excel 对于输入超过 11 位的数字，会以科学记数的表达方式来显示。并且科学记数法的数字精度为 15 位，超过 15 位的所有数字，Excel 都将其自动改为 0。这也是平时工作中，我们录入身份证号码后，有时会发生最后 3 位显示为“0”的原因。

解决方案：对于长串数字，要以文本的格式录入。

表姐口诀

数字不计算，文本大法，早用早好。

长文本的录入技巧如下。

① 在单元格先输入'（英文状态下的单引号），然后再输入数字，此时单元格会默认以文本格式写入。录入完毕后，单元格的左上角出现一个绿色小三角，提示用户该单元格的内容是以文本形式存在的（见图 5-3）。

'360403198608309988

360403198608309988

图 5-3

② 先设置单元格为"文本"格式，再录入内容。重新插入一列 E 列，选中 E 列后→选择"开始"选项卡→将"单元格格式"从"常规"改为"文本"（见图 5-4）。设置完毕后，再录入任何数字，显示的格式都是"文本"型，也就是无论用户输入多长，Excel 都将按照你输入的内容进行显示，不会再改为科学计数法的形式。这个技巧常常用于录入身份证号码、手机号码、银行卡号等长串数字。

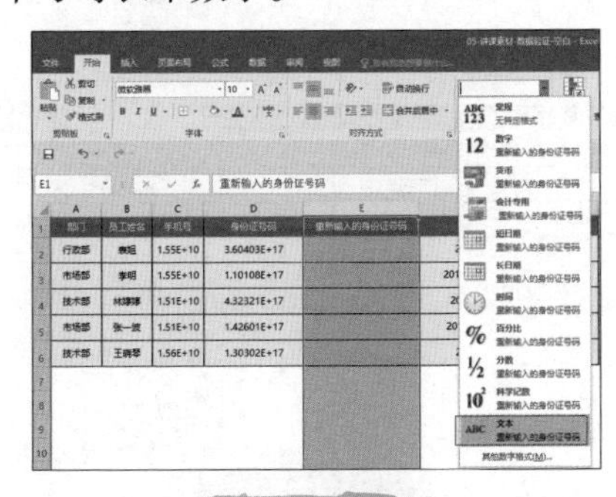

图 5-4

温馨提示

长串数字录入时，必须先设置单元格格式为文本格式后，再录入数据。否则，如图 5-4 中 D 列所示，先录入好数字后，再将单元格格式改为"文本格式"是不起作用的，只能重新录入才行。

3. 日期列筛选不自动分到年、月

我们再看一下图 5-5 中的"入职时间"F 列，这些日期格式都不太一样：有的是以小数点分割年、月、日；有的是写年、月、日；有的没有写日，写的是号；还有的是以斜杠分隔，这让表格显得非常混乱。

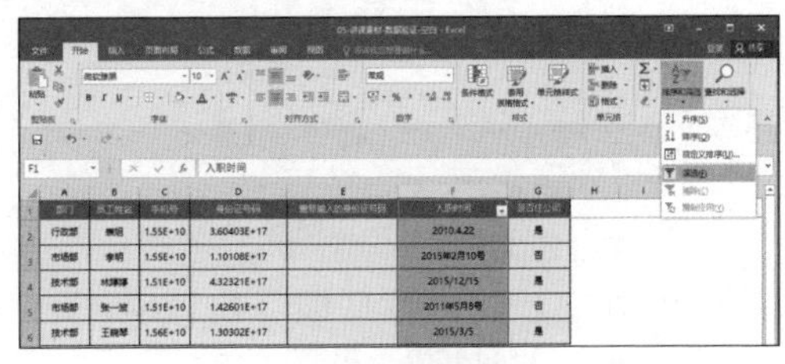

图 5-5

当选择"开始"选项卡→"排序和筛选"→单击"筛选"（见图 5-5）→打开筛选功能后，不难发现有些日期，Excel 会自动帮我们分类为"年、月、日"，但是有些却不会（见图 5-6 中红框的部分）。

原因分析：不能够自动归类的，都是"不规范的假日期"。在平时工作中，不用费劲记哪些是不规范的，因为错误是不可能穷举的。只用记住规范的"真"日期只有以下 3 种情况。

（1）一横：用短横线"-"分隔的日期，如 2019-1-1。

（2）一撇：用斜线"/"分隔的日期，如 2091/1/1。

（3）年月日：用中文"年、月、日"分隔的日期，如 2019 年 1 月 1 日。

表姐口诀

一横一撇年月日，任何符号输英文。

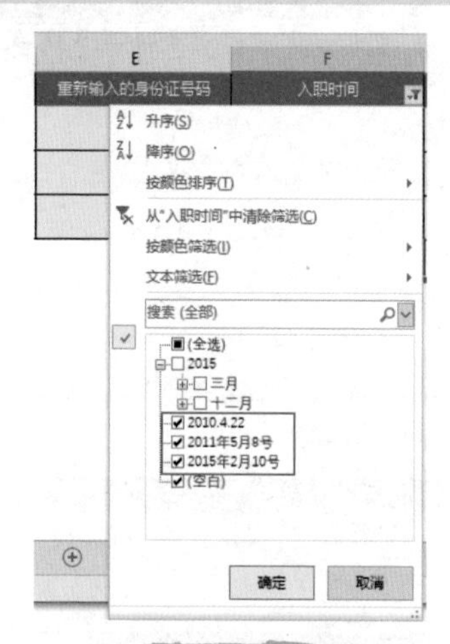

图 5-6

解决方案：将“假日期”修改为“真日期”。筛选出“假日期”（见图 5-7），这 3 行日期实际上就是错误的日期格式，然后依次修改为图 5-8 中“真日期”格式。

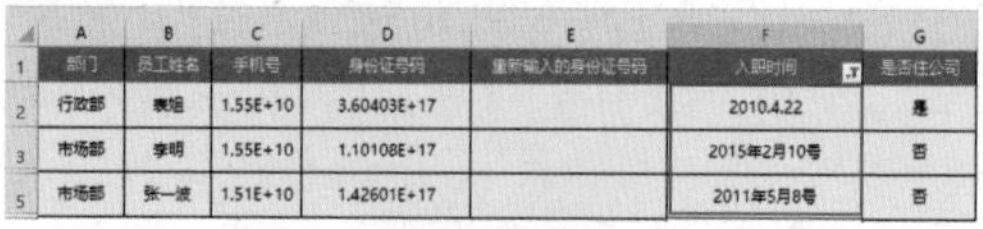

	A	B	C	D	E	F	G
1	部门	员工姓名	手机号	身份证号码	重新输入的身份证号码	入职时间	是否住公司
2	行政部	表姐	1.55E+10	3.60403E+17		2010.4.22	是
3	市场部	李明	1.55E+10	1.10108E+17		2015年2月10号	否
5	市场部	张一波	1.51E+10	1.42601E+17		2011年5月8号	否

图 5-7

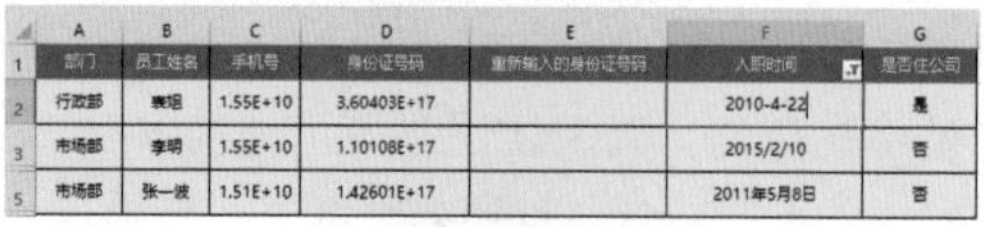

	A	B	C	D	E	F	G
1	部门	员工姓名	手机号	身份证号码	重新输入的身份证号码	入职时间	是否住公司
2	行政部	表姐	1.55E+10	3.60403E+17		2010-4-22	是
3	市场部	李明	1.55E+10	1.10108E+17		2015/2/10	否
5	市场部	张一波	1.51E+10	1.42601E+17		2011年5月8日	否

图 5-8

修改完后，再单击筛选功能，可以看到所有的日期都自动进行“年、月、日”的分组了，并且单击“日期筛选”，还可以看到更多的筛选方案（见图 5-9）。而“真日期”也是后面我们利用数据透视表，自动生成月报、季报、年报的“重要基础”，这利用的就是“真日期”自动分组的功能。

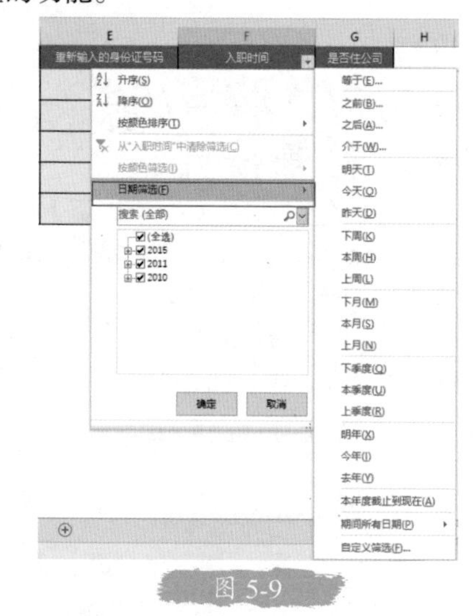

图 5-9

温馨提示

如果要把短期日（如 2019/1/1）显示为长日期（如 2019 年 1 月 1 日），只需要选中整列→选择“开始”选项卡→将单元格格式改为“长日期”即可（见图 5-10）。

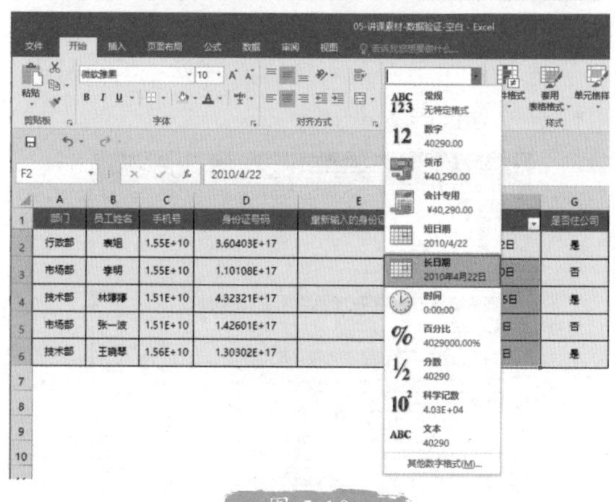

图 5-10

5.2 数据验证提前设置

如图 5-11 所示的表是公司给员工发住房补贴的表，补贴条件是：如果住在公司没有补贴，不住在公司有 1000 元补贴。但是，收回来的统计表，总有一些内容是没有办法统计。

这个时候，就得挨个儿跟员工去确认，这些“非主流”的回答后面，真正的含义是什么？

表姐建议大家：“比起事后救火填坑，最好的方法是：事前控制”。在 Excel 的世界里，像这种事先控制约束，用到的是“数据验证”。顾名思义：当填表人满足了验证条件，才能够往里输入内容，否则就报错。这样发给填表人的时候，填表人只能按照这个规范去做。

回到这个表格空白的时候，也就是新建一张空白工作表，把标题表头按照图 5-11 填好以后，开始进行“数据验证”的设置。

部门	员工姓名	手机号	身份证号码	入职时间	是否住公司
行政部	裴[illegible]	15914806243	360403198408307323	2010/7/2	是
市场营销部	凌祯	15526106595	110108199212013870	2017/9/15	否
技术	张盛茗	15096553490	432321198612255319	2016/2/24	都行
技术部	刘小宝	13878033234	370102199304201871	2010/7/5	先住3个月
行政	邹新文	13013151747	140103199208221471	2017/1/14	都行
市场部	李明	15350645448	110108199811233625	2015/6/10	是
技术	翁国栋	15177866866	340803199509068159	2012/11/7	不住，但是申请坐班车
技术部	康书	13880268532	420922198411271217	2014/7/28	否
行政	孙坛	18228706833	120104198208092841	2014/12/13	是
市场营销部	张一波	15053347693	142601199708254214	2015/12/24	否
技术	马鑫	13851307655	320981198211248339	2015/11/16	
技术部	倪国梁	15371465950	512221198903043421	2012/12/28	否
行政	程桂刚	13378587026	610103199903100010	2017/12/27	否
市场营销部	陈帮龙	15212414461	12010919850104142X	2012/12/12	否

图 5-11

1. 建立验证原则的参数表

在工作簿中新增一张“参数”工作表，输入部门、是否住公司等参数（见图 5-12）。

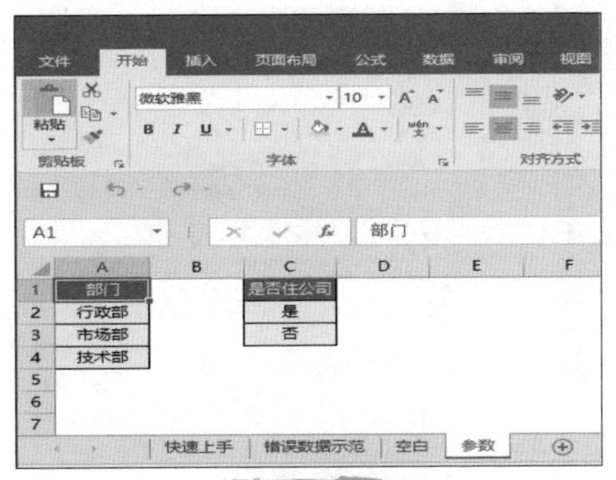

图 5-12

2. 设置“部门来源”的数据验证：序列型数据验证

（1）选中“部门”A 列→选择“数据”选项卡→“数据验证”（见图 5-13）。

图 5-13

（2）在弹出的“数据验证”对话框→“允许”→选择“序列”（见图 5-14）。

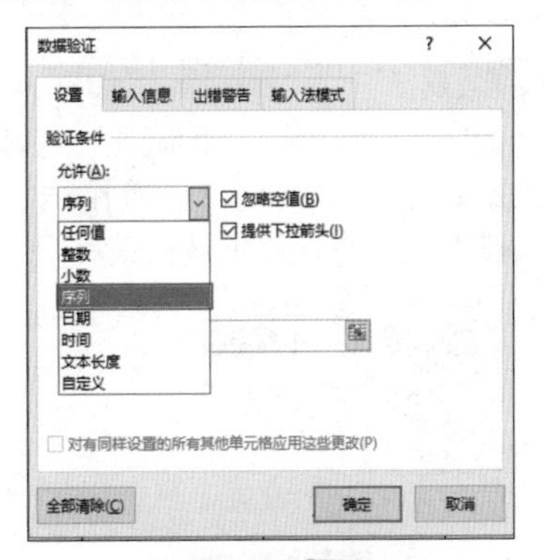

图 5-14

（3）设置“来源”→单击折叠窗口按钮→选择参数表里的数据来源（见图 5-15）。

图 5-15

（4）查看设置效果。设置完成后，单击“部门”的下拉框，其中可选的内容为图 5-15 中设置的序列来源（见图 5-16）；如果要手工输入非允许范围内的值，如“市场营销部”，则会弹出错误提示“此值与此单元格定义的数据验证限制不匹配”（见图 5-17）。

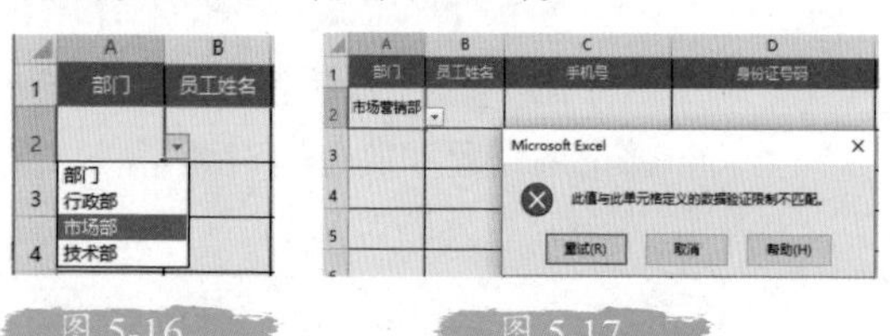

图 5-16　　图 5-17

（5）增加序列内容。如果部门内容发生新增或修改，可以在序列允许的范围内，即参数表 A1:A8 范围内，直接新增或修改（见图 5-18）。

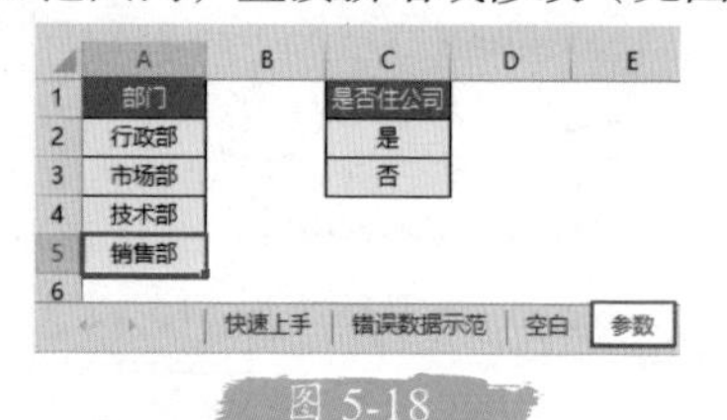

图 5-18

同理，操作“是否住公司”F 列的数据验证效果。

表姐 Tips

如果要制作动态数据验证，或二级动态联动效果的数据验证，请查看本书“福利篇”的“巧用超级表制作动态数据验证”。

3. 设置“员工姓名”的数据验证：文本长度型数据验证

（1）选中“员工姓名”B 列→选择“数据”选项卡→“数据验证”（见图 5-19）。

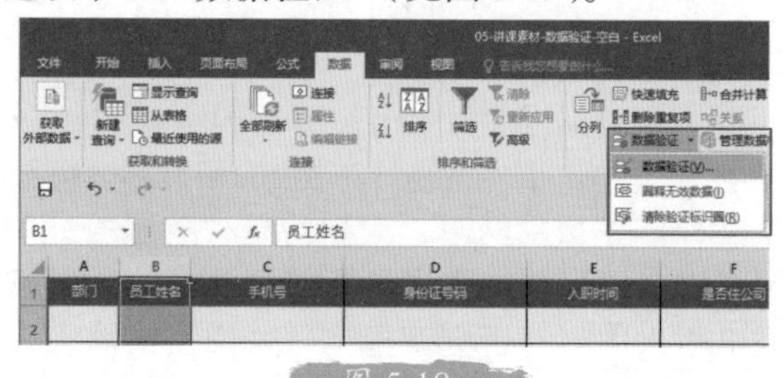

图 5-19

（2）在弹出的“数据验证”对话框→“允许”→选择“文本长度”（见图 5-20）。

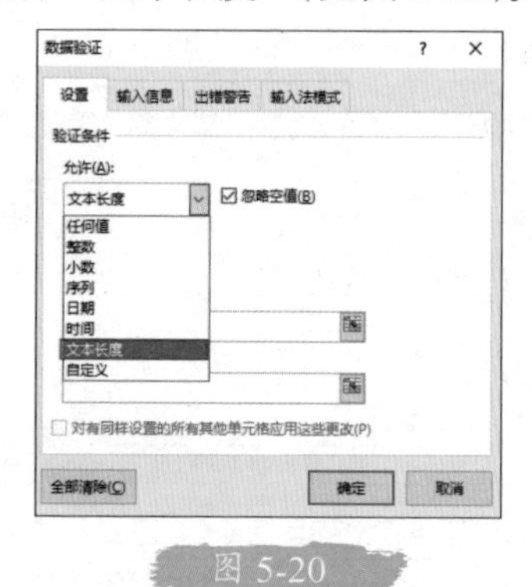

图 5-20

（3）设置数据。“介于”指定范围内，如人名的指定长度范围是 2～5（见图 5-21）。

读书笔记

图 5-21

4．设置手机号、身份证号码的数据验证：长串文本型数字数据验证

（1）把手机号、身份证号码列单元格设置成文本格式。选择“开始”选项卡→设置单元格格式→设置为“文本”（见图 5-22）。

图 5-22

（2）设置手机号数据验证。选中“手机号”C 列→选择“数据”选项卡→“数据验证”（见图 5-23）→在弹出的“数据验证”对话框→“允许”→选择“文本长度”→“数据”→选择“等于”→“长度”设为 11，单击“确定”完成（见图 5-24）。

图 5-23

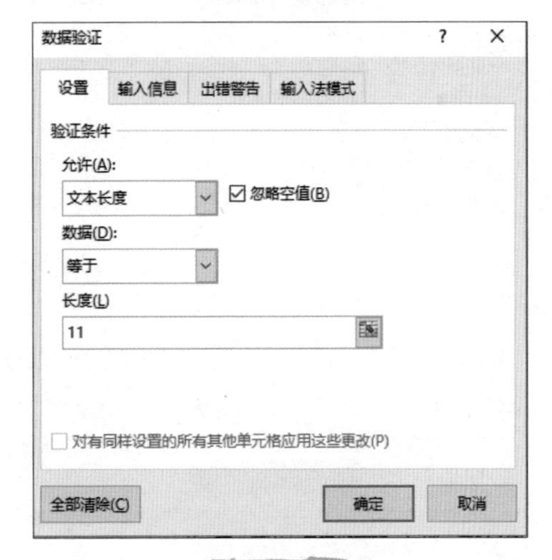

图 5-24

（3）设置身份证号码数据验证。选中“身份证号码”D 列→选择“数据”选项卡→“数据验证”（见图 5-25）；在弹出的“数据验证”对话框→“允许”→选择“文本长度”→“数据”→选择“等于”→“长度”设为 18（见图 5-26）→继续单击“输入信息”页签→在“输入信息”栏（见图 5-27）→输入：“请您输入 18 位身份证号码”→单击“确定”完成。这样当填表人选中此列单元格时，就会自动出现“温馨提示”（见图 5-28），避免填入不符合要求的数据。

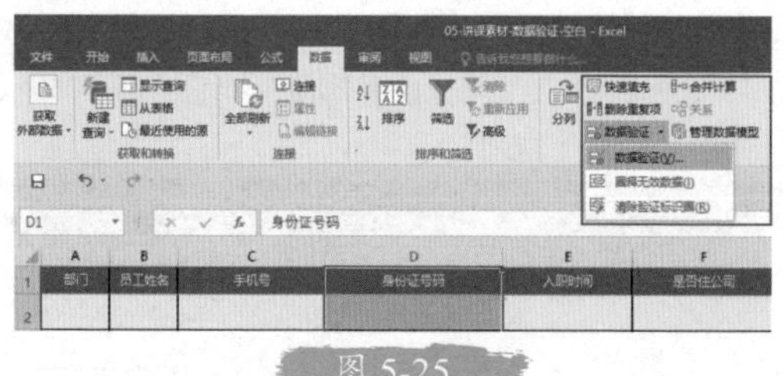

图 5-25

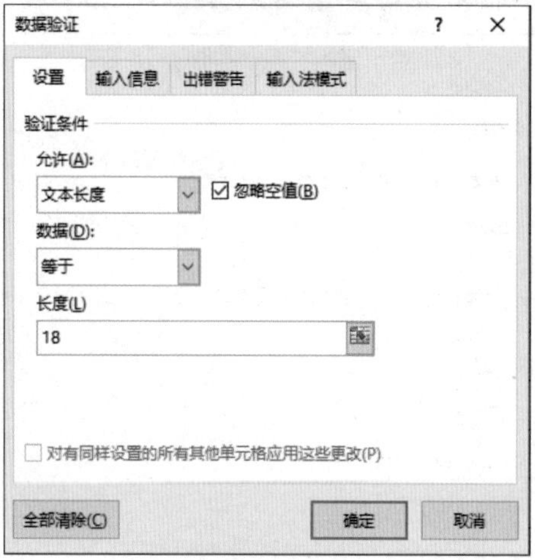

数据验证

设置 | 输入信息 | 出错警告 | 输入法模式

验证条件

允许(A):

文本长度 ☑ 忽略空值(B)

数据(D):

等于

长度(L)

18

☐ 对有同样设置的所有其他单元格应用这些更改(P)

全部清除(C) 确定 取消

图 5-26

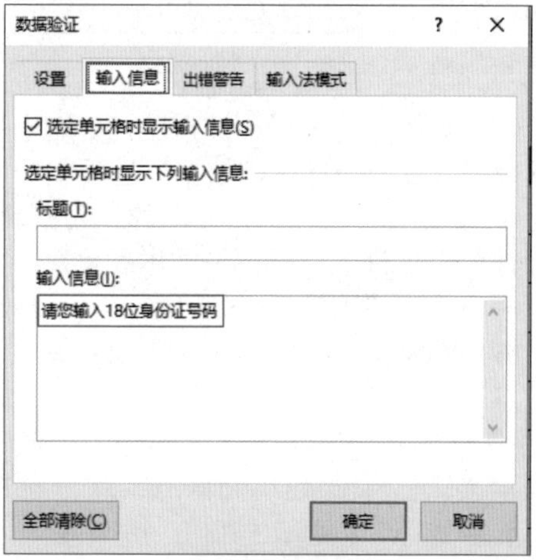

数据验证

设置 | 输入信息 | 出错警告 | 输入法模式

☑ 选定单元格时显示输入信息(S)

选定单元格时显示下列输入信息:

标题(T):

输入信息(I):

请您输入18位身份证号码

全部清除(C) 确定 取消

图 5-27

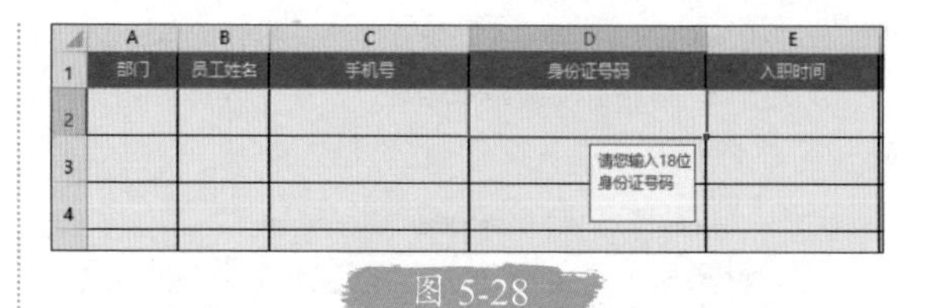

图 5-28

5. 设置入职时间的数据验证：日期型数据验证

（1）把入职时间列单元格设置为日期格式。选择“开始”选项卡→设置单元格格式→设置为“短日期”（见图 5-29）。

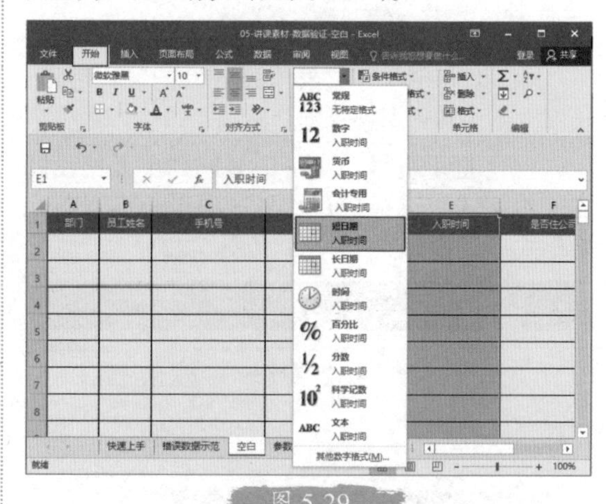

图 5-29

（2）设置入职时间数据验证。选中“入职时间”E 列→选择“数据”选项卡→“数据验证”（见图 5-30）→在弹出的“数据验证”对话框中“允许”选择“日期”→“数据”选择“大于或等于”→“开始日期”设置为公司创立的时间，如 2010-1-1（注意规范的日期格式写法），单击“确定”完成（见图 5-31）。

现在，我们已经通过“数据验证”完成了表格的“事前控制”。这样再交给别人填写时，采集回来的信息就会比较规范了。

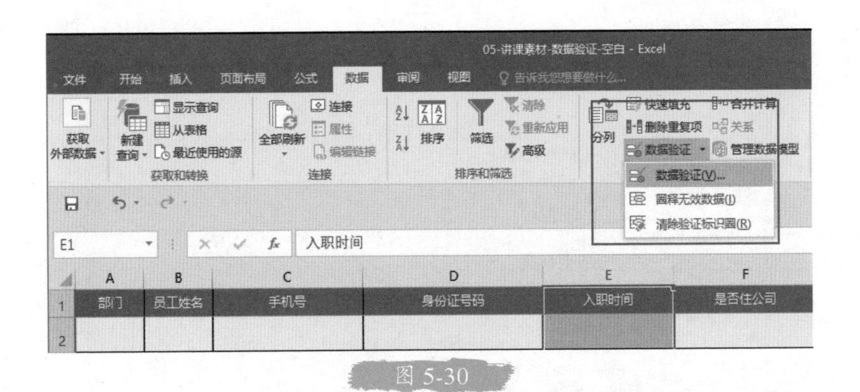

图 5-30

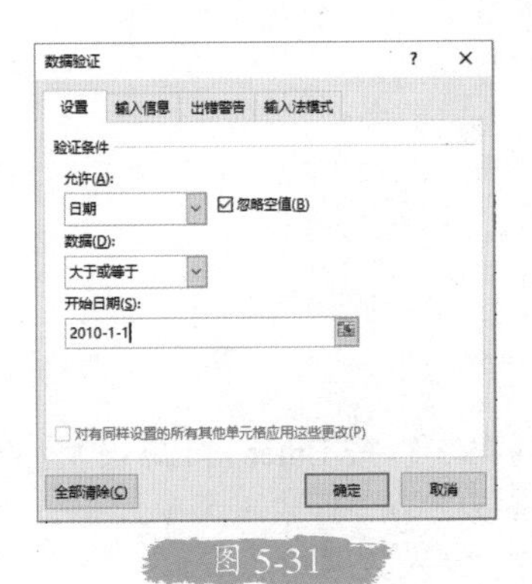

图 5-31

表姐说

本章我们学习到的是数据规范性录入的技巧，例如“早用文本大法”录入身份证号码、银行卡号这样长串的数据，以及怎么去录入规范的“真日期”。

在工作当中，表姐推荐大家通过“数据验证”的方法，给单元格设置一套填写规范，保证我们数据采集的准确。这样往后才可以做数据分析，挖掘数据价值。

5.3 彩蛋：加速录入技巧 ALT+↓

（1）在设置了数据验证的单元格，只要单击右下角的小三角打开下拉框，就可以通过“点选”的方式，往单元格内录入内容了。当然，还可以通过快捷键，提高录入效率。

① 选中单元格，按 ALT+↓键，快速打开“数据验证”列表。

② 通过↑、↓、←、→方向键的小箭头，选择列表内容。

③ 按 Enter 键快速选中列表内容，完成数据录入。

（2）此外，在录入数据信息表的时候，一般都是标题在上，明细行的数据记录在下，一条记录是横向逐步录入完全的。但是，我们常用的 Enter 键的方向是“向下”的。可以将其修改为“从左往右”，进一步提高数据录入的效率。

修改 Enter 键方向：选择“文件”选项卡→“选项”→“高级”→将“按 Enter 键后移动所选内容”→“方向”→改为“向右”→单击“确定”完成即可（见图 5-32）。

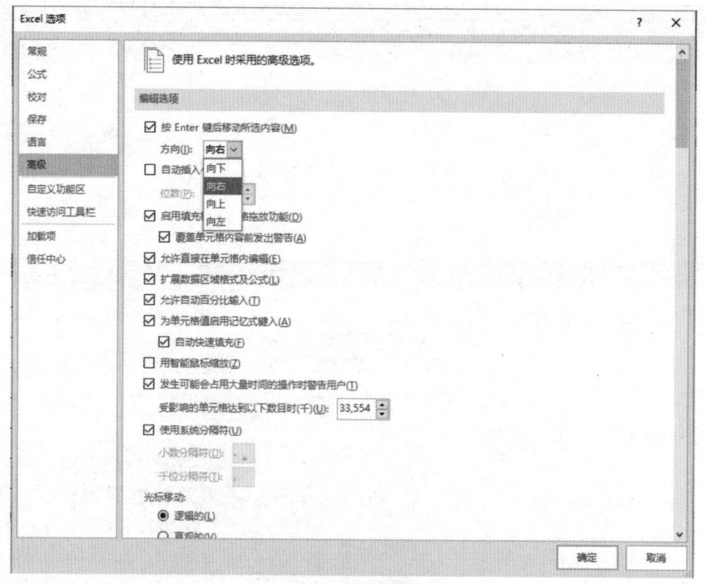

图 5-32

（3）在录入数据的时候，先把要录入数据的单元格区域选中，如图 5-33 所示，我们先选中 A2:G13 单元格区域。然后顺序录入，录完后，按 Enter 键自动跳转到右侧单元格。当选中区域的第 1 行按 Enter 键以后，将直接跳转到选中区域的第 2 行第 1 个单元格，这样就大大地提高了录入数据的效率。

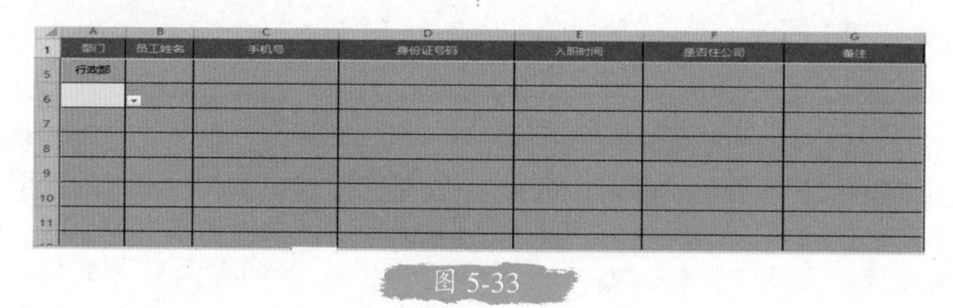

图 5-33

读书笔记

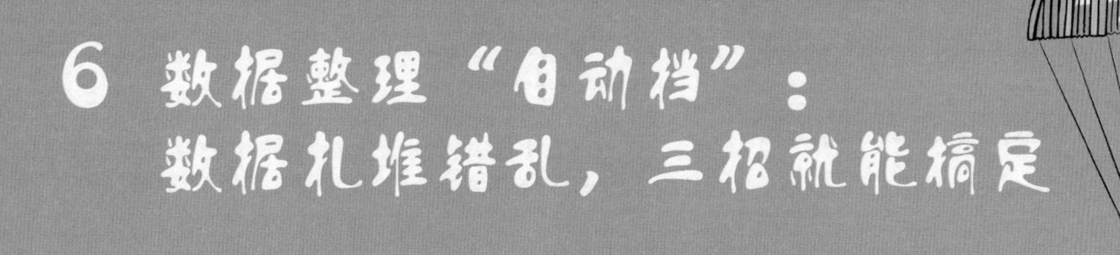

6 数据整理“自动挡”：数据扎堆错乱，三招就能搞定

小张正在加班录入销售数据（见图 6-1）。结果辛苦加班后，老板看着他做的表随口问道：“这个月所有的店总共卖了多少？”

小张本想让 Excel 自动求和，结果汇总的金额显示为 0！（见图 6-2）

图 6-1

产品	销售流水金额	备注
冰箱	4万	
冰箱	25万	
冰箱	36万	万元销售额，退货1万元
冰箱	9千	
冰箱	1.4万	
冰箱	14万	
冰箱	24万	
冰箱	4万	
	0	

图 6-2

表姐说

小张的问题：在录入数据时为了图方便，把数据录成了多少万，导致无法计算。

表姐语录

草草录入一时爽，后面统计才知惨。

如果单纯地去“看”小张的这张表，肯定是没问题的：“4 万”确实是看得挺清楚的。但是我们通过“筛选”功能看一下，“销售流水金额”直接变成了“文本筛选”即“文本”的格式（见图 6-3）。这是因为在 Excel 里，当数字和汉字、字母放在一个单元格的时候，就会自动判定是文本，不让其参与计算。

之前说过：“如果数字不用计算，用文本大法，早用早好”，但这里的这些数字明显是需要计算的，就不能用“文本”的格式了。

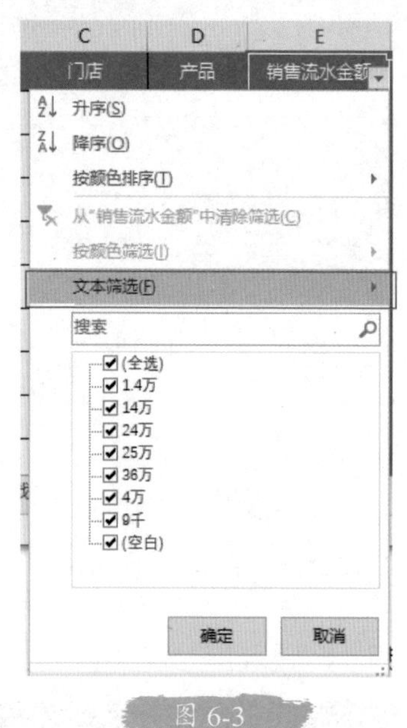

图 6-3

遇到这样的不规范，如果数据量少，可以使用“查找替换”的方式，把不规范的数据给替换掉。如果数据量多，可以通过“分列”将其快速整理出来。

6.1 数据整理：查找替换

在图 6-2 中，我们要把“万”都给删掉，但是这么多数据，如果挨个手动删除，还是挺费劲的，所以这里可以用查找替换的方法来做。

（1）选中需要替换的单元格区域即 E 列→选择“开始”选项卡→“查找和选择”（见图 6-4）→“替换”（或者按快捷键 Ctrl+H）→在弹出的“查找和替换”对话框→设置“查找内容”为“万”，“替换为”“0000”→单击“全部替换”即可（见图 6-5）。

温馨提示

（1）如果一开始不选中范围，即 E 列，就直接进行查找替换的话，是针对整个表进行查找替换。会造成 F 列“备注”中的“万”也被替换掉。

（2）“查找”快捷键：Ctrl+F。

（3）“替换”快捷键：Ctrl+H。

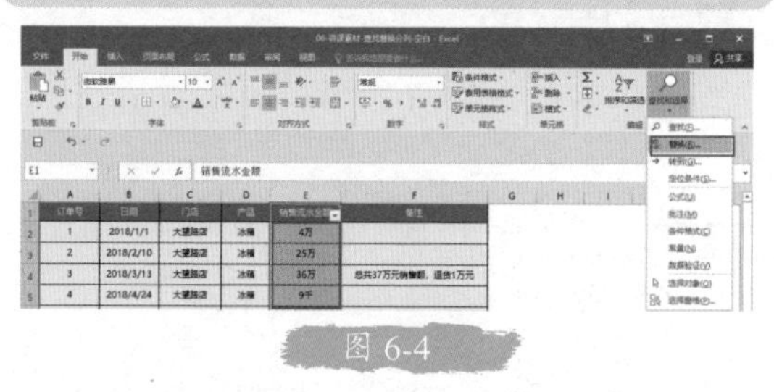

图 6-4

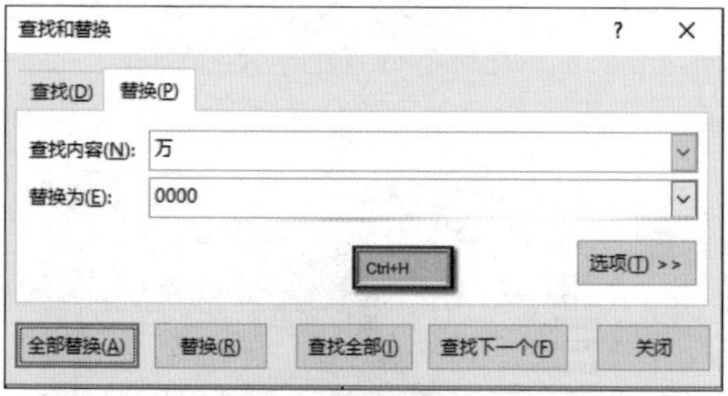

查找和替换

查找(D)　替换(P)

查找内容(N): 万

替换为(E): 0000

Ctrl+H　选项(T) >>

全部替换(A)　替换(R)　查找全部(I)　查找下一个(F)　关闭

图 6-5

（2）替换后表格中“4 万”就改为“40000”了，但是“9 千”和“1.40000”需要我们手动修改，如图 6-6 所示。

（3）执行自动求和计算：选择需要求和的区域 E2:E9 单元格→选择“开始”选项卡→单击“自动求和”→E10 单元格自动生成汇总后的结果（见图 6-7）。

在整个过程中，我们把“万”改成“0000”，又把 9 千和“1.40000”手动修改，特别麻烦，这种事后补救的方法并不好。

我们在录入数据的时候，如果把“数字、文字、字母”全部都堆到一起，就违背了“一个萝卜一个坑”的原则了。

	A	B	C	D	E	F
1	订单号	日期	门店	产品	销售流水金额	备注
2	1	2018/1/1	大望路店	冰箱	40000	
3	2	2018/2/10	大望路店	冰箱	250000	
4	3	2018/3/13	大望路店	冰箱	360000	总共37万元销售额，退货1万元
5	4	2018/4/24	大望路店	冰箱	9000	
6	5	2018/5/15	大望路店	冰箱	14000	
7	6	2018/6/16	大望路店	冰箱	140000	
8	7	2018/7/3	大望路店	冰箱	240000	
9	8	2018/8/8	大望路店	冰箱	40000	
10	总计					

图 6-6

	A	B	C	D	E	F
1	订单号	日期	门店	产品	销售流水金额	备注
2	1	2018/1/1	大望路店	冰箱	40000	
3	2	2018/1/1	朝阳店	冰箱	250000	
4	3	2018/1/1	西直门店	冰箱	360000	总共37万元销售额，退货1万元
5	4	2018/1/1	望京店	冰箱	9000	
6	5	2018/1/1	马甸桥店	冰箱	14000	
7	6	2018/1/1	王府井店	冰箱	140000	
8	7	2018/1/1	东单店	冰箱	240000	
9	8	2018/1/1	西单店	冰箱	40000	
10	总计				1093000	

图 6-7

如果对于纯数字，也就是要参与计算的数字，一定要遵循事前管理原则，事前把数字放在一个“坑”（单元格）里，其他的放在其他的“坑”（单元格）当中。

表姐口诀

数据录入要规范，“一个萝卜一个坑”。

例如，要输入数量和单位，就要分开放两列，数量是数量，单位是单位。

在图 6-8 中，插入两列空白列，F1 为“数量”，G1 为“单位”。然后我们录入的数量是 100，100 这个“萝卜”（数字）放在一个“坑”（单元格），单位为“台”，是另外一个“萝卜”（文字）放在另外一个“坑”（单元格）。不要在一个单元格当中直接写“100 台”！

分开填写后，需要对总体的数量进行统计求和时，只需使用自动求和，就可以自动完成计算了。

	A	B	C	D	E	F	G	H
1	订单号	日期	门店	产品	销售流水金额	数量	单位	备注
2	1	2018/1/1	大望路店	冰箱	40000	100	台	
3	2	2018/2/10	大望路店	冰箱	250000	100	台	
4	3	2018/3/13	大望路店	冰箱	360000	100	台	总共37万元销售额，退货1万元
5	4	2018/4/24	大望路店	冰箱	9000	100	台	
6	5	2018/5/15	大望路店	冰箱	14000	100	台	
7	6	2018/6/16	大望路店	冰箱	140000	100	台	
8	7	2018/7/3	大望路店	冰箱	240000	100	台	
9	8	2018/8/8	大望路店	冰箱	40000	100	台	
10	总计				1093000	800		

图 6-8

表姐语录

拒绝数据“瞎”录入，不做事后“填坑王”。

6.2 数据批量拆分：分列

平时在工作中，可能会遇到一些不规范的表，例如，后台工作人员给的数据（见图 6-9）全都堆在一起，根本没法看。

	A
1	订单编号|日期|销售员|销售产品|数量|单价|金额|数据来源：信息中心
2	621030000660001|20180101|表姐|可乐|11|3|33|数据来源：信息中心
3	621030000880002|20180102|凌祯|矿泉水|6|2|12|数据来源：信息中心
4	621030000880003|20180103|张盛茗|饼干|9|5|45|数据来源：信息中心
5	621030000660004|20180104|林婷婷|可乐|5|3|15|数据来源：信息中心
6	621030000660005|20180105|张盛茗|矿泉水|1|2|2|数据来源：信息中心
7	621030000660006|20180106|表姐|饼干|12|5|60|数据来源：信息中心
8	621030000660007|20180107|凌祯|可乐|6|3|18|数据来源：信息中心
9	621030000660008|20180108|张盛茗|可乐|5|3|15|数据来源：信息中心
10	621030000660009|20180109|林婷婷|可乐|9|3|27|数据来源：信息中心
11	621030000660010|20180110|表姐|可乐|12|3|36|数据来源：信息中心
12	621030000660011|20180111|表姐|可乐|15|3|45|数据来源：信息中心
13	621030000660012|20180112|凌祯|矿泉水|1|2|2|数据来源：信息中心
14	621030000660013|20180113|表姐|矿泉水|3|2|6|数据来源：信息中心
15	621030000660014|20180114|凌祯|矿泉水|11|2|22|数据来源：信息中心
16	621030000660015|20180115|张盛茗|饼干|5|5|25|数据来源：信息中心
17	621030000660016|20180116|林婷婷|饼干|14|5|70|数据来源：信息中心

图 6-9

这里如果单纯地用“查找替换”是没有办法解决的。分析一下图 6-9 所示的表格，其实就是要把这些数据给单独分开，各自摆到自己的那一列当中，这就要用到 Excel 的“分列”。

1. 设置数据分列

选中需要分列的单元格 A1:A17 →选择

“数据”选项卡→“分列”（见图 6-10）。

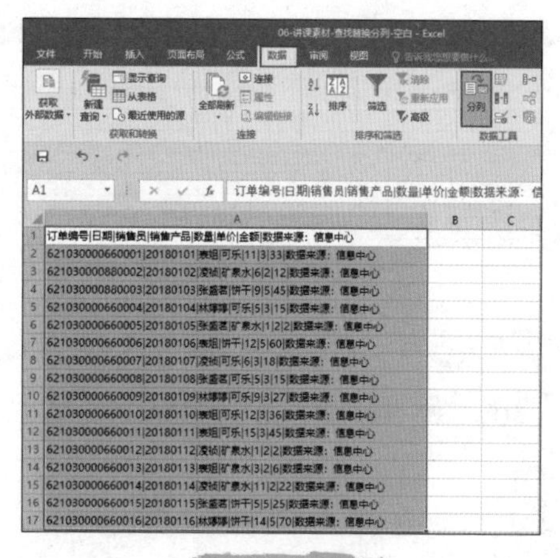

图 6-10

温馨提示

先选定对象，再做操作设置。

2. 开始分列

（1）根据数据源类别，选择分列类型：分隔符号；固定宽度。在打开的“文本分列向导”对话框→选择“分隔符号”→单击“下一步”（见图 6-11）。

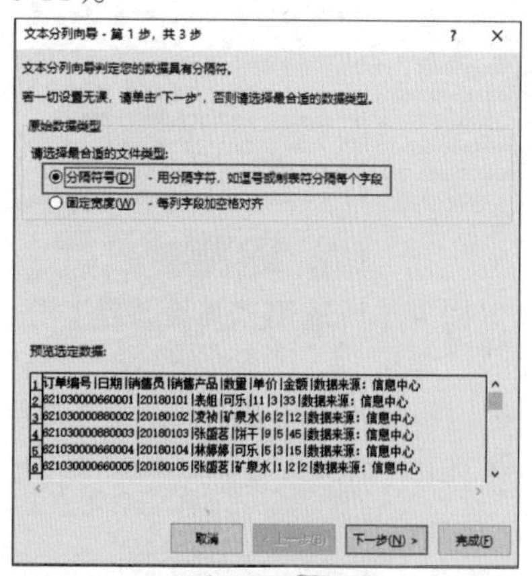

图 6-11

（2）在“分隔符号”中→选择“其他”→输入数据源的分隔符号，如 |（见图 6-12）。

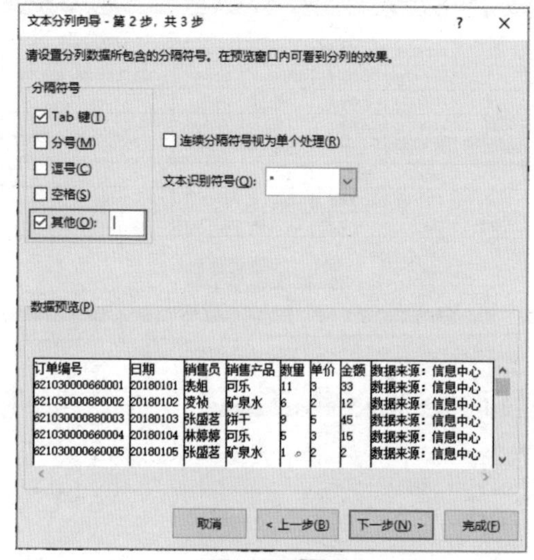

图 6-12

（3）按照数据要求，设置数据分列格式。

①“订单编号”栏是长串数字，并且不参与计算，将其设置为“文本”（见图 6-13）。

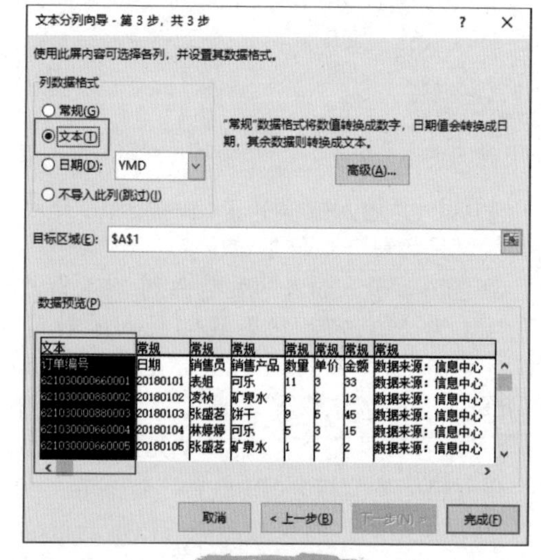

图 6-13

②“日期”栏设置为“日期”→“YMD”（见图 6-14）。

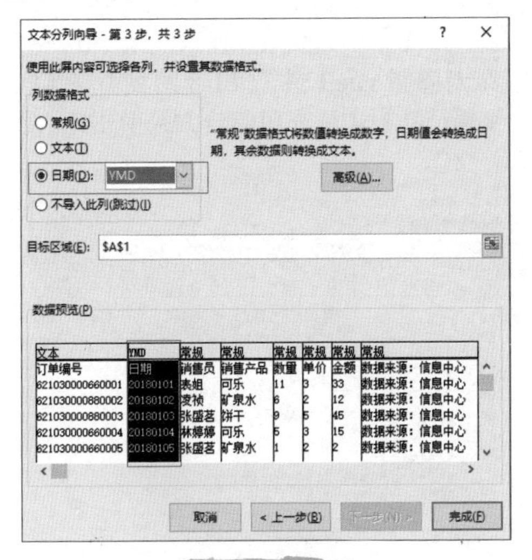

图 6-14

③“数据来源：信息中心”栏设置为“不导入此列（跳过）”（见图 6-15）。

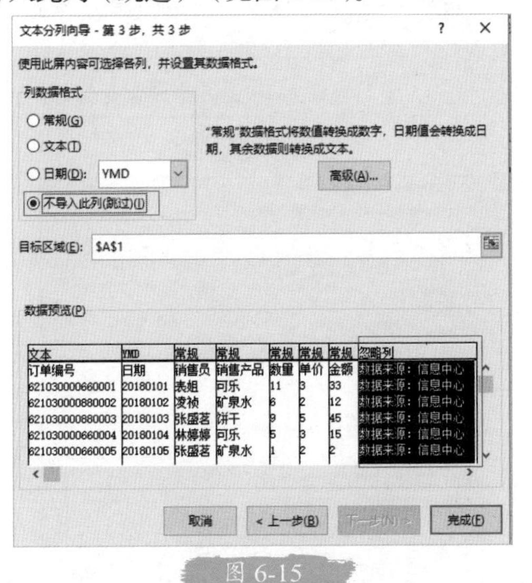

图 6-15

④ 选择“目标区域”放置的位置：单击目标区域右侧“折叠窗口”按钮→进入工作表界面→选择表格空白处，如 B1 单元格→单击“折叠窗口”按钮→返回“文本分列向导”→单击“完成”即可（见图 6-16）。

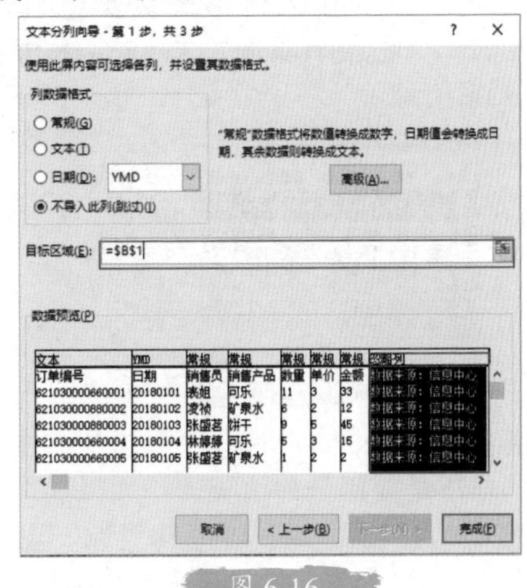

图 6-16

3. 调整分列结果

选中所有列即 B:H 列→双击单元格列宽位置→自动调整列宽至合适位置（见图 6-17）；原来都堆在一起的数据，现在已经一列列地分开放好了。

B	C	D	E	F	G	H
订单编号	日期	销售员	销售产品	数量	单价	金额
62103000066000	18/1/1	表姐	可乐	11	3	33
62103000088000	18/1/2	凌祯	矿泉水	6	2	12
62103000088003	2018/1/3	张盛茗	饼干	9	5	45
62103000066004	2018/1/4	林婷婷	可乐	5	3	15
62103000066005	2018/1/5	张盛茗	矿泉水	1	2	2
62103000066006	2018/1/6	表姐	饼干	12	5	60
62103000066007	2018/1/7	凌祯	可乐	6	3	18
62103000066008	2018/1/8	张盛茗	可乐	5	3	15
62103000066009	2018/1/9	林婷婷	可乐	9	3	27
62103000066010	2018/1/10	表姐	可乐	12	3	36
62103000066011	2018/1/11	表姐	可乐	15	3	45
62103000066012	2018/1/12	凌祯	矿泉水	1	2	2
62103000066013	2018/1/13	表姐	矿泉水	3	2	6
62103000066014	2018/1/14	凌祯	矿泉水	11	2	22
62103000066015	2018/1/15	张盛茗	饼干	5	5	25
62103000066016	2018/1/16	林婷婷	饼干	14	5	70

图 6-17

6.3 数据导入与联动刷新

如果后台工作人员给的数据文件不是Excel文件，而是txt文件，如图6-18所示的“员工档案信息”。

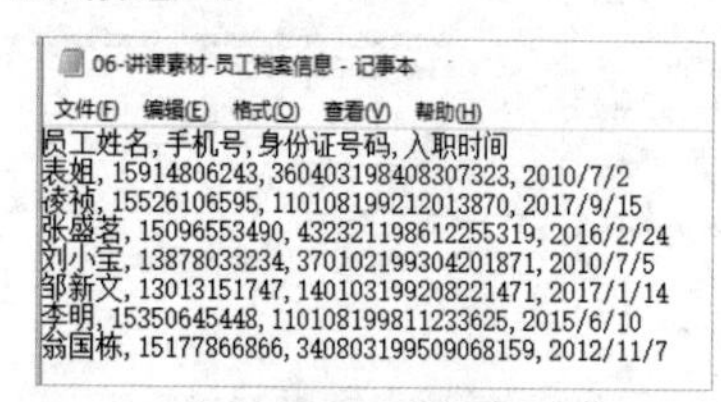

06-讲课素材-员工档案信息 - 记事本

文件(F) 编辑(E) 格式(O) 查看(V) 帮助(H)

员工姓名,手机号,身份证号码,入职时间
表姐, 15914806243, 360403198408307323, 2010/7/2
凌祯, 15526106595, 110108199212013870, 2017/9/15
张盛茗, 15096553490, 432321198612255319, 2016/2/24
刘小宝, 13878033234, 370102199304201871, 2010/7/5
邹新文, 13013151747, 140103199208221471, 2017/1/14
李明, 15350645448, 110108199811233625, 2015/6/10
翁国栋, 15177866866, 340803199509068159, 2012/11/7

图 6-18

像这样的txt文件中的数据还是堆在一起的，同样还是要用分列给分开。如果这个数据是固定的，我们可以手动将其复制、粘贴到Excel当中，再分列。如果这个txt文件经常变动，有的时候会继续新增追加数据，这就要建立起txt和Excel之间的动态连接了。

1. 数据导入

（1）新建一个空白表→选择“数据”选项卡→“自文本”（见图6-19）。

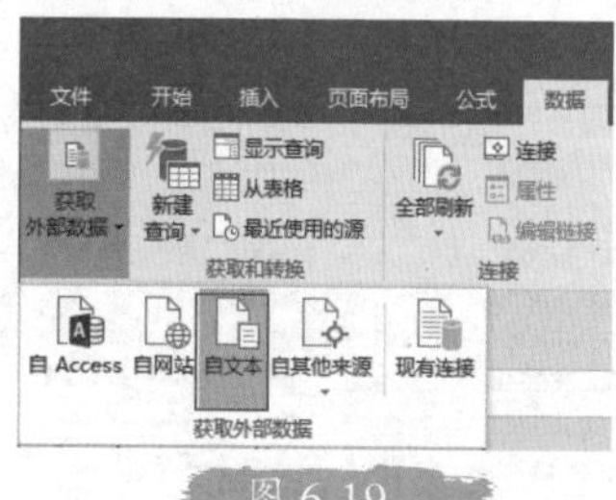

图 6-19

（2）在弹出的“导入文本文件”对话框→选择需要导入的文件→单击“导入”（见图6-20）。

（3）在弹出的“文本导入向导”对话框中，按“分列”的设置方法进行操作（见图6-21～图6-23）。

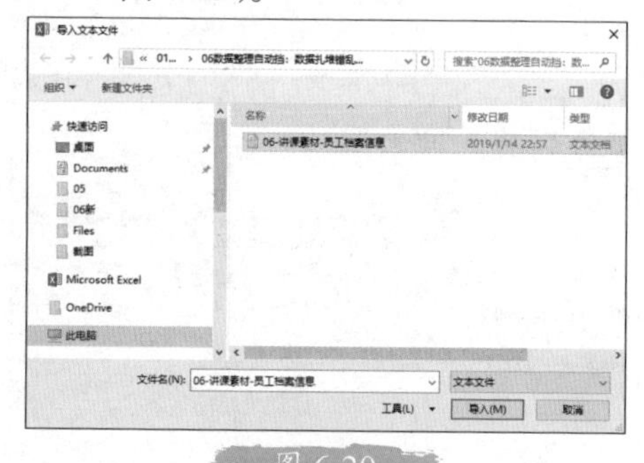

图 6-20

图 6-21

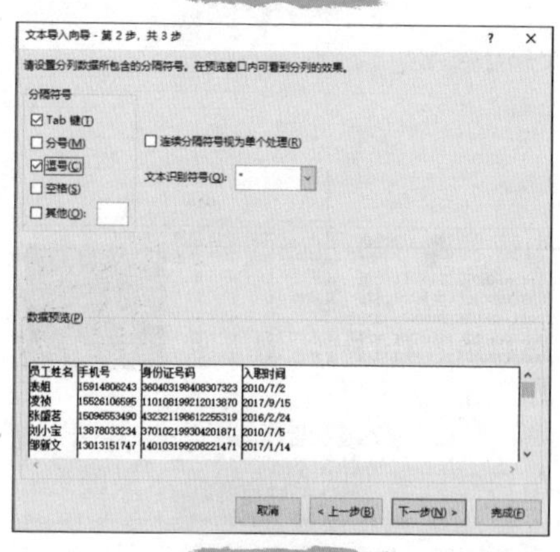

图 6-22

（4）选择新数据的放置位置：可以选择原工作表空白处，或者新建工作表（见图 6-24）。

2. 联动刷新

当 txt 文件发生数据变化时，如图 6-25 所示，新增了一行“美少女”的数据。因为已经建立了 txt 文件和 Excel 文件的关联，可以实现一键刷新。

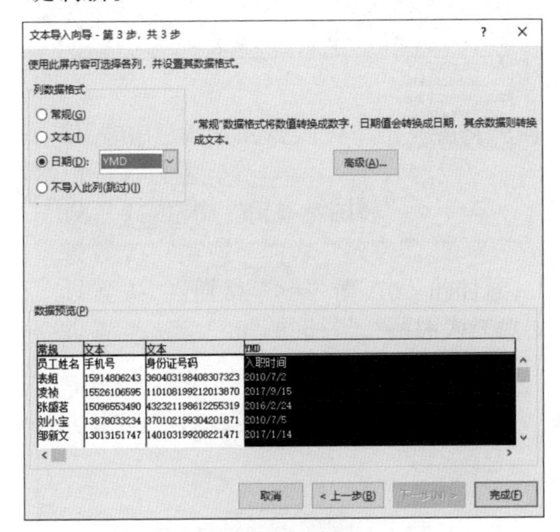

图 6-23

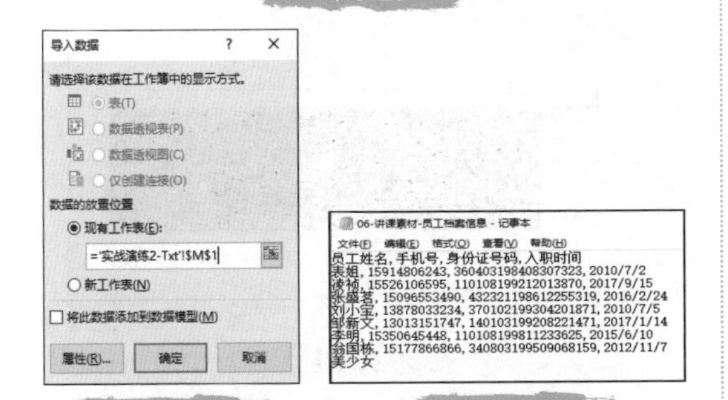

图 6-24　　图 6-25

（1）选中导入数据的 Excel 表格区域→右击选择“刷新”（见图 6-26）。

（2）在弹出的“导入文本文件”（见图 6-27）对话框中→重新关联一下 txt 文件→单击“导入”，即可完成数据的同步刷新。

图 6-26

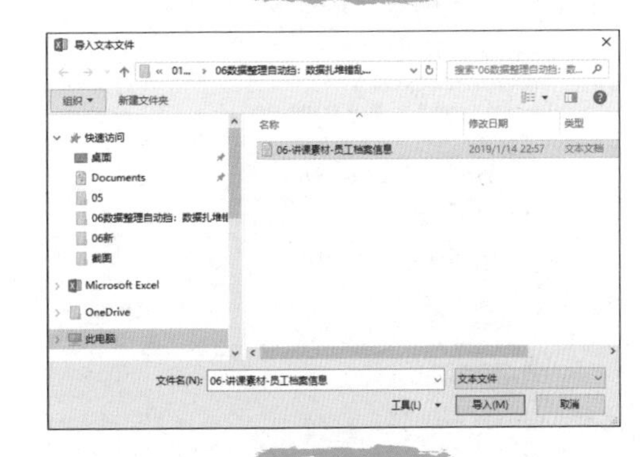

图 6-27

> **温馨提示**
>
> 通过外部导入的数据可以同步刷新。

3. 通过身份证号码取出生年月日

（1）选择需要分列的身份证号码列，如图 6-28 所示→选择“数据”选项卡→“分列”。

读书笔记

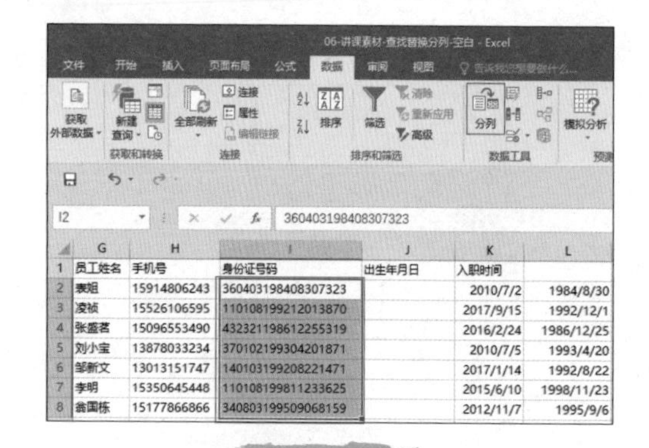

图 6-28

（2）在弹出的“文本分列向导”→单击“固定宽度”→单击“下一步”（见图 6-29）。

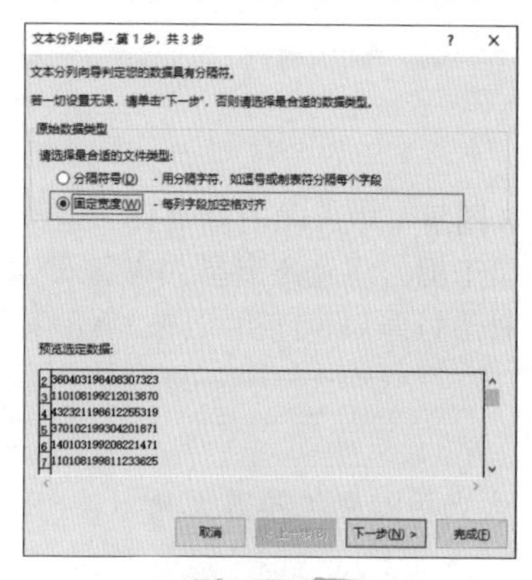

图 6-29

（3）建立分列线：在身份证号码的第6～7位、第14～15位，单击建立分列线，然后单击“下一步”（见图 6-30）。

温馨提示

分列线的位置，可以通过鼠标左键拖曳的方式，进行调整。

（4）设置不需要导入列，并设置需要导入列改为日期格式，再选择目标放置区域，单击“完成”即可（见图 6-31）。

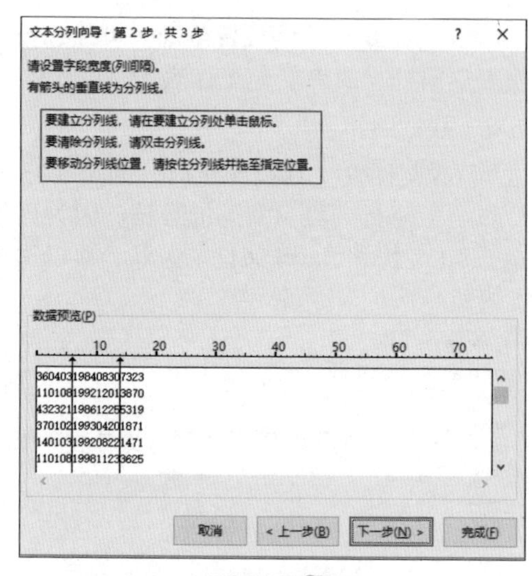

图 6-30

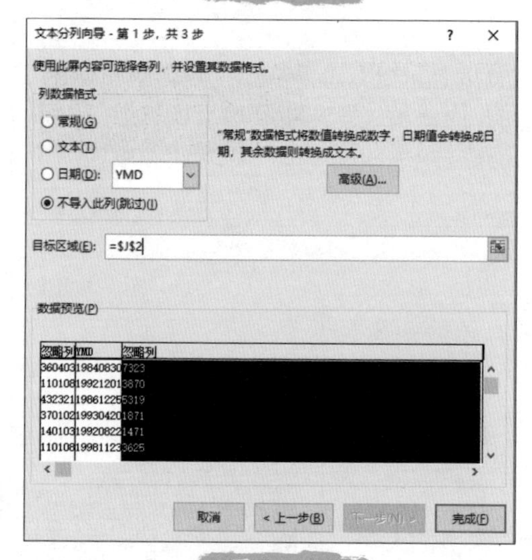

图 6-31

表姐说

在整理数据源的时候，只要做到“一个萝卜一个坑”，基本上80%的错误都能够避开。本章的内容是相对比较基础又比较巧妙的。

6.4 彩蛋：数字与人名的个性化显示

如果在表格中，数字一定要显示为“万元”的格式，可以使用“自定义单元格格式”的方式来实现。

（1）选中金额单元格H列→选择“开始”选项卡→“数字”功能组的展开按钮（见图6-32）；或者按快捷键Ctrl+1。

	A	B	C	D	E	F	G	H
1	订单号	日期	产品名称	业务经理	数量	单位	单价	金额（元）
2	订单号:0001	2018/7/1	冰箱	凌　祯	100	台	1400	140000
3	订单号:0002	2018/7/2	洗衣机	张盈君	150	台	2000	300000
4	订单号:0003	2018/7/3	空调	凌　祯	80	台	1800	144000
5	订单号:0004	2018/7/4	空调	老　凌	50	台	1800	90000
6	订单号:0005	2018/7/5	组合音响	张盈君	1	套	15000	15000
7	订单号:0006	2018/7/6	洗衣机	老　凌	150	台	2000	300000
8	订单号:0007	2018/7/7	空调	林婷婷	200	台	1800	360000
9	订单号:0008	2018/7/8	冰箱	凌　祯	1	台	0	0
10	总计							

图 6-32

（2）在弹出的“设置单元格格式”对话框→选择“自定义”→“类型”→输入0!.0,“万元”（见图6-33）。注意，所有的符号都要在英文状态下输入。

图 6-33

	B	C	D	E	F	G	H
1	日期	产品名称	业务经理	数量	单位	单价	金额（元）
2	2018/7/1	冰箱	凌　祯	100	台	1400	14.0万元
3	2018/7/2	洗衣机	张盈君	150	台	2000	30.0万元
4	2018/7/3	空调	凌　祯	80	台	1800	14.4万元
5	2018/7/4	空调	老　凌	50	台	1800	9.0万元
6	2018/7/5	组合音响	张盈君	1	套	15000	1.5万元
7	2018/7/6	洗衣机	老　凌	150	台	2000	30.0万元
8	2018/7/7	空调	林婷婷	200	台	1800	36.0万元
9	2018/7/8	冰箱	凌　祯	1	台	0	0.0万元
10							134.9万元

图 6-34

温馨提示

通过单元格格式的设置，改变的只是“显示的格式”，而不改变单元格内的数值内容，最终效果如图6-34所示。

读书笔记

设置后的H列，就按照“万元”进行显示了。这并不是说违背了“一个萝卜一个坑”的原则，因为这个单元格（H2）在编辑栏可以看见，其本身还是140000，只不过我们通过改变单元格的格式，变换了呈现形式，并未改变本来的信息和数据。

再例如，选中“单价”G列→单击“开始”选项卡→设置“会计专用”格式→单击“,”，所选单元格区域套用了“会计专用”的单元格格式，并且会在千分位用千分符“,”进行分隔，原来的“0”会显示成短横线（见图 6-35）。可以通过增加或缩减小数点位数的图标，快速调整显示位数。

	B	C	D	E	F	G	H
1	日期	产品名称	业务经理	数量	单位	单价	金额（元）
2	2018/7/1	冰箱	凌　祯	100	台	¥ 1,400.00	14.0万元
3	2018/7/2	洗衣机	张盛茗	150	台	¥ 2,000.00	30.0万元
4	2018/7/3	空调	凌　祯	80	台	¥ 1,800.00	14.4万元
5	2018/7/4	空调	老　凌	50	台	¥ 1,800.00	9.0万元
6	2018/7/5	组合音响	张盛茗	1	套	¥ 15,000.00	1.5万元
7	2018/7/6	洗衣机	老　凌	150	台	¥ 2,000.00	30.0万元
8	2018/7/7	空调	林婷婷	200	台	¥ 1,800.00	36.0万元
9	2018/7/8	冰箱	凌　祯	1	台	¥ -	0.0万元
10							134.9万元

图 6-35

再看看表格“业务经理”一栏下，有“凌祯”“老凌”，这样管理起数据，就不唯一了，他们可能是同一个人，也可能是两个人。或者因为录入者的不同，在“凌”和“祯”中间，输入了空格，都有可能不同（见图 6-36）。

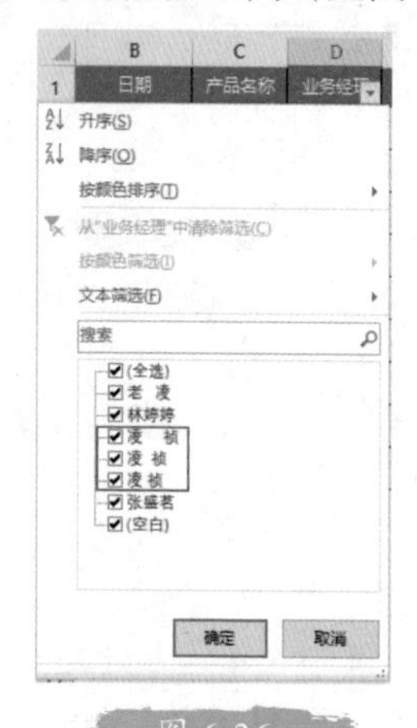

图 6-36

我们来分析一下填表人的思路：为了使“凌祯”2 个字刚好和“张盛茗”3 个字对齐，所以手动打空格使其对齐。

在工作当中，把人名设置为“两端对齐”的效果，还是比较常用的，如打印名牌、桌牌等。

1. 整理数据源

我们先把“凌祯”恢复回来：按 Ctrl+H 键→打开“查找和替换”对话框→“查找内容”为一个空格而“替换为”文本框为空→单击“全部替换”（见图 6-37）。

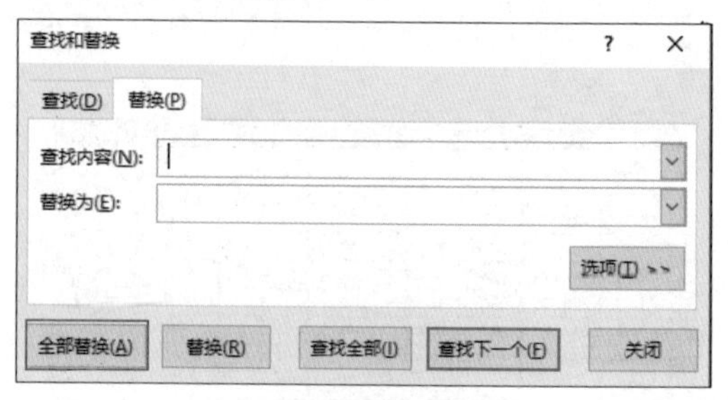

图 6-37

2. 设置格式

（1）选中业务经理列→右击选择“设置单元格格式”（见图 6-38）。

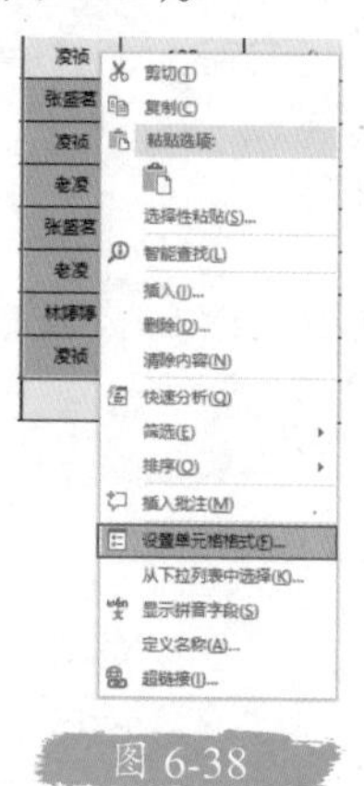

图 6-38

（2）在弹出的“设置单元格格式”对话框→单击“对齐”页签→设置“水平对齐”为“分散对齐（缩进）”，还可以设置“缩进”值为 1（见图 6-39）→单击“确定”即可，最终效果如图 6-40 所示。

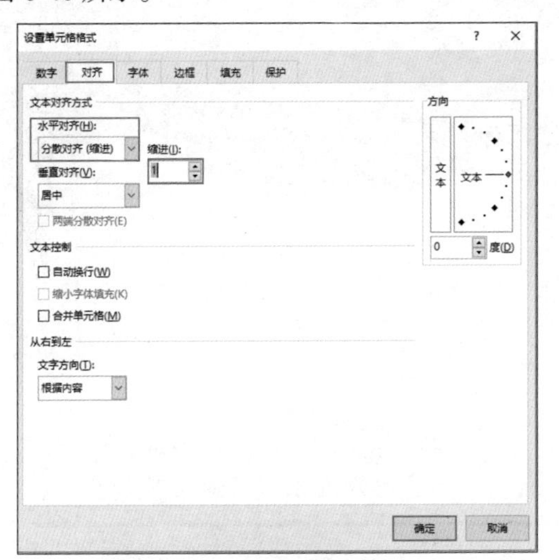

图 6-39

	A	B	C	D	E	F
1	序号	日期	产品名称	业务经理	单价	金额
2	1	2018/7/1	冰箱	凌　祯	¥ 1,400	14.0万元
3	2	2018/7/2	洗衣机	张盛茗	¥ 2,000	30.0万元
4	3	2018/7/3	空调	凌　祯	¥ 1,800	14.4万元
5	4	2018/7/4	空调	凌　祯	¥ 1,800	9.0万元
6	5	2018/7/5	组合音响	张盛茗	¥ 15,000	1.5万元
7	6	2018/7/6	洗衣机	凌　祯	¥ 2,000	30.0万元
8	7	2018/7/7	空调	林婷婷	¥ 1,800	36.0万元
9	8	2018/7/8	冰箱	凌　祯	¥ -	0.0万元
10	总计					134.9万元

图 6-40

读书笔记

7 数据录入“自动档”：快手粘贴+Power Query，职场提速就靠它

小张将按照“一个萝卜一个坑”的规则录完的超大表格，交给老板以后，本以为可以下班了。结果领导觉得表格不规范（见图 7-1），要求他将表格：标题在上，明细在下。

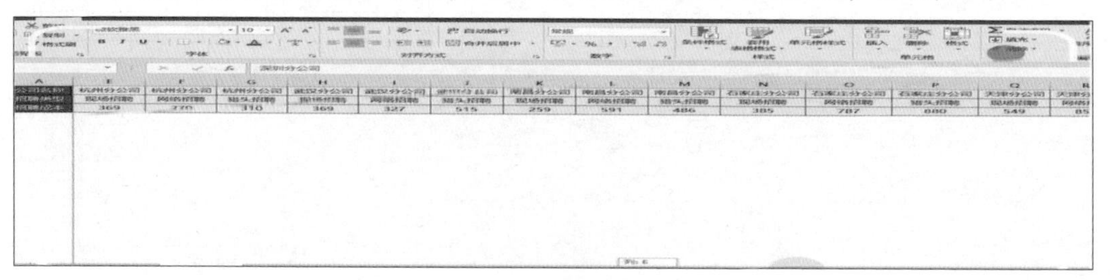

图 7-1

小张一边手动调整，一边吐槽：“本以为把数据‘一个萝卜一个坑’地录完就完事了，这么长的表格，领导非得让我把横着的表给变成竖着的表，该不会是在刁难我吧？”（见图 7-2）

表姐语录

信息录入参差不齐，数据协同 Bug 多。

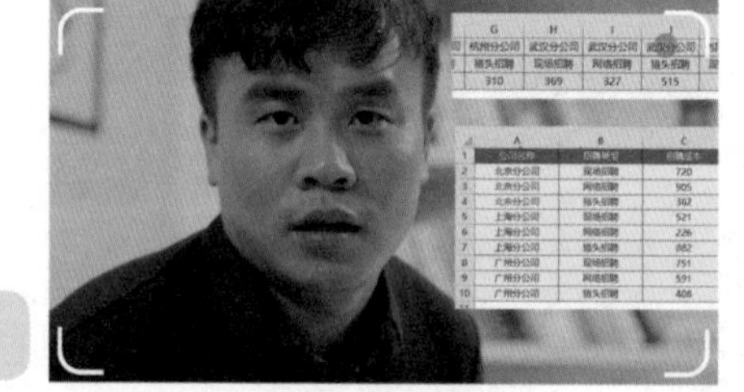

图 7-2

实际上，老板要求小张将“横表变竖表”，并不是在刁难他。改成竖着的表，一共有以下

两个好处。

（1）便于查看：竖着的表，在查看时，只要滚动一下鼠标滚轮，就可以快速翻阅。

（2）便于统计：竖着的表，可以直接对列进行纵向筛选，而横着的表，无法进行对行的横向筛选；并且竖着的表还可以使用数据透视表的工具，一键生成各类报表。

温馨提示

竖向表格，不仅便于查看，更加利于统计。

小张的这张表（见图 7-1）不需要重新录入、手工整理，只要一步“转置”就行了。

7.1 玩转选择性粘贴

（1）复制数据源：选中数据源 B1:S3 →按 Ctrl+C 复制（见图 7-3）。

	A	F	G	H	I	J	K	L	M	N	O	P	Q	R	S
1	公司名称	杭州分公司	杭州分公司	武汉分公司	武汉分公司	武汉分公司	南昌分公司	南昌分公司	南昌分公司	石家庄分公司	石家庄分公司	石家庄分公司	天津分公司	天津分公司	天津分公司
2	招聘类型	网络招聘	猎头招聘	现场招聘	网络招聘	猎头招聘	现场招聘	网络招聘	猎头招聘	现场招聘	网络招聘	猎头招聘	现场招聘	网络招聘	猎头招聘
3	招聘成本	270	310	369	327	515	259	591	486	385	787	880	549	858	346

图 7-3

（2）选择性粘贴：选中另一个工作表中的目标单元格 A2 →右击选择“粘贴选项”中的“转置”（见图 7-4），粘贴后的效果如图 7-5 所示。

图 7-4

	A	B	C
1	公司名称	招聘类型	招聘成本
2	北京分公司	现场招聘	720
3	北京分公司	网络招聘	905
4	北京分公司	猎头招聘	382
5	广州分公司	现场招聘	751
6	广州分公司	网络招聘	591
7	广州分公司	猎头招聘	408
8	杭州分公司	现场招聘	369
9	杭州分公司	网络招聘	270
10	杭州分公司	猎头招聘	310
11	南昌分公司	现场招聘	259
12	南昌分公司	网络招聘	591
13	南昌分公司	猎头招聘	486
14	上海分公司	现场招聘	521
15	上海分公司	网络招聘	226
16	上海分公司	猎头招聘	882
17	深圳分公司	现场招聘	986
18	深圳分公司	网络招聘	434
19	深圳分公司	猎头招聘	189
20	石家庄分公司	现场招聘	385
21	石家庄分公司	网络招聘	787
22	石家庄分公司	猎头招聘	880
23	天津分公司	现场招聘	549
24	天津分公司	网络招聘	858
25	天津分公司	猎头招聘	346

标题

明细

图 7-5

温馨提示

规范的数据源表格就像图 7-5 所示的“竖表”：标题在上面，明细在下面。录入数据的时候，就要做成这样竖着、纵向向下填写内容的表，这也利于我们后面做数据透视、使用函数或者进行所有的统计分析。

选择性粘贴，除了转置以外，还有其他的妙用。如图 7-6 所示的表是由 3 个人员分别统计的成本数据，我们要把这些数据迁移和整合到一起，就可以使用选择性粘贴提高效率。

（1）复制原始表：选中原始表（红表）数据源 E1:G19 →按 Ctrl+C 复制（见图 7-6）。

做表规范：标题在上，明细在下，竖着做表。

	A	B	C	D	E	F	G	H	I	J	K
1	公司名称	招聘类型	招聘成本		公司名称	招聘类型	招聘成本		公司名称	招聘类型	招聘成本
2	北京分公司	现场招聘	720		北京分公司				北京分公司		
3	北京分公司	网络招聘	905		北京分公司				北京分公司		
4	北京分公司	猎头招聘	382		北京分公司				北京分公司		
5	上海分公司				上海分公司	现场招聘	521		上海分公司		
6	上海分公司				上海分公司	网络招聘	226		上海分公司		
7	上海分公司				上海分公司	猎头招聘	882		上海分公司		
8	广州分公司				广州分公司	现场招聘	751		广州分公司		
9	广州分公司				广州分公司	网络招聘	591		广州分公司		
10	广州分公司				广州分公司	猎头招聘	408		广州分公司		
11	深圳分公司	现场招聘	986		深圳分公司				深圳分公司		
12	深圳分公司	网络招聘	434		深圳分公司				深圳分公司		
13	深圳分公司	猎头招聘	189		深圳分公司				深圳分公司		
14	杭州分公司	现场招聘	369		杭州分公司				杭州分公司		
15	杭州分公司	网络招聘	270		杭州分公司				杭州分公司		
16	杭州分公司	猎头招聘	310		杭州分公司				杭州分公司		
17	武汉分公司				武汉分公司				武汉分公司	现场招聘	369
18	武汉分公司				武汉分公司				武汉分公司	网络招聘	327
19	武汉分公司				武汉分公司				武汉分公司	猎头招聘	515

图 7-6

（2）选择性粘贴：单击目标表（绿表）单元格 A1 →右击选择“选择性粘贴”（见图 7-7）→在弹出的“选择性粘贴”对话框，选中“跳过空单元”→单击“确定”（见图 7-8）。

读书笔记

图 7-7

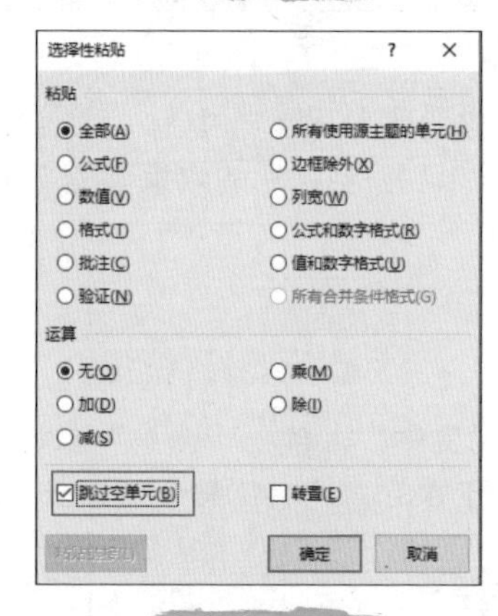

图 7-8

温馨提示

跳过空单元的意思是：旧表格当中的空白的单元格，不把它粘贴到新表当中。其他有字的单元格都粘贴到新表。需要注意的是，粘贴过去的时候，原来表格的颜色、格式，会被新表覆盖。

如果我们只粘贴数字，不粘贴格式，可以在做"选择性粘贴"的时候，同时选中"数值"。

选中原始表（黄表）数据源 I1:K19 →按 Ctrl+C 复制→单击目标表（绿表）A1 单元格→右击选择"选择性粘贴"→在弹出的"选择性粘贴"对话框，同时选中"数值"和"跳过空单元"→单击"确定"（见图 7-9）。

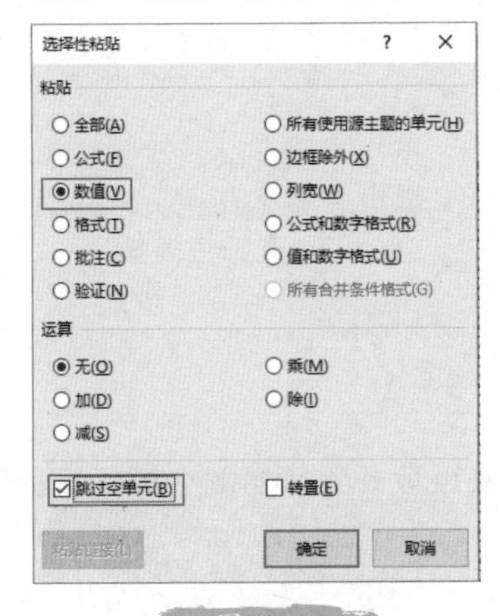

图 7-9

除了格式的整理外，选择性粘贴还能实现不用公式的计算。如图 7-10 所示，要把 C 列的场地成本 +D 列的人员成本，汇总生成为 E 列的总成本。

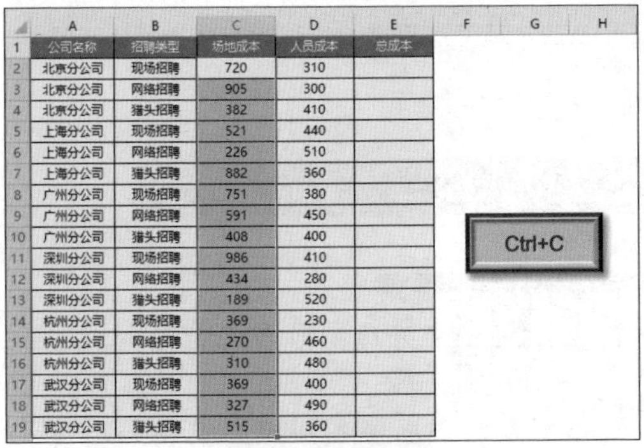

	A	B	C	D	E
1	公司名称	招聘类型	场地成本	人员成本	总成本
2	北京分公司	现场招聘	720	310	
3	北京分公司	网络招聘	905	300	
4	北京分公司	猎头招聘	382	410	
5	上海分公司	现场招聘	521	440	
6	上海分公司	网络招聘	226	510	
7	上海分公司	猎头招聘	882	360	
8	广州分公司	现场招聘	751	380	
9	广州分公司	网络招聘	591	450	
10	广州分公司	猎头招聘	408	400	
11	深圳分公司	现场招聘	986	410	
12	深圳分公司	网络招聘	434	280	
13	深圳分公司	猎头招聘	189	520	
14	杭州分公司	现场招聘	369	230	
15	杭州分公司	网络招聘	270	460	
16	杭州分公司	猎头招聘	310	480	
17	武汉分公司	现场招聘	369	400	
18	武汉分公司	网络招聘	327	490	
19	武汉分公司	猎头招聘	515	360	

Ctrl+C

图 7-10

（1）按 Ctrl+C 复制数据源 C2:C19，选中 E2 单元格，按 Ctrl+V 粘贴（见图 7-11）。

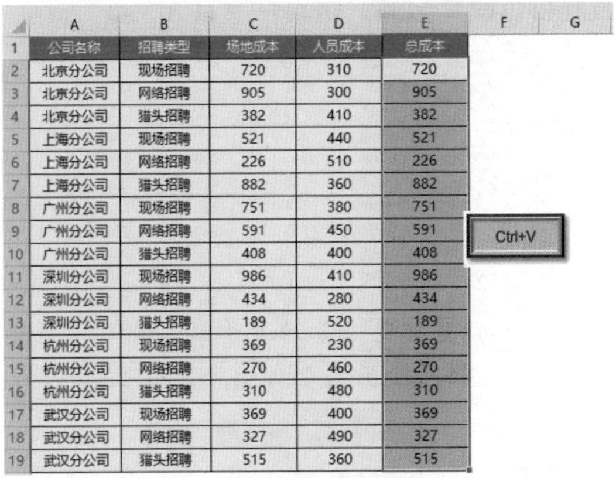

	A	B	C	D	E
1	公司名称	招聘类型	场地成本	人员成本	总成本
2	北京分公司	现场招聘	720	310	720
3	北京分公司	网络招聘	905	300	905
4	北京分公司	猎头招聘	382	410	382
5	上海分公司	现场招聘	521	440	521
6	上海分公司	网络招聘	226	510	226
7	上海分公司	猎头招聘	882	360	882
8	广州分公司	现场招聘	751	380	751
9	广州分公司	网络招聘	591	450	591
10	广州分公司	猎头招聘	408	400	408
11	深圳分公司	现场招聘	986	410	986
12	深圳分公司	网络招聘	434	280	434
13	深圳分公司	猎头招聘	189	520	189
14	杭州分公司	现场招聘	369	230	369
15	杭州分公司	网络招聘	270	460	270
16	杭州分公司	猎头招聘	310	480	310
17	武汉分公司	现场招聘	369	400	369
18	武汉分公司	网络招聘	327	490	327
19	武汉分公司	猎头招聘	515	360	515

Ctrl+V

图 7-11

（2）复制数据源 D2:D19 →再选中到目标单元格区域 E2:E19 →右击选择"选择性粘贴"→在弹出的"选择性粘贴"对话框，选择"加"（见图 7-12），即可实现两组数据的相加计算（见图 7-13）。

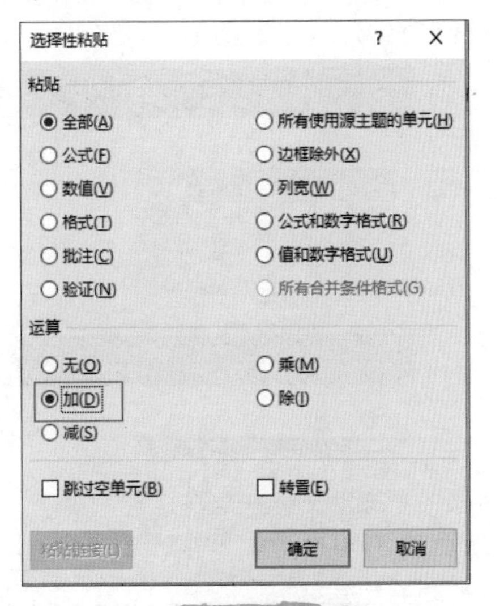

图 7-12

	A	B	C	D	E
1	公司名称	招聘类型	场地成本	人员成本	总成本
2	北京分公司	现场招聘	720	310	1030
3	北京分公司	网络招聘	905	300	1205
4	北京分公司	猎头招聘	382	410	792
5	上海分公司	现场招聘	521	440	961
6	上海分公司	网络招聘	226	510	736
7	上海分公司	猎头招聘	882	360	1242
8	广州分公司	现场招聘	751	380	1131
9	广州分公司	网络招聘	591	450	1041
10	广州分公司	猎头招聘	408	400	808
11	深圳分公司	现场招聘	986	410	1396
12	深圳分公司	网络招聘	434	280	714
13	深圳分公司	猎头招聘	189	520	709
14	杭州分公司	现场招聘	369	230	599
15	杭州分公司	网络招聘	270	460	730
16	杭州分公司	猎头招聘	310	480	790
17	武汉分公司	现场招聘	369	400	769
18	武汉分公司	网络招聘	327	490	817
19	武汉分公司	猎头招聘	515	360	875

图 7-13

温馨提示

选择性粘贴，可以同时应用“粘贴”+“运算”两种模式。

读书笔记

7.2 多个文件的快速合并：POWER QUERY

在工作当中经常会发生同一类数据分到多个工作表，甚至是多个工作簿文件保存的情况（见图 7-14）。例如：

（1）有的人在登记数据的时候会做得很细，按照一天一个工作表保存。

（2）有的人可能会按季度或者按年度进行分表格去登记。

（3）有的公司可能会分不同的店面，各自一个工作簿文件进行登记。

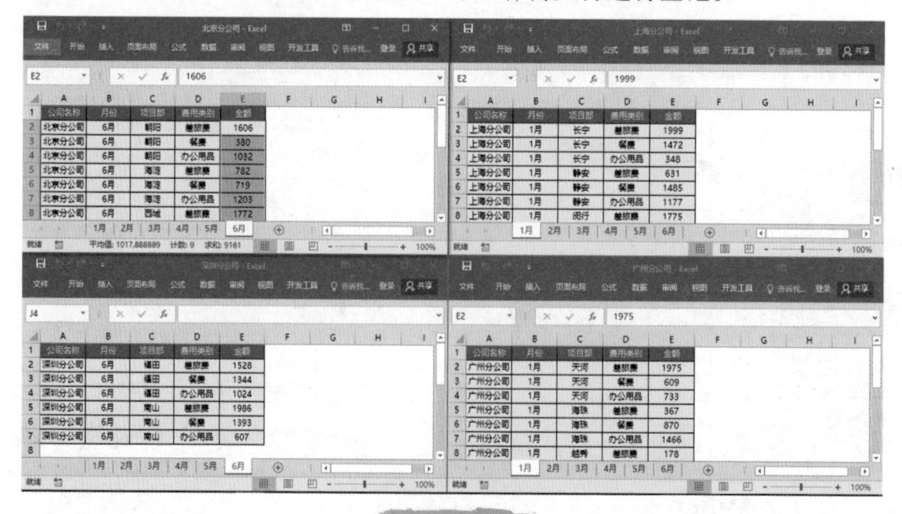

图 7-14

这种情况下，我们就要把不同工作表、不同工作簿当中的内容快速自动合并在一起，生成一个“完整的数据源表”。

如果手工做的话，需要把每个表里的数据都复制，然后再粘贴到一张汇总表里，如果有100个门店，每个门店按12个月分别登记，就要复制、粘贴1 200次，而且还有可能会出错，费力不讨好。

Excel 2016中的Power Query能轻松完成上述工作。

1. 选择需要合并的文件夹

将需要合并的文件，全部关闭后，新建一个空白工作簿→选择“数据”选项卡→“新建查询”→选择“从文件”→“从文件夹”（见图7-15）。

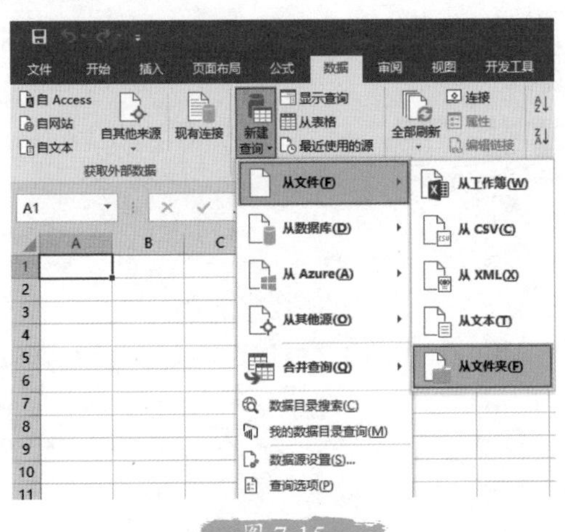

图 7-15

2. 选择需要合并的文件

（1）在弹出的“文件夹”对话框，单击“浏览”（见图7-16）。

（2）在弹出的“浏览文件夹”对话框→单击目标文件夹→如素材文件提供的“07-讲课素材-我要合并的文件”文件夹→单击“确定”（见图7-17）→返回到“选择文件夹”对话框→单击“确定”。确定后，Excel将自动打开Power Query的编辑器界面（见图7-18）。

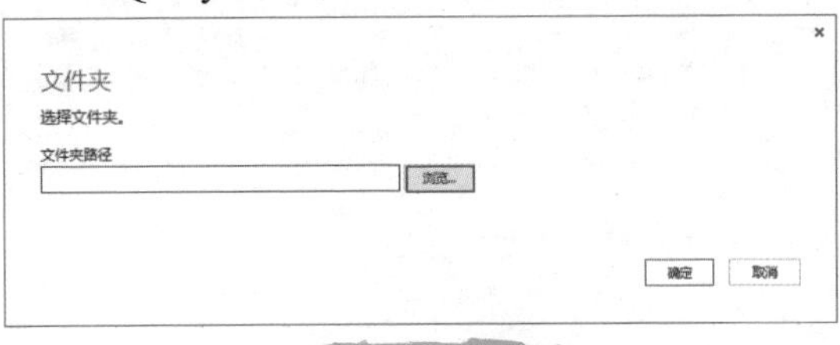

图 7-16

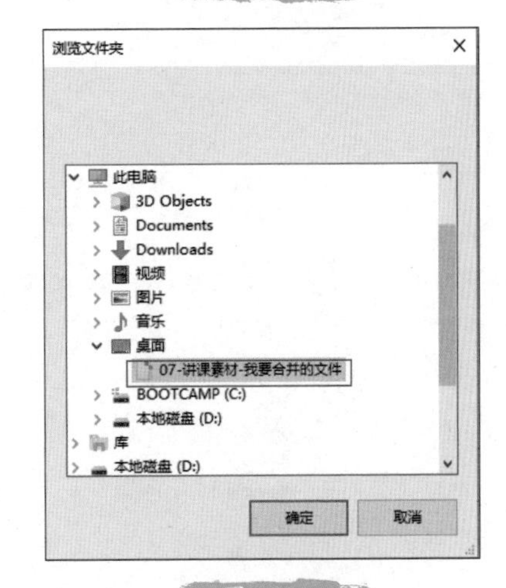

图 7-17

3. 删除除Content以外的其他列

编辑器界面当中，出现了我们刚刚准备合并的3个文件：北京分公司.xlsx、广州分公司.xlsx、深圳分公司.xlsx。第1列Content代表着这些表里的内容，后面的列对应的是文件的名称、文件类型的后缀名、日期等。这些列只是为了让我们检查一下这个文件的来源对不对。在数据汇总的时候，它们是没有意义的，所以要把这些列删掉。

选中第1列Content→右击选择“删除其他列”（见图7-19）。

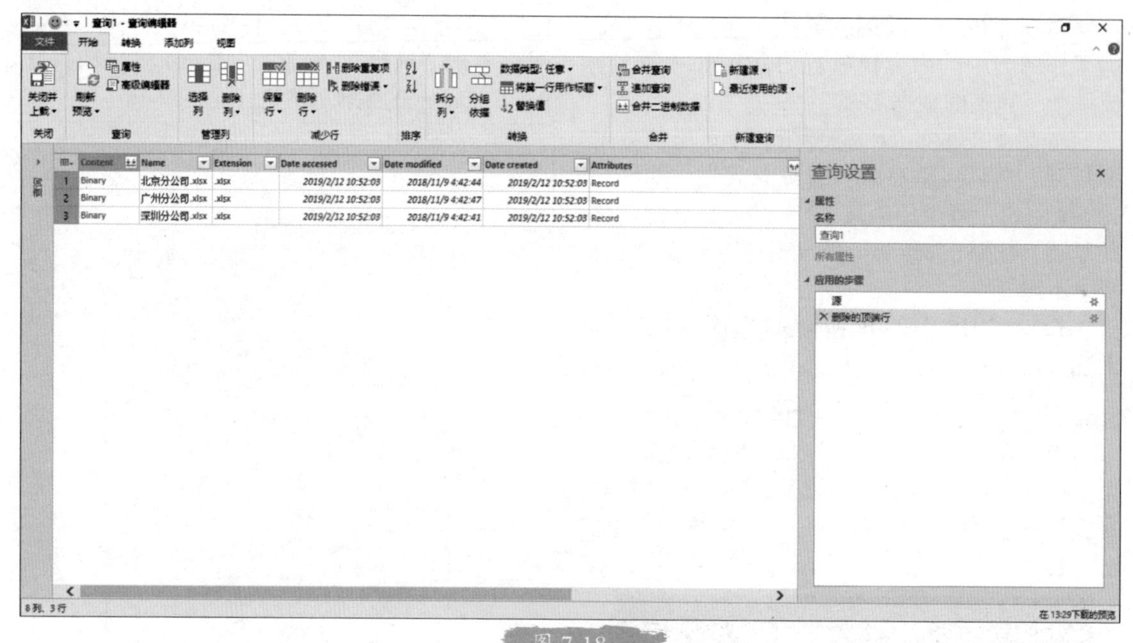

图 7-18

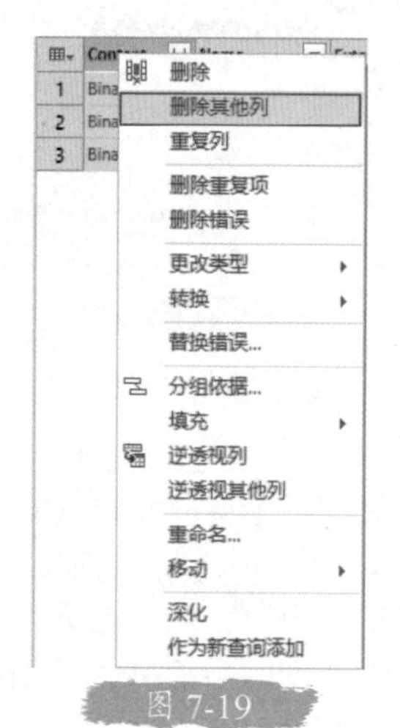

图 7-19

4．将 Content 列中的 Binary 解析为 Excel 表格文件

（1）选择“添加列”选项卡→单击“添加自定义列”（见图 7-20）。

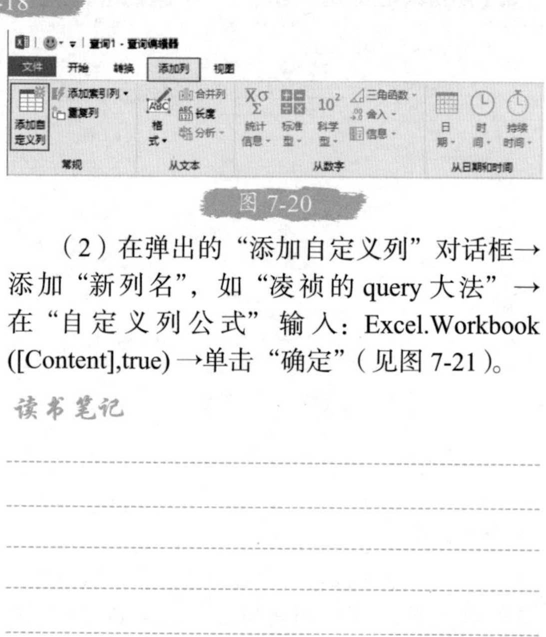

图 7-20

（2）在弹出的“添加自定义列”对话框→添加“新列名”，如“凌祯的 query 大法”→在“自定义列公式”输入：Excel.Workbook([Content],true) →单击“确定”（见图 7-21）。

读书笔记

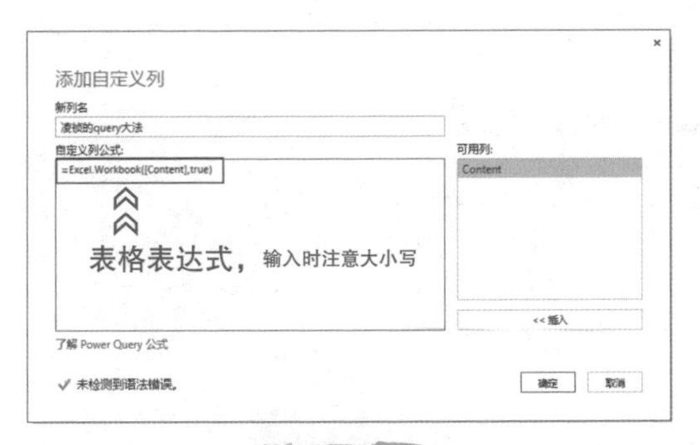

图 7-21

5. 将展开的 Excel Table 文件展开为一个个独立的工作表

（1）单击“凌祯的 query 大法”字段名右侧的展开按钮（见图 7-22）。

	Content	凌祯的quer...
1	Binary	Table
2	Binary	Table
3	Binary	Table

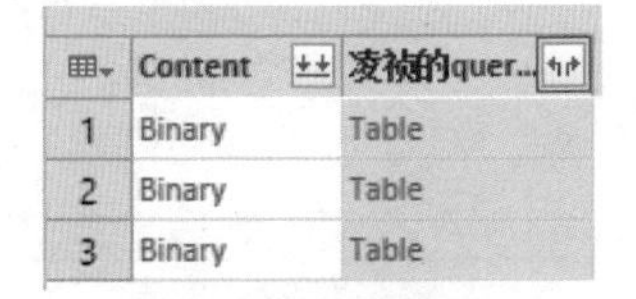

图 7-22

（2）在展开的字段列表中，仅选中 Data，单击“确定”（见图 7-23）。

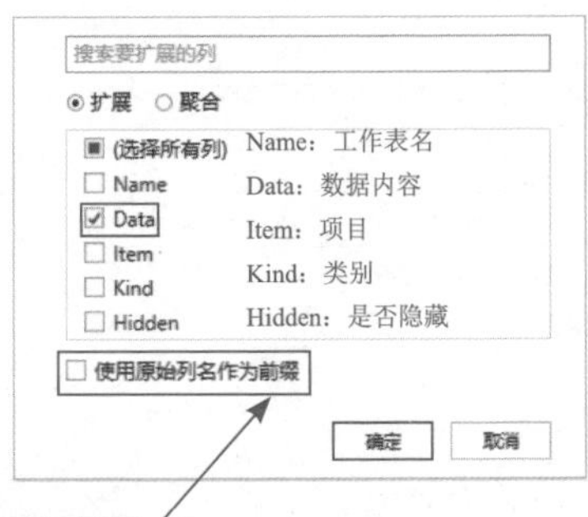

温馨提示

取消选中“使用原始列名作为前缀”，在生成的汇总表中就不会显示刚刚自定义的列名了。

图 7-23

6. 把 Data 字段下的 Table 展开为具体信息

（1）单击 Data 字段名右侧的展开按钮（见图 7-24）。

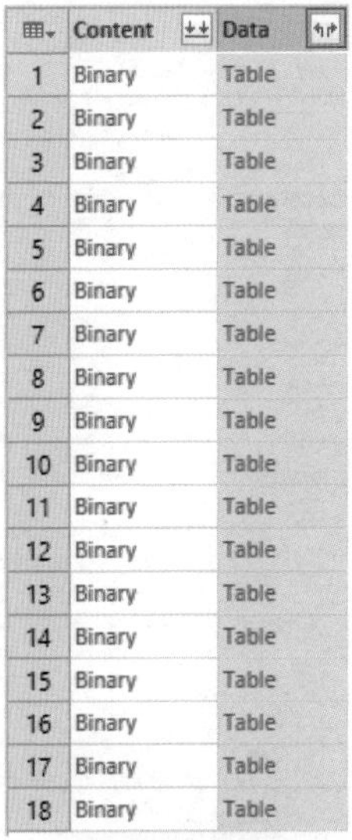

	Content	Data
1	Binary	Table
2	Binary	Table
3	Binary	Table
4	Binary	Table
5	Binary	Table
6	Binary	Table
7	Binary	Table
8	Binary	Table
9	Binary	Table
10	Binary	Table
11	Binary	Table
12	Binary	Table
13	Binary	Table
14	Binary	Table
15	Binary	Table
16	Binary	Table
17	Binary	Table
18	Binary	Table

图 7-24

（2）在展开的字段列表中，选中“选择所有列”→单击“确定”完成（见图 7-25）。

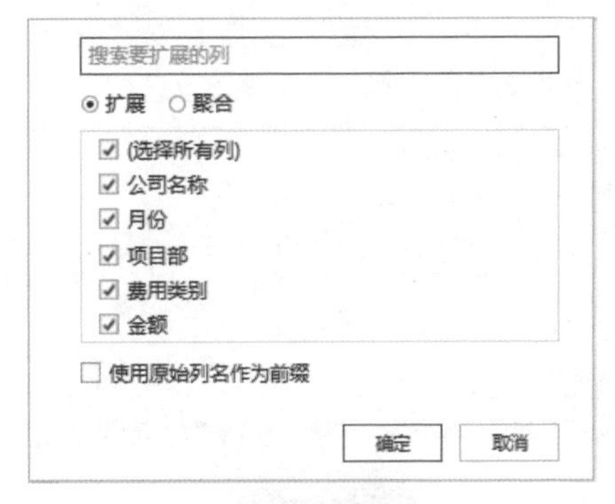

图 7-25

（3）在解析的明细表界面，选择第 1 列 Content 列→右击选择“删除”，即仅保留数据源表中的 5 列数据（见图 7-26）。

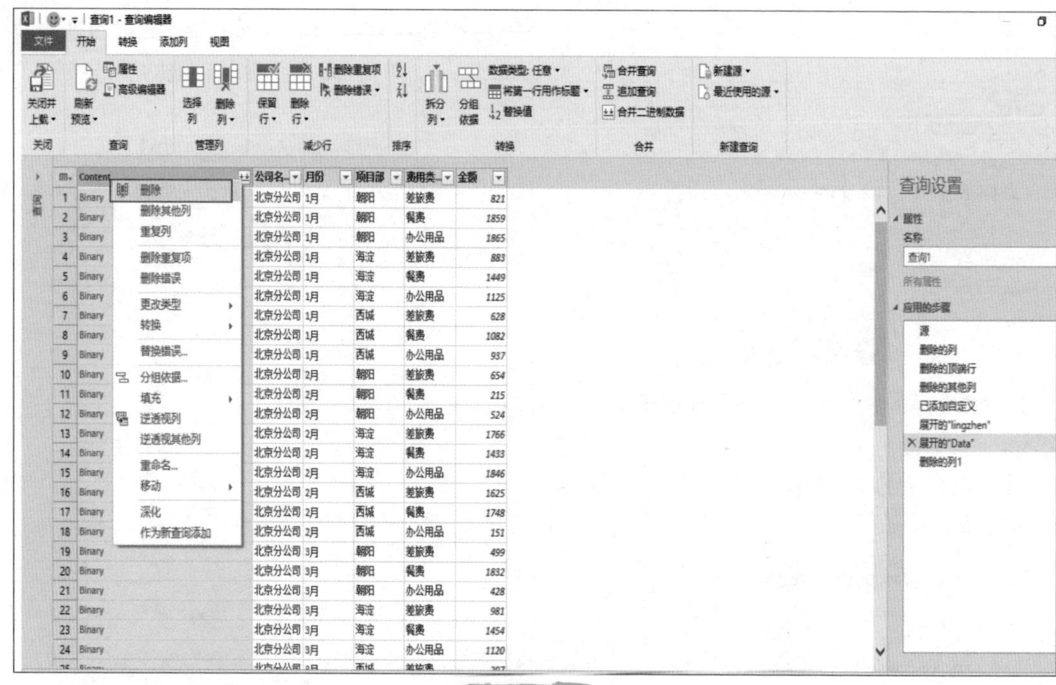

图 7-26

7. 把查询到的内容，同步到 Excel 中

（1）选择“开始”选项卡→“关闭并上载”→“关闭并上载至”（见图 7-27）

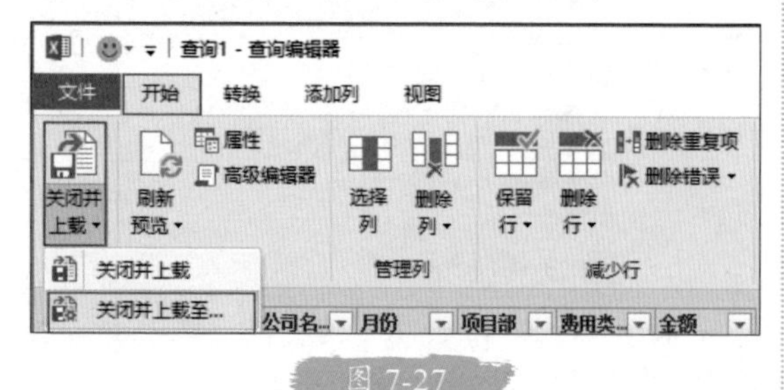

图 7-27

（2）在弹出的“加载到”对话框→选择要上载的位置，如“新建工作表”→单击“加载”（见图 7-28），加载完毕后的效果如图 7-29 所示。

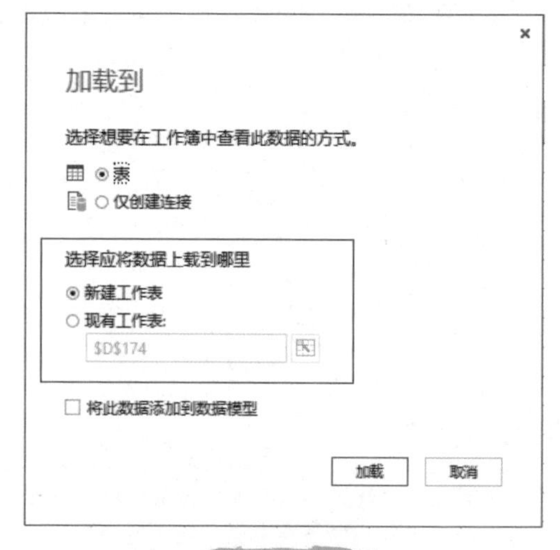

图 7-28

	A	B	C	D	E
1	公司名称	月份	项目部	费用类别	金额
2	北京分公司	1月	朝阳	差旅费	821
3	北京分公司	1月	朝阳	餐费	1859
4	北京分公司	1月	朝阳	办公用品	1865
5	北京分公司	1月	海淀	差旅费	883
6	北京分公司	1月	海淀	餐费	1449
7	北京分公司	1月	海淀	办公用品	1125
8	北京分公司	1月	西城	差旅费	628
9	北京分公司	1月	西城	餐费	1082
10	北京分公司	1月	西城	办公用品	937
11	北京分公司	2月	朝阳	差旅费	654
12	北京分公司	2月	朝阳	餐费	215
13	北京分公司	2月	朝阳	办公用品	524
14	北京分公司	2月	海淀	差旅费	1766
15	北京分公司	2月	海淀	餐费	1433
16	北京分公司	2月	海淀	办公用品	1846
17	北京分公司	2月	西城	差旅费	1625
18	北京分公司	2月	西城	餐费	1748
19	北京分公司	2月	西城	办公用品	151
20	北京分公司	3月	朝阳	差旅费	499

图 7-29

温馨提示

使用 Power Query 查询后的表格，会自动套用表格格式，变身超级表。

使用 Power Query 查询的表格，当数据改变或新增文件时，可以实现一键自动刷新。如图 7-30 所示，我们在待合并的文件夹中，新增一个"上海分公司"的 Excel 文件。

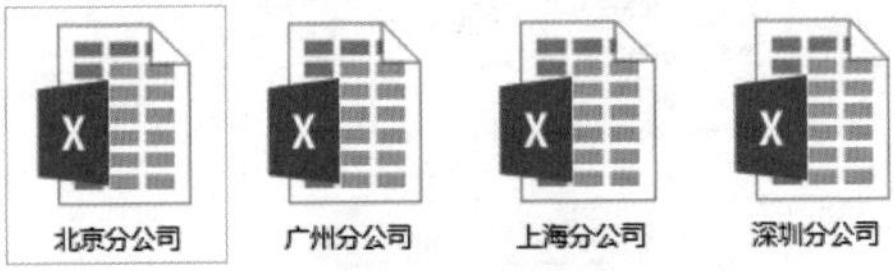

图 7-30

此时，在刚刚利用 Power Query 合并后的（见图 7-29）表中，只需要右击选择"刷新"，即可将"上海分公司"的数据一起更新过来（见图 7-31）。

这是因为通过 Power Query 合并表，建立了合并后的"汇总表"和原始"数据源表"之间的动态连接，当数据源发生增减变化的时候，合并以后的"汇总表"都是实时更新变化的。

	Content	公司名称	月份	项目部	费用类别	金额
40		上海分公司	5月	长宁	办公用品	814
41		上海分公司	5月	静安	差旅费	523
42		上海分公司	5月	静安	餐费	980
43		上海分公司	5月	静安	办公用品	681
44		上海分公司	5月	闵行	差旅费	884
45		上海分公司	5月	闵行	餐费	1634
46		上海分公司	5月	闵行	办公用品	369
47		上海分公司	6月	长宁	差旅费	608
48		上海分公司	6月	长宁	餐费	1320
49		上海分公司	6月	长宁	办公用品	1979
50		上海分公司	6月	静安	差旅费	709
51		上海分公司	6月	静安	餐费	495
52		上海分公司	6月	静安	办公用品	433
53		上海分公司	6月	闵行	差旅费	1998
54		上海分公司	6月	闵行	餐费	994
55		上海分公司	6月	闵行	办公用品	1345
56		北京分公司	1月	朝阳	差旅费	821
57		北京分公司	1月	朝阳	餐费	1859
58		北京分公司	1月	朝阳	办公用品	1865
59		北京分公司	1月	海淀	差旅费	883
60		北京分公司	1月	海淀	餐费	1449
61		北京分公司	1月	海淀	办公用品	1125
62		北京分公司	1月	西城	差旅费	628
63		北京分公司	1月	西城	餐费	1082

图 7-31

温馨提示

利用 Power Query 做多表合并的基本要求：数据源的表格结构、标题内容完全一致。

表姐说

在日常工作当中，当遇到数据源表分散存储，需要快速合并多表的问题，就立刻搬出 Power Query 来解决。

温馨提示

除 Excel 2016 自带 Power Query，其他版本可能需要下载插件，然后才能使用。

（1）Excel 2010、Excel 2013 需要到微软官网搜索 Power Query 后，下载插件并安装，方可使用。

（2）Excel 2003~2007 及更早的版本、WPS，无法使用。

7.3 彩蛋：工作表的整体移动、复制

（1）在工作簿底部选中要移动或复制的工作表→右击选择“移动或复制”（见图 7-32）。

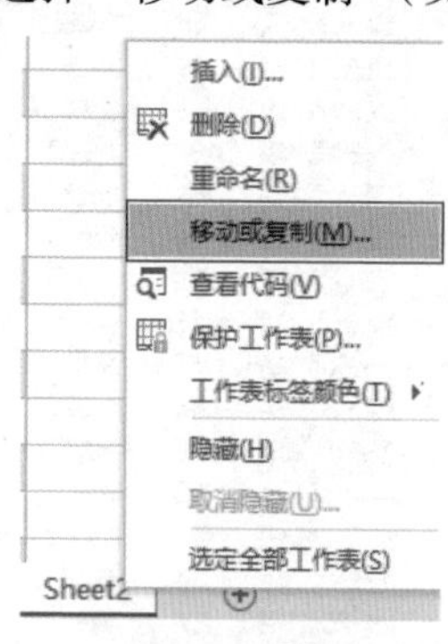

图 7-32

（2）在弹出的“移动或复制工作表”对话框→选中“建立副本”，即复制工作表；不选中，即为移动工作表→单击“将选定工作表移至工作簿”右侧的下拉按钮→在下拉框中，选择需要移动到的工作簿，或者创建一个新工作簿→设置完毕后，单击“确定”，即可完成工作表整体的快速移动或复制（见图 7-33～图 7-74）。

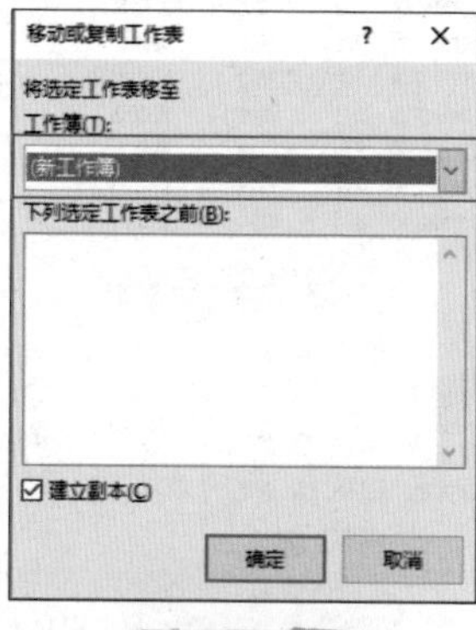

图 7-33

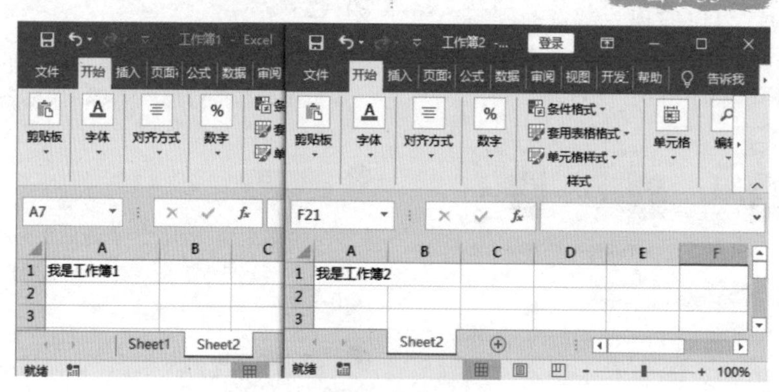

图 7-34

读书笔记

8 数据汇报“自动档”：条件格式迷你图，数据呈现更直观

小张跟着表姐学习后，表格已经做得很不错了，得到了老板的表扬（见图 8-1），但是领导觉得他做的表格还不够直观（见图 8-2）。

图 8-1

销售一部2018年 第三季度业绩统计表

制作人：凌祯
制作日期：2018年10月8日

员工编号	营销经理	季度目标	业绩总额	第1周	第2周	第3周	第4周	第5周	第6周	第7周	第8周	第9周	第10周	第11周	第12周	第13周
LZ01	表姐	9500	11304	135	287	198	531	916	1555	1350	932	1100	1000	1000	1100	1200
LZ02	凌祯	10000	10743	441	293	222	287	596	1376	845	1200	1125	1339	880	990	1149
LZ03	李伟	10500	6505	850	900	880	920	1050	1200	374	331	0	0	0	0	0
LZ04	孙建国	10200	10316	379	538	121	228	558	1475	558	700	1120	1139	1000	1150	1350
LZ05	赵一涵	9830	9191	222	295	402	378	391	1300	503	600	750	1100	1200	1050	1000
LZ06	林婷婷	12000	12653	530	600	351	845	1423	1461	1250	967	1190	962	1232	895	947
LZ07	徐硕	11020	11984	688	530	600	351	1050	1333	899	1127	1088	1262	1000	1075	981
LZ08	张盈茗	4420	4802	0	0	0	0	324	800	500	400	577	780	455	466	500
汇总		77470	77498	3245	3443	2774	3540	6308	10500	6279	6257	6950	7582	6767	6726	7127

图 8-2

做“表”的规范包括以下两个方面：

（1）数据录入得清晰、准确。通过前面的内容，相信大家也和小张一样，已经做得很好了。

（2）让人一眼看清，直观。关于直观，本章将教大家两个妙招：条件格式＋迷你图，让大家在一堆数据中，一目了然地知道谁好谁坏。

8.1 数据条让数据更直观

设置数据条：选中单元格区域 D3:D10→选择“开始”选项卡→“条件格式”→“数据条”→选择一个喜欢的原则，如“实心填充”中的黄色样式（见图 8-3）。

销售一部2018年 第三季度业绩统计表

员工编号	营销经理	季度目标	业绩总额	第1周	第2周	第3周	第4周	第5周	第6周	第7周	第8					
LZ01	表姐	9500	11304	135	287	198	531	916	1555	1350	932					
LZ02	凌祯	10000	10743	441	293	222	287	596	1376	845	120					
LZ03	李伟	10500	6505	850	900	880	920	1050	1200	374	331					
LZ04	孙建国	10200	10316	379	538	121	228	558	1475	558	70					
LZ05	赵一涵	9830	9191	222	295	402	378	391	1300	503	60					
LZ06	林婷婷	12000	12653	530	600	351	845	1423	1461	1250	967	1190	962	1232		
LZ07	徐硕	11020	11984	688	530	600	351	1050	1333	899	1127	1088	1262	1000	1075	981
LZ08	张盛名	4420	4802	0	0	0	0	324	800	500	400	577	780	455	466	500
汇总		77470	77498	3245	3443	2774	3540	6308	10500	6279	6257	6950	7582	6767	6726	7127

图 8-3

温馨提示

（1）条件格式是针对单元格中值的条件满足情况应用的。

（2）数据条的显示长短，是根据选择数据源范围中数值大小进行设置的。例如，选择 D3:D11 单元格区域，则最大值是 D11 单元格中的值，显示的效果就是 D11 单元格中线条最长，其他的线条会比它短，如图 8-4 所示。

（3）数据条可以根据数据大小，呈现不同的条纹效果，但不建议对所有的数据全都使用。这样反而会影响数据的可读性，整个画面显得乱糟糟的（见图 8-4）。

（4）删除数据条：选中已经设置了条件格式的单元格区域→选择“开始”选项卡→“条件格式”→“清除规则”→选择“清除所选单元格的规则”（见图 8-4）。

温馨提示

在一张表格内，不要过度使用条件格式：滥用效果，无法突出重点。

解决方案

通过清除规则和管理规则进行维护和调整。

图 8-4

8.2 玩转条件格式：突出显示

1. 汇报数据整理

如图 8-3 所示的表的默认顺序是按照员工编号进行排序的，在做业绩统计表的时候，建议按照业绩从高到低进行排序。

选中单元格区域 A2:Q10→选择“开始”选项卡→“排序和筛选”→“自定义排序”（见图 8-5）→在弹出的“排序”对话框→设置按照“业绩总额”→“降序”→单击“确定”按钮（见图 8-6）。

图 8-5

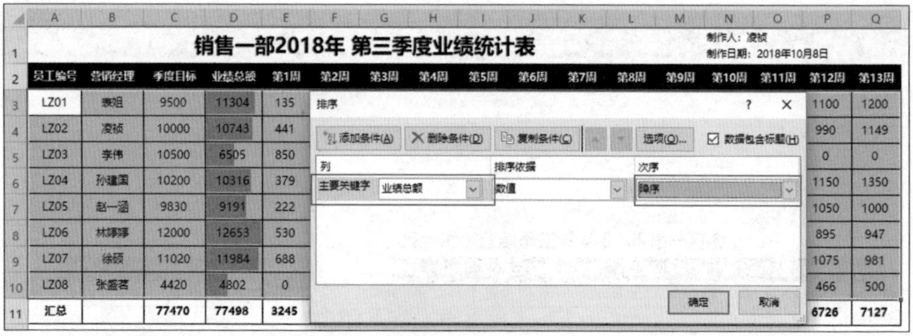

销售一部2018年 第三季度业绩统计表

制作人：凌祯
制作日期：2018年10月8日

员工编号	营销经理	季度目标	业绩总额	第1周	第12周	第13周
LZ01	表姐	9500	11304	135	1100	1200
LZ02	凌祯	10000	10743	441	990	1149
LZ03	李伟	10500	6505	850	0	0
LZ04	孙建国	10200	10316	379	1150	1350
LZ05	赵一涵	9830	9191	222	1050	1000
LZ06	林婷婷	12000	12653	530	895	947
LZ07	徐硕	11020	11984	688	1075	981
LZ08	张盈茗	4420	4802	0	466	500
汇总		77470	77498	3245	6726	7127

排序
添加条件(A) 删除条件(D) 复制条件(C) 选项(O)... 数据包含标题(H)
列：主要关键字 业绩总额
排序依据：数值
次序：降序
确定 取消

图 8-6

温馨提示

在设置自定义排序前，要先选中A2:Q10单元格区域，注意不要选中汇总行，否则统计的时候，汇总行的值是最大值，会自动排序到顶部。但是因为汇总行中已经预先设置好了求和公式，排序后，由于单元格的位置发生了变化，那么公式也会失效，造成汇总结果不正确。

2. 突出显示业绩目标前3名

选中C3:C10单元格区域→选择“开始”选项卡→“条件格式”→“项目选取规则”→“前10项”（见图8-7）→在弹出的“前10项”对话框，将数值改为“3”→并且设置一个喜欢的格式（见图8-8），如通过“设置为”右侧的小三角，自定义格式为红色加粗的字体、无填充颜色的样式。

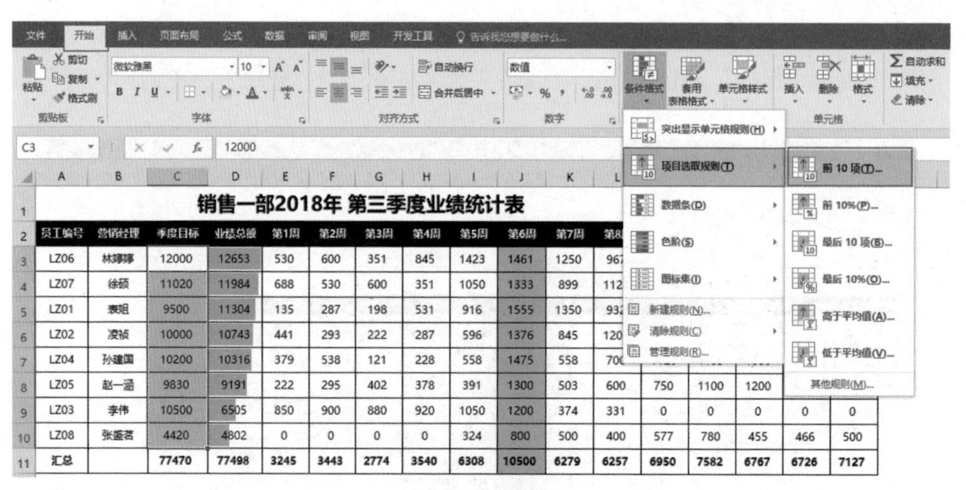

图 8-7

	A	B	C	D	E	F	G	H	I	J	K	L	M	N	O	P	Q
1	销售一部2018年 第三季度业绩统计表													制作人：凌祯 制作日期：2018年10月8日			
2	员工编号	营销经理	季度目标	业绩总额	第1周	第2周	第3周	第4周	第5周	第6周	第7周	第8周	第9周	第10周	第11周	第12周	第13周
3	LZ06	林婷婷	12000	12653	530	600	351	845	1423	1461	1250	967	1190	962	1232	895	947
4	LZ07	徐硕	11020	11984	688	530	[illegible]	[illegible]	[illegible]	[illegible]	[illegible]	1127	1088	1262	1000	1075	981
5	LZ01	表姐	9500	11304	135	287	[illegible]	[illegible]	[illegible]	[illegible]	[illegible]	932	1100	1000	1000	1100	1200
6	LZ02	凌祯	10000	10743	441	293	[illegible]	[illegible]	[illegible]	[illegible]	[illegible]	1200	1125	1339	880	990	1149
7	LZ04	孙建国	10200	10316	379	538	[illegible]	[illegible]	[illegible]	[illegible]	[illegible]	700	1120	1139	1000	1150	1350
8	LZ05	赵一涵	9830	9191	222	295	[illegible]	[illegible]	[illegible]	[illegible]	[illegible]	600	750	1100	1200	1050	1000
9	LZ03	李伟	10500	6505	850	900	880	920	1050	1200	374	331	0	0	0	0	0
10	LZ08	张盈茗	4420	4802	0	0	0	0	324	800	500	400	577	780	455	466	500
11	汇总		77470	77498	3245	3443	2774	3540	6308	10500	6279	6257	6950	7582	6767	6726	7127

前 10 项

为值最大的那些单元格设置格式：

3 设置为 自定义格式...

确定 取消

图 8-8

3. 突出显示业绩总额低于平均值的

选中单元格区域 A2:Q10→选择“开始”选项卡→“条件格式”→“项目选取规则”→“低于平均值”（见图 8-9）→在弹出的“低于平均值”对话框→设置“针对选定区域，设置为”，自定义单元格格式为喜欢的样式，如设置“填充”格式为“图案样式”中第 1 行第 5 个（见图 8-10）→单击“确定”完成。

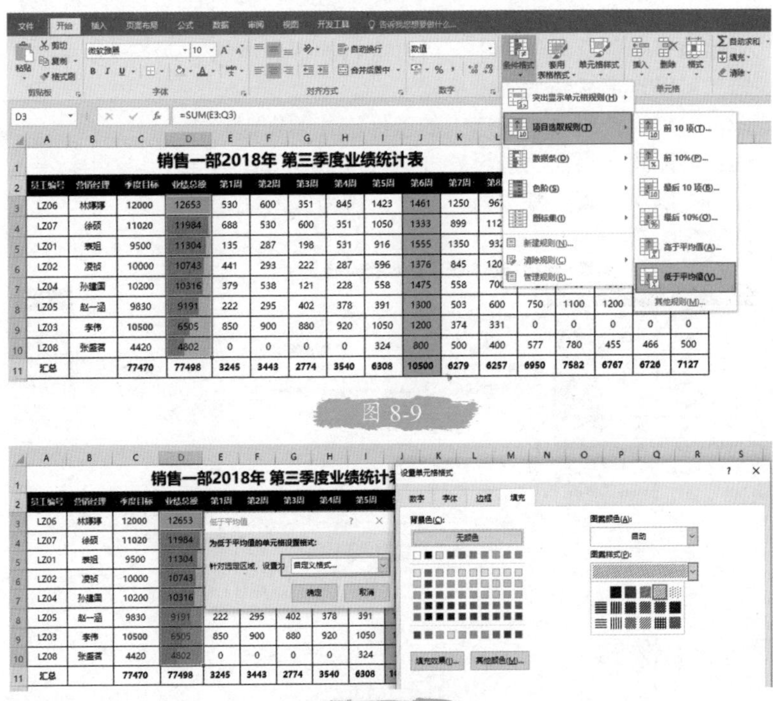

图 8-9

图 8-10

4. 修改条件格式规则

对于已经设置了条件格式规则的单元格，可以进行二次编辑。例如选中单元格区域A2:Q10→选择“开始”选项卡→“条件格式”→“管理规则”（见图8-11）。

文件 开始 插入 页面布局 公式 数据 审阅 视图 开发工具 告诉我您想要做什么...
粘贴 剪切 复制 格式刷 剪贴板 微软雅黑 10 字体 自动换行 合并后居中 对齐方式 数值 数字 条件格式 套用表格格式 单元格样式 插入 删除 格式 单元格
突出显示单元格规则(H)
项目选取规则(T)
数据条(D)
色阶(S)
图标集(I)
新建规则(N)...
清除规则(C)
管理规则(R)...
D3 =SUM(E3:Q3)

销售一部2018年 第三季度业绩统计表

员工编号	营销经理	季度目标	业绩总额	第1周	第2周	第3周	第4周	第5周	第6周	第7周	第8				第12周	第13周
LZ06	林婷婷	12000	12653	530	600	351	845	1423	1461	1250	967				895	947
LZ07	徐硕	11020	11984	688	530	600	351	1050	1333	899	112				1075	981
LZ01	袁姐	9500	11304	135	287	198	531	916	1555	1350	932				1100	1200
LZ02	凌祯	10000	10743	441	293	222	287	596	1376	845	120				990	1149
LZ04	孙建国	10200	10316	379	538	121	228	558	1475	558	700				1150	1350
LZ05	赵一涵	9830	9191	222	295	402	378	391	1300	503	600	750	1100	1200	1050	1000
LZ03	李伟	10500	6505	850	900	880	920	1050	1200	374	331	0	0	0	0	0
LZ08	张盛茗	4420	4802	0	0	0	0	324	800	500	400	577	780	455	466	500
汇总		77470	77498	3245	3443	2774	3540	6308	10500	6279	6257	6950	7582	6767	6726	7127

图 8-11

在弹出的“条件格式规则管理器”中，可以进行如下具体的管理（见图8-12）。

（1）新建规则：可以自定义新增条件格式。

（2）编辑规则：可以重新修改当前选中的条件格式的规则。

（3）删除规则：可以删除当前已经设置好的条件格式的规则。

（4）调整排序：可以通过▲、▼按钮，调整条件格式的优先级。

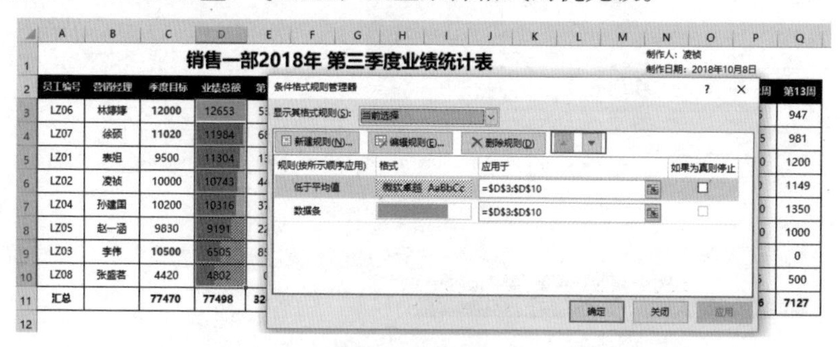

图 8-12

8.3 玩转条件格式：图标集

在本章案例中，有“季度目标”“业绩总额”两列数据，直接通过目测的方式，很难对比出

"是否达标"。因此我们重新构建一列"是否达标"，并利用条件格式，让它们可视化出来。

1. 构建"是否达标"列

在 D 列之后，重新插入一个新的空白列，输入标题"是否达标"；在 E3 单元格输入公式"=D3-C3"（见图 8-13）。按 Enter 键确认录入后，鼠标指针移动到 E3 单元格右下角，变为十字句柄时，双击使公式自动填充至 E11 单元格，完成"是否达标"列的公式自动计算。

C3　=D3-C3

销售一部2018年 第三季度业绩统计表　制作人：凌祯　制作日期：2018年10月8日

员工编号	营销经理	季度目标	业绩总额	是否达标	第1周	第2周	第3周	第4周	第5周	第6周	第7周	第8周	第9周	第10周	第11周	第12周	第13周
LZ06	林婷婷	12000	12653	=D3-C3	530	600	351	845	1423	1461	1250	967	1190	962	1232	895	947
LZ07	徐硕	11020	11984		688	530	600	351	1050	1333	899	1127	1088	1262	1000	1075	981
LZ01	表姐	9500	11304		135	287	198	531	916	1555	1350	932	1100	1000	1000	1100	1200
LZ02	凌祯	10000	10743		441	293	222	287	596	1376	845	1200	1125	1339	880	990	1149
LZ04	孙建国	10200	10316		379	538	121	228	558	1475	558	700	1120	1139	1000	1150	1350
LZ05	赵一涵	9830	9191		222	295	402	378	391	1300	503	600	750	1100	1200	1050	1000
LZ03	李伟	10500	6505		850	900	880	920	1050	1200	374	331	0	0	0	0	0
LZ08	张盛茗	4420	4802		0	0	0	0	324	800	500	400	577	780	455	466	500
汇总		77470	77498		3245	3443	2774	3540	6308	10500	6279	6257	6950	7582	6767	6726	7127

图 8-13

温馨提示

设置完成后，因为 E 列是插入在 D 列之后的，所以会延续应用 D 列的条件格式（见图 8-14）。因此，我们需要将其条件格式删除，并重新设定新的规则。

选中 E3:E11 单元格→选择"开始"选项卡→"条件格式"→"清除规则"→"清除所选单元格的规则"，设置后效果如图 8-15 所示。

图 8-14

E3 =D3-C3

	A	B	C	D	E	F	G	H	I	J	K	L	M	N	O	P	Q	R
1	销售一部2018年 第三季度业绩统计表														制作人：凌祯 制作日期：2018年10月8日			
2	员工编号	营销经理	季度目标	业绩总额	是否达标	第1周	第2周	第3周	第4周	第5周	第6周	第7周	第8周	第9周	第10周	第11周	第12周	第13周
3	LZ06	林婷婷	12000	12653	653	530	600	351	845	1423	1461	1250	967	1190	962	1232	895	947
4	LZ07	徐硕	11020	11984	964	688	530	600	351	1050	1333	899	1127	1088	1262	1000	1075	981
5	LZ01	表姐	9500	11304	1804	135	287	198	531	916	1555	1350	932	1100	1000	1000	1100	1200
6	LZ02	凌祯	10000	10743	743	441	293	222	287	596	1376	845	1200	1125	1339	880	990	1149
7	LZ04	孙建国	10200	10316	116	379	538	121	228	558	1475	558	700	1120	1139	1000	1150	1350
8	LZ05	赵一涵	9830	9191	(639)	222	295	402	378	391	1300	503	600	750	1100	1200	1050	1000
9	LZ03	李伟	10500	6505	(3995)	850	900	880	920	1050	1200	374	331	0	0	0	0	0
10	LZ08	张盛茗	4420	4802	382	0	0	0	0	324	800	500	400	577	780	455	466	500
11	汇总		77470	77498	28	3245	3443	2774	3540	6308	10500	6279	6257	6950	7582	6767	6726	7127

图 8-15

2. 设置“是否达标”列图标集样式

（1）选中 E2:E11 →选择“开始”选项卡→“条件格式”→“图标集”，选择一个喜欢的样式（见图 8-16）。

图 8-16

（2）如果不太满意，可以重新修改图标集规则。

① 选中 E2:E11 →选择“开始”选项卡→“条件格式”→“管理规则”→打开“条件格式规则管理器”对话框（见图 8-17）。

读书笔记

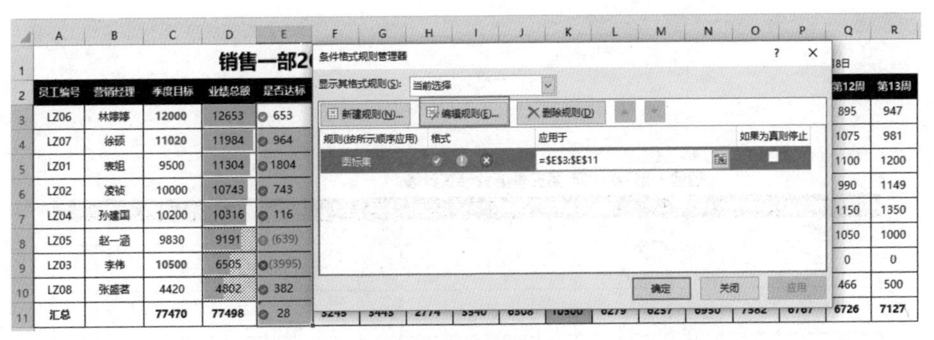

图 8-17

② 选中已设置的规则→单击“编辑规则”（见图 8-17）→打开“编辑格式规则”对话框→按图 8-18 进行设置。

设置 1：选中“仅显示图标”。

设置 2：“类型”均为“数字”。

设置 3：当值是“>=”值“0”的时候，图标为五角星。

设置 4：当“<0”的时候，图标为红色 ×。

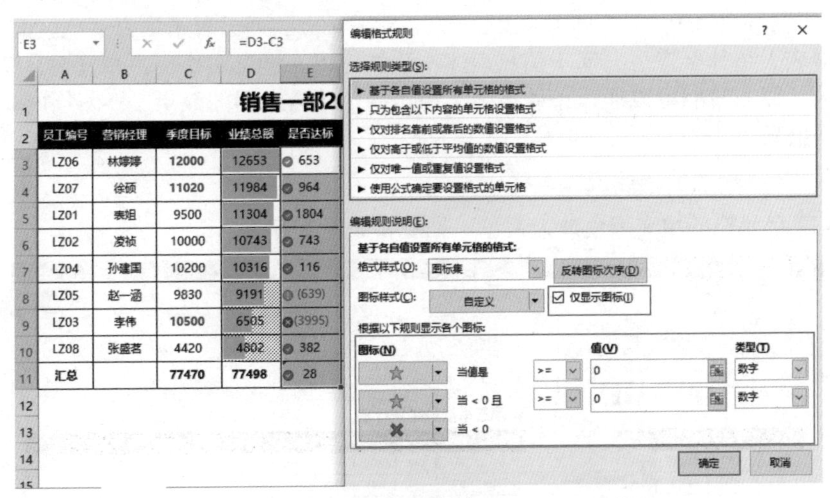

图 8-18

③ 设置完毕后，依次单击“确定”，并通过调整字号，来设置图标按钮的大小（见图 8-19）。

读书笔记

销售一部2018年 第三季度业绩统计表

制作人：凌祯
制作日期：2018年10月8日

员工编号	营销经理	季度目标	业绩总额	是否达标	第1周	第2周	第3周	第4周	第5周	第6周	第7周	第8周	第9周	第10周	第11周	第12周	第13周
LZ06	林婷婷	12000	12653	★	530	600	351	845	1423	1461	1250	967	1190	962	1232	895	947
LZ07	徐硕	11020	11984	★	688	530	600	351	1050	1333	899	1127	1088	1262	1000	1075	981
LZ01	表姐	9500	11304	★	135	287	198	531	916	1555	1350	932	1100	1000	1000	1100	1200
LZ02	凌祯	10000	10743	★	441	293	222	287	596	1376	845	1200	1125	1339	880	990	1149
LZ04	孙建国	10200	10316	★	379	538	121	228	558	1475	558	700	1120	1139	1000	1150	1350
LZ05	赵一涵	9830	9191	✖	222	295	402	378	391	1300	503	600	750	1100	1200	1050	1000
LZ03	李伟	10500	6505	✖	850	900	880	920	1050	1200	374	331	0	0	0	0	0
LZ08	张盛茗	4420	4802	★	0	0	0	0	324	800	500	400	577	780	455	466	500
汇总		77470	77498	★	3245	3443	2774	3540	6308	10500	6279	6257	6950	7582	6767	6726	7127

图 8-19

8.4 玩转条件格式：色阶

在小张一开始制作的表中（见图 8-2），“第 6 周”对应的列设置了填充颜色。但这样设置后，并没有告诉看表人是什么意思，属于信息表述不清的标识。经过对比，不难发现，第 6 周是所有人业绩最好的一周，我们可以通过条件格式，制作一个热力地图的效果，让每周的业绩趋势情况可视化地呈现出来。

1. 清除表述不全的信息标识

将 K3:K11 单元格的填充颜色改为无色（见图 8-20）。

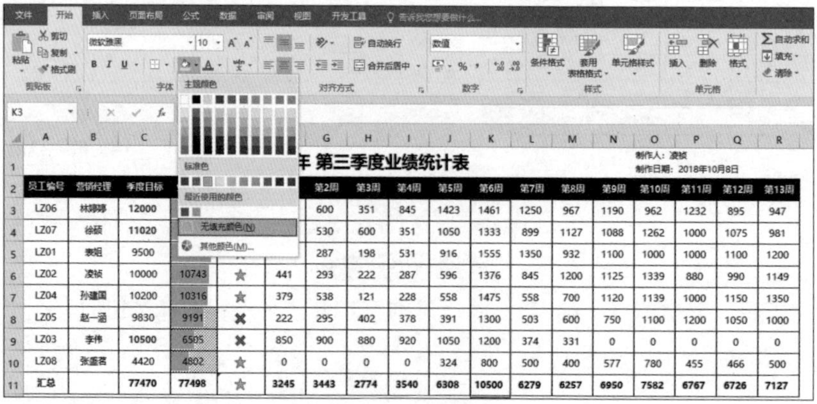

年 第三季度业绩统计表

制作人：凌祯
制作日期：2018年10月8日

员工编号	营销经理	季度目标				第2周	第3周	第4周	第5周	第6周	第7周	第8周	第9周	第10周	第11周	第12周	第13周
LZ06	林婷婷	12000				600	351	845	1423	1461	1250	967	1190	962	1232	895	947
LZ07	徐硕	11020				530	600	351	1050	1333	899	1127	1088	1262	1000	1075	981
LZ01	表姐	9500				287	198	531	916	1555	1350	932	1100	1000	1000	1100	1200
LZ02	凌祯	10000	10743	★	441	293	222	287	596	1376	845	1200	1125	1339	880	990	1149
LZ04	孙建国	10200	10316	★	379	538	121	228	558	1475	558	700	1120	1139	1000	1150	1350
LZ05	赵一涵	9830	9191	✖	222	295	402	378	391	1300	503	600	750	1100	1200	1050	1000
LZ03	李伟	10500	6505	✖	850	900	880	920	1050	1200	374	331	0	0	0	0	0
LZ08	张盛茗	4420	4802	★	0	0	0	0	324	800	500	400	577	780	455	466	500
汇总		77470	77498	★	3245	3443	2774	3540	6308	10500	6279	6257	6950	7582	6767	6726	7127

图 8-20

2. 设置色阶条件格式效果

（1）选中数据区域 F4:R11→选择"开始"选项卡→"条件格式"→"色阶"→选择一个喜欢的色阶样式（见图 8-21）。

图 8-21

（2）通过"条件格式"中的"管理规则"来对其进行二次编辑规则。在打开的"条件格式规则管理器"中，选中刚刚设置的规则→单击"编辑规则"→打开"编辑格式规则"对话框→按图 8-22 进行设置，设置完毕后，依次单击"确定"完成，最终效果如图 8-23 所示。

设置 1："格式样式"为"双色刻度"。

设置 2："最小值"为"最低值"，颜色为"白色"，最大值为"最高值"，颜色为"橘色"。

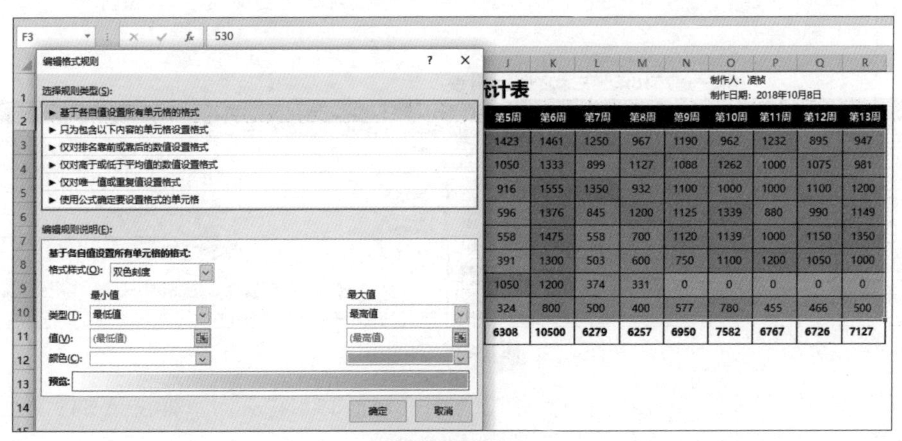

图 8-22

销售一部2018年 第三季度业绩统计表

制作人：凌祯
制作日期：2018年10月8日

员工编号	营销经理	季度目标	业绩总额	是否达标	第1周	第2周	第3周	第4周	第5周	第6周	第7周	第8周	第9周	第10周	第11周	第12周	第13周
LZ06	林婷婷	12000	12653	★	530	600	351	845	1423	1461	1250	967	1190	962	1232	895	947
LZ07	徐硕	11020	11984	★	688	530	600	351	1050	1333	899	1127	1088	1262	1000	1075	981
LZ01	表姐	9500	11304	★	135	287	198	531	916	1555	1350	932	1100	1000	1000	1100	1200
LZ02	凌祯	10000	10743	★	441	293	222	287	596	1376	845	1200	1125	1339	880	990	1149
LZ04	孙建国	10200	10316	★	379	538	121	228	558	1475	558	700	1120	1139	1000	1150	1350
LZ05	赵一涵	9830	9191	✖	222	295	402	378	391	1300	503	600	750	1100	1200	1050	1000
LZ03	李伟	10500	6505	✖	850	900	880	920	1050	1200	374	331	0	0	0	0	0
LZ08	张盛茗	4420	4802	★	0	0	0	0	324	800	500	400	577	780	455	466	500
汇总		77470	77498	★	3245	3443	2774	3540	6308	10500	6279	6257	6950	7582	6767	6726	7127

图 8-23

8.5 单元格内嵌迷你图

最后还可以在表中添加一列“业绩趋势”（S 列），来反馈每周的业绩情况，并且将最后 2 条记录中有特别多“0”的异常情况（实际上是“已离职”和“新员工”），进行“备注”（T 列）说明一下。

（1）选中 S3 单元格→选择“插入”选项卡→选择“迷你图”功能组中的“柱形图”→在打开的“创建迷你图”对话框→设置“数据范围”为每周业绩数据的范围 F3:R3，位置范围：$S$3 →单击“确定”完成（见图 8-24）。

图 8-24

（2）鼠标指针移到 S3 单元格右下角，变为十字句柄时，将其向下拖曳至 S11 单元格区域，使得 S 列每个单元格都填充上迷你图（见图 8-25）。

销售一部2018年 第三季度业绩统计表

制作人：凌祯
制作日期：2018年10月8日

员工编号	营销经理	季度目标	业绩总额	是否达标	第1周	第2周	第3周	第4周	第5周	第6周	第7周	第8周	第9周	第10周	第11周	第12周	第13周	业绩趋势	备注
LZ06	林婷婷	12000	12653	★	530	600	351	845	1423	1461	1250	967	1190	962	1232	895	947		
LZ07	徐硕	11020	11984	★	688	530	600	351	1050	1333	899	1127	1088	1262	1000	1075	981		
LZ01	表姐	9500	11304	★	135	287	198	531	916	1555	1350	932	1100	1000	1000	1100	1200		
LZ02	凌祯	10000	10743	★	441	293	222	287	596	1376	845	1200	1125	1339	880	990	1149		
LZ04	孙建国	10200	10316	★	379	538	121	228	558	1475	558	700	1120	1139	1000	1150	1350		
LZ05	赵一涵	9830	9191	✖	222	295	402	378	391	1300	503	600	750	1100	1200	1050	1000		
LZ03	李伟	10500	6505	✖	850	900	880	920	1050	1200	374	331	0	0	0	0	0		已离职
LZ08	张盛茗	4420	4802	★	0	0	0	0	324	800	500	400	577	780	455	466	500		新员工
汇总		77470	77498	★	3245	3443	2774	3540	6308	10500	6279	6257	6950	7582	6767	6726	7127		

图 8-25

（3）如果针对的是业绩趋势的话，建议将柱形图更改为折线图。可以直接单击"迷你图工具 - 设计"选项卡→更改"类型"→"折线图"（见图 8-26）。通过设置"标记颜色"→"高点 / 低点"来设置迷你折线图的高低点颜色标识，更改后效果如图 8-26 所示。

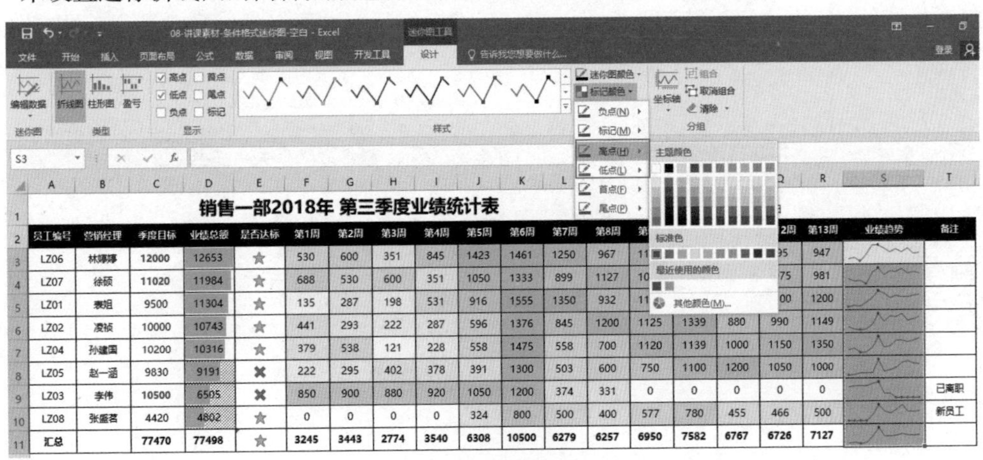

销售一部2018年 第三季度业绩统计表

员工编号	营销经理	季度目标	业绩总额	是否达标	第1周	第2周	第3周	第4周	第5周	第6周	第7周	第8周	第			2周	第13周	业绩趋势	备注
LZ06	林婷婷	12000	12653	★	530	600	351	845	1423	1461	1250	967	11			95	947		
LZ07	徐硕	11020	11984	★	688	530	600	351	1050	1333	899	1127	10			75	981		
LZ01	表姐	9500	11304	★	135	287	198	531	916	1555	1350	932	11			00	1200		
LZ02	凌祯	10000	10743	★	441	293	222	287	596	1376	845	1200	1125	1339	880	990	1149		
LZ04	孙建国	10200	10316	★	379	538	121	228	558	1475	558	700	1120	1139	1000	1150	1350		
LZ05	赵一涵	9830	9191	✖	222	295	402	378	391	1300	503	600	750	1100	1200	1050	1000		
LZ03	李伟	10500	6505	✖	850	900	880	920	1050	1200	374	331	0	0	0	0	0		已离职
LZ08	张盛茗	4420	4802	★	0	0	0	0	324	800	500	400	577	780	455	466	500		新员工
汇总		77470	77498	★	3245	3443	2774	3540	6308	10500	6279	6257	6950	7582	6767	6726	7127		

图 8-26

最后，我们再来一起完善表格，可以补充图例标注信息等，最终效果如图 8-27 所示。

读书笔记

销售一部2018年 第三季度业绩汇报

制作人：凌祯
制作日期：2018年10月8日

业绩总额低于平均值 | ★ 达标 | ✖ 未达标 | 每周业绩金额由低到高，对应的颜色为由浅至深

员工编号	营销经理	季度目标	业绩总额	业绩-目标	是否达标	第1周	第2周	第3周	第4周	第5周	第6周	第7周	第8周	第9周	第10周	第11周	第12周	第13周	业绩趋势	备注
LZ06	林婷婷	12000	12653	653	★	530	600	351	845	1423	1461	1250	967	1190	962	1232	895	947		
LZ07	徐硕	11020	11984	964	★	688	530	600	351	1050	1333	899	1127	1088	1262	1000	1075	981		
LZ01	表姐	9500	11304	1804	★	135	287	198	531	916	1555	1350	932	1100	1000	1000	1100	1200		
LZ02	凌祯	10000	10743	743	★	441	293	222	287	596	1376	845	1200	1125	1339	880	990	1149		
LZ04	孙建国	10200	10316	116	★	379	538	121	228	558	1475	558	700	1120	1139	1000	1150	1350		
LZ05	赵一涵	9830	9191	-639	✖	222	295	402	378	391	1300	503	600	750	1100	1200	1050	1000		
LZ03	李伟	10500	6505	-3995	✖	850	900	880	920	1050	1200	374	331	0	0	0	0	0		已离职
LZ08	张盛茗	4420	4802	382	★	0	0	0	0	324	800	500	400	577	780	455	466	500		新员工
汇总		77470	77498	28	★	3245	3443	2774	3540	6308	10500	6279	6257	6950	7582	6767	6726	7127		

图 8-27

如果能在图 8-27 所示的报表中，增加一些我们分析的结论，效果会更好。

（1）业绩目标：已完成，整体业绩呈逐周增长趋势。

（2）销售一部 8 人中，达标者 6 人，未达标者 2 人。其中，一人（赵一涵）经培训后，业绩较前期有明显提升。

（3）本季度未能超标完成的主要原因是，原核心销售人员李伟调派至北京分公司。其相关工作已交接完毕。

（4）新入职员工张盛茗，经业务培训后，迅速上手，完成当季度销售目标。

（5）本季度第 6 周执行新版营销方案，市场反馈良好，可在下一季度继续优化后推广实施。

表姐说

目前为止，我们还没学习复杂的图表，只是套用了“条件格式”和“迷你图”，就能把表做得很好了。

到此，表姐非常高兴地告诉大家：学完本篇，我们在成为“Excel 办公效率达人”的路上已经修炼了 30% 了。

回顾一下本篇，我们完成了整体“做表”的规范。

（1）“清晰、准确”：是指在做数据的时候，怎么录、怎么筛、怎么汇总。

（2）“做表直观”：是指表格的结构样式要规范，并且“直观”要包括突出重点和美观。

我们在做表的时候，“不要草草录入一时爽，后面统计才知惨”。一开始“做表”的时候，就要做一张规范的表！

读书笔记

【数据透视表篇】

“不做职场‘老黄牛’，

让你的努力被看见。”

9 初见传说中的数据分析“神器”：数据透视表

职场小故事

小张跟着表姐学习一段时间后，已经慢慢被老板认可了。一天，老板要看看不同维度的业绩情况统计结果（见图 9-1），就来问小张了。

	A	B	C	D	E	F	G	H
1	序号	材质	渠道类别	地区	城市	数量	单价	金额
2	1	钢化膜	线上电商	华南	广州	8	10	80
3	2	普通膜	线下门店	华北	北京	2	7	14
4	3	钢化膜	无人售货机	华东	上海	6	10	60
5	4	普通膜	无人售货机	华南	深圳	4	7	28
6	5	钢化膜	线上电商	华北	天津	8	10	80
7	6	普通膜	线下门店	华东	杭州	6	7	42
8	7	钢化膜	无人售货机	华南	广州	7	10	70
9	8	普通膜	线上电商	华南	广州	7	7	49

图 9-1

老板问道：“华南电商卖得怎么样？”

小张想到用前面学到的筛选工具来做，单击地区→筛选“华南”→单击“确定”。再单击“渠道类别”→选择“线上电商”→单击“确定”。然后选中“金额”H 列，在右下角看到求和结果为“129”，马上把结果告诉给了老板（见图 9-2～图 9-3）。

图 9-2

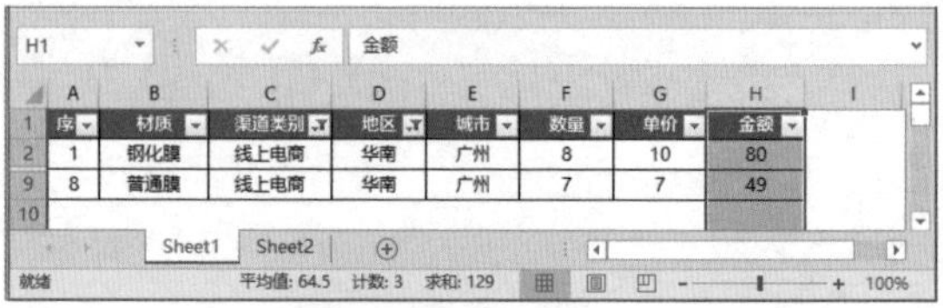

H1 金额

	A	B	C	D	E	F	G	H	I
1	序号	材质	渠道类别	地区	城市	数量	单价	金额	
2	1	钢化膜	线上电商	华南	广州	8	10	80	
9	8	普通膜	线上电商	华南	广州	7	7	49	
10									

Sheet1 Sheet2

就绪 平均值: 64.5 计数: 3 求和: 129 100%

图 9-3

但是，老板要了解得比较多，一会儿问这个，一会儿又要看那个，前面采用的手动筛选的方式会特别麻烦。如果要统计一张图 9-4 所示的统计表，至少得筛选 9 个结果。

销售业绩统计	华南	华北	华东	合计
线上电商				
线下门店				
无人售货机				
合计				

图 9-4

数量少的时候，我们可以用“手动挡”筛选功能。但如果数量比较多，要反复筛选的话，不仅耽误时间，还有可能会出错！这里，表姐推荐大家使用的“自动挡”就是数据统计分析“神器”——数据透视表。

9.1 创建数据透视表

（1）选中需要汇总统计的数据源区域中的一个单元格（如 A1）→选择“插入”选项卡→单击“数据透视表”（见图 9-5）。

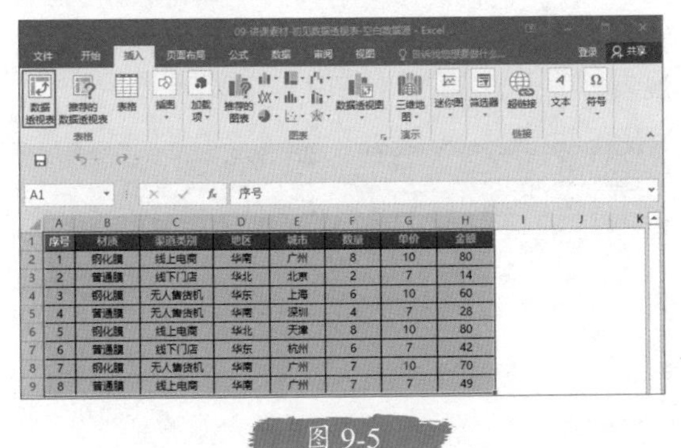

图 9-5

（2）在弹出的“创建数据透视表”对话框→Excel 会自动将数据源表中的所有连续的数据源区域即 A1:H9 选中，作为数据来源→继续设置“选择放置数据透视表的位置”→选择“现有工作表”→在“位置”中选择 Sheet1 表中空白位置，如 J1→单击“确定”，完成数据透视表的创建（见图 9-6）。

图 9-6

（3）确定后，Excel 会出现一个数据透视表区域，并且在右侧出现“数据透视表字段”列表。这就是我们设置数据透视表的工具箱了。先来尝试使用透视表工具：选中“数据透视表字段”列表中的“地区”，单击鼠标并拖至“列”区域中（见图 9-7）。

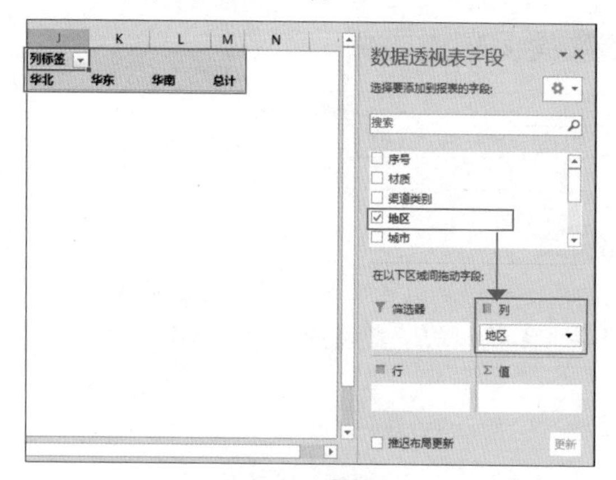

图 9-7

（4）选中“数据透视表字段”列表中的“渠道类别”，单击鼠标并拖至“行”区域中（见图 9-8）。

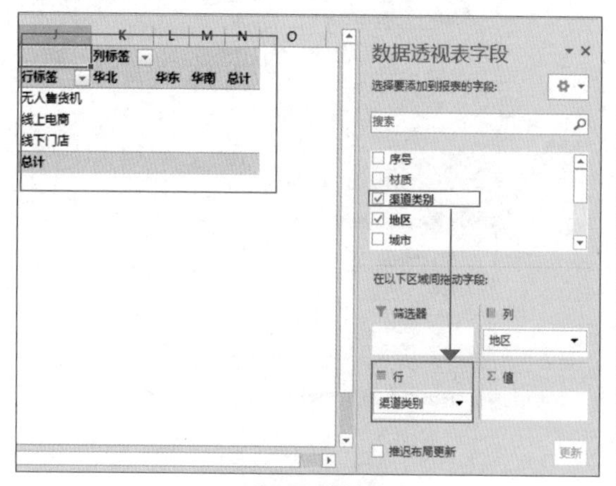

图 9-8

（5）选中“数据透视表字段”列表中的“金额”，单击鼠标并拖至“值”区域（见图9-9）。

在数据透视表里，我们只是进行了拖曳，图 9-4 所示的表所需各维度的统计结果，就轻松出来了！

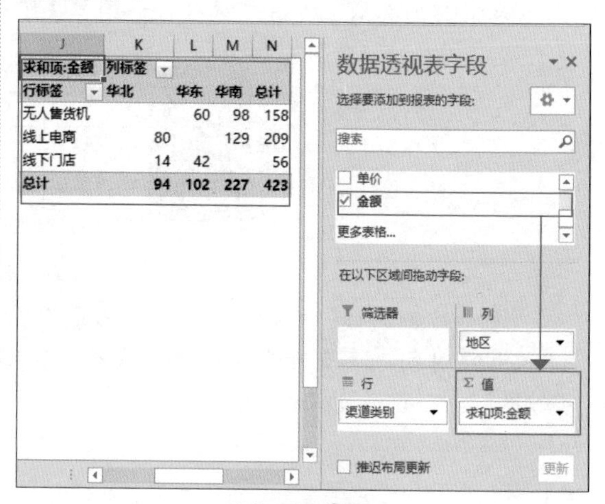

图 9-9

9.2 认识透视表工具

“数据透视表字段”列表里的每一个名字，实际上都对应着数据源中标题行的名称，在透视表里称为“字段”（见图 9-10）。

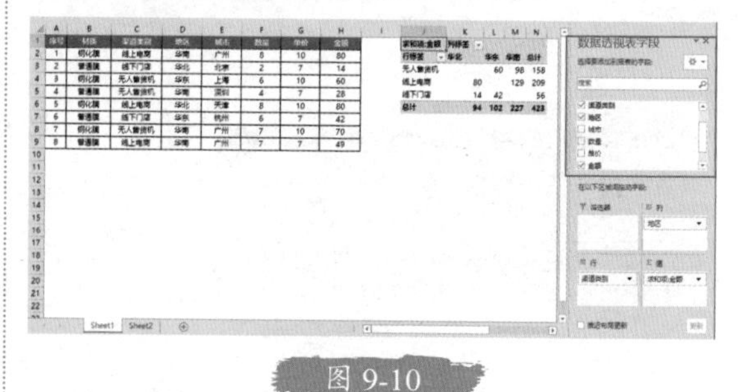

图 9-10

温馨提示

数据透视表字段，与数据源表的标题行一一对应。

通过 9.1 节我们不难发现，数据透视表在使用的时候就是拖曳字段的过程。

（1）单击鼠标，把数据透视表字段中的“城市”拖至“行”区域，则透视表布局发生了变化（见图 9-11）。

行标签	华北	华东	华南	总计
⊟无人售货机		60	98	158
广州			70	70
上海		60		60
深圳			28	28
⊟线上电商	80		129	209
广州			129	129
天津	80			80
⊟线下门店	14	42		56
北京	14			14
杭州		42		42
总计	94	102	227	423

图 9-11

（2）调整数据透视表：单击鼠标，把“行”区域内的“城市”字段拖至“列”区域内。透视表布局对应再次调整（见图 9-12）。

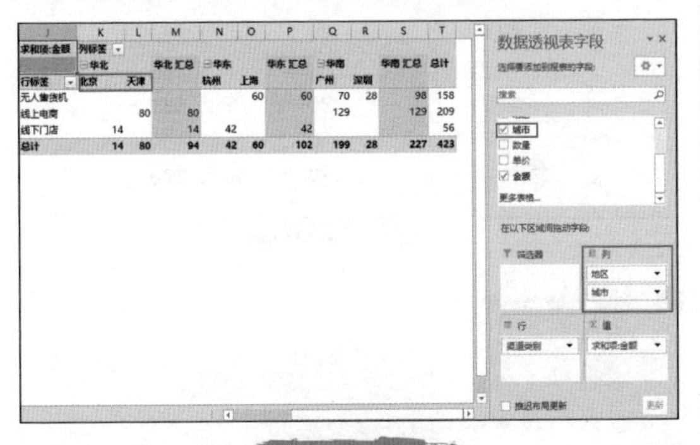

图 9-12

（3）删除不需要字段：选择不需要标签的字段，如“渠道类别”，单击鼠标拖至表格空白区域即可（见图 9-13）。

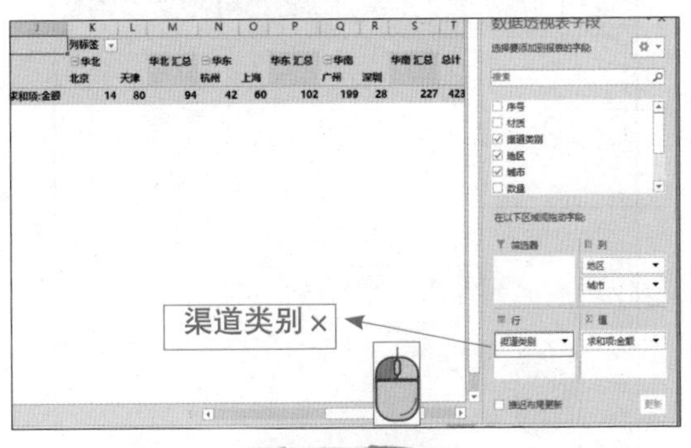

图 9-13

（4）快速查看明细数据：双击数据透视表行列交叉的统计数值单元格，如图 9-14 中的“60”。Excel 便会自动生成一张新的数据表，帮助我们快速查看“60”数据构成的明细（见图 9-14～图 9-15）。

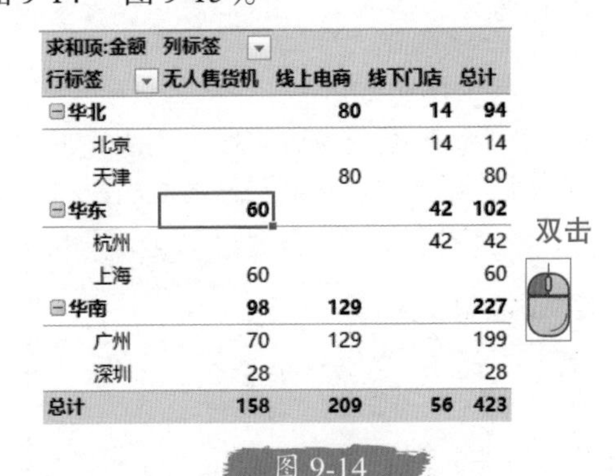

行标签	无人售货机	线上电商	线下门店	总计
⊟华北		80	14	94
北京			14	14
天津		80		80
⊟华东	60		42	102
杭州			42	42
上海	60			60
⊟华南	98	129		227
广州	70	129		199
深圳	28			28
总计	158	209	56	423

图 9-14

序号	材质	渠道类别	地区	城市	数量	单价	金额
3	钢化膜	无人售货机	华东	上海	6	10	60

图 9-15

并且新生成的明细表，既不影响数据源表，也不影响生成的数据透视表。看过后如果不再需要，可以选中工作表标签名称→右击选择“删除”即可（见图 9-16）。

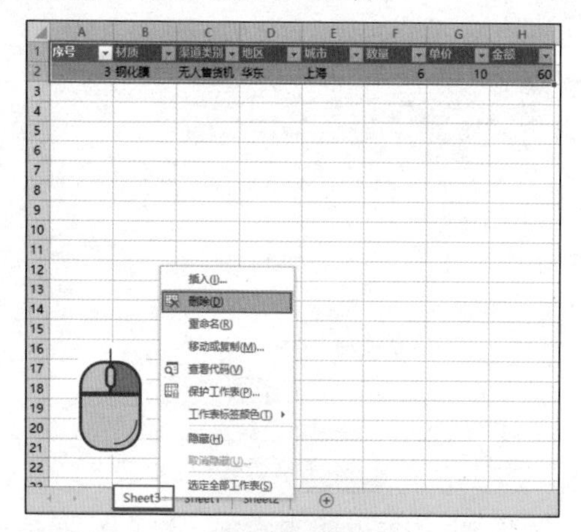

图 9-16

温馨提示

删除数据透视表明细表，不影响数据源表和数据透视表。

（5）数据透视表筛选。

① 选中“数据透视表字段”列表中的“材质”，单击鼠标拖至“筛选器”区域（见图9-17）。

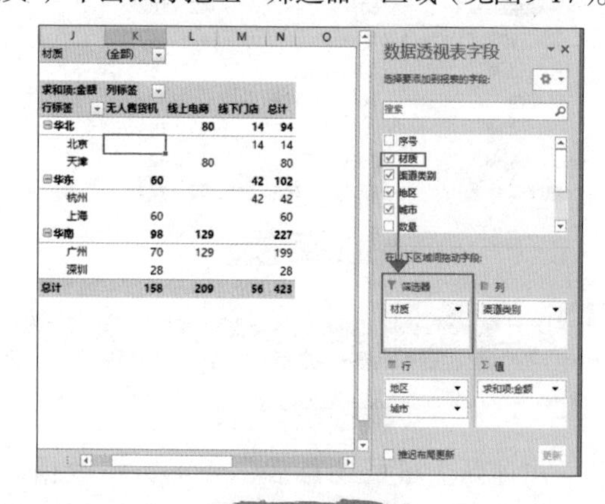

图 9-17

② 单击“材质”右侧的小三角→取消全选后→再筛选出需要的数据，如“钢化膜”（见图 9-18）。筛选后（见图 9-19），数据透视表统计的结果为：在“材质”为“钢化膜”的范围内，各大区、城市、各销售渠道的业绩统计情况。

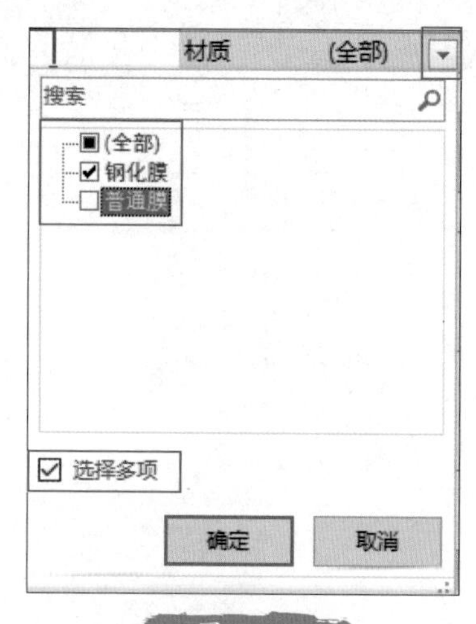

图 9-18

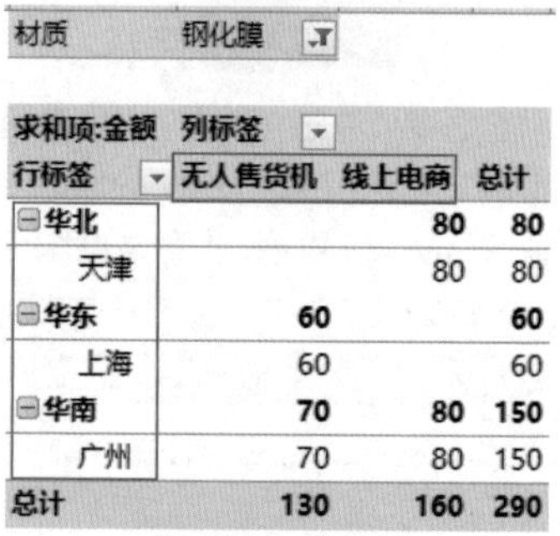

材质	钢化膜		
求和项:金额	列标签		
行标签	无人售货机	线上电商	总计
⊟华北		80	80
天津		80	80
⊟华东	60		60
上海	60		60
⊟华南	70	80	150
广州	70	80	150
总计	130	160	290

图 9-19

温馨提示

数据透视表“筛选”区域中的设置，是针对整张数据透视表的整体应用。

9.3 理解字段分布原理

数据透视表不仅能够实现在不同维度上的快速统计，还能将统计结果快速呈现。到此，我们已经掌握了数据透视表的基本操作了。但是，有很多人仍觉得数据透视表“难学”，原因是它最难的就是理解背后怎么拖曳的逻辑！

如何理解透视表背后的逻辑关系？我们先来看看数据透视表中的 4 个区域：筛选器、行、列和值（见图 9-20）。

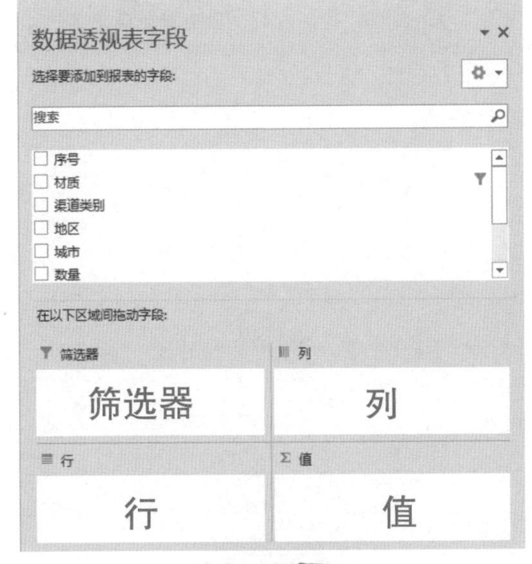

图 9-20

这4个区域间的从属关系如下（见图9-21）。

（1）筛选器：高于行和列，统领全局，针对结果进行筛选。

（2）值：放置的是需要进行汇总求和的具体的结果字段。

（3）行和列：放置数据之间交叉分析的内容。

字段区域间的从属关系

筛选器 ＞ 行 列 ＝ 值

图 9-21

字段区域间的摆放是可以多为组合的：字段各个维度之间可流动，对应分析角度、侧重点也随之发生变化（见图 9-22）。

（1）筛选器 + 值。

（2）行 + 值、列 + 值、行 + 列 + 值。

（3）筛选器 + 行 + 列 + 值。

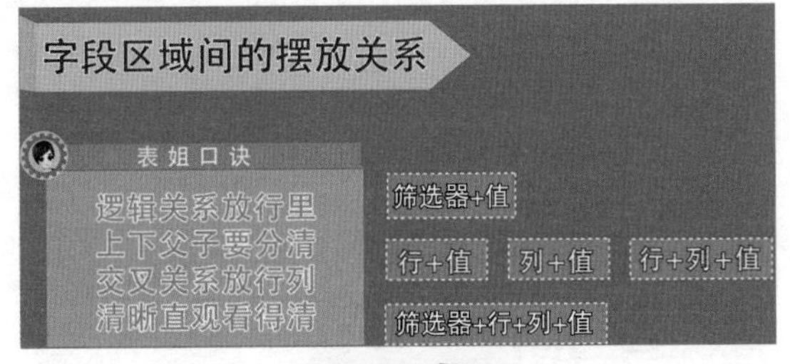

图 9-22

表姐说

数据透视表的使用，其实就是个“组词造句”的过程。在做之前，我们先理清需求。

下面我们通过两个问题，来实现数据透视表的操作练习。

问题 1：线下门店，卖的数量怎么样？

拆解问题，不难发现，关键词是“渠道类别 = 线下门店”，汇总的“值”字段是“数量”。

结构：筛选器 + 值（见图 9-23）。

问题 2：线下门店渠道、各城市、各材质的产品，卖的数量情况。

关键词是“渠道类别 = 线下门店”，展开所有的“城市”“材质”字段，并且对其进行交叉分析，汇总的“值”字段是“数量”。

结构：筛选器 + 行 + 列 + 值（见图 9-24）。

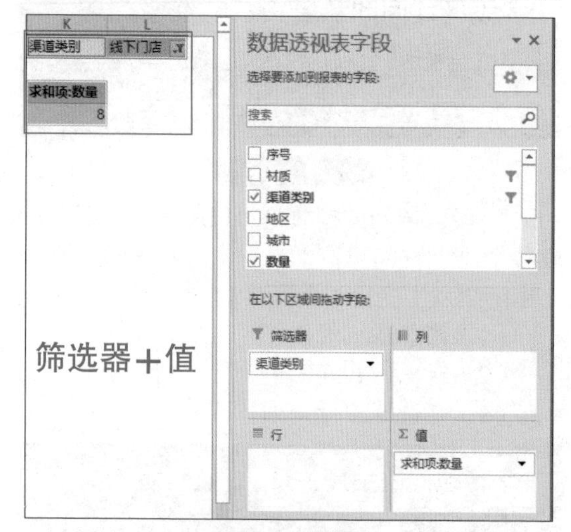

图 9-23

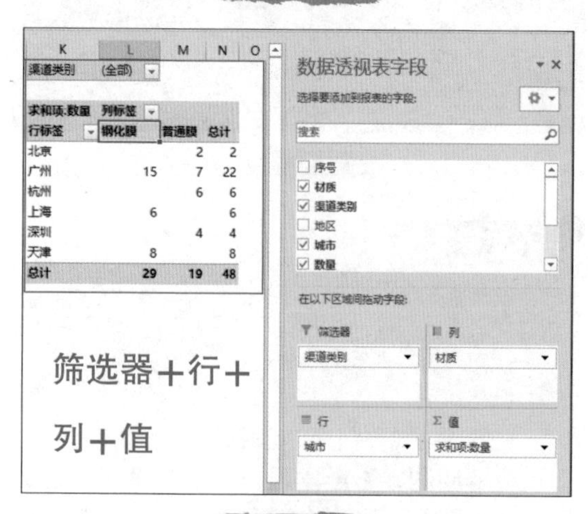

图 9-24

表姐说

本章案例中的数据源表，统计的字段项不是特别多。当字段项逐渐增加的时候，我们可以统计、分析的维度也就越来越多。

在后面的内容，我们将要学习关于数据透视表：不同的统计方式，不同的数据分组方式，以及切片器、透视图的使用。在这里也建议大家，在做所有的统计分析之前，把数据源先给准备好！

温馨提示

（1）随着数据量、字段项的增减，可分析的维度也会更多。

（2）数据分析的基础，做好数据源准备。

读书笔记

10 任你追加数据，报表自动更新：数据分组与动态数据源

表姐说

通过第 9 章的内容，现在你是不是已经感受到数据透视表的神奇了？在 Excel 的世界里，如果有任何统计分析相关的问题，永远都记住五个字："数据透视表"。

本章我们就来看看，透视表在统计分析上，如何快速做出不同维度的统计报告。例如月报、季报、年报，只要一个"组合"就能快速搞定。

职场小故事

老板看着小张做的"数据透视表"大赞道："上回你帮我创建的那个数据透视表真是太好用了！你能不能帮我再创建一个？我要查看上半年里各季度、各个大区的业绩。"（见图 10-1）

小张立马着手创建数据透视表，在生成各月度数据透视表后，他尝试把 1~3 月的数据，设置为合并单元格，然而 Excel 却报错了（见图 10-2）。

图 10-1

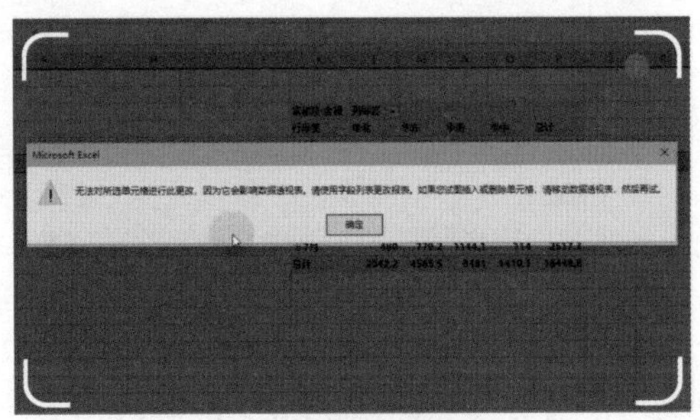

图 10-2

小张疑惑道："表姐，你不是说数据透视表，可以自动分类汇总吗？那为什么只能显示月份，我要按季度分类汇总，怎么就不能合并单元格了？"

10.1 智能的自动分组

在数据透视表中，不需要使用合并单元格的方法，来实现月度、季度、年度的合并，只需要用“自动分组”功能，就能快速搞定各种报表。

1. 创建数据透视表

（1）选中示例文件中，数据源任里何一个单元格，如 B2→选择“插入”选项卡→单击“数据透视表”→在弹出的“创建数据透视表”对话框中，Excel 会根据所选单元格 B2 向四周扩散，选择连续的区域即 A1:K201，作为生成透视表的数据来源→设置“选择放置数据透视表的位置”为“新工作表”→单击“确定”完成（见图 10-3 和图 10-4）。

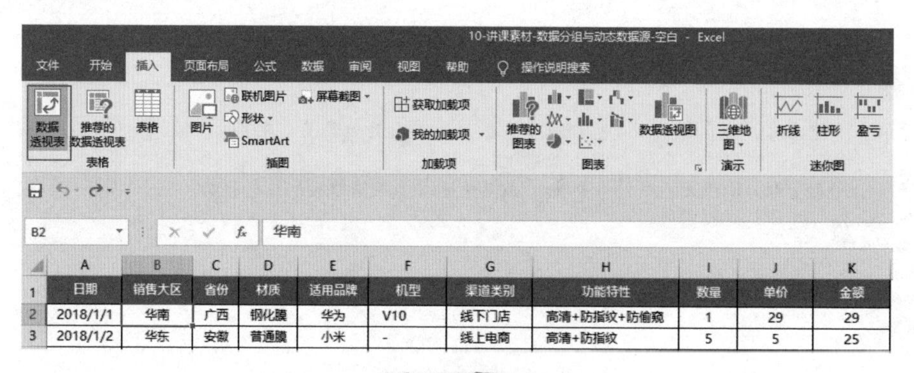

图 10-3

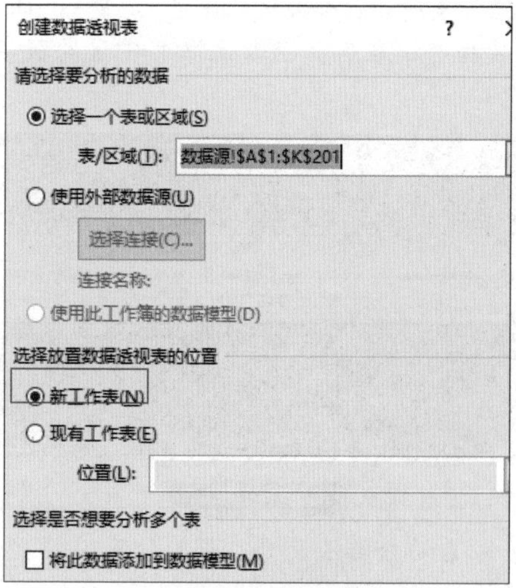

图 10-4

（2）将“日期”放在行区域，“销售大区”放在列区域，“金额”放在值区域，完成数据透视表的创建（见图 10-5）。在这里，Excel 2016 会自动把数据源中的真日期，分类到各月度进行统计。

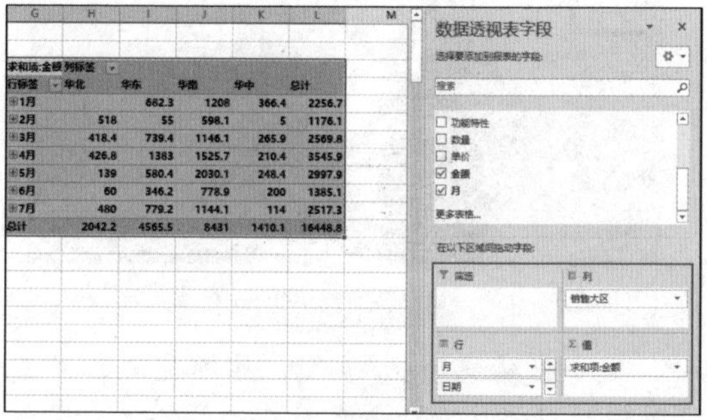

图 10-5

在本例中，老板要查看上半年各季度的数据。小张是通过选择 1~3 月，右击创建合并单元格的方法来做的，但这样做会报错（见图 10-2）。这是因为在数据透视表中，是禁止我们随意通过“增删行列的方法”去更改它的“布局”的。必须得按照数据透视表分类汇总的规律自动生成。

温馨提示

数据透视表，禁止手工修改布局。

2. 创建日期自动分组

（1）选中行标签“日期”中的任何一个单元格，如 G5 →选择“数据透视表工具 - 分析”选项卡→单击“分组选择”（见图 10-6）。

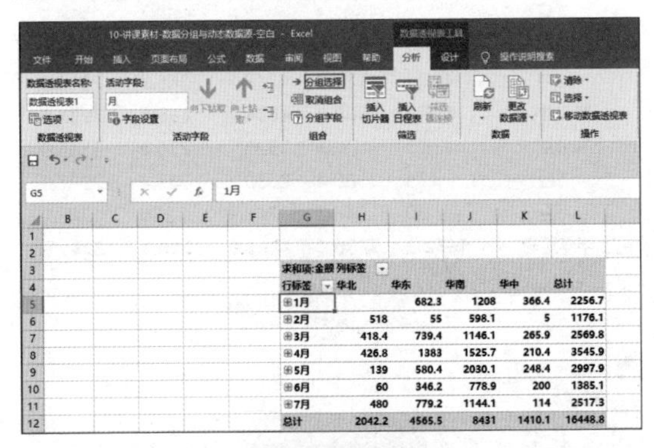

图 10-6

（2）在弹出的“组合”对话框中，选择需要分组的类型，如月、季度，单击“确定”完成（见图 10-7）。可以根据需要进行多选。蓝色为选定状态，白色为取消选定状态。设置完毕后，数据透视表即自动生成了各季度、各月度的统计汇总情况（见图 10-8）。

现在，我们已经完成了第一、二、三季度的业绩情况统计。老板说只看上半年的，就需要把第三季度给删掉。

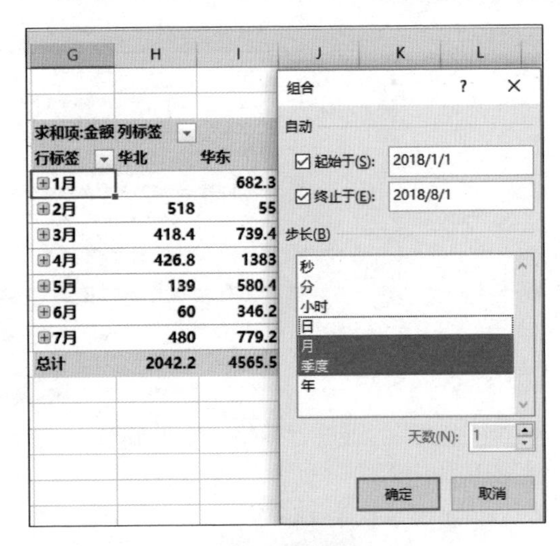

图 10-7

求和项:金额	列标签				
行标签	华北	华东	华南	华中	总计
⊟第一季	936.4	1476.7	2952.2	637.3	6002.6
1月		682.3	1208	366.4	2256.7
2月	518	55	598.1	5	1176.1
3月	418.4	739.4	1146.1	265.9	2569.8
⊟第二季	625.8	2309.6	4334.7	658.8	7928.9
4月	426.8	1383	1525.7	210.4	3545.9
5月	139	580.4	2030.1	248.4	2997.9
6月	60	346.2	778.9	200	1385.1
⊟第三季	480	779.2	1144.1	114	2517.3
7月	480	779.2	1144.1	114	2517.3
总计	2042.2	4565.5	8431	1410.1	16448.8

图 10-8

我们试着选中第三季度所在的第 13 行，右击进行删除。结果又报错了。这就是我们前面说的：数据透视表不能通过“增删行列的方法”随意更改布局（见图 10-9）。

读书笔记

	G	H	I	J	K	L
3	求和项:金额	列标签				
4	行标签	华北	华东	华南	华中	总计
11	5月	139	580.4	2030.1	248.4	2997.9
12	6月	60	346.2	778.9	200	1385.1
13	**⊟第三季**	**480**	**779.2**	**1144.1**	**114**	**2517.3**
14	7月	480	779.2	1144.1	114	2517.3
15	总计	2042.2	4565.5	8431	1410.1	16448.8

Microsoft Excel

无法对所选单元格进行此更改，因为它会影响数据透视表。请使用字段列表更改报表。如果您试图插入或删除单元格，请移动数据透视表，然后再试。

确定

图 10-9

解决方案：通过行标签当中的筛选，选择我们需要的内容。

3. 筛选上半年业绩

（1）单击行标签的筛选按钮，选中“第一季”“第二季”，单击“确定”完成（见图 10-10）。

求和项:金额	列标签				
行标签	华北	华东	华南	华中	总计
	936.4	**1476.7**	**2952.2**	**637.3**	**6002.6**
		682.3	1208	366.4	2256.7
	518	55	598.1	5	1176.1
	418.4	739.4	1146.1	265.9	2569.8
	625.8	**2309.6**	**4334.7**	**658.8**	**7928.9**
	426.8	1383	1525.7	210.4	3545.9
	139	580.4	2030.1	248.4	2997.9
	60	346.2	778.9	200	1385.1
	480	**779.2**	**1144.1**	**114**	**2517.3**
	480	779.2	1144.1	114	2517.3
	2042.2	**4565.5**	**8431**	**1410.1**	**16448.8**

选择字段:
季度
升序(S)
降序(O)
其他排序选项(M)...
从"季度"中清除筛选(C)
日期筛选(D)
值筛选(V)
搜索
■ (全选)
☐ <2018/1/1
☑ 第一季
☑ 第二季
☐ 第三季
☐ 第四季
☐ >2018/8/1
确定 取消

图 10-10

温馨提示

只有数据源中使用了“一横一撇年月日”规范的日期，才可以在数据透视表中启用日期的各种自动分组功能。

（2）修改透视表标题文字，完成制作（见图 10-11）。

业绩统计	销售大区				
月/季度	华北	华东	华南	华中	上半年汇总
⊟第一季	**936.4**	**1476.7**	**2952.2**	**637.3**	**6002.6**
1月		682.3	1208	366.4	2256.7
2月	518	55	598.1	5	1176.1
3月	418.4	739.4	1146.1	265.9	2569.8
⊟第二季	**625.8**	**2309.6**	**4334.7**	**658.8**	**7928.9**
4月	426.8	1383	1525.7	210.4	3545.9
5月	139	580.4	2030.1	248.4	2997.9
6月	60	346.2	778.9	200	1385.1
上半年汇总	**1562.2**	**3786.3**	**7286.9**	**1296.1**	**13931.5**

图 10-11

温馨提示

如果一天老板突然要做公司 10 年的业绩情况分析，只要我们能拿到 10 年的数据源表，按前面介绍的方法，很快地就能创建出数据透视表来进行分析（见图 10-12）。

在完成上述统计后，老板又提出了新的要求：要看看高中低档的产品都卖得怎么样。

对于这个分析需求，我们先得把产品的高中低档进行分类，也就是产品“单价”进行分组统计即数字自动分组。

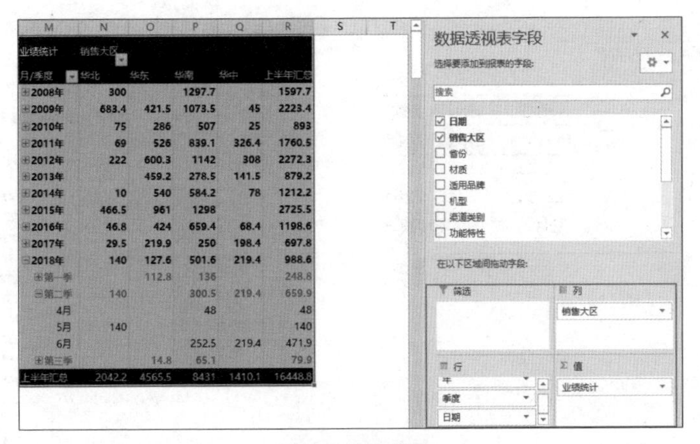

图 10-12

（1）创建数据透视表后，将“单价”放行区域，“金额”放值区域（见图 10-13）。

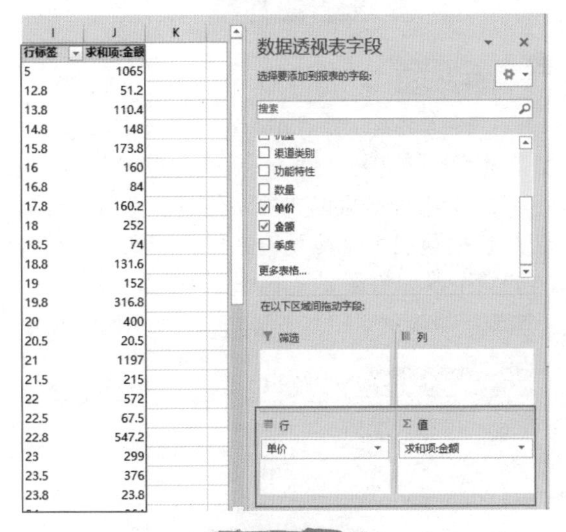

图 10-13

（2）选中行标签任何一个单元格，如 I2 → 选择“分析”选项卡→单击“分组选择”（见图 10-14）。

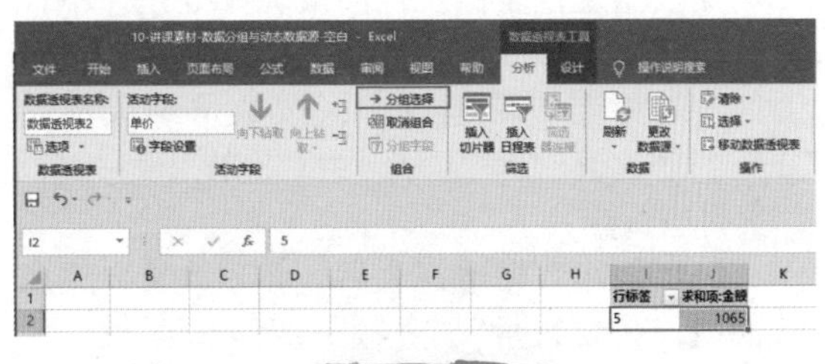

图 10-14

（3）在弹出的“组合”对话框中，设置“起始于”为 5、“终止于”为 35、“步长”为 10，单击“确定”（见图 10-15）。分组中的“起始于”和“终止于”，在实际工作中可以根据数据源的具体情况，进行自动或手动设置。分组“步长”即为每个档位区间的大小。

（4）数据透视表制作完成（见图 10-16）：自动分成高档、中档、低档各自的销售业绩情况。

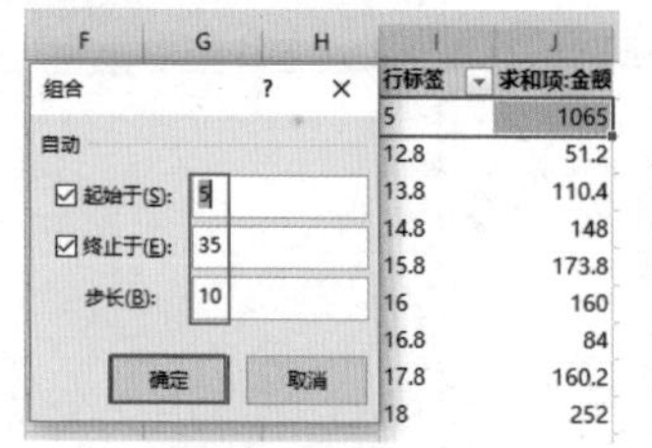

图 10-15

行标签	求和项:金额
5-15	1374.6
15-25	7812.2
25-35	7262
总计	16448.8

图 10-16

温馨提示

数据的自动分组，其步长值都是均等的。

10.2 随心所欲地手动分组

用数据透视表做统计的最大好处是，不管老板的需求怎么变，我们都能立马创建出来。例如，老板要看单笔订单，按数量等级不同（1～2 为一组；3～7 为一组；8 以上为一组）都卖得怎么样。

（1）创建数据透视表后，将“数量”放在行区域；将“数量”“金额”放在值区域（见图 10-17）。

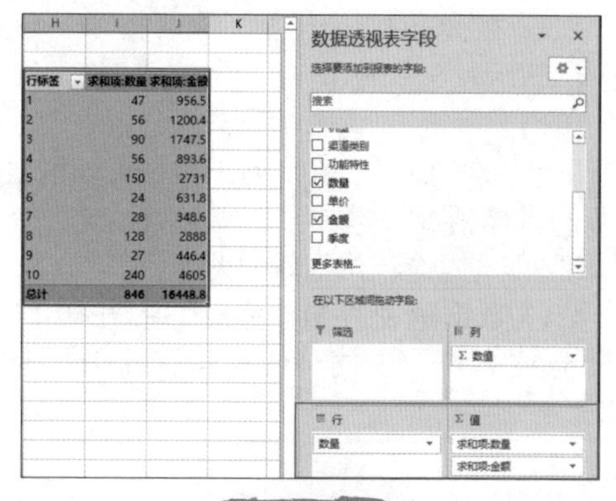

图 10-17

（2）设置数字手动分组。选中需要分组的数据→右击选择“组合”即可（见图 10-18）。

图 10-18

温馨提示

同一个字段，可以同时放置在多个字段区域中，如把“数量”同时放在行区域、值区域。

（3）组合结果的查看与修改。字段组合后会在数据透视表字段列表区域，得到一个组合后的新字段“数量 2”（见图 10-19）。

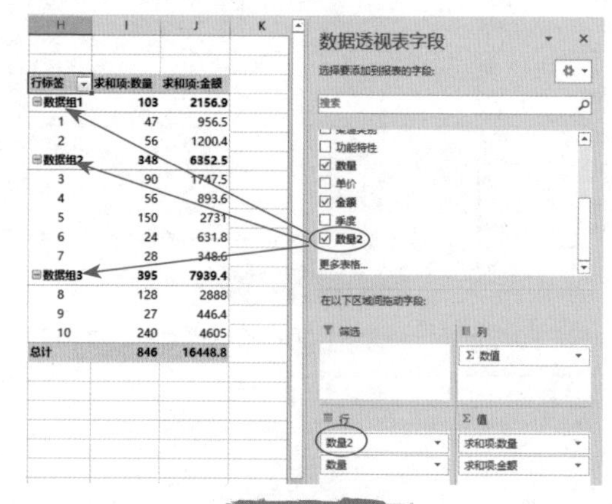

图 10-19

（4）根据需要调整组合“数据组”标签内容（见图 10-20）。

行标签	求和项:数量	求和项:金额
⊟不包邮	103	2156.9
1	47	956.5
2	56	1200.4
⊟包邮	348	6352.5
3	90	1747.5
4	56	893.6
5	150	2731
6	24	631.8
7	28	348.6
⊟包邮+送一张	395	7939.4
8	128	2888
9	27	446.4
10	240	4605
总计	846	16448.8

图 10-20

分组后的名称，可以重新命名。

除了数字可以做这样的手动分组以外，对品牌进行统计和分析的时候，也可以根据自己的需要进行分组。

（1）文本手动分组。选中需要分组的数据→右击选择“组合”即可（见图 10-21）。

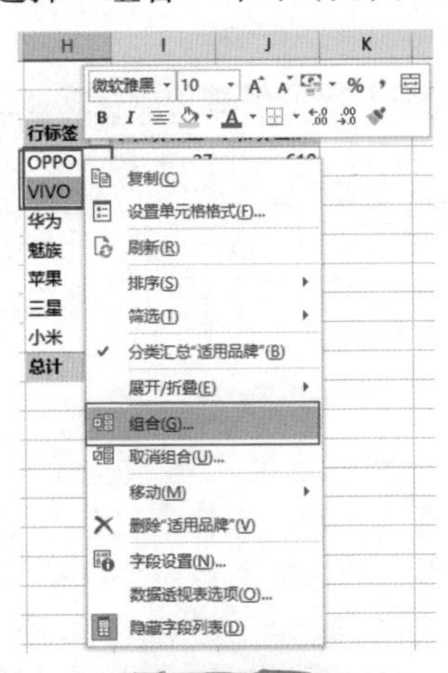

图 10-21

（2）根据需要还可对组合后的“数据组 1”“数据组 2”“数据组 3”标签进行修改（见图 10-22），在此不做赘述。

行标签	求和项:数量	求和项:金额
⊟数据组1	116	2072.4
OPPO	37	610
VIVO	79	1462.4
⊟数据组2	530	10842.6
华为	231	4513.5
魅族	35	479.6
苹果	264	5849.5
⊟数据组3	200	3533.8
三星	70	962.8
小米	130	2571
总计	846	16448.8

图 10-22

10.3 制作动态数据源

前面我们的案例都是以已有统计好的数据源表，作为透视来源。但实际工作中，已经录完的数据源表，是会随着业务的增减变化而变化的。

也就是说，在我们创建完透视表以后，往往会发生数据源变化的情况。

第一种情况：数据源可能录错了，要纠错。

假设把图 10-23 中的 F2 单元格的内容改为 10000，对于数据透视表的统计结果，只需要选中数据透视表→右击选择“刷新”即可（见图 10-23 和图 10-24）。

读书笔记

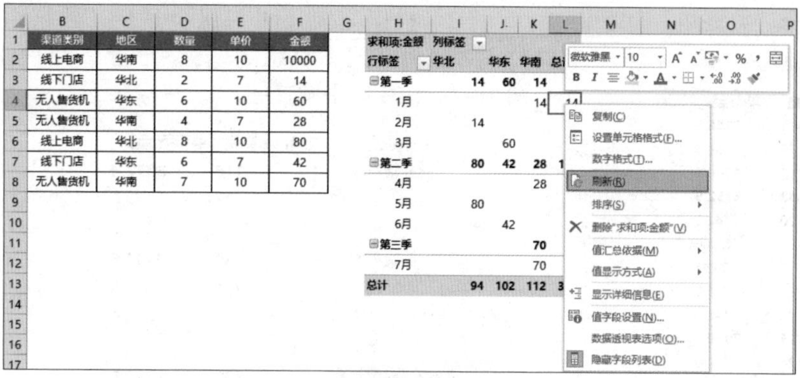

	B	C	D	E	F
1	渠道类别	地区	数量	单价	金额
2	线上电商	华南	8	10	10000
3	线下门店	华北	2	7	14
4	无人售货机	华东	6	10	60
5	无人售货机	华南	4	7	28
6	线上电商	华北	8	10	80
7	线下门店	华东	6	7	42
8	无人售货机	华南	7	10	70

求和项:金额	列标签		
行标签	华北	华东	华南
⊟第一季	14	60	14
1月			14
2月	14		
3月		60	
⊟第二季	80	42	28
4月			28
5月	80		
6月		42	
⊟第三季			70
7月			70
总计	94	102	112

图 10-23

求和项:金额	列标签			
行标签	华北	华东	华南	总计
⊟第一季	14	60	10000	10074
1月			10000	10000
2月	14			14
3月		60		60
⊟第二季	80	42	28	150
4月			28	28
5月	80			80
6月		42		42
⊟第三季			70	70
7月			70	70
总计	94	102	10098	10294

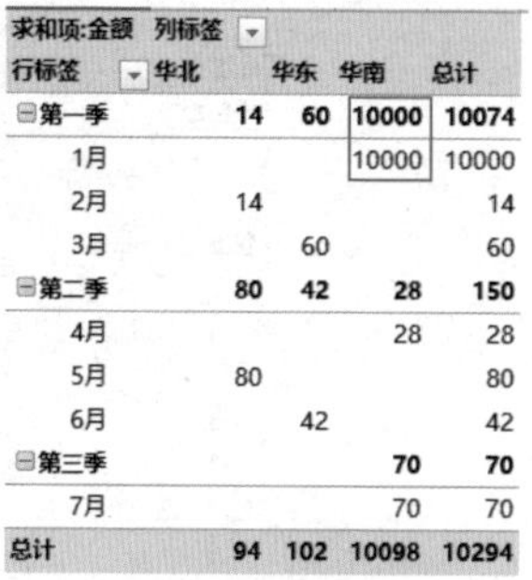

图 10-24

第二种情况：数据新增追加。

在图 10-23 中表格的第 9 行录入数据，如 2018/8/1 的业绩数据 10000。此时我们在数据透视表，通过右击刷新的方式统计表中 8 月份数据，并没有刷新出来。

1．检查数据透视表数据来源：选择“数据透视表工具－分析”选项卡→单击“更改数据源”（见图 10-25）。

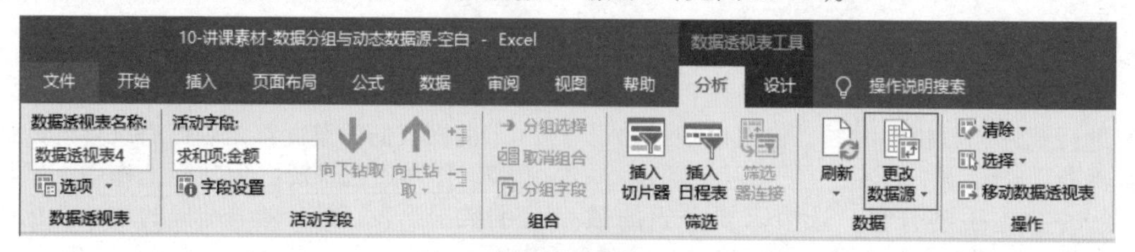

图 10-25

2．在弹出的“更改数据透视表数据源”对话框单击一下数据源后会发现，目前透视表的数据来源是 sheet1 表 A1:F8 单元格区域。

温馨提示

A1 和 F8 前面有一个美元符号 $。$ 是来用于锁定单元格位置的，也就是说，数据来源这里，我们锁定的单元格位置只到第 8 行的 F8。但是新增一行数据后，我们数据源表的内容已经变动到 F9 了（见图 10-26）。

读书笔记

图 10-26

此时，我们需要根据数据源的变化，动态追加透视表的数据来源。如果源数据增加 N 行，透视表的数据来源也对应增加 N 行。

如果手动更改，就得在透视表刷新之前，挨个儿去手工修改数据来源，这样效率非常低。

我们需要一个智能的工具，让我们引用的数据来源，变为动态的数据源。这个工具就是“表格工具”，其实就是把普通表格给套上“表格格式”，让它具备一种“自扩充”的属性。为了区别普通表格，在这里，表姐把套用了“表格格式”以后的表称为“超级表”。

温馨提示

关于“超级表”的更多“超级”之处，表姐都整理到了本书“福利篇”中的第26章当中了，欢迎大家前往阅读。

下面介绍利用超级表，构建数据透视表动态数据源。

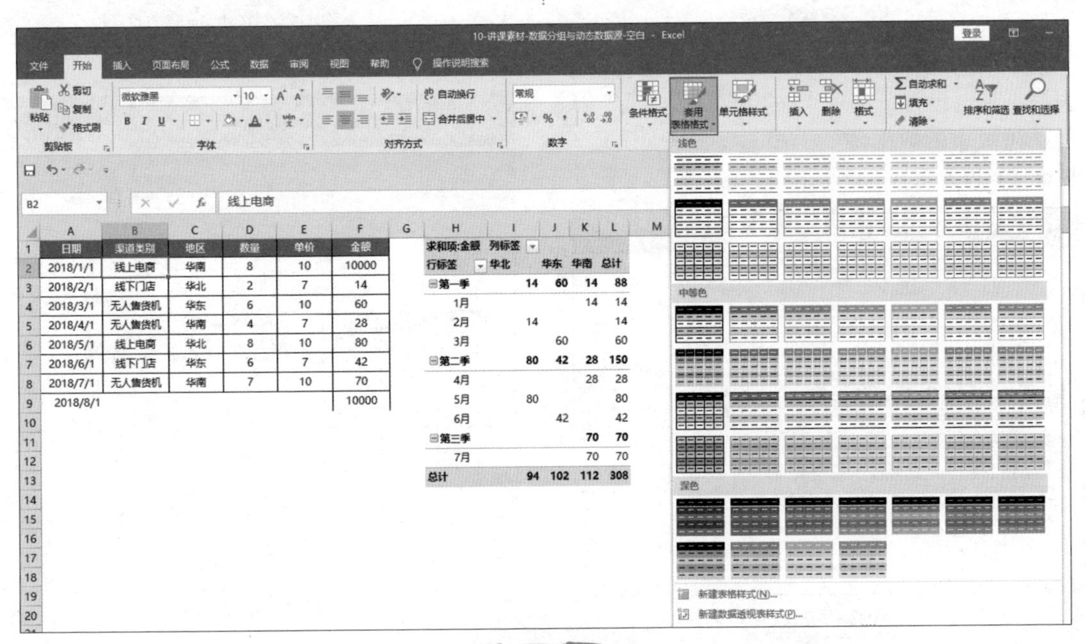

图 10-27

（1）将数据源套用表格格式，变身超级表。

选中数据源任何一个单元格，如B2→选择“开始”选项卡→单击“套用表格格式”→选择一个喜欢的样式（见图10-27）。

（2）在弹出的“套用表格式”对话框中，确认来源区域、是否包含标题行，单击“确定”完成（见图10-28）。

温馨提示

（1）在“表格工具-设计”选项卡中，可以对超级表进行细节设计（详见“福利篇”第26章）。

（2）区别超级表和普通表的方法：选中表格后，查看顶部的功能区，“超级表”会出现“表格工具-设计”的选项卡。“普通表”没有“表格工具”选项卡。

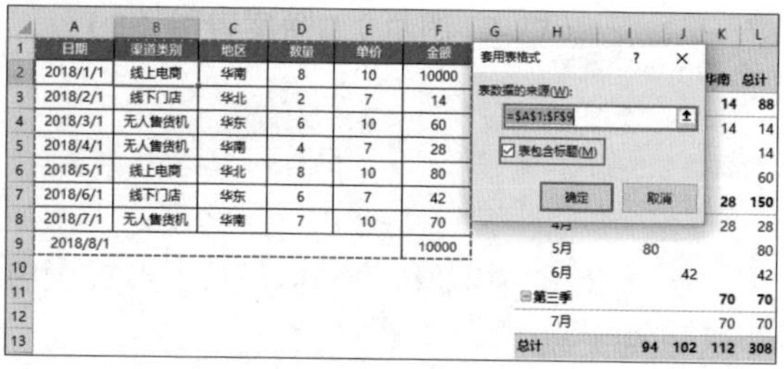

日期	渠道类别	地区	数量	单价	金额
2018/1/1	线上电商	华南	8	10	10000
2018/2/1	线下门店	华北	2	7	14
2018/3/1	无人售货机	华东	6	10	60
2018/4/1	无人售货机	华南	4	7	28
2018/5/1	线上电商	华北	8	10	80
2018/6/1	线下门店	华东	6	7	42
2018/7/1	无人售货机	华南	7	10	70
2018/8/1					10000

套用表格式
表数据的来源(W):
=$A$1:$F$9
表包含标题(M)
确定
取消

图 10-28

（3）更改超级表名称。选中数据源表→在“表格工具－设计”选项卡→更改“表名称”为“套了超级表的数据源”→按 Enter 键确认录入（见图 10-29）。

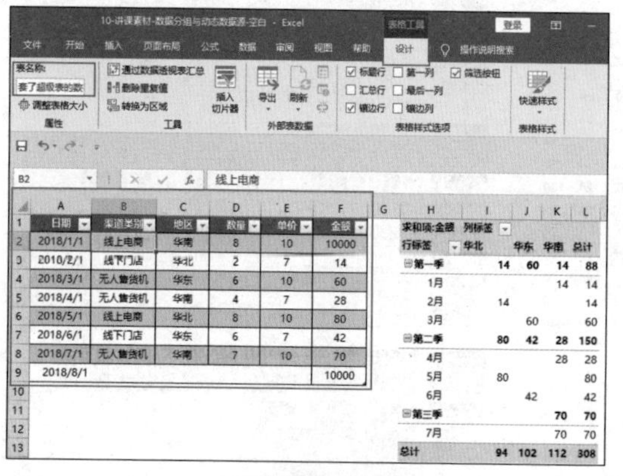

图 10-29

（4）更改数据透视表的数据来源。选中透视表→在“透视表工具－分析”选项卡→单击“更改数据源”（见图 10-30）。

（5）在弹出的“更改数据透视表数据源”对话框中，将数据源区域通过鼠标点选的方式，选择超级表所在区域，即 A1:F9。选择完毕后会发现，Excel 将这个区域自动修改为了它的超级表名称，即“套了超级表的数据源”。最后单击“确定”完成（见图 10-31）。

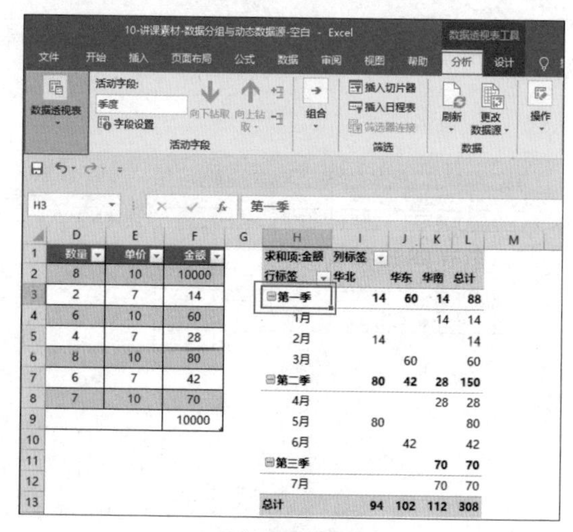

图 10-30

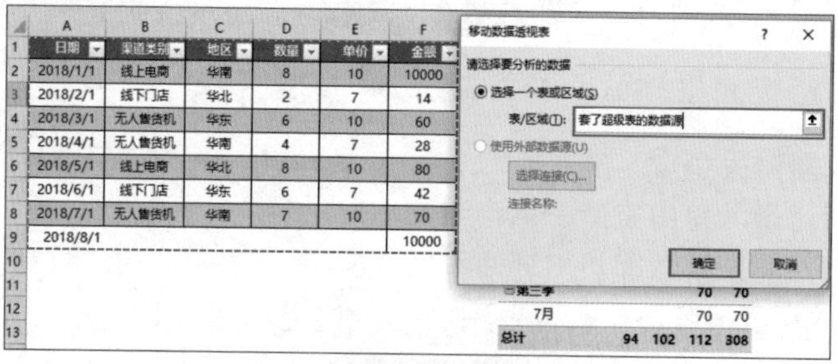

日期	渠道类别	地区	数量	单价	金额
2018/1/1	线上电商	华南	8	10	10000
2018/2/1	线下门店	华北	2	7	14
2018/3/1	无人售货机	华东	6	10	60
2018/4/1	无人售货机	华南	4	7	28
2018/5/1	线上电商	华北	8	10	80
2018/6/1	线下门店	华东	6	7	42
2018/7/1	无人售货机	华南	7	10	70
2018/8/1					10000

移动数据透视表
请选择要分析的数据
选择一个表或区域(S)
表/区域(T): 套了超级表的数据源
使用外部数据源(U)
选择连接(C)...
连接名称:
确定
取消

图 10-31

（6）刷新透视表结果。数据追加后只需要选中数据透视表区域，右击即可获取最新透视结果（见图 10-32）。

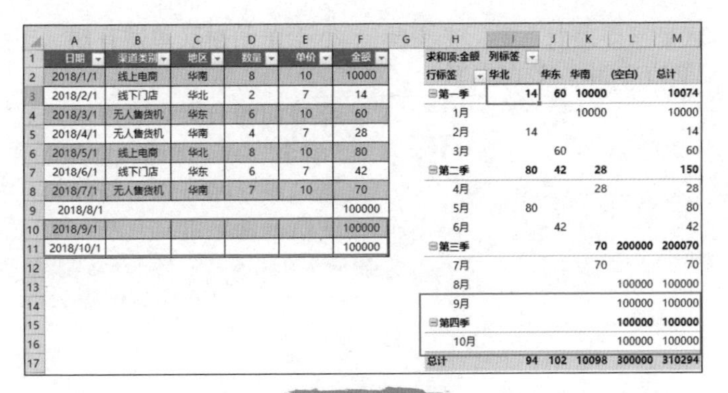

日期	渠道类别	地区	数量	单价	金额
2018/1/1	线上电商	华南	8	10	10000
2018/2/1	线下门店	华北	2	7	14
2018/3/1	无人售货机	华东	6	10	60
2018/4/1	无人售货机	华南	4	7	28
2018/5/1	线上电商	华北	8	10	80
2018/6/1	线下门店	华东	6	7	42
2018/7/1	无人售货机	华南	7	10	70
2018/8/1					100000
2018/9/1					100000
2018/10/1					100000

求和项:金额	列标签				
行标签	华北	华东	华南	(空白)	总计
第一季	14	60	10000		10074
1月			10000		10000
2月	14				14
3月		60			60
第二季	80	42	28		150
4月			28		28
5月	80				80
6月		42			42
第三季			70	200000	200070
7月			70		70
8月				100000	100000
9月				100000	100000
第四季				100000	100000
10月				100000	100000
总计	94	102	10098	300000	310294

图 10-32

温馨提示

数据源只要套用了表格格式，变身超级表将其作为透视表数据源时，就可实现动态追加、实时更新了。

表姐说

超级表能够帮助我们在做透视表的时候，自动构建一个“动态数据源”。不管我们是往下追加行，还是往旁边追加新的字段列，数据透视表都能一一联动起来。

强烈建议大家把所有的数据源表都改为超级表。这样做透视表的时候，就再也不用担心数据源是固定的了。

数据透视表除了能自动统计以外，还能根据数据源变动而及时更新。我们做表的时候，可以把月报、季报、年报都做成数据透视表，交表的时候只要单击“刷新”就行了。

读书笔记

11 告别月末加班，一劳永逸做报表：透视表的计算和布局

月底了，小张接到老板的工作安排："小张，月底了。快把咱们部门的材料、费用，统计给财务那边。"（见图 11-1）

"小张，快把这个月的各销售业务员的销售情况，统计出来"（见图 11-2）

……

每到月底、年末时，我们提交的报表往往都大同小异，只是数据不一样，有没有办法让它自动生成呢？（见图 11-3）

图 11-1

图 11-2

图 11-3

表姐说

我们在用数据透视表做报表的时候，需要遵循公司的报表模板。表姐有个数据透视表制作的"秘籍"（见图 11-4）要分享给大家，让你"一劳永逸"地快速做出月报。

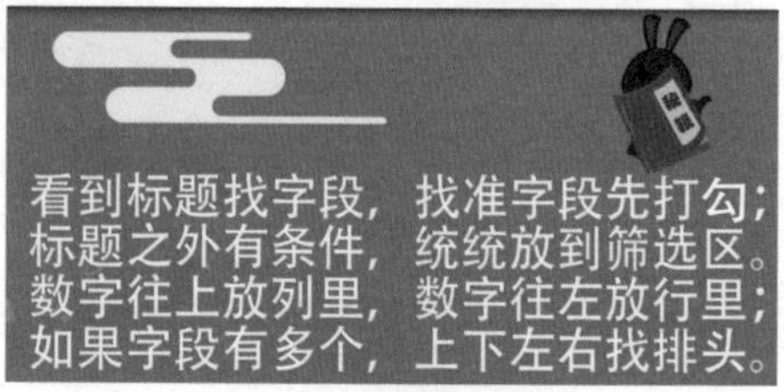

看到标题找字段，找准字段先打勾；
标题之外有条件，统统放到筛选区。
数字往上放列里，数字往左放行里；
如果字段有多个，上下左右找排头。

图 11-4

11.1 布局设计

下面以图 11-5 左侧的统计模板为例，按照上面表姐独创的透视表口诀秘籍，进行制作。

1. 看到标题找字段，找准字段先“打勾”

创建数据透视表后，分析模板，将模板中的统计维度与数据源字段一一对应：

（1）“7 月份”对应的是数据源中的“日期”字段。

（2）“×××× 大区”对应的是数据源中的“销售大区”字段。

（3）“适用品牌”对应的是数据源中的“适用品牌”字段。

（4）“机型”对应的是数据源中的“机型”字段。

（5）“钢化膜”“普通膜”对应的是数据源中的“材质”字段。

（6）销售情况统计的具体数值对应的是数据源中的“金额”字段。

按照公司模板，将统计表中对应的字段在“数据透视表字段”列表中进行选择（见图 11-5）。需要注意的是，图 11-5 中“日期”字段被选中后，会自动分组为“月”的模式。如果在具体操作时，没有进行分组的话，这可能是因为 Excel 版本问题造成的，直接按照前面讲的内容对其进行“日期”的自动分组即可。

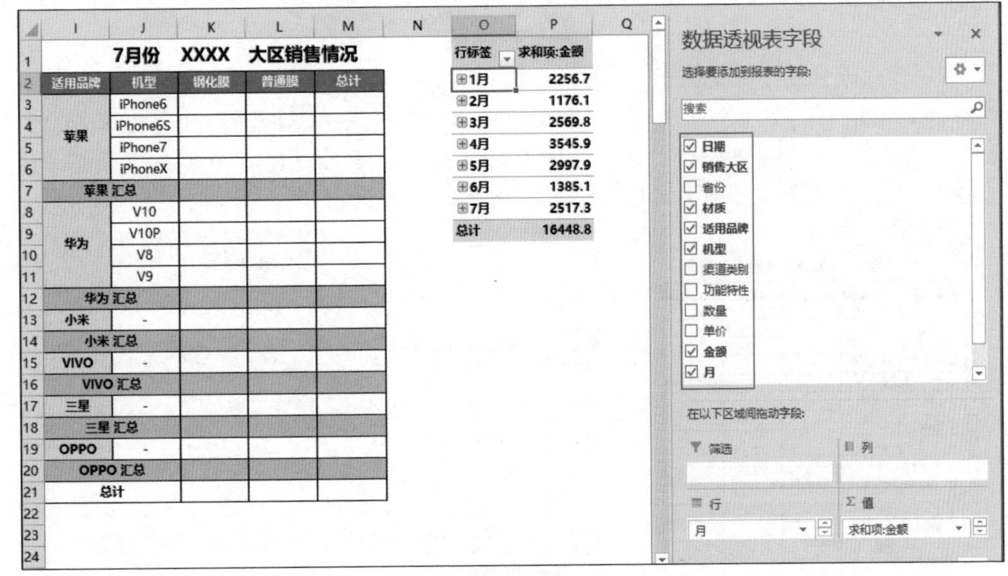

图 11-5

2. 标题之外有条件，统统放到筛选区

在第 1 步选中字段后，字段默认是都堆放在“行”区域。下面分析模板中透视表顶部的两个条件字段：“日期”中的月份和“销售大区”，将它们拖曳放入“筛选”区域（见图 11-6）。

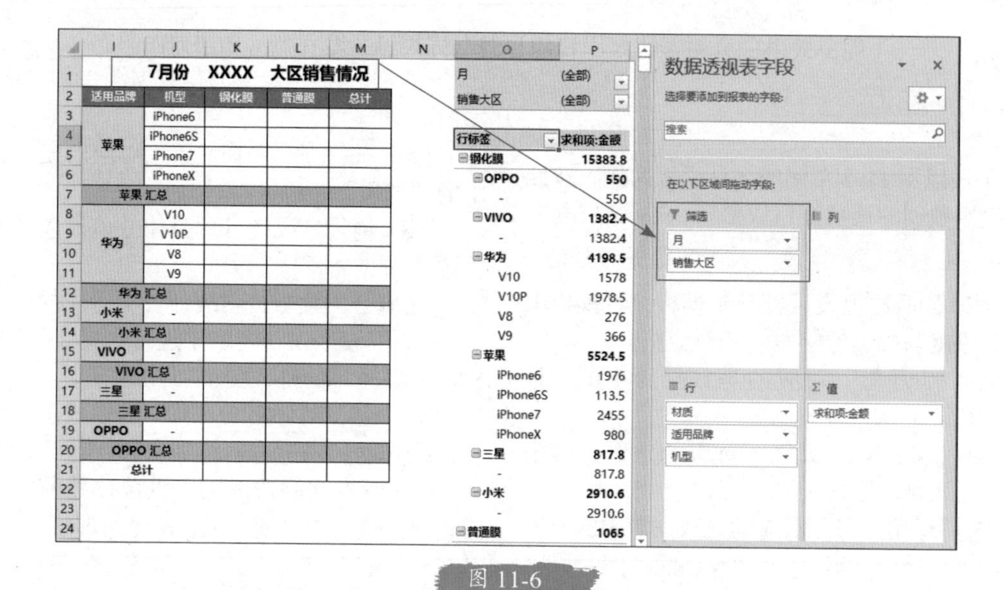

图 11-6

3．数字往上放列里，数字往左放行里

在统计数字填写的第 1 个单元格，即 K3 单元格，开始区分字段的行列。数字（K3）往上的字段是“材质”，将其拖曳放到“列”区域（见图 11-7）。数字（K3）往左的字段是“适用品牌”“机型”，将其拖曳放至“行”区域（见图 11-8）。

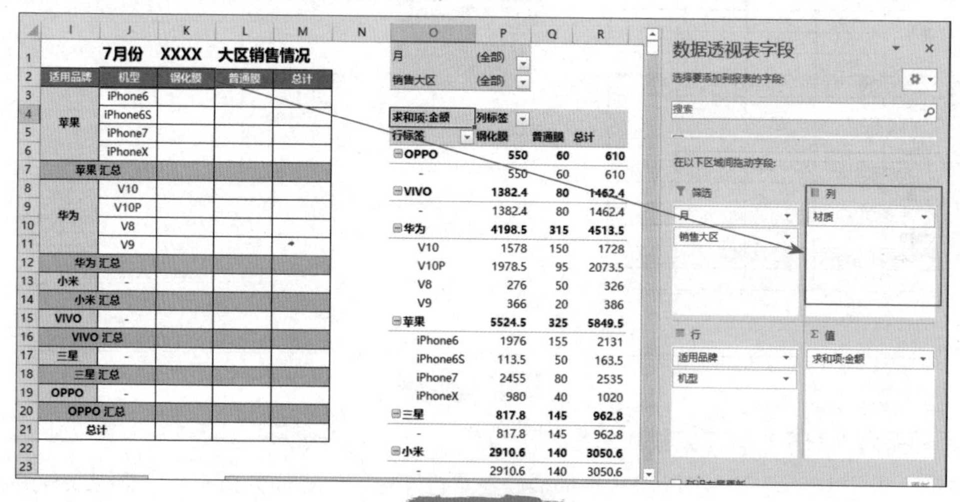

图 11-7

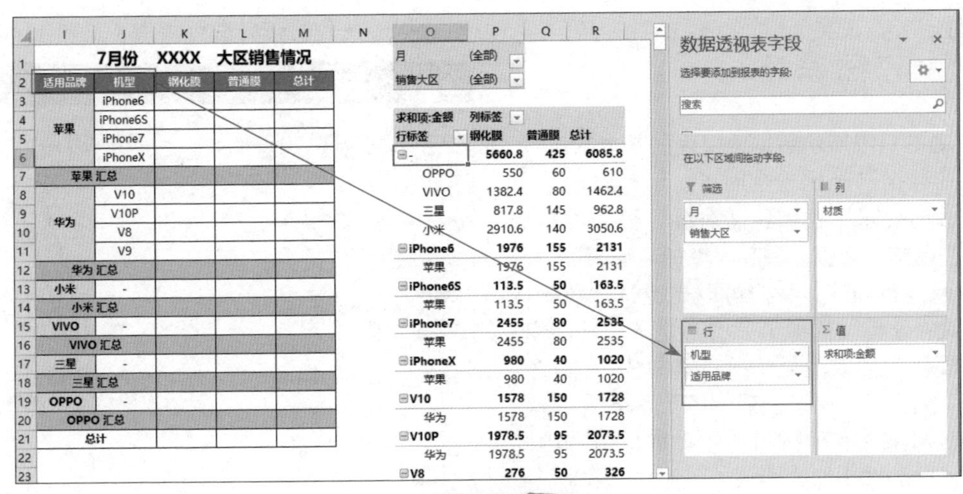

图 11-8

4. 如果字段有多个，上下左右找排头

在区域内的字段如果有多个，那么我们根据“左侧是右侧的上级排头，上侧是下侧的上级排头”的原则不难判定，在数据透视表字段分布当中，“适用品牌”是“机型”的上级。因此，在透视表字段布局中将“适用品牌”调整到“机型”的上方位置（见图 11-9）。

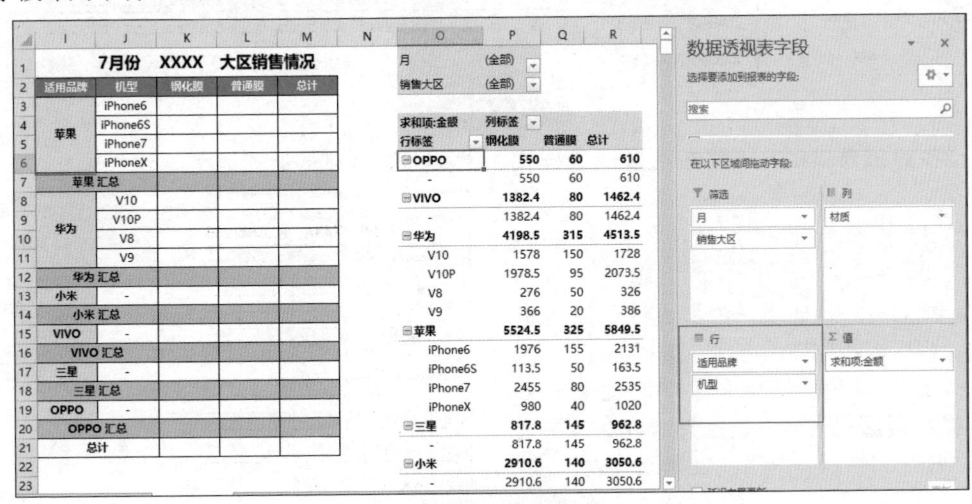

图 11-9

11.2 布局美化

完成图 11-9 所示数据透视表的基本制作后，相关统计数据已经比较全面了。但是对比一下公司模板的要求，我们还需对统计报表的布局进行一些调整，让报表看起来更加“清晰”。

在调整布局前，我们可以先通过“数据透视表工具 - 分析”选项卡下的“显示”功能组，把“字段列表”取消显示。只需单击一下“字段列表”即可。“+/- 按钮”也可以单击一次，将其隐藏起来。其他按钮功能类似单击选中即为显示，取消选中即为隐藏（见图 11-10）。

接着我们可以通过“数据透视表工具 - 设计”选项卡下的“布局”功能组中的 4 个按钮，对数据透视表的布局进行调整（见图 11-11）。

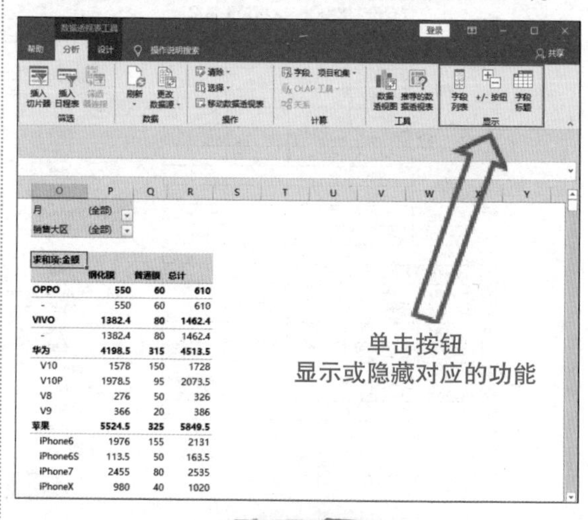

图 11-10

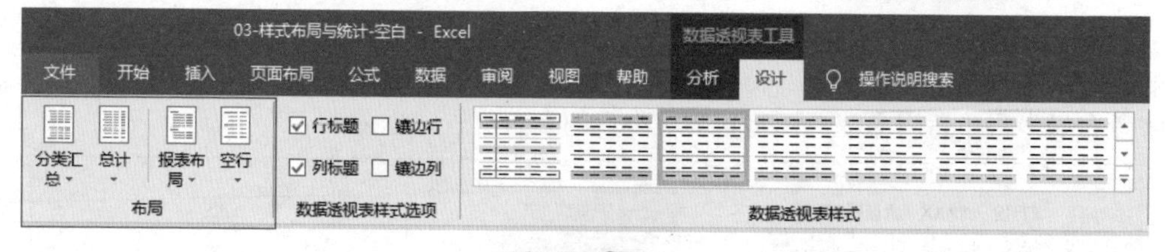

图 11-11

1. 按照报表模板，调整数据透视表样式和布局

（1）调整月份：单击“月”标签上的“筛选”，筛选出“7 月”数据，再单击“确定”（见图 11-12）。如果“销售大区”需要进行筛选，也可以用同样的方法，进行筛序即可。

（2）调整月份、销售大区字段的摆放方向。选择数据透视表→右击选择“数据透视表选项”（见图 11-13）。弹出“数据透视表选项”对话框，“在报表筛选区域显示字段”修改为“水平并排”，单击“确定”（见图 11-14），最终效果如图 11-15 所示。筛选字段中的两个字段，即以水平并排的形式呈现。

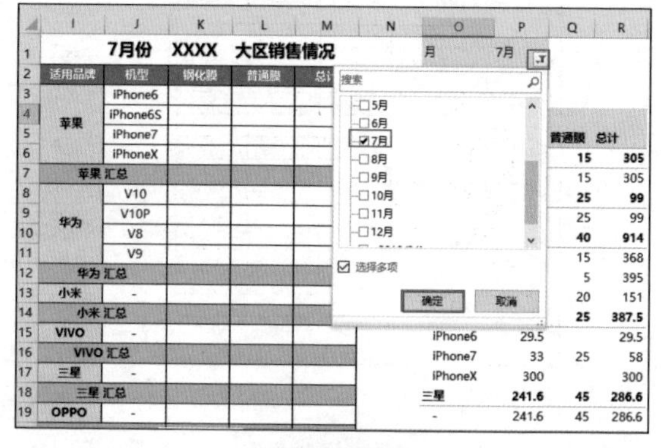

图 11-12

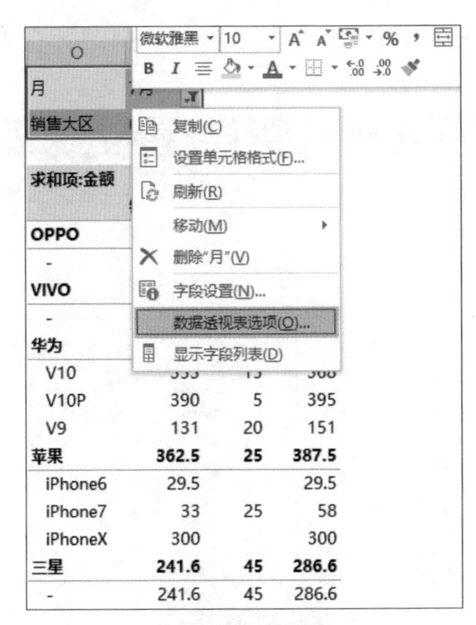

图 11-13

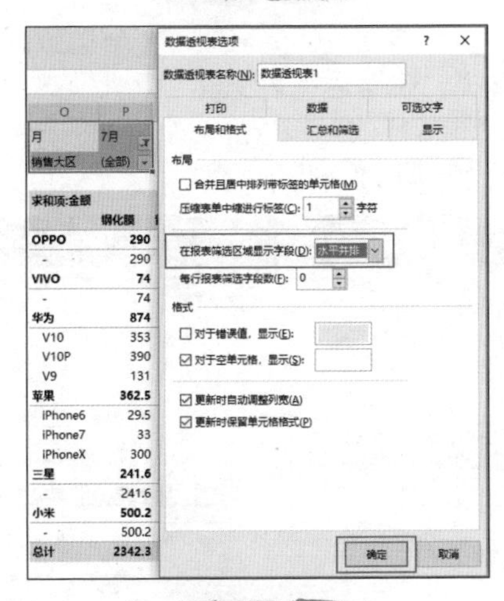

图 11-14

2. 调整行标签布局形式

（1）选择“数据透视表工具 - 设计”选项卡下的“布局”→“报表布局”→选择“以表格形式显示”（见图 11-15），调整后结果如图 11-16 所示。

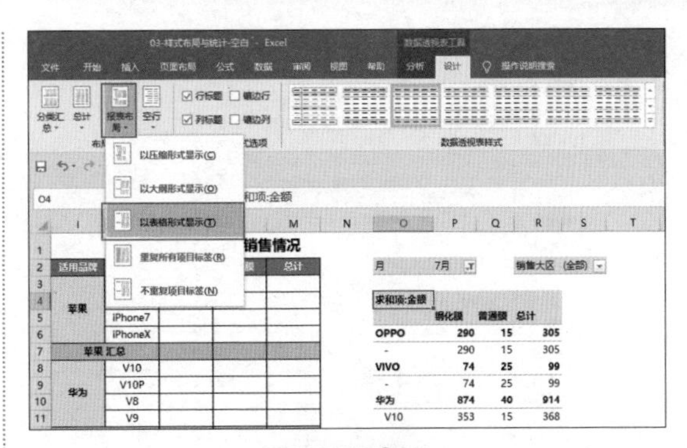

图 11-15

月	7月		销售大区	(全部)
求和项:金额		材质		
适用品牌	机型	钢化膜	普通膜	总计
⊟苹果	iPhone6	29.5		29.5
	iPhone7	33	25	58
	iPhoneX	300		300
苹果 汇总		362.5	25	387.5
⊟华为	V10	353	15	368
	V10P	390	5	395
	V9	131	20	151
华为 汇总		874	40	914
⊟小米	-	500.2	25	525.2
小米 汇总		500.2	25	525.2
⊟VIVO	-	74	25	99
VIVO 汇总		74	25	99
⊟三星	-	241.6	45	286.6
三星 汇总		241.6	45	286.6
⊟OPPO	-	290	15	305
OPPO 汇总		290	15	305
总计		2342.3	175	2517.3

图 11-16

（2）合并标签单元格：选中数据透视表区域→右击选择“数据透视表选项”（见图 11-17）。在弹出的“数据透视表选项”对话框→选中“合并且居中排列带标签的单元格”→单击“确定”（见图 11-18），设置后效果如图 11-19 所示。

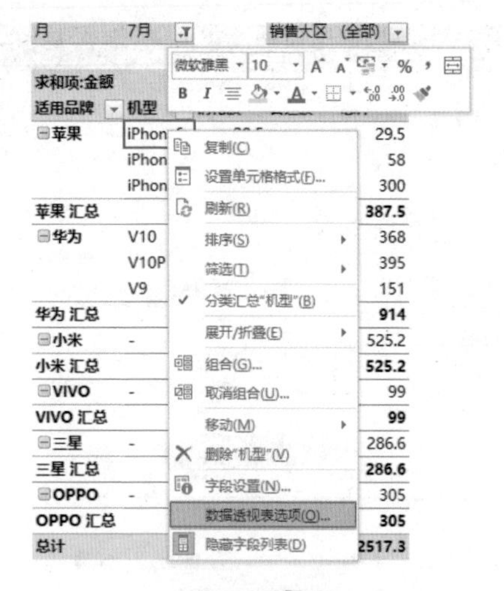

图 11-17

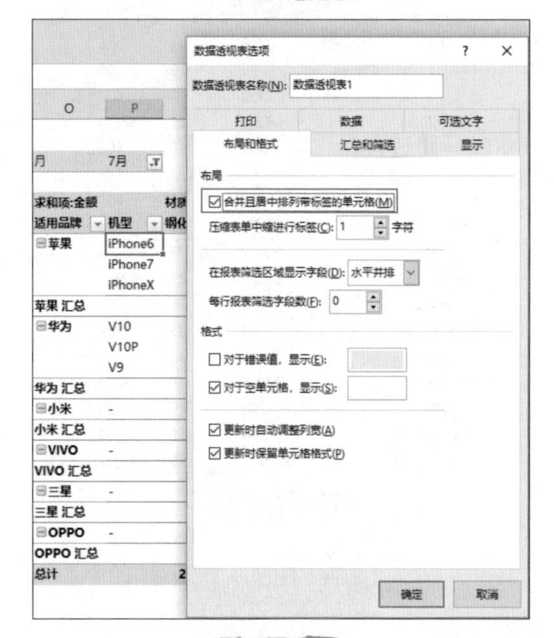

图 11-18

3. 设置数据透视表样式

（1）设置边框。按 Ctrl +A 全选数据透视表→选择“开始”选项卡→单击“所有框线”（见图 11-19）。

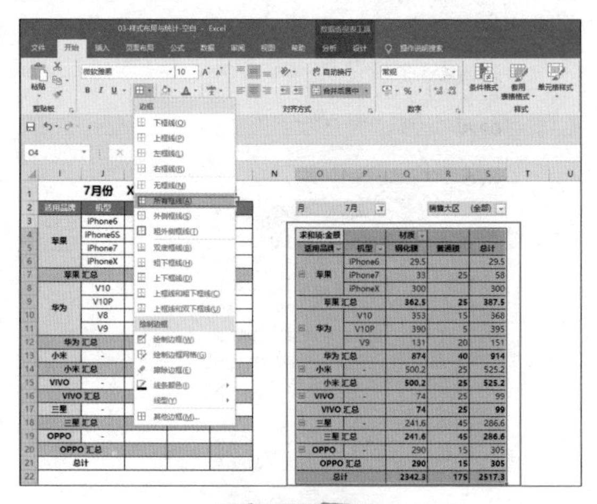

图 11-19

（2）设置颜色：按 Ctrl +A 全选数据透视表→选择“数据透视表工具 - 设计”选项卡→“数据透视表样式”→选择一个喜欢的样式，如蓝色系（见图 11-20）。

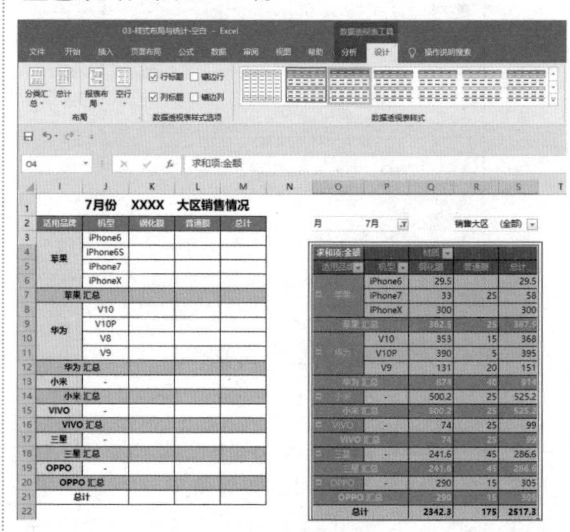

图 11-20

4. 修改数据透视表标题

选择标题行单元格 O4，输入“业绩统计”即可（见图 11-21）。

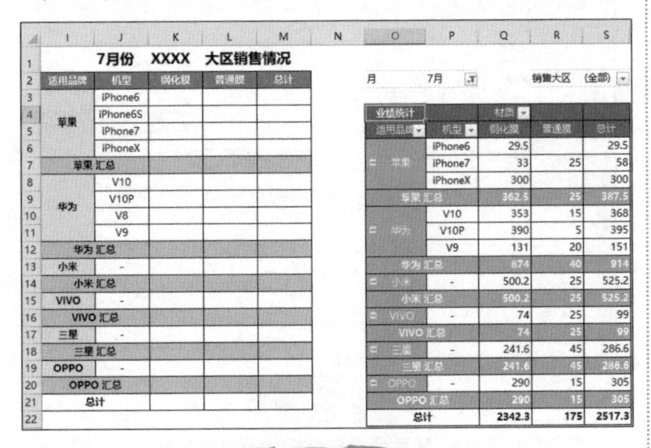

图 11-21

5. 下月数据的追加与更新

（1）数据追加。单击 Excel 窗口下方的“数据源”工作表，在表格内增加新数据明细（见图 11-22）。

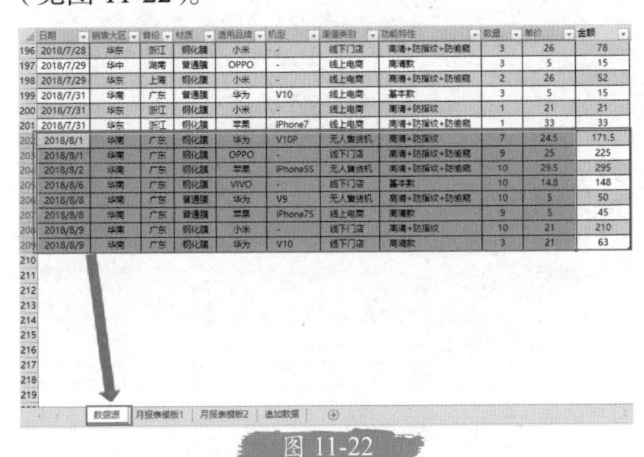

图 11-22

表姐口诀

套用超级表，数据源动态追加。

（2）数据更新：单击 Excel 窗口下方的“月报表模板 1”工作表→选中透视表区域→右击选择“刷新”（见图 11-23）→调整数据表上“月份”为“8 月”→单击“确定”即可得到最新月报表（见图 11-24）。

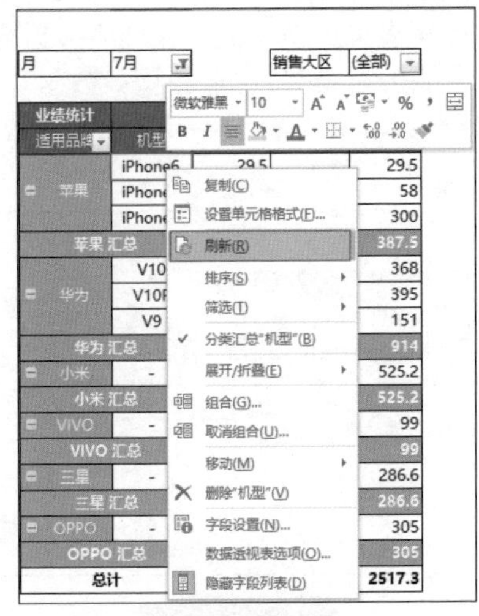

图 11-23

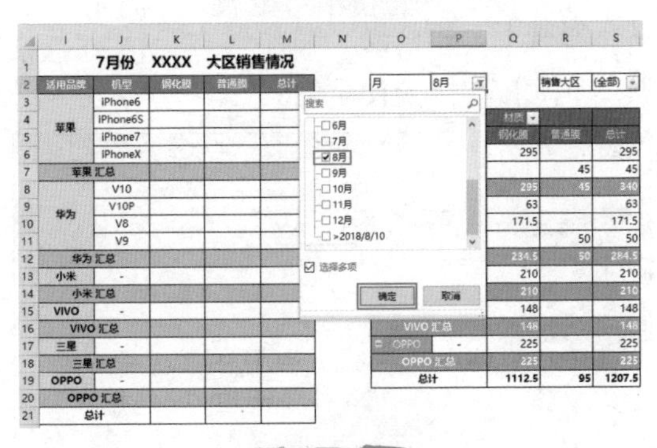

图 11-24

11.3 统计方式

根据数据透视表秘籍口诀，完成数据透视表的创建和布局设置后，我们再来看看数据透视表中，关于统计分析里百变的“统计方式”。

1. 增加已有统计字段

（1）创建一个图 11-25 所示的数据透视表→再次选中“数据透视表字段”中的“金额”字段→将其拖曳放至“值”区域内，这样我们得到 3 个值汇总结果：“求和项：数量”“求和项：金额”“求和项：金额 2”，即 1 个字段，可以被统计汇总多次。

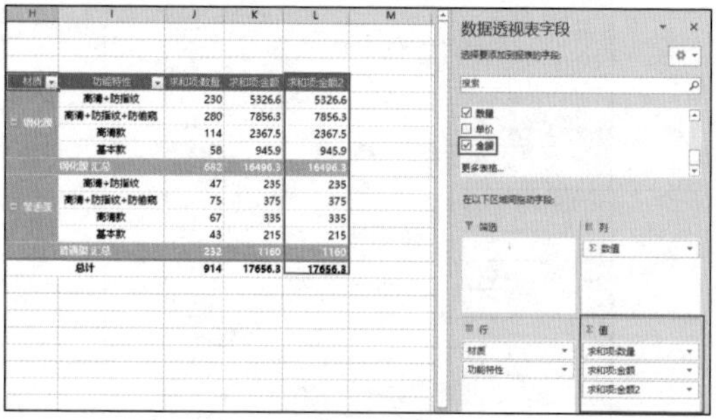

图 11-25

（2）设置“求和项：金额 2”的汇总方式。选择 N5 单元格→右击选择“值汇总依据”→“求和”（见图 11-26）。

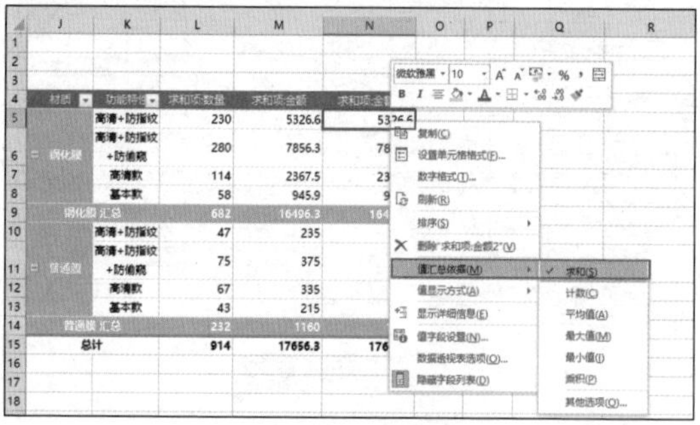

图 11-26

（3）设置“求和项：金额 2”的显示方式。选择 N5 单元格→右击选择“值显示方式”→“列汇总的百分比”（见图 11-27），设置后效果如图 11-28 所示。

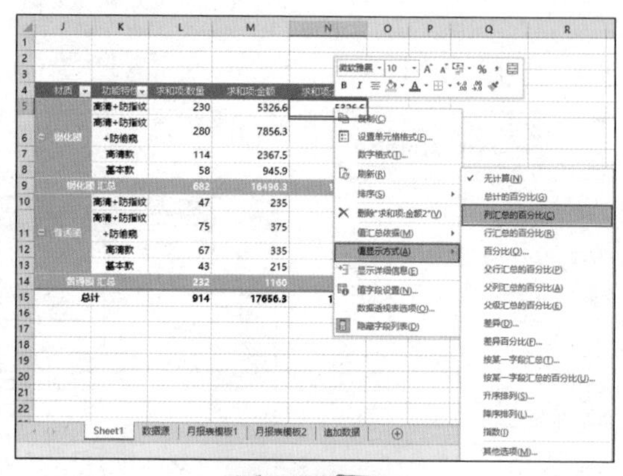

图 11-27

材质	功能特性	求和项:数量	求和项:金额	求和项:金额2
钢化膜	高清+防指纹	230	5326.6	30.17%
	高清+防指纹+防偷窥	280	7856.3	44.50%
	高清款	114	2367.5	13.41%
	基本款	58	945.9	5.36%
钢化膜 汇总		682	16496.3	93.43%
普通膜	高清+防指纹	47	235	1.33%
	高清+防指纹+防偷窥	75	375	2.12%
	高清款	67	335	1.90%
	基本款	43	215	1.22%
普通膜 汇总		232	1160	6.57%
总计		914	17656.3	100.00%

图 11-28

温馨提示

（1）值汇总依据：透视表统计数值的不同计算方法。

（2）值显示方式：透视表计算结果的不同显示方式。

2. 新增计算字段

如果要计算每个统计结果的销售提成，但在查看数据源表后并未找到“提成”字段，此时，可以利用数据透视表“计算字段”功能，创建新字段。

（1）启用计算字段。选择“数据透视表工

具－分析”选项卡→“字段、项目和集”→单击“计算字段”（见图 11-29）。

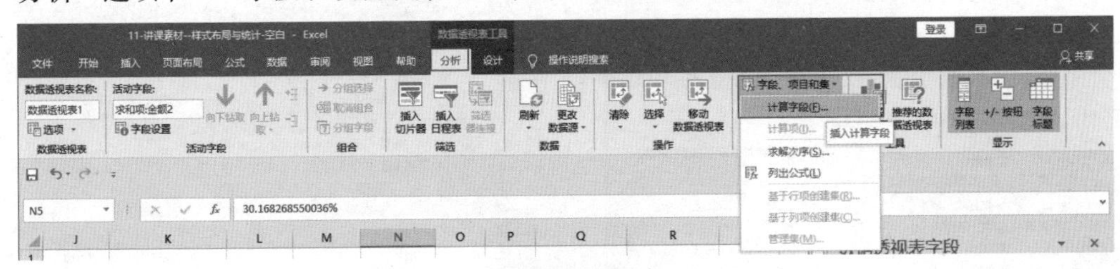

图 11-29

（2）创建新计算字段。在弹出的“插入计算字段”对话框，设置：“名称”为“提成”；公式“= 金额 *10%”，单击“确定”。

说明：在“字段”中选中“金额”，单击“插入字段”（或者双击），完成字段添加至公式当中（见图 11-30）。设置完毕后，将新增的“提成”字段，拖至数据透视表“值”区域。现在我们的提成也就求出来了，刚好等于金额的 10%（见图 11-31）。

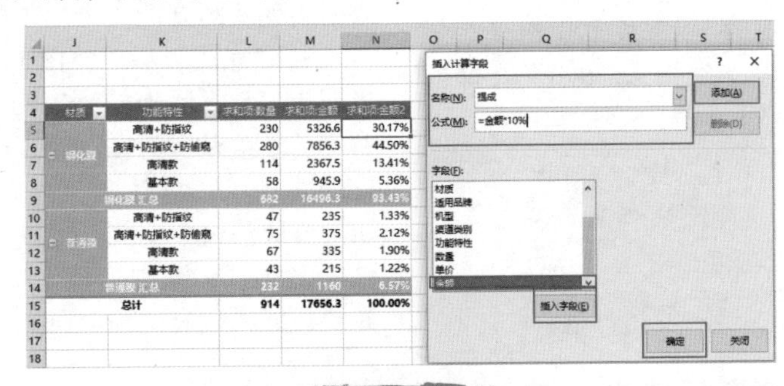

图 11-30

材质	功能特性	求和项:数量	求和项:金额	求和项:金额2	求和项:提成
钢化膜	高清+防指纹	230	5326.6	30.17%	532.66
	高清+防指纹+防偷窥	280	7856.3	44.50%	785.63
	高清款	114	2367.5	13.41%	236.75
	基本款	58	945.9	5.36%	94.59
钢化膜 汇总		682	16496.3	93.43%	1649.63
普通膜	高清+防指纹	47	235	1.33%	23.5
	高清+防指纹+防偷窥	75	375	2.12%	37.5
	高清款	67	335	1.90%	33.5
	基本款	43	215	1.22%	21.5
普通膜 汇总		232	1160	6.57%	116
总计		914	17656.3	100.00%	1765.63

图 11-31

温馨提示

通过“计算字段”“无中生有”创建新字段。

3. 更改字段显示效果

在已生成的数据透视表标题中，会出现“求和项：”的字样。当我们尝试手动删除“求和项：”时，会出现异常报错（见图 11-32）。这是因为在数据透视表当中，不允许透视表表头字段名与数据源的字段名完全一致。

读书笔记

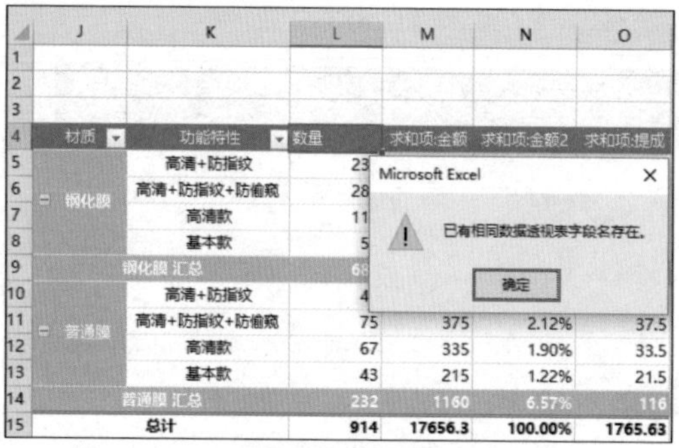

	J	K	L	M	N	O
1						
2						
3						
4	材质	功能特性	数量	求和项:金额	求和项:金额2	求和项:提成
5	钢化膜	高清+防指纹	23			
6		高清+防指纹+防偷窥	28			
7		高清款	11			
8		基本款	5			
9	钢化膜 汇总		68			
10	普通膜	高清+防指纹	4			
11		高清+防指纹+防偷窥	75	375	2.12%	37.5
12		高清款	67	335	1.90%	33.5
13		基本款	43	215	1.22%	21.5
14	普通膜 汇总		232	1160	6.57%	116
15	总计		914	17656.3	100.00%	1765.63

Microsoft Excel

已有相同数据透视表字段名存在。

确定

图 11-32

因此在修改数据透视表报表的标题字段名时，可以采用“障眼法”来实现。

（1）按快捷键 Ctrl+H，打开“查找和替换”对话框。

（2）在“查找内容”输入“求和项：”，“替换为”输入“ ”（1 个空格），单击“全部替换”完成（见图 11-33）。

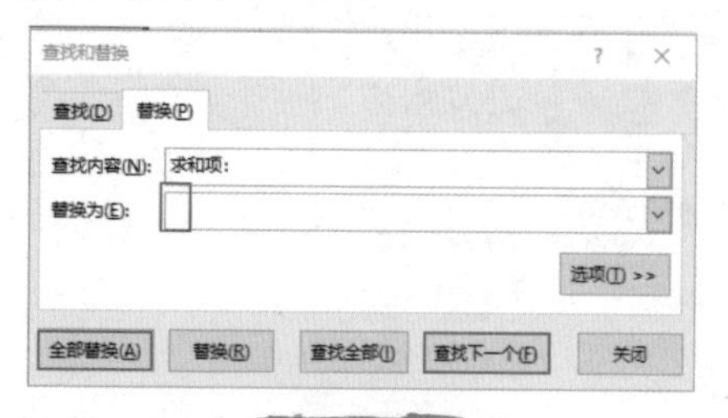

图 11-33

替换后，数据透视表上的“数量”也就变成了“ 数量”，和原来字段列表区域当中的“数量”“金额”不一样，所以也就没问题了。最后再把“金额 2”手动改成“比率”，这个透视表就完成了（见图 11-34）。

温馨提示

使用替换的方法将“求和项：”替换为“ ”（空格）的障眼法实现统计表的字段名优化。

	J	K	L	M	N	O
4	材质	功能特性	数量	金额	比率	提成
5	钢化膜	高清+防指纹	230	5326.6	30.17%	532.66
6		高清+防指纹+防偷窥	280	7856.3	44.50%	785.63
7		高清款	114	2367.5	13.41%	236.75
8		基本款	58	945.9	5.36%	94.59
9	钢化膜 汇总		682	16496.3	93.43%	1649.63
10	普通膜	高清+防指纹	47	235	1.33%	23.5
11		高清+防指纹+防偷窥	75	375	2.12%	37.5
12		高清款	67	335	1.90%	33.5
13		基本款	43	215	1.22%	21.5
14	普通膜 汇总		232	1160	6.57%	116
15	总计		914	17656.3	100.00%	1765.63

图 11-34

在做完数据透视表以后，发给每个销售大区的经理之前，最好把这些数据透视表的内容做一下排序整理：

选中“金额”字段下的一个单元格→右击选择“排序”→“降序”（见图 11-35），让业绩数据实现从高到低的排列（见图 11-36）。

排序完成以后，将图 11-36 所示表的列宽，与图 11-35 所示表的列宽对比一下，发现列宽缩小了。这是因为在调整、刷新透视表的时候，自动实现了“自动调整列宽”到合适的大小。如果要取消这个功能，可进行以下操作。

（1）选中数据透视表任意单元格→右击选择“数据透视表选项”（见图 11-37）。

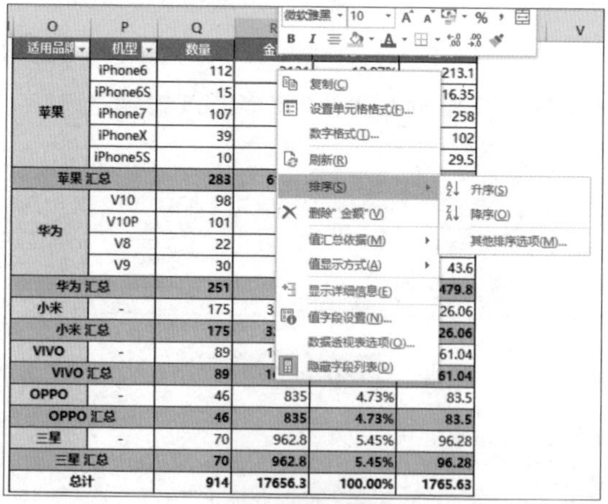

O	P	Q	R	S	T
适用品牌	机型	数量	金		
苹果	iPhone6	112			213.1
	iPhone6S	15			16.35
	iPhone7	107			258
	iPhoneX	39			102
	iPhone5S	10			29.5
苹果 汇总		283	6		
华为	V10	98			
	V10P	101			
	V8	22			
	V9	30			43.6
华为 汇总		251			479.8
小米	-	175	3		26.06
小米 汇总		175	3		26.06
VIVO	-	89	1		61.04
VIVO 汇总		89	1		61.04
OPPO	-	46	835	4.73%	83.5
OPPO 汇总		46	835	4.73%	83.5
三星	-	70	962.8	5.45%	96.28
三星 汇总		70	962.8	5.45%	96.28
总计		914	17656.3	100.00%	1765.63

微软雅黑 10

复制(C)
设置单元格格式(F)...
数字格式(T)...
刷新(R)
排序(S)
删除"金额"(V)
值汇总依据(M)
值显示方式(A)
显示详细信息(E)
值字段设置(N)...
数据透视表选项(O)...
隐藏字段列表(D)

升序(S)
降序(O)
其他排序选项(M)...

图 11-35

适用品牌	机型	数量	金额	比率	提成
苹果	iPhone7	107	2580	14.61%	258
	iPhone6	112	2131	12.07%	213.1
	iPhoneX	39	1020	5.78%	102
	iPhone5S	10	295	1.67%	29.5
	iPhone6S	15	163.5	0.93%	16.35
苹果 汇总		283	6189.5	35.06%	618.95
华为	V10P	101	2245	12.72%	224.5
	V10	98	1791	10.14%	179.1
	V9	30	436	2.47%	43.6
	V8	22	326	1.85%	32.6
华为 汇总		251	4798	27.17%	479.8
小米	-	175	3260.6	18.47%	326.06
小米 汇总		175	3260.6	18.47%	326.06
VIVO	-	89	1610.4	9.12%	161.04
VIVO 汇总		89	1610.4	9.12%	161.04
OPPO	-	46	835	4.73%	83.5
OPPO 汇总		46	835	4.73%	83.5
三星	-	70	962.8	5.45%	96.28
三星 汇总		70	962.8	5.45%	96.28
总计		914	17656.3	100.00%	1765.63

图 11-36

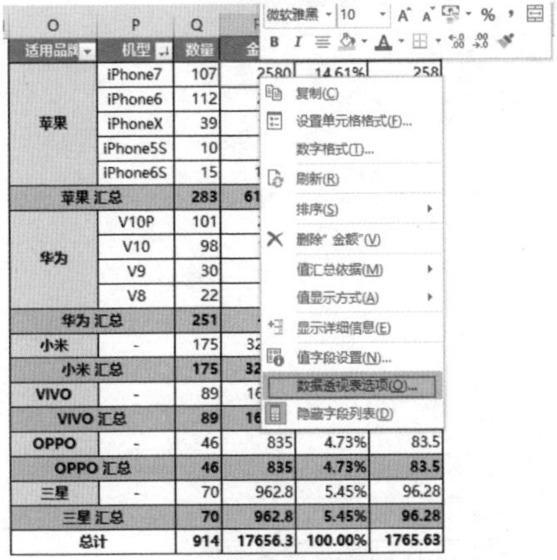

图 11-37

（2）在弹出的“数据透视表选项”对话框→取消选中“更新时自动调整列宽”→单击“确定”即可（见图 11-38）。

设置以后，当数据透视表在刷新、变化时，列宽都不会再变了。除了自动排序外，数据透视表还支持手动排序。

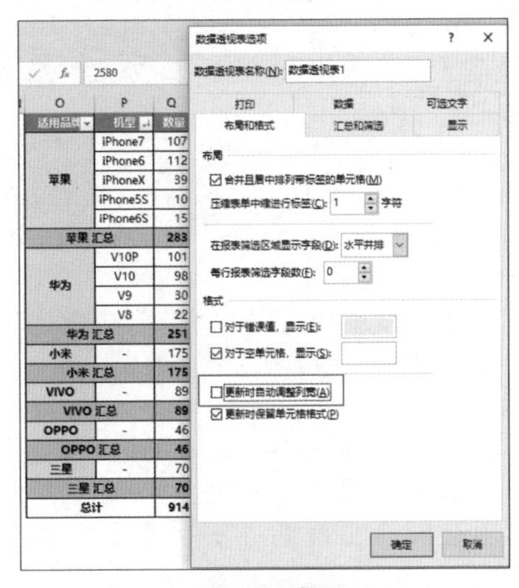

图 11-38

如图 11-39 中，如果要人为手动调整，可以选择需要调整的内容，将鼠标指针滑动到单元格边框位置，变成四向箭头的时候，拖动进行调整。

适用品牌	机型	数量	金额	比率	提成
苹果	iPhone7	107	2580	14.61%	258
	iPhone6	112	2131	12.07%	213.1
	iPhoneX	39	1020	5.78%	102
	iPhone5S	10	295	1.67%	29.5
	iPhone6S	15	163.5	0.93%	16.35
苹果 汇总		283	6189.5	35.06%	618.95
华为	V10P	101	2245	12.72%	224.5
	V10	98	1791	10.14%	179.1
	V9	30	436	2.47%	43.6
	V8	22	326	1.85%	32.6
华为 汇总		251	4798	27.17%	479.8
VIVO	-	89	1610.4	9.12%	161.04
VIVO 汇总		89	1610.4	9.12%	161.04
OPPO	-	46	835	4.73%	83.5
OPPO 汇总		46	835	4.73%	83.5
小米	-	175	3260.6	18.47%	326.06
小米 汇总		175	3260.6	18.47%	326.06
三星	-	70	962.8	5.45%	96.28
三星 汇总		70	962.8	5.45%	96.28
总计		914	17656.3	100.00%	1765.63

图 11-39

11.4 彩蛋：批量生成子透视表

在上面的案例中，我们已经完成了数据透视表的创建。如果在工作中，我们要把每个大区的业绩单独生成一份统计表，发给每个人，这需要怎么做呢？

你是不是想到，用“筛选”功能把透视表复制 N 份，然后再在各个透视表中逐一进行筛选？

表姐想说的是：“在 Excel 的世界里，如果有任何的动作重复了 3～5 次，一定要问问自己，还有没有更好的办法？答案往往是肯定的！”

这里用到的就是数据透视表“显示报表筛选页”功能，来批量生成子透视表。

（1）创建数据透视表，并且保证要批量生成子透视表的字段，放在了“筛选”区域中。如本例所要拆分到独立工作表中的字段是“销售大区”，那么就要把“销售大区”放在“筛选”区域。

（2）选中数据透视表→选择“数据透视表工具 - 分析”选项卡→单击“数据透视表”下的小三角→单击“选项”右侧的小三角→选择“显示报表筛选页”（见图 11-40）。

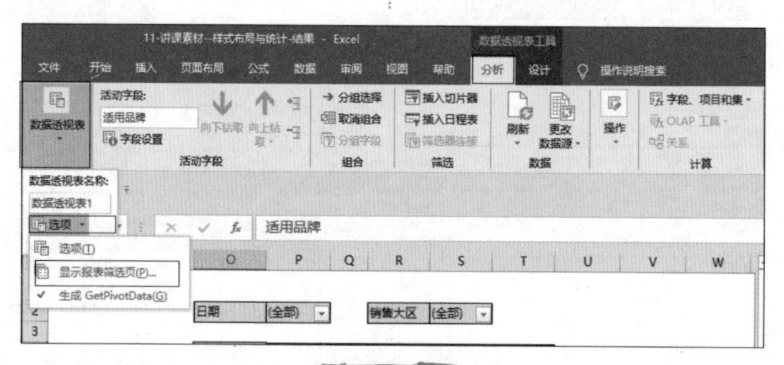

图 11-40

（3）在弹出的“显示报表筛选页”对话框→单击“确定”，即可批量生成多张子透视表（见图 11-41）；现在，Excel 根据“销售大区”的类别，生成了“华北”“华中”“华南”“华东”4 个大区，各自一个独立工作表的透视子表了，并且它们的格式和母表是完全一致的（见图 11-42）。

销售大区	华北				
适用品牌	机型	数量	金额	比率	提成
苹果	iPhone7	19	498	24.39%	49.8
	iPhoneX	14	320	15.67%	32
	iPhone6	13	126.5	6.19%	12.65
苹果 汇总		46	944.5	46.25%	94.45
华为	V10	26	482	23.60%	48.2
	V8	3	69	3.38%	6.9
	V10P	1	24.5	1.20%	2.45
华为 汇总		30	575.5	28.18%	57.55
VIVO	-	7	94	4.60%	9.4
VIVO 汇总		7	94	4.60%	9.4
小米	-	21	364.8	17.86%	36.48
小米 汇总		21	364.8	17.86%	36.48
三星	-	8	63.4	3.10%	6.34
三星 汇总		8	63.4	3.10%	6.34
总计		112	2042.2	100.00%	204.22

图 11-41

读书笔记

	A	B	C
1	销售大区	华北	
2			
3	适用品牌	机型	数量
4	苹果	iPhone7	19
5		iPhoneX	14
6		iPhone6	13
7	苹果 汇总		46
8	华为	V10	26
9		V8	3
10		V10P	1
11	华为 汇总		30
12	VIVO	-	7
13	VIVO 汇总		7
14	小米	-	21

图 11-42

温馨提示

透视表筛选区域，必须放置字段。

表姐说

数据透视表真的是太方便了，但是很多人在初学的时候都会特别犯难：这些字段该如何摆放，怎么创建自己想要的报表？在本章内容里，表姐给大家展示了一套自创的口诀“秘籍”，相信只要你照着这个口诀多练习几次，一定能够熟练运用。

读书笔记

12 鼠标一点图表会动，高级汇报大揭秘：动态透视图表

小张掌握了创建数据透视表后，使得老板对他刮目相看，时常表扬他。一天，老板马上要去集团总部汇报工作，问小张能不能帮着做个“高大上”的表，还承诺给他“加鸡腿”。

小张不由脑补道：“老板想要给我‘加鸡腿’，从她肯定的眼神、微笑的弧度，我感觉这表做完以后就能升职加薪，出任 CEO，迎娶‘白富美’，走上人生巅峰。”（见图 12-1）

但是扭头又犯难地向表姐求助：“表姐，我才学会数据透视表，上哪找那么‘高大上’的看板给老板？”（见图 12-2）

图 12-1

图 12-2

表姐说

表姐说道：“其实我们用数据透视表，也能搞定领导要的那些表，本章就来学习切片器、日程表、数据透视图，快速打开报表新世界。”（见图 12-3）

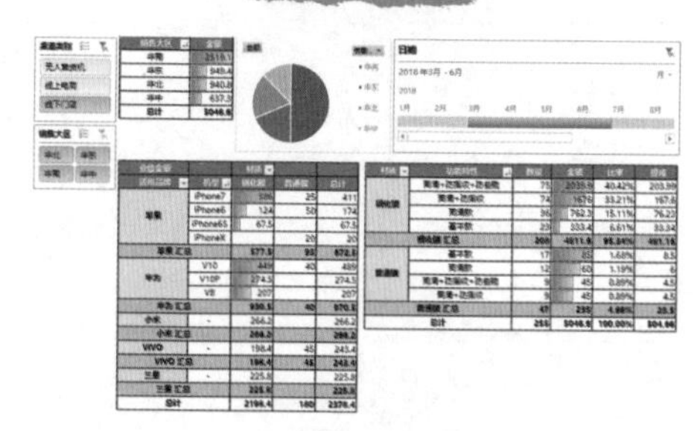

图 12-3

12.1 分析汇报表格结构

图 12-3 所示的图表并不需要复杂的函数、作图知识，只需要把数据透视表创建好，通过鼠标就能快速搞定！

首先分析一下图 12-3 中的表，它包括数据透视表、切片器、日程表、数据透视图 4 个部分（见图 12-4）。

（1）切片器：根据切片内容，快速呈现当前维度下的统计结果。

（2）日程表：根据点选日期的年、季度、月、日，快速呈现当前条件下的统计结果。

（3）数据透视图：可以跟着透视表结果联动更新。

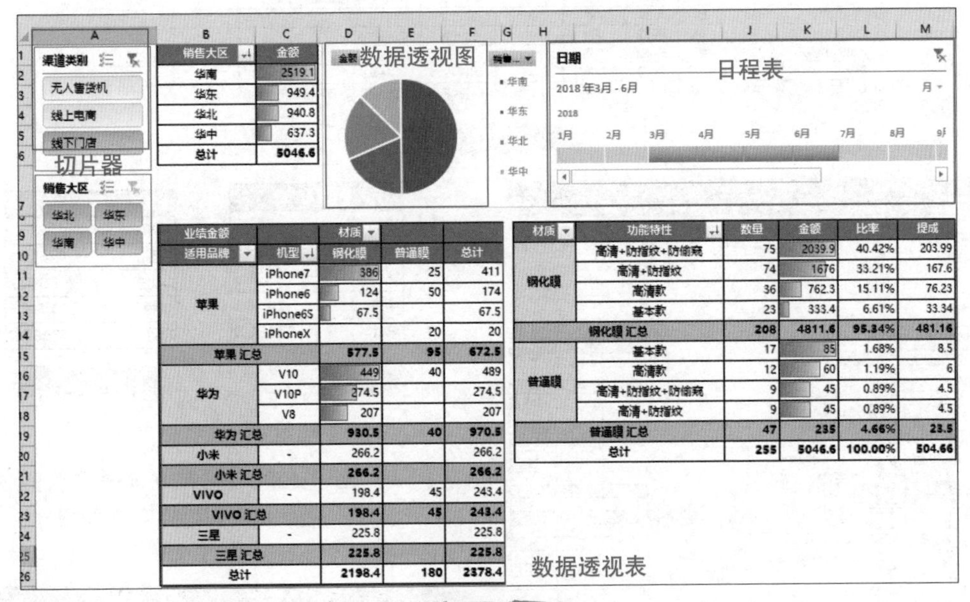

销售大区	金额
华南	2519.1
华东	949.4
华北	940.8
华中	637.3
总计	5046.6

业绩金额		材质		
适用品牌	机型	钢化膜	普通膜	总计
苹果	iPhone7	386	25	411
	iPhone6	124	50	174
	iPhone6S	67.5		67.5
	iPhoneX		20	20
苹果 汇总		577.5	95	672.5
华为	V10	449	40	489
	V10P	274.5		274.5
	V8	207		207
华为 汇总		930.5	40	970.5
小米	-	266.2		266.2
小米 汇总		266.2		266.2
VIVO	-	198.4	45	243.4
VIVO 汇总		198.4	45	243.4
三星	-	225.8		225.8
三星 汇总		225.8		225.8
总计		2198.4	180	2378.4

材质	功能特性	数量	金额	比率	提成
钢化膜	高清+防指纹+防偷窥	75	2039.9	40.42%	203.99
	高清+防指纹	74	1676	33.21%	167.6
	高清款	36	762.3	15.11%	76.23
	基本款	23	333.4	6.61%	33.34
钢化膜 汇总		208	4811.6	95.34%	481.16
普通膜	基本款	17	85	1.68%	8.5
	高清款	12	60	1.19%	6
	高清+防指纹+防偷窥	9	45	0.89%	4.5
	高清+防指纹	9	45	0.89%	4.5
普通膜 汇总		47	235	4.66%	23.5
总计		255	5046.6	100.00%	504.66

图 12-4

12.2 创建切片器与日程表

在这个数据源当中包括日期、销售大区、省份、材质、适用品牌、机型、渠道类别、功能特性、数量、单价和金额（见图 12-5），首先用前面的知识来创建一个数据透视表。

1. 创建数据透视表

选中数据源表（超级表：表 1）→选择“插入”选项卡→“数据透视表”→在弹出的“创建数据透视表”对话框→选择“新工作表”→单击“确定”（见图 12-6）。

	A	B	C	D	E	F	G	H	I	J	K
1	日期	销售大区	省份	材质	适用品牌	机型	渠道类别	功能特性	数量	单价	金额
2	2018/1/1	华南	广西	钢化膜	华为	V10	线下门店	高清+防指纹+防偷窥	1	29	29
3	2018/1/2	华东	安徽	普通膜	小米	-	线上电商	高清+防指纹	5	5	25
4	2018/1/2	华南	广东	钢化膜	华为	V10P	线上电商	高清+防指纹	10	24.5	245
5	2018/1/3	华东	江苏	钢化膜	VIVO	-	线下门店	基本款	1	14.8	14.8
6	2018/1/3	华东	江苏	钢化膜	苹果	iPhone6	无人售货机	高清款	10	22	220
7	2018/1/6	华东	上海	钢化膜	华为	V10P	无人售货机	高清+防指纹+防偷窥	3	29.5	88.5
8	2018/1/6	华南	广东	钢化膜	苹果	iPhone6	线下门店	高清款	10	22	220
9	2018/1/9	华中	湖北	钢化膜	苹果	iPhone6	无人售货机	高清款	1	21	21
10	2018/1/9	华南	海南	钢化膜	华为	V10	线下门店	高清+防指纹	2	24	48
11	2018/1/9	华南	广东	普通膜	华为	V10	线下门店	高清+防指纹+防偷窥	1	5	5
12	2018/1/11	华东	江苏	钢化膜	苹果	iPhoneX	线上电商	高清+防指纹+防偷窥	8	35	280
13	2018/1/14	华南	广西	普通膜	OPPO	-	线上电商	高清+防指纹+防偷窥	2	5	10
14	2018/1/15	华南	广东	钢化膜	苹果	iPhone7	线上电商	高清+防指纹+防偷窥	8	33	264
15	2018/1/16	华南	海南	钢化膜	苹果	iPhone7	线下门店	高清+防指纹+防偷窥	5	33	165
16	2018/1/21	华东	浙江	钢化膜	小米	-	线上电商	高清+防指纹+防偷窥	1	26	26
17	2018/1/23	华南	广东	普通膜	苹果	iPhone7	线上电商	高清+防指纹+防偷窥	2	5	10
18	2018/1/25	华中	湖北	普通膜	苹果	iPhone6	线上电商	高清款	5	5	25
19	2018/1/25	华中	湖南	钢化膜	三星	-	线下门店	高清+防指纹+防偷窥	3	22.8	68.4
20	2018/1/28	华东	上海	钢化膜	苹果	iPhone7	线上电商	高清+防指纹	1	28	28
21	2018/1/28	华南	海南	钢化膜	华为	V10P	线上电商	高清+防指纹	3	24.5	73.5
22	2018/1/29	华中	河南	钢化膜	苹果	iPhone6	无人售货机	高清+防指纹+防偷窥	1	28	28
23	2018/1/30	华中	河南	钢化膜	苹果	iPhone7	线下门店	高清+防指纹	8	28	224
24	2018/1/30	华南	广东	普通膜	小米	-	线上电商	高清+防指纹+防偷窥	10	5	50

图 12-5

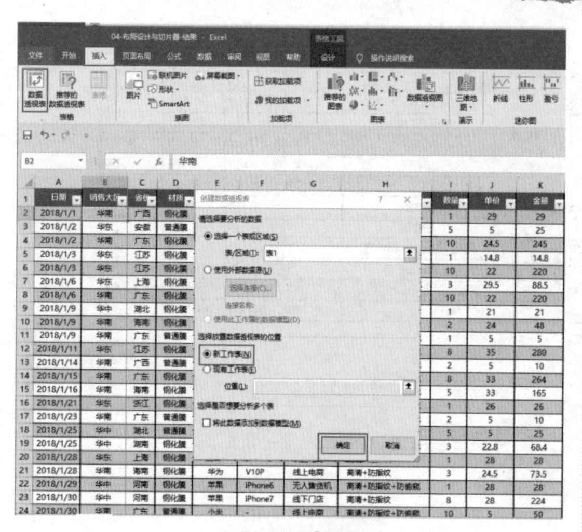

图 12-6

（1）创建一张简单的数据透视表（见图 12-7）。

（2）套用条件格式让数据更直观：选中“金额”中数据→选择“开始”选项卡→“条件格式”→“数据条”（见图 12-8）。

销售大区	金额
华北	2042.2
华东	4565.5
华南	9638.5
华中	1410.1
总计	**17656.3**

图 12-7

销售大区	金额
华南	9638.5
华东	4565.5
华北	2042.2
华中	1410.1
总计	**17656.3**

图 12-8

2. 创建切片器

（1）选中数据透视表→选择“数据透视表工具－分析”选项卡→单击“插入切片器”（见图 12-9）。

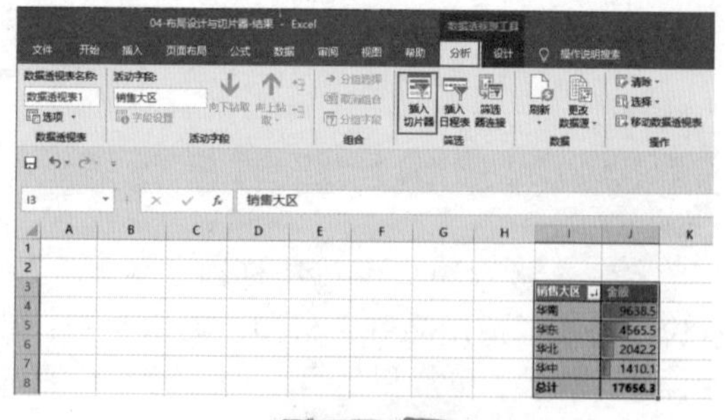

图 12-9

（2）在弹出的“插入切片器”对话框→选中需要切片分析的字段，如“销售大区”“渠道类别”→单击“确定”（见图 12-10）。

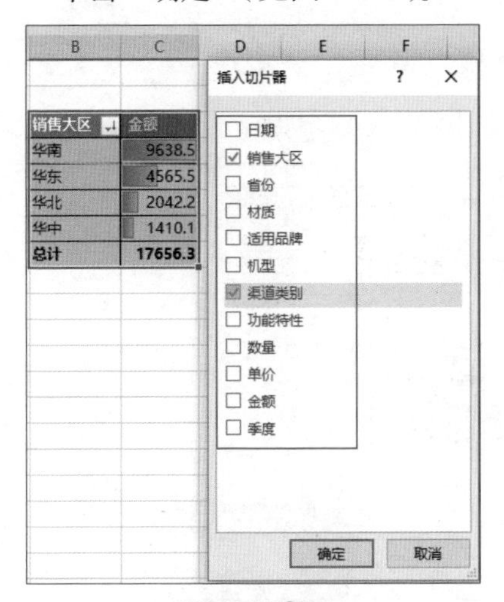

图 12-10

3. 调整切片器

（1）选中“销售大区”切片器→选择“切片器工具 - 选项”→“按钮”→将“列”改为“2”（见图 12-11）。

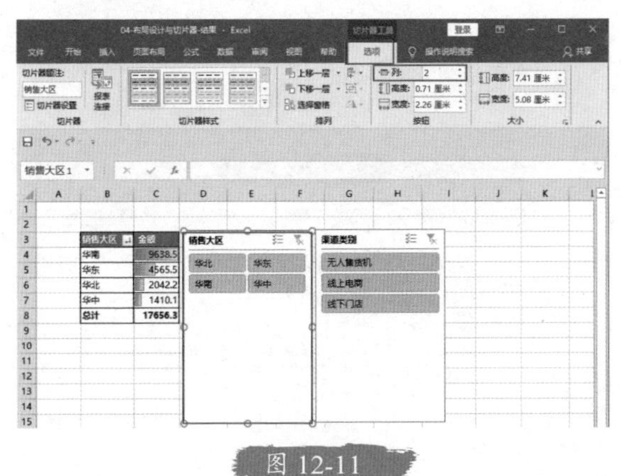

图 12-11

（2）选择“渠道类别”切片器→选择“切片器工具 - 选项”→“切片器样式”→设置一个喜欢的样式即可（见图 12-12）。

说明：还可以通过切片器样式中的自定义，自己设计一个独立风格的切片器。

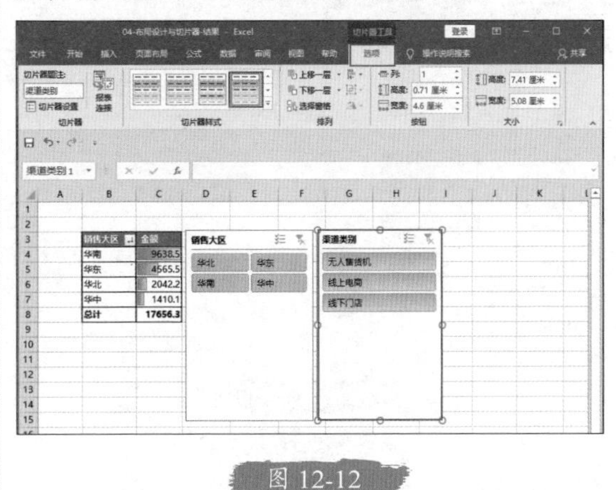

图 12-12

4. 调整切片器

单击数据透视表，按 Shift+ 鼠标左键可选择多个切片器，然后鼠标指针滑动到切片器边框的位置，变成双向箭头的时候，可对已选中的所有切片器，进行调整（见图 12-13）。

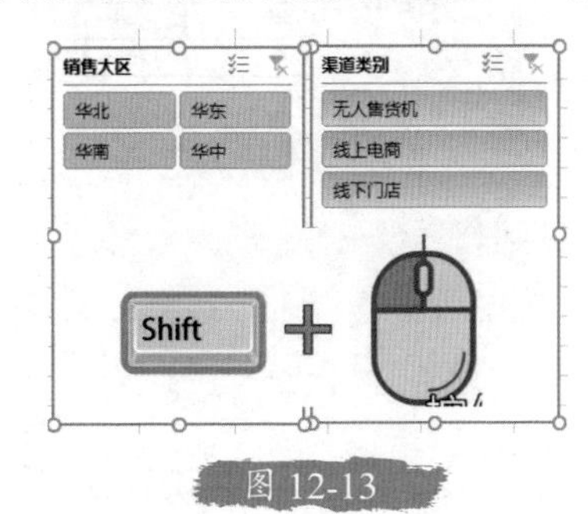

图 12-13

5. 切片器排版

将切片器移动到透视表左侧区域的位置，鼠标拖曳选中两个切片器后→选择“切片器工具 - 选项”选项卡→“排列”→“对齐”工具→选择“水平居中”，让两个切片器进行快速对齐（见图 12-14）。

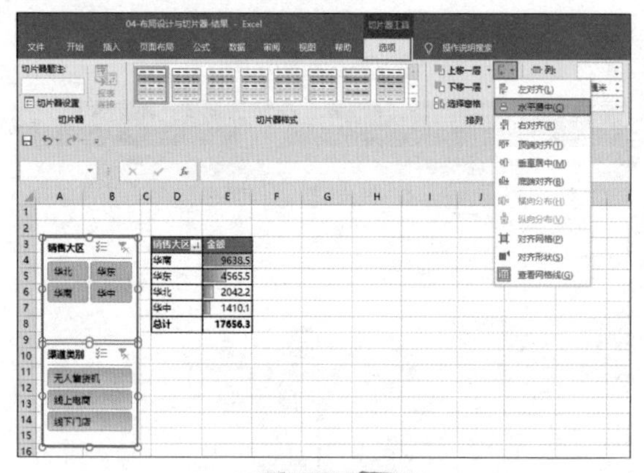

图 12-14

此时，单击切片器中的不同“销售大区”，可以查看选中大区的透视表结果。

清除切片器筛选：单击切片器左上角 ×，即可取消切片器筛选（见图 12-15）。

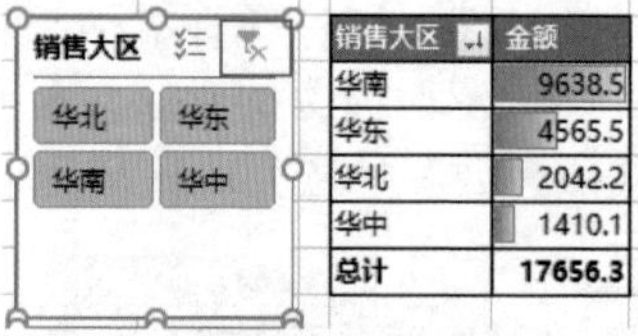

图 12-15

6. 创建日程表

（1）选中数据透视表→选择“数据透视表工具－分析”选项卡→单击“插入日程表”（见图 12-16）。

（2）在弹出的“插入日程表”对话框→选中“日期”字段→单击“确定”（见图 12-17）。

说明：只有数据源中包含了“真日期”型字段列，才可以创建日程表。插入后，进一步调整日程表大小、位置（见图 12-18）。

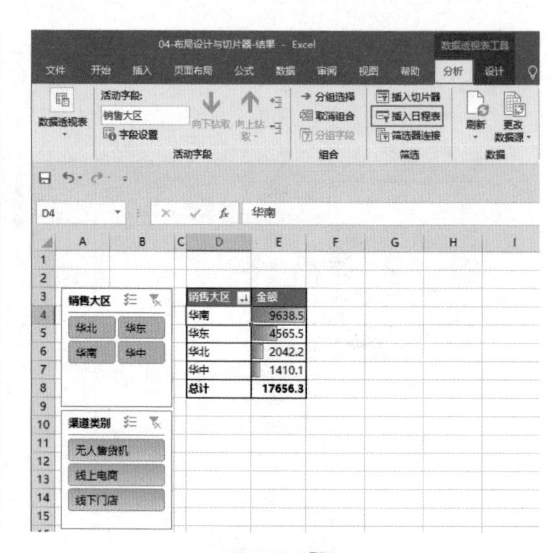

图 12-16

图 12-17

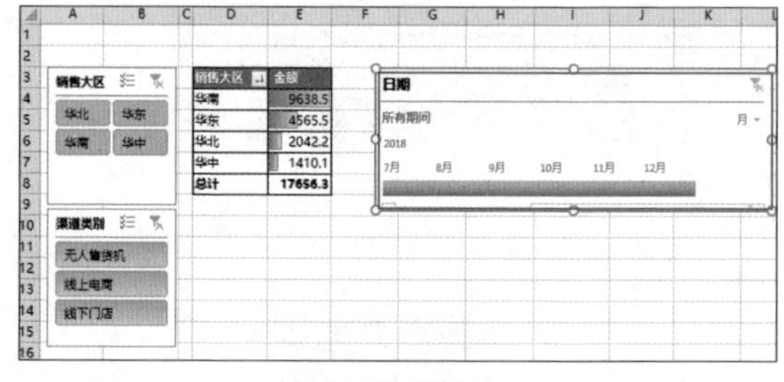

图 12-18

只有日期类的字段，才可以生成日程表。

12.3 创建数据透视图

在前面我们提到：“文不如表，表不如图”，下面我们在透视表的基础上，添加数据透视图。

1. 创建数据透视图

（1）选中数据透视表→选择“数据透视表工具－分析”选项卡→“数据透视图”（见图 12-19）。

图 12-19

（2）在弹出的“插入图表”对话框→选择一个透视图样式→单击“确定”，完成数据透视图的创建（见图 12-20）。

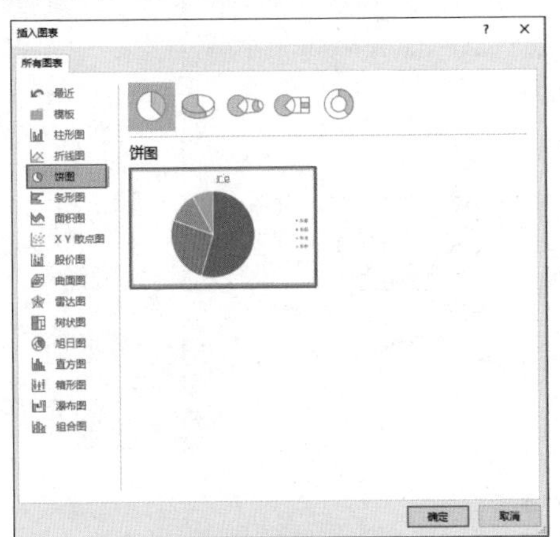

图 12-20

2. 透视图样式美化

选中数据透视图→选择“数据透视图工具－设计”选项卡→“图表样式”和“更改颜色”，对数据透视图进行快速美化，这里没有硬性要求，只要选择一个喜欢的样式就好（见图 12-21）。

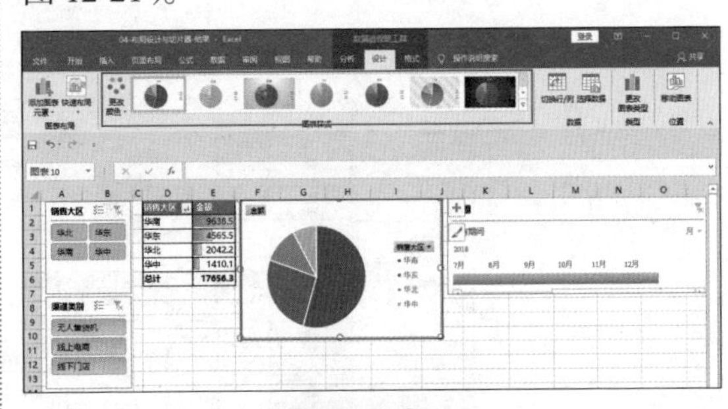

图 12-21

我们继续制作其他两张数据透视表（见图 12-22），然后将 3 张数据透视表摆放在一起。此时，如果希望已经创建好的切片器、日程表，能同时控制 3 张数据透视表，只需要让它们之间做一个连接。

3. 切片器与日程表的连接

（1）完成其他数据透视表的制作，并将切片器、日程表、透视图进行合理布局（见图 12-22）。

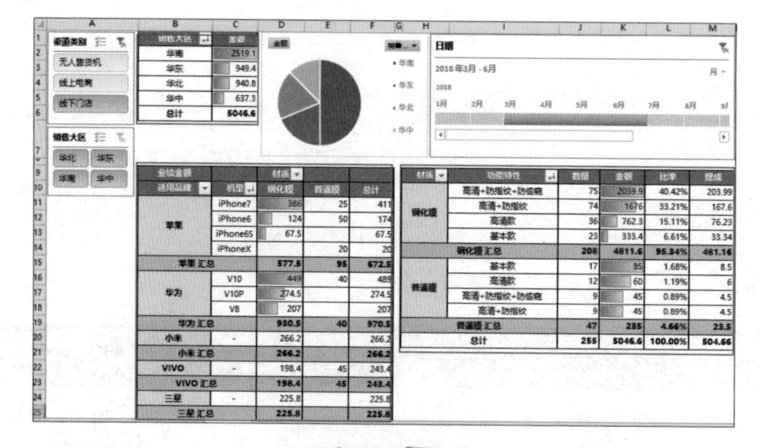

图 12-22

（2）选中切片器→选择“切片器工具－选项”选项卡→单击“报表连接”（见图 12-23）。

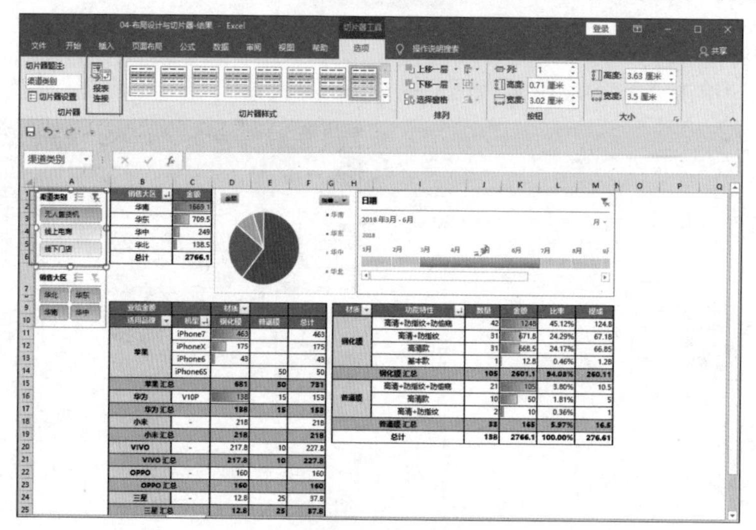

图 12-23

（3）在弹出的“数据透视表连接”对话框→选中需要连接的数据透视表→单击“确定”按钮（见图 12-24），即可实现一个切片器控制多张数据透视表的效果。

（4）按照同样的方法，完成日程表、数据透视图连接。单击一次实现控制多张透视图表的联动刷新的效果。

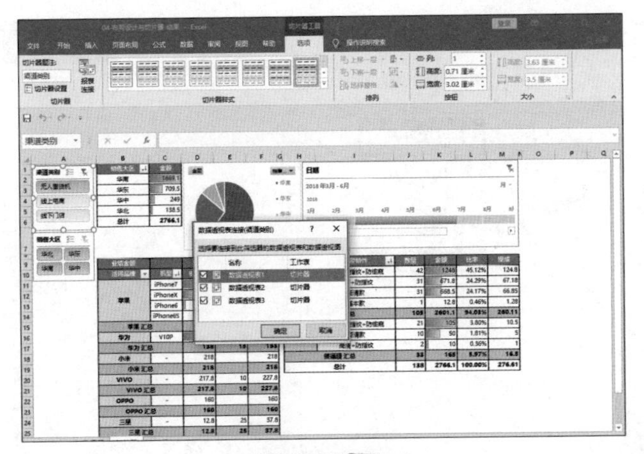

图 12-24

温馨提示

通过报表连接，实现一个切片器控制多个透视表的效果。

4. 更多透视表“看板”

因为每个人的工作业务场景各有不同，在本书有限的篇幅当中，并不能进行穷举。在此，仅将表姐在工作当中整理出的一些数据透视表模板进行展示，期望对大家有所启发。

（1）人力资源案例（见图 12-25）。

（2）销售案例 1（见图 12-26）。

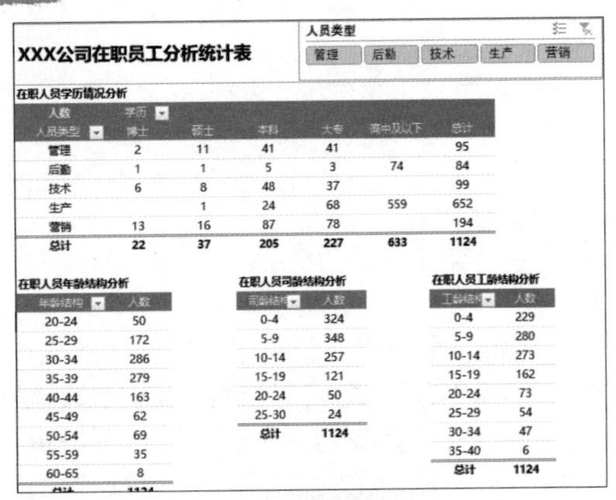

图 12-25

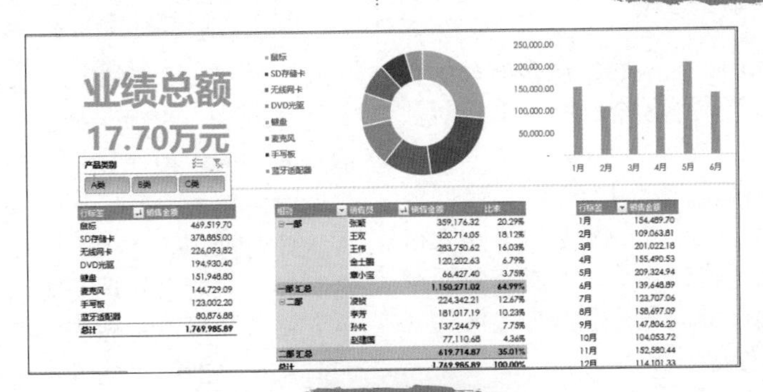

图 12-26

（3）销售案例 2（见图 12-27）。

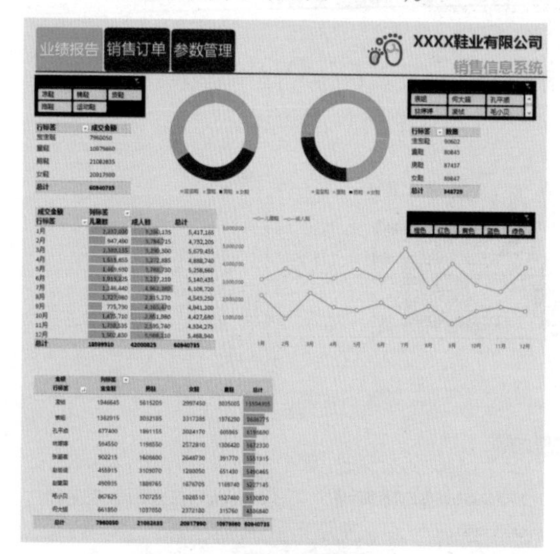

图 12-27

12.4 数据规范有三招

前面的 3 张案例（详见本书配套示例文件）当中，都离不开 3 张表：数据源表、参数表和报表。最重要的是我们通过数据源，可以透视出各种各样不同的统计表。在面对数据源的时候，我们之前强调了，一定要把数据源整理成“规范”的表格。

根据实际工作中，面对数据源表整理的各种问题，表姐总结了以下 3 个妙招，来应对数据源规范整理。

第 1 招：套用超级表，构建动态数据源（见图 12-28）。即将所有的数据源表都套用表格格式，变为超级表。这样一来，就能有效规避很多合并单元格引起的问题，也可为数据透视表提供一个动态数据源。

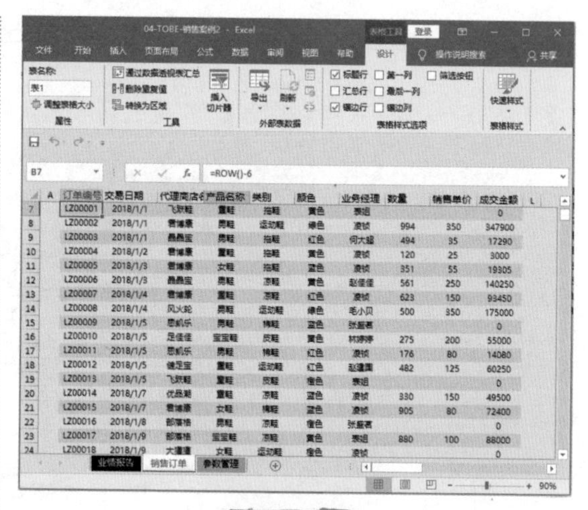

B7 =ROW()-6

	A	订单编号	交易日期	代理商店名	产品名称	类别	颜色	业务经理	数量	销售单价	成交金额
7		LZ00001	2018/1/1	飞跃鞋	童鞋	拖鞋	黄色	泰姐			0
8		LZ00002	2018/1/1	曹博康	男鞋	运动鞋	绿色	凌祯	994	350	347900
9		LZ00003	2018/1/1	晶晶宝	男鞋	拖鞋	红色	何大超	494	35	17290
10		LZ00004	2018/1/2	曹博康	童鞋	拖鞋	黄色	凌祯	120	25	3000
11		LZ00005	2018/1/3	曹博康	女鞋	拖鞋	蓝色	凌祯	351	55	19305
12		LZ00006	2018/1/3	晶晶宝	男鞋	凉鞋	黄色	赵佳佳	561	250	140250
13		LZ00007	2018/1/4	曹博康	童鞋	凉鞋	红色	凌祯	623	150	93450
14		LZ00008	2018/1/4	风火轮	男鞋	运动鞋	绿色	毛小贝	500	350	175000
15		LZ00009	2018/1/5	思凯乐	男鞋	棉鞋	蓝色	张盈茜			0
16		LZ00010	2018/1/5	足佳佳	宝宝鞋	皮鞋	黄色	林婷婷	275	200	55000
17		LZ00011	2018/1/5	思凯乐	男鞋	棉鞋	红色	凌祯	176	80	14080
18		LZ00012	2018/1/5	健足宝	童鞋	运动鞋	红色	赵建国	482	125	60250
19		LZ00013	2018/1/5	飞跃鞋	童鞋	皮鞋	橙色	泰姐			0
20		LZ00014	2018/1/7	优品潮	童鞋	凉鞋	蓝色	凌祯	330	150	49500
21		LZ00015	2018/1/7	曹博康	女鞋	棉鞋	蓝色	凌祯	905	80	72400
22		LZ00016	2018/1/8	部落格	男鞋	凉鞋	橙色	张盈茜			0
23		LZ00017	2018/1/9	部落格	宝宝鞋	凉鞋	黄色	泰姐	880	100	88000
24		LZ00018	2018/1/9	大猩猩	女鞋	运动鞋	橙色	凌祯			0

业绩报告 销售订单 参数管理

图 12-28

第 2 招：数据录入有验证，参数规范好录入（见图 12-29）。通过数据验证的方法，将数据源表中可以录入的规范提前设定好，避免在录入数据时，错录、乱录的问题。

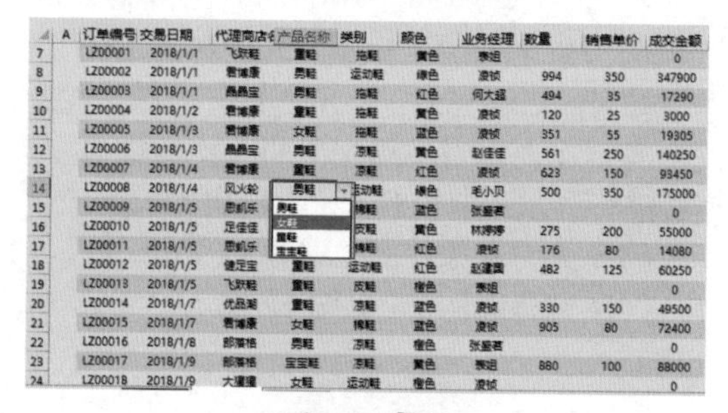

	A	订单编号	交易日期	代理商店名	产品名称	类别	颜色	业务经理	数量	销售单价	成交金额
7		LZ00001	2018/1/1	飞跃鞋	童鞋	拖鞋	黄色	泰姐			0
8		LZ00002	2018/1/1	曹博康	男鞋	运动鞋	绿色	凌祯	994	350	347900
9		LZ00003	2018/1/1	晶晶宝	男鞋	拖鞋	红色	何大超	494	35	17290
10		LZ00004	2018/1/2	曹博康	童鞋	拖鞋	黄色	凌祯	120	25	3000
11		LZ00005	2018/1/3	曹博康	女鞋	拖鞋	蓝色	凌祯	351	55	19305
12		LZ00006	2018/1/3	晶晶宝	男鞋	凉鞋	黄色	赵佳佳	561	250	140250
13		LZ00007	2018/1/4	曹博康	童鞋	凉鞋	红色	凌祯	623	150	93450
14		LZ00008	2018/1/4	风火轮	男鞋	运动鞋	绿色	毛小贝	500	350	175000
15		LZ00009	2018/1/5	思凯乐	男鞋	棉鞋	蓝色	张盈茜			0
16		LZ00010	2018/1/5	足佳佳	女鞋	皮鞋	黄色	林婷婷	275	200	55000
17		LZ00011	2018/1/5	思凯乐	童鞋	棉鞋	红色	凌祯	176	80	14080
18		LZ00012	2018/1/5	健足宝	宝宝鞋	运动鞋	红色	赵建国	482	125	60250
19		LZ00013	2018/1/5	飞跃鞋	童鞋	皮鞋	橙色	泰姐			0
20		LZ00014	2018/1/7	优品潮	童鞋	凉鞋	蓝色	凌祯	330	150	49500
21		LZ00015	2018/1/7	曹博康	女鞋	棉鞋	蓝色	凌祯	905	80	72400
22		LZ00016	2018/1/8	部落格	男鞋	凉鞋	橙色	张盈茜			0
23		LZ00017	2018/1/9	部落格	宝宝鞋	凉鞋	黄色	泰姐	880	100	88000
24		LZ00018	2018/1/9	大猩猩	女鞋	运动鞋	橙色	凌祯			0

图 12-29

第 3 招：定位去烦恼。在数据源表中，可能会有一些空白单元格。例如，在查看业绩报告的时候可能要看明细数据。当双击数据透视表统计值时，就会打开汇总结果构成的明细表。这时候，可能会发现，明细表中存在一些空白单元格。如果不是做表的人，看到空白单元格的时候，可能会有些摸不着头脑或会担心，是不是因为自己误操作，把有些单元格的值不小心给删掉了。

这些空白值，在数据透视表统计的时候会对统计结果造成一定的影响。例如，在“金额”字段中，如果有空白值的话，默认的“值”汇总结果就会变为“计数项”，而非“求和项”。这样，在后期统计的时候，就需要逐一进行手动更改，将“计数项”改为“求和项”。

解决方案：将空白单元格，补充填上 0。按快捷键 F5 或 Ctrl + G→打开“定位条件”对话框→单击“定位条件”→选择“空值”，单击“确定”（见图 12-30）。然后在定位到的空值单元格中，输入 0，再按 Ctrl+Enter 键，批量填充即可。

图 12-30

表姐说

到这里，我们关于数据透视表的学习，也要告一段落了，相信大家都摩拳擦掌想要赶紧用到工作当中。但前面说过数据透视表的好用，是离不开规范的数据源的。

如果新做一个数据源，参考前面介绍的三招来搞定。如果我们用工作当中的老表格，去创建数据透视表的时候，可能会遇到各种各样的报错，这主要是因为“数据源的不规范”。不规范主要分为以下两类：

（1）标题不规范。

（2）明细行数据整理得不规范。

下面我们就来看一下，这两类问题的具体解决方案。

12.5 透视表常见错误问诊 1：标题不规范

问题 1：数据源的第 1 行即标题行中有合并单元格、空白的列，在创建数据透视表的时候会弹出错误提示（见图 12-31）：“数据透视表字段名无效。在创建透视表时，必须使用组合为带有标志列列表的数据。如果要更改数据透视表字段的名称，必须键入字段的新名称。”

读书笔记

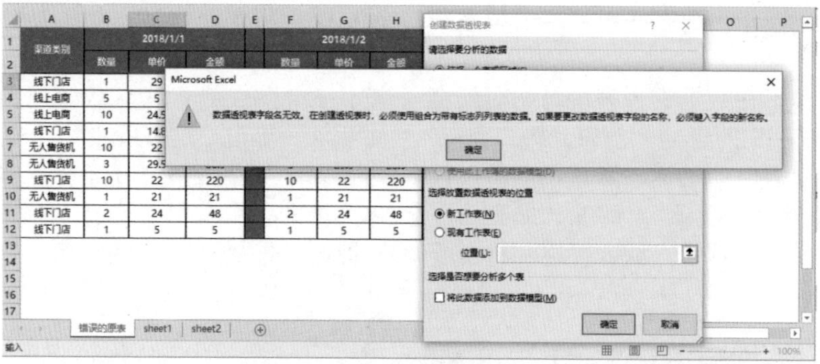

图 12-31

解决方案：取消合并单元格，删除空白列，补齐数据源标题名称（见图 12-32）。

渠道类别	2018/1/1			2018/1/2			2018/1/3		
渠道类别	数量	单价	金额	数量	单价	金额	数量	单价	金额
线下门店	1	29	29	1	29	29	1	29	29
线上电商	5	5	25	5	5	25	5	5	25
线上电商	10	24.5	245	10	24.5	245	10	24.5	245
线下门店	1	14.8	14.8	1	14.8	14.8	1	14.8	14.8
无人售货机	10	22	220	10	22	220	10	22	220
无人售货机	3	29.5	88.5	3	29.5	88.5	3	29.5	88.5
线下门店	10	22	220	10	22	220	10	22	220
无人售货机	1	21	21	1	21	21	1	21	21
线下门店	2	24	48	2	24	48	2	24	48
线下门店	1	5	5	1	5	5	1	5	5

图 12-32

问题 2：数据透视字段列表有重复的字段名，容易造成混淆（见图 12-33）。

解决方案：在数据源字段设计时，把相同类型的字段归为一列（见图 12-34），重新整理数据源。

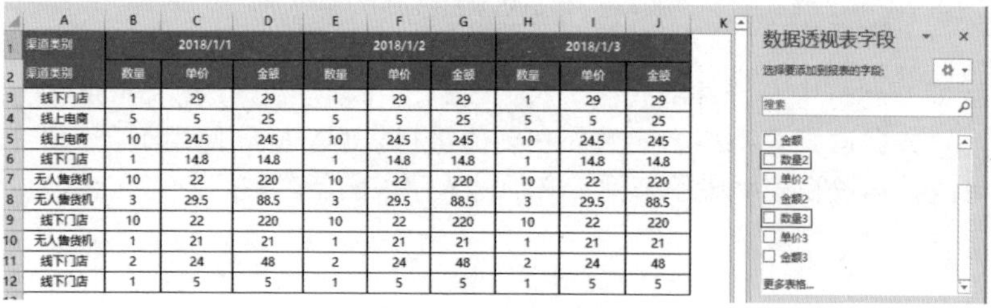

渠道类别	2018/1/1			2018/1/2			2018/1/3		
渠道类别	数量	单价	金额	数量	单价	金额	数量	单价	金额
线下门店	1	29	29	1	29	29	1	29	29
线上电商	5	5	25	5	5	25	5	5	25
线上电商	10	24.5	245	10	24.5	245	10	24.5	245
线下门店	1	14.8	14.8	1	14.8	14.8	1	14.8	14.8
无人售货机	10	22	220	10	22	220	10	22	220
无人售货机	3	29.5	88.5	3	29.5	88.5	3	29.5	88.5
线下门店	10	22	220	10	22	220	10	22	220
无人售货机	1	21	21	1	21	21	1	21	21
线下门店	2	24	48	2	24	48	2	24	48
线下门店	1	5	5	1	5	5	1	5	5

图 12-33

日期	渠道类别	数量	单价	金额
2018/1/1	线下门店	1	29	29
2018/1/1	线上电商	5	5	25
2018/1/1	线上电商	10	24.5	245
2018/1/2	线下门店	1	29	29
2018/1/2	线上电商	5	5	25
2018/1/2	线上电商	10	24.5	245
2018/1/3	线下门店	1	29	29
2018/1/3	线上电商	5	5	25
2018/1/3	线上电商	10	24.5	245
2018/1/3	线下门店	1	14.8	14.8

图 12-34

温馨提示

数据源有重复字段时，透视表字段名容易混淆。

12.6 透视表常见错误问诊 2：数据填写不规范

问题 1：数据源里有合并单元格（见图 12-35），解决方案见“4.2‘避坑’合并单元格”。

日期	销售大区	省份	适用品牌	机型	材质	功能特性	渠道类别	销售金额
20180101	华南	广西	华为	V10	钢化膜	高清+防指纹+防偷窥	线下门店	29元
	小计							29元
2018.1.2	华东	安徽	小米	-	普通膜	高清+防指纹	线上电商	25元
	华南	广东	华为	V10P	钢化膜	高清+防指纹	线上电商	245元
	小计							270元
2018/1/3	华东	江苏	VIVO	-	钢化膜	基本款	线下门店	14.8元
			苹果	iPhone6		高清款	无人售货机	220元
	小计							234.8元
2018/1/6	华东	上海	华为	V10P	钢化膜	高清+防指纹+防偷窥	无人售货机	88.5元
	华南	广东	苹果	iPhone6	钢化膜	高清款	线下门店	220元
	小计							308.5元
2018/1/9	华中	湖北	苹果	iPhone5	钢化膜	高清款	无人售货机	21元
	华南	海南	华为	V10	钢化膜	高清+防指纹	线下门店	48元
		广东			普通膜	高清+防指纹+防偷窥		5元
	小计							74元

图 12-35

问题 2：数据内容没有“一个萝卜一个坑”（见图 12-36），解决方案见“6.2 数据批量拆分：分列”。

日期	销售大区	省份	适用品牌	机型	材质	功能特性	渠道类别	销售金额
20180101	华南	广西	华为	V10	钢化膜	高清+防指纹+防偷窥	线下门店	29元
	小计							29元
2018.1.2	华东	安徽	小米	-	普通膜	高清+防指纹	线上电商	25元
	华南	广东	华为	V10P	钢化膜	高清+防指纹	线上电商	245元
	小计							270元
2018/1/3	华东	江苏	VIVO	-	钢化膜	基本款	线下门店	14.8元
			苹果	iPhone6		高清款	无人售货机	220元
	小计							234.8元
2018/1/6	华东	上海	华为	V10P	钢化膜	高清+防指纹+防偷窥	无人售货机	88.5元
	华南	广东	苹果	iPhone6	钢化膜	高清款	线下门店	220元
	小计							308.5元
2018/1/9	华中	湖北	苹果	iPhone5	钢化膜	高清款	无人售货机	21元
	华南	海南	华为	V10	钢化膜	高清+防指纹	线下门店	48元
		广东			普通膜	高清+防指纹+防偷窥		5元
	小计							74元

图 12-36

问题 3：数据源里有小计（见图 12-37），解决方案见“4.4 彩蛋：分类汇总”。

日期	销售大区	省份	适用品牌	机型	材质	功能特性	渠道类别	销售金额
20180101	华南	广西	华为	V10	钢化膜	高清+防指纹+防偷窥	线下门店	29元
	小计							29元
2018.1.2	华东	安徽	小米	-	普通膜	高清+防指纹	线上电商	25元
	华南	广东	华为	V10P	钢化膜	高清+防指纹	线上电商	245元
	小计							270元
2018/1/3	华东	江苏	VIVO	-	钢化膜	基本款	线下门店	14.8元
			苹果	iPhone6		高清款	无人售货机	220元
	小计							234.8元
2018/1/6	华东	上海	华为	V10P	钢化膜	高清+防指纹+防偷窥	无人售货机	88.5元
	华南	广东	苹果	iPhone6	钢化膜	高清款	线下门店	220元
	小计							308.5元
2018/1/9	华中	湖北	苹果	iPhone5	钢化膜	高清款	无人售货机	21元
	华南	海南	华为	V10	钢化膜	高清+防指纹	线下门店	48元
		广东			普通膜	高清+防指纹+防偷窥		5元
	小计							74元

图 12-37

问题 4：日期不是“一横一撇年月日”（见图 12-38），解决方案见“6.1 数据整理：查找替换”和“6.2 数据批量拆分：分列”。

日期	销售大区	省份	适用品牌	机型	材质	功能特性	渠道类别	销售金额
20180101	华南	广西	华为	V10	钢化膜	高清+防指纹+防偷窥	线下门店	29元
	小计							29元
2018.1.2	华东	安徽	小米	-	普通膜	高清+防指纹	线上电商	25元
	华南	广东	华为	V10P	钢化膜	高清+防指纹	线上电商	245元
	小计							270元
2018/1/3	华东	江苏	VIVO	-	钢化膜	基本款	线下门店	14.8元
			苹果	iPhone6		高清款	无人售货机	220元
	小计							234.8元
2018/1/6	华东	上海	华为	V10P	钢化膜	高清+防指纹+防偷窥	无人售货机	88.5元
	华南	广东	苹果	iPhone6	钢化膜	高清款	线下门店	220元
	小计							308.5元
2018/1/9	华中	湖北	苹果	iPhone5	钢化膜	高清款	无人售货机	21元
	华南	海南	华为	V10	钢化膜	高清+防指纹	线下门店	48元
		广东			普通膜	高清+防指纹+防偷窥		5元
	小计							74元

图 12-38

问题 5：数据源表分散放置（见图 12-39），解决方案见“7.2 多个文件的快速合并：Power Query”。

	A	B	C	D	E	F	G	H	I
1	日期	销售大区	省份	适用品牌	机型	材质	功能特性	渠道类别	销售金额
2	20180101	华南	广西	华为	V10	钢化膜	高清+防指纹+防偷窥	线下门店	29元
3		小计							29元
4	2018.1.2	华东	安徽	小米	-	普通膜	高清+防指纹	线上电商	25元
5		华南	广东	华为	V10P	钢化膜	高清+防指纹	线上电商	245元
6		小计							270元
7	2018/1/3	华东	江苏	VIVO	-	钢化膜	基本款	线下门店	14.8元
8				苹果	iPhone6		高清款	无人售货机	220元
9		小计							234.8元
10	2018/1/6	华东	上海	华为	V10P	钢化膜	高清+防指纹+防偷窥	无人售货机	88.5元
11		华南	广东	苹果	iPhone6	钢化膜	高清款	线下门店	220元
12		小计							308.5元
13	2018/1/9	华中	湖北	苹果	iPhone5	钢化膜	高清款	无人售货机	21元
14		华南	海南	华为	V10	钢化膜	高清+防指纹	线下门店	48元
15			广东			普通膜	高清+防指纹+防偷窥		5元
16		小计							74元
17									
18									
19									
20									
21									
22									

数据源中有合并单元格 | 1月 | 2月 | 3月 | 4月 | 5月 | 6月 | 7月 | 8月 ...

图 12-39

这 5 种问题在前面都给出了对应的解决方案，我们可以回看一下相关内容，目的就是把这些数据源全都合在一起，作为一张完整、清晰、规范、准确的数据源，然后套上超级表，就可以启用数据透视表的相关功能了。

表姐说

学完本篇，我们在成为“Excel 办公效率达人”的路上，已经修炼完成 55% 了。

首先要恭喜大家的是，只要我们用“口诀”掌握了数据透视表，就可以搞定工作当中绝大多数的统计汇总工作。

在工作中像“老黄牛”一样干工作可不够，我们还要学会边做、边想、边挖掘数据价值！这样才能在职场当中发光。

面对工作汇报时，如果要加强图表制作的话，可以直接跳到“玩转‘高大上’图表篇”，开始图表的学习。当然了，表姐还是建议大家顺着下一篇“函数与公式篇”，继续学下去。

读书笔记

【函数与公式篇】

“不做职场螺丝钉，

培养你的不可替代性。”

小张在学完数据透视表后，做的数据透视图表分析特别棒，老板如约给他“加了鸡腿”。（见图 13-1）

接着老板又抛出了新需求：让小张给客服人员做个模板，他们只需填写数量、单价，表格可以自动计算总金额。另外，当购物金额满 30 元时自动显示包邮。（见图 13-2）

图 13-1

序号	销售日期	材质	手机品牌	型号	数量	单价	总金额	是否包邮
1	2018/8/30	钢化膜	华为	V10P	8	10	80	
2	2018/8/30	普通膜	小米	小米8	2	7	14	
3	2018/8/30	普通膜	华为	V10	5	7	35	
4	2018/8/30	钢化膜	苹果	iPhone6	8	15	120	
5	2018/8/30	普通膜	苹果	iPhone6S	1	10	10	

图 13-2

小张又犯难了，问道：“表姐，有一填数据就能自动显示结果的表吗？”（见图 13-3）

图 13-3

表姐说

小张要的这种表，用 Excel 的函数公式就能“搞定”。

很多人一开始学函数的时候，觉得特别难。其实，学函数只要搞懂一套“Excel 说话的方法”，就能一通百通快速解锁这个技巧。

例如，用 IF 函数就可以解决小张的问题。我们先来拆解一下老板的需求：

如果购买金额≥30元，就显示包邮，否则的话什么都不显示。

上述情况就可以用 IF 函数来解决，下面就来学习这个 Excel 当中，非常实用又高频的函数。

13.1 认识公式

公式，其实就是 Excel 帮助用户实现自动计算的一列“火车”。“火车”是必须要开在“轨道”上的，也就是要以“=”（等于号）开头。我们小学时学的“1+1=”是最基础的算式。在 Excel 的语言中，要把“=”写在最前面，必须写成“=1+1”。

公式的构成元素包括函数名称、数字、单元格地址、连接及引用符号、运算符号（见图 13-4）。要注意的是，公式中所有的符号都必须要是在英文状态下录入的。大家可以记忆为：

表姐口诀

> 公式“=”写开头，所有符号输英文。

公式的构成元素					
永远都在开头的等于号	函数名称	数字	单元格地址	连接及引用符号	运算符号
=	SUM	0.001	A1	() &	+-*/^
	IF	-1000	A1:B10	, : ""	= > < >= <= <>

图 13-4

此外，Excel 运算符号绝大部分是和数学运算符号一致的，部分写法略有差异（见图 13-5），在计算的时候需要注意一下（见图 13-6）。

公式：用"="开头的一个算式										
	运算符号									
	加	减	乘	除	乘方	大于	小于	大于等于	小于等于	不等于
数学符号	+	-	×	÷	x^2	>	<	≥	≤	≠
Excel运算符	+	-	*	/	X^2	>	<	>=	<=	<>

图 13-5

需要计算的数据	1	2			
符号名称	数学符号	Excel运算符	数学计算公式	Excel计算公式	Excel计算结果
加	+	+	1+2=3	=C1+D1	3
减	-	-	1-2=-1	=C1-D1	-3
乘	×	*	1×2=2	=C1*D1	2
除	÷	/	1÷2=0.5	=C1/D1	0.5
乘方	X^2	X^2	$1^2=1$	=C1^D1	1
大于	>	>	1>2判断的结果是：错误	=C1>D1	FALSE
小于	<	<	1<2判断的结果是：正确	=C1<D1	TRUE
大于等于	≥	>=	1≥2判断的结果是：错误	=C1>=D1	FALSE
小于等于	≤	<=	1≤2判断的结果是：正确	=C1<=D1	TRUE
不等于	≠	<>	1≠2判断的结果是：正确	=C1<>D1	TRUE

图 13-6

13.2 拆解需求

很多人在写函数公式的时候不知道该怎么写，根源是我们没有理清楚自己的“需求”是什么。所以，表姐在此（见图 13-7）给大家提供一个拆解需求的模板，帮助大家理清楚自己的目标。

Excel函数需求分析模板

对谁

根据什么样的条件

进行什么样的处理

图 13-7

温馨提示

> 编写函数公式之前，明确需求目标是关键。

这个案例当中，我们先得把总金额求出来，所以我们是对总金额根据数量和单价进行求乘积的计算（见图 13-8）。

序号	销售日期	材质	手机品牌	型号	数量	单价	总金额	是否包邮
1	2018/8/30	钢化膜	华为	V10P	8	10		
2	2018/8/30	普通膜	小米	小米8	2	7		
3	2018/8/30	普通膜	华为	V10	5	7		
4	2018/8/30	钢化膜	苹果	iPhone6	8	15		
5	2018/8/30	普通膜	苹果	iPhone6S	1	10		

图 13-8

清楚需求以后，就可以开始编写公式了。

（1）计算总金额：选中H2单元格，在编辑栏输入公式“=F2*G2”（见图13-9）。

H2 =F2*G2

	A	B	C	D	E	F	G	H	I
1	序号	销售日期	材质	手机品牌	型号	数量	单价	总金额	是否包邮
2	1	2018/8/30	钢化膜	华为	V10P	8	10	80	
3	2	2018/8/30	普通膜	小米	小米8	2	7		
4	3	2018/8/30	普通膜	华为	V10	5	7		
5	4	2018/8/30	钢化膜	苹果	iPhone6	8	15		
6	5	2018/8/30	普通膜	苹果	iPhone6S	1	10		

图 13-9

温馨提示

编写公式时，可用鼠标点选的方法，选中F2、G2单元格，提高公式书写效率。

（2）公式批量填充：公式编写完后，选中单元格右下角的十字句柄，向下拖曳至目标单元格H6，或者是双击，即可完成公式整列的快速、自动填充（见图13-10）。

	A	B	C	D	E	F	G	H	I
1	序号	销售日期	材质	手机品牌	型号	数量	单价	总金额	是否包邮
2	1	2018/8/30	钢化膜	华为	V10P	8	10	80	
3	2	2018/8/30	普通膜	小米	小米8	2	7	14	
4	3	2018/8/30	普通膜	华为	V10	5	7	35	
5	4	2018/8/30	钢化膜	苹果	iPhone6	8	15	120	
6	5	2018/8/30	普通膜	苹果	iPhone6S	1	10	10	

图 13-10

读书笔记

13.3 认识选择函数1：理清函数结构

（1）分析需求：对I2“是否包邮”的业务逻辑需求进行分析（见图13-11）。

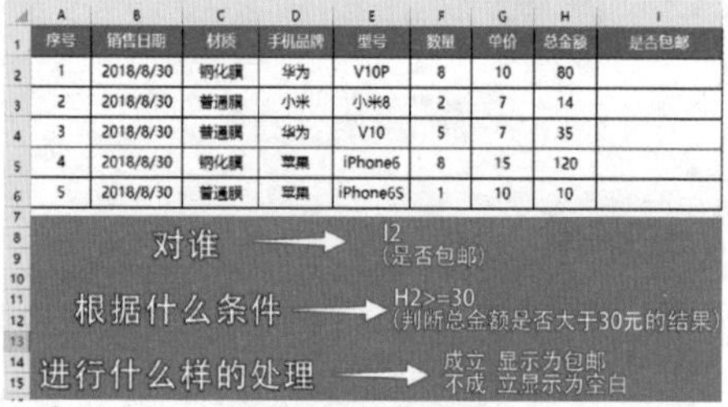

	A	B	C	D	E	F	G	H	I
1	序号	销售日期	材质	手机品牌	型号	数量	单价	总金额	是否包邮
2	1	2018/8/30	钢化膜	华为	V10P	8	10	80	
3	2	2018/8/30	普通膜	小米	小米8	2	7	14	
4	3	2018/8/30	普通膜	华为	V10	5	7	35	
5	4	2018/8/30	钢化膜	苹果	iPhone6	8	15	120	
6	5	2018/8/30	普通膜	苹果	iPhone6S	1	10	10	

对谁 → I2（是否包邮）

根据什么条件 → H2>=30（判断总金额是否大于30元的结果）

进行什么样的处理 → 成立 显示为包邮；不成立显示为空白

图 13-11

（2）找出需求关键词：“如果”，对应的是Excel中的IF函数（见图13-12）。

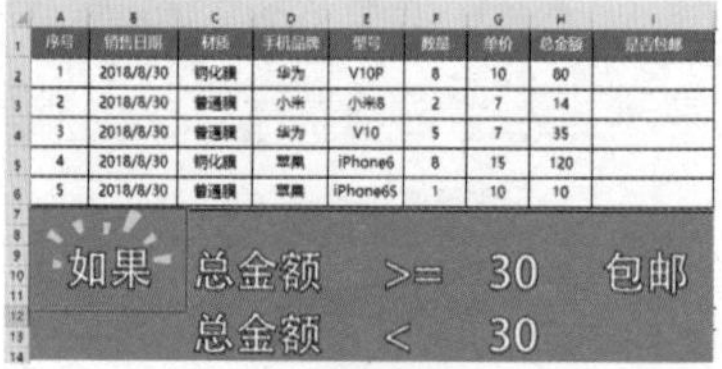

这里可能有的人会有疑问：“表姐，前面的案例联想到用IF函数，这个可以理解。但是如果有比较复杂的公式计算需求，我们该怎么找到关键词，从而锁定该用哪个函数呢？”

表姐推荐给大家两个确认函数的方法。

①百度关键词（见图13-13）：把在“拆解需求”中梳理出的关键词，在百度搜索一下，即可直接获取答案。

	A	B	C	D	E	F	G	H	I
1	序号	销售日期	材质	手机品牌	型号	数量	单价	总金额	是否包邮
2	1	2018/8/30	钢化膜	华为	V10P	8	10	80	
3	2	2018/8/30	普通膜	小米	小米8	2	7	14	
4	3	2018/8/30	普通膜	华为	V10	5	7	35	
5	4	2018/8/30	钢化膜	苹果	iPhone6	8	15	120	
6	5	2018/8/30	普通膜	苹果	iPhone6S	1	10	10	

如果 总金额 >= 30 包邮

总金额 < 30

图 13-12

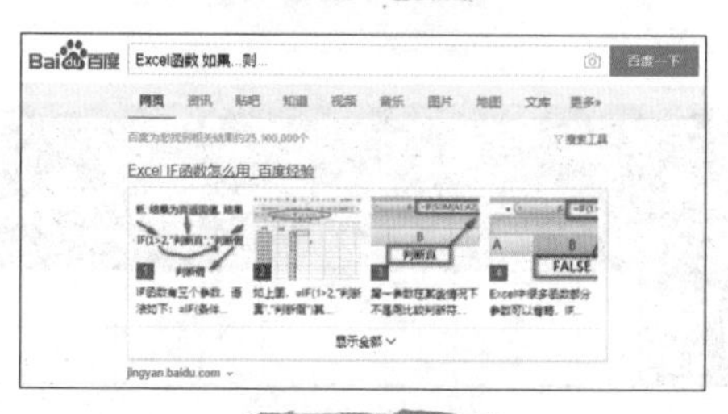

图 13-13

② 使用本书资源包当中表姐整理的“函数快速查询手册”（见图 13-14），进行查询确认。

函数快速查询手册　MADE BY 表姐凌祯

函数类别	链接	说明
逻辑函数	☑	根据条件，判断计算结果，true或false，并返回对应的结果。
统计函数	☑	根据条件，对数据进行统计、计算、大小分析等。
文本函数	☑	针对文本进行的查找、替换、长度计算、格式转化等。
查找与引用函数	☑	根据单元格的位置、地址信息等，进行数据查找与引用，返回对应的结果。
日期与时间函数	☑	根据日期、时间的情况，计算相应结果，如：某个日期、年月日、天数、工作日、星期几等。
信息函数	☑	查看单元格的内容情况，判断其是否包含某种信息。
数学与三角函数	☑	数学计算求和、平均值、计数、方差、三角函数等。
财务函数	☑	财务专业领域计算公式，如：NPV、IRR等。

图 13-14

本篇后面的内容，表姐将向大家介绍工作中常用的 5 类函数（见图 13-15）。只要掌握了这些常用函数，就能解决大家工作中 80% 的问题。

常用的五类函数				
逻辑函数	if	and	or	iferror
统计函数	sum	average	count	
	sumifs	averageifs	countifs	
	max	min		
文本函数	mid	left	right	find
	text	trim	len	lenb
查找函数	lookup	vlookup	hlookup	
日期函数	today	now	datedif	
	date	year	month	day

图 13-15

温馨提示

函数在使用时，函数名称不区分大小写。

13.4 认识选择函数 2：学会写函数

在编写函数公式的时候，可以通过函数提示框来帮助理解函数（见图 13-16）。输入“=IF”以后，按 Tab 键，Excel 会自动在函数名称“IF”后添加一个左括号，并且在下方位置出现函数提示框（见图 13-17）。

	A	B	C	D	E	F	G	H	I
1	序号	销售日期	材质	手机品牌	型号	数量	单价	总金额	是否包邮
2	1	2018/8/30	钢化膜	华为	V10P	8	10	80	=IF
3	2	2018/8/30	普通膜	小米	小米8	2	7	14	IF
4	3	2018/8/30	普通膜	华为	V10	5	7	35	IFERROR
5	4	2018/8/30	钢化膜	苹果	iPhone6	8	15	120	IFNA
6	5	2018/8/30	普通膜	苹果	iPhone6S	1	10	10	

判断条件是否成立　成立结果　不成立的结果

=IF　logical_test ,value_if_true ,value_if_false

图 13-16

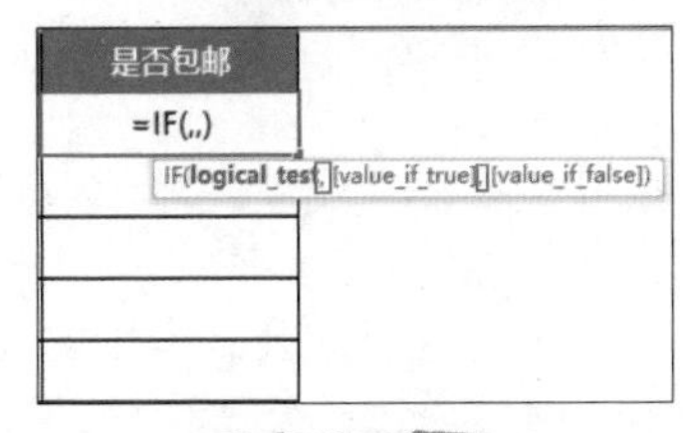

图 13-17

前面提过，公式就是 Excel 帮助用户实现自动计算的一列“火车”。“火车”中如果有函数（如 IF）的话，需要在函数名称后添加一对括号，这样 Excel 才能知道它是一个整体，它才能作为公式“火车”的一个完整“工作包”。

温馨提示

公式中的括号都是成对出现的，因此，在函数名称输入后，立即输入“（）”，避免因括号丢失，造成错误。

在这个“工作包”当中，我们再去给它挂上“火车”不同的“车厢”——也就是 Excel 函数中的不同“参数”。

现实中，火车的两节车厢之间，会有一个“连接件”把它们给“连接”起来。在 Excel 的世界里，这个连接件就是英文状态下的逗号。

回到图 13-17 中，我们可以在 IF 函数下方的参数提示框中，看到 IF 后面的括号里一共有 3 节“车厢”（参数）、2 个“连接件”（逗号）。

首先把IF后面的左右括号补齐，然后再在括号里添加两个“,”即写为“=IF(,,)”。

注意：所有的符号，都要在英文状态下输入。

下面就要往“IF函数”的3节“车厢”里加内容了。在“挂车厢”即填写函数“参数”的时候，在每个“,”之间进行点选和切换不太方便。我们可以通过点选函数参数提示框中不同的参数内容，来完成每个“车厢”位置的快速切换。当点中时，函数的参数会以加粗字体的效果，进行突出显示，见图13-17中的logical_test。

有的人又会犯难了，这里的参数都是用英文写的，不懂英语该怎么办？别担心，表姐也给大家提供了快速“理解参数含义”的3种方法。

1. 英语单词，直译理解

logical_test：判断句、条件语句。

value_if_true：条件成立（为真）时的结果。

value_if_false：条件不成立（为假）时的结果。

2. 通过函数参数编辑框，帮助理解

在输入完函数名称后，单击编辑栏左侧的“fx”（见图13-18），即可打开该函数的“函数参数”对话框。在该对话框当中，单击每个文本框，在底部的说明栏都有明确的提示（见图13-19）。

温馨提示

因为函数在日常使用时，经常涉及多层级嵌套的应用。而“函数参数”对话框在编辑时，并不方便。所以建议大家只是将它作为“初学”时的帮助工具，而编写具体公式时还是在编辑栏进行书写。

SUM　fx　=if()

	A	B	C	D	E	F	G	H	I
1	序号	销售日期	材质	手机品牌	型号	数量	单价	总金额	是否包邮
2	1	2018/8/30	钢化膜	华为	V10P	8	10	80	=if()
3	2	2018/8/30	普通膜	小米	小米8	2	7	14	
4	3	2018/8/30	普通膜	华为	V10	5	7	35	
5	4	2018/8/30	钢化膜	苹果	iPhone6	8	15	120	
6	5	2018/8/30	普通膜	苹果	iPhone6S	1	10	10	

图 13-18

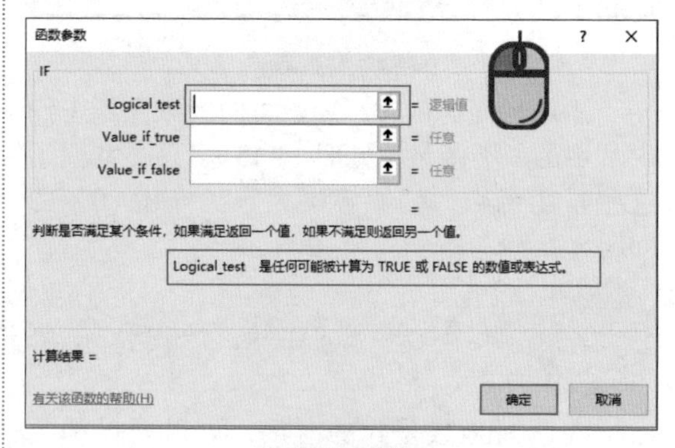

图 13-19

3. 通过一句通俗的话，理解参数含义

在随书的资源包中，有表姐提供的“函数快速查询手册”，里面已经将大部分的函数，都整理成了一句通俗易懂的话，方便大家理解参数的含义（见图13-20）。

继续回到案例中，IF函数是：判断一个条件，成立怎么样？不成立怎么样？

“判断条件”是什么？是“总金额”是否大于等于30，那IF函数的第1节“车厢”即第1个参数，写上“H2＞=30”，注意“大于等于”要写为Excel运算符号“>=”，而不能写成数学符号“≥”。

条件成立怎么样？成立，显示包邮。不成立怎么样？什么也不显示。

大家注意了，这里的公式当中的元素“包邮”是文本。前面说过，公式当中的元素可是

不包含文本的！

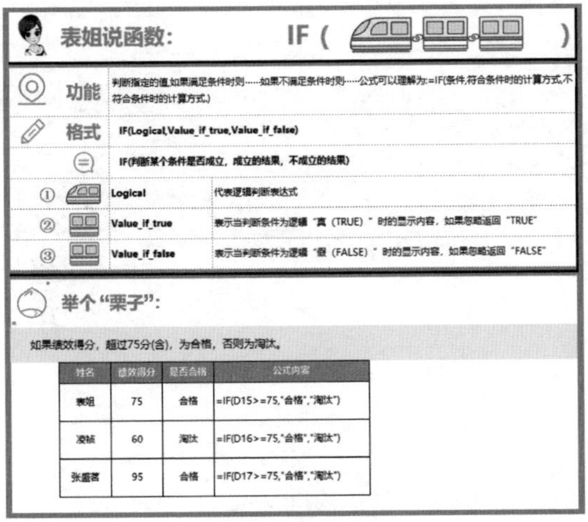
表姐说函数：
IF ( )
功能
判断指定的值,如果满足条件时则……如果不满足条件时则……公式可以理解为:=IF(条件,符合条件时的计算方式,不符合条件时的计算方式)
格式
IF(Logical,Value_if_true,Value_if_false)
IF(判断某个条件是否成立，成立的结果，不成立的结果)
① Logical
代表逻辑判断表达式
② Value_if_true
表示当判断条件为逻辑“真（TRUE）”时的显示内容，如果忽略返回“TRUE”
③ Value_if_false
表示当判断条件为逻辑“假（FALSE）”时的显示内容，如果忽略返回“FALSE”
举个“栗子”：
如果绩效得分，超过75分(含)，为合格，否则为淘汰。
姓名 绩效得分 是否合格 公式内容
表姐 75 合格 =IF(D15>=75,"合格","淘汰")
凌祯 60 淘汰 =IF(D16>=75,"合格","淘汰")
张盛茗 95 合格 =IF(D17>=75,"合格","淘汰")

图 13-20

对于这种公式中“不包含的元素”，是不允许直接上公式“火车”的。就像平时坐火车时，宠物得关到“宠物笼”里。在 Excel 公式中，这样的非公式中的元素也要给关到英文的双引号“笼子”里，如 " 包邮 "。

最终公式为“=if(H2>=30," 包邮 ","")”。输入完毕后，可以按 Enter 键，或者是单击编辑栏前的“√”，确认录入（见图 13-21）。然后，鼠标指针滑动到单元格右下角，当指针变成十字句柄时，双击或者单击向下拖曳，即完成下方单元格公式的快速填充（见图 13-22）。

H2 =if(H2>=30,"包邮"," ")

	A	B	C	D	E	F	G	H	I	J	K
1	序号	销售日期	材质	手机品牌	型号	数量	单价	总金额	是否包邮		
2	1	2018/8/30	钢化膜	华为	V10P	8	10		=if(H2>=30,"包邮"," ")		
3	2	2018/8/30	普通膜	小米	小米8	2	7	14	IF(logical_test, [value_if_true], [value_if_false])		
4	3	2018/8/30	普通膜	华为	V10	5	7	35			
5	4	2018/8/30	钢化膜	苹果	iPhone6	8	15	120			
6	5	2018/8/30	普通膜	苹果	iPhone6S	1	10	10			

图 13-21

编写完这个函数公式以后，大家会发现，整个过程当中最难的是函数中每个参数该填什么。

	A	B	C	D	E	F	G	H	I
1	序号	销售日期	材质	手机品牌	型号	数量	单价	总金额	是否包邮
2	1	2018/8/30	钢化膜	华为	V10P	8	10	80	包邮
3	2	2018/8/30	普通膜	小米	小米8	2	7	14	
4	3	2018/8/30	普通膜	华为	V10	5	7	35	包邮
5	4	2018/8/30	钢化膜	苹果	iPhone6	8	15	120	包邮
6	5	2018/8/30	普通膜	苹果	iPhone6S	1	10	10	

图 13-22

温馨提示

Excel 公式中，用英文状态下的两个连续的双引号" "，表示空。

对于参数提示框中的英文单词，每次都通过百度搜索，也比较费劲。表姐总结了一下，Excel 函数参数常见的类型有 5 类（见图 13-23）。只要能熟悉这 5 种类型英文单词代表的意义，下次填函数参数的时候也就不复杂了。

常见函数类型

logical	判断式
value	计算的值、结果
array	区域
number	数字
test	文本

图 13-23

表姐说

本章我们已经掌握了 Excel 函数世界里最常用的 IF 函数，也一同解锁了函数的使用秘诀。

需要注意的是，写函数的时候，所有符号都要在英文状态下输入，如果遇到文本必须要给加上 " "（双引号）。另外，我们写函数名的时候，千万不要写错了，如把 IF 写成 IIF。

虽然 Excel 中有 400 多个函数，但其实只要熟练掌握二三十个，也就是学完本篇后面的 5 章内容，就能够轻松应对工作当中 80% 的问题。

当然了还要多多练习，赶紧下载本书配套的素材文件，从“=”开始，书写我们的第一个公式吧！

14 数一数“火车”有几节“车厢”，逻辑函数就做好了

看到小张制作的表，老板夸赞道：“小张，你做的表很好用，我当时真是没有看错你呀。”（见图 14-1）

接着老板安排道：“这次的任务有点复杂，马上我要给大家发奖金了，你按照这些原则做个表，让它自动计算出来每个人的奖金是多少。”（见图 14-2）

图 14-1

奖励机制

	达标奖	超标奖
业绩	三个月业绩>=60	凡单个月业绩>8(
奖金	1000元	2000元

图 14-2

小张掏出表姐给的“函数快速查询手册”，分析了一下领导的要求，很快找出了解决方案：只需要使用前面学的 IF 函数搭配 AND 和 OR 函数，就能解决。（见图 14-3）

图 14-3

14.1 理清函数嵌套关系

在编写函数公式之前，第一步理解业务需求，熟悉奖励机制（见图 14-4）。

奖励机制

	达标奖	超标奖
业绩	三个月业绩>=60	几单个月业绩>80
奖金	1000元	2000元

图 14-4

（1）达标奖：是对 G2 单元格，根据 1 月、2 月、3 月业绩是否全部都大于等于 60 进行判断。如果成立返回 1000，不成立返回 0（见图 14-5）。

姓名	1月业绩(万元)	2月业绩(万元)	3月业绩(万元)	是否，3个月都>=60	达标奖金(元)	是否，3个月有1个月>80	超标奖金(元)
表姐	84.13	64.74	52.74				
凌祯	71.92	77.64	71.26				
张盛茗	0.00	67.84	64.67				
林婷婷	65.32	60.53	89.45				
赵小宝	85.49	84.65	55.49				

对谁	根据什么条件		做出什么判断	
G2	C2>=60 D2>=60 E2>=60	都满足	是 否	1000 0

图 14-5

（2）超标奖：是对 I2 单元格，根据 1 月、2 月、3 月业绩其中是否有一个月大于 80，如果有就发超标奖 2000，否则返回 0（见图 14-6）。

（3）按上述需求梳理下来，一共有 3 个关键词：

① 如果。如果条件成立怎么样，不成立怎么样，用到我们前面介绍过的 IF 函数。

② 几个条件都满足，用到的是 AND 函数。AND 函数表示判断的条件要“全票”通过，它才通过。

序号	姓名	1月业绩(万元)	2月业绩(万元)	3月业绩(万元)	是否，3个月都>=60	达标奖金(元)	是否，3个月有1个月>80	超标奖金(元)
1	表姐	84.13	64.74	52.74				
2	凌祯	71.92	77.64	71.26				
3	张盛茗	0.00	67.84	64.67				
4	林婷婷	65.32	60.53	89.45				
5	赵小宝	85.49	84.65	55.49				

对谁	根据什么条件		做出什么判断	
I2	C2 D2 E2	其中一者>80	是 否	2000 0

图 14-6

③ 几个条件其中有一个满足，用到的是 OR 函数。OR 函数表示判断的条件只要其中有一个满足，它就“一票”通过。

（4）编写公式。

① 首先，用 AND 函数判断达标奖是否 3 个月都大于等于 60。先在 F 列建一个辅助列，帮助我们梳理公式关系 AND 函数的输入方法为单击 F2 单元格，在编辑栏输入“=AND(C2>=60,D2>=60,E2>=60)”，按 Enter 键确认。鼠标指针滑动到单元格右下角并变为十字句柄时双击，公式便向下填充（见图 14-7）。

F2 =AND(C2>=60,D2>=60,E2>=60)

序号	姓名	1月业绩(万元)	2月业绩(万元)	3月业绩(万元)	是否，3个月都>=60	达标奖金(元)	是否，3个月有1个月>80	超标奖金(元)
1	表姐	84.13	64.74	52.74	FALSE			
2	凌祯	71.92	77.64	71.26	TRUE			
3	张盛茗	0.00	67.84	64.67	FALSE			
4	林婷婷	65.32	60.53	89.45	TRUE			
5	赵小宝	85.49	84.65	55.49	FALSE			

图 14-7

② 达标奖金就是把 AND 函数的计算结果，作为 IF 函数的“火车头”放进去，后面它成立

和不成立的结果，按前面分析的那样填写（见图 14-8）。

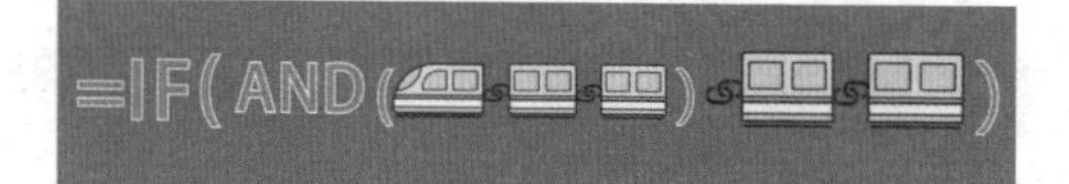

图 14-8

③ IF 函数的输入方法：单击 G2 单元格，在编辑栏输入“=IF(F2,1000,0)”，按 Enter 键确认。双击后公式向下填充（见图 14-9）。

G2 =IF(F2,1000,0)

	A	B	C	D	E	F	G	H	I
1	序号	姓名	1月业绩（万元）	2月业绩（万元）	3月业绩（万元）	是否，3个月都>=60	达标奖金（元）	是否，3个月有1个月>80	超标奖金（元）
2	1	表姐	84.13	64.74	52.74	FALSE	0.00		
3	2	凌祯	71.92	77.64	71.26	TRUE	1000.00		
4	3	张盛茗	0.00	67.84	64.67	FALSE	0.00		
5	4	林婷婷	65.32	60.53	89.45	TRUE	1000.00		
6	5	赵小宝	85.49	84.65	55.49	FALSE	0.00		

图 14-9

④ 公式的嵌套：把 F、G 这两个进行一个组合，从而减少辅助列。

a. 全选 F2 编辑栏里的 AND 公式，按 Ctrl+C 复制公式 AND(C2>=60,D2>=60,E2>=60)（见图 14-10）。

F2 =AND(C2>=60,D2>=60,E2>=60)

	A	B	C	D	E	F	G	H	I
1	序号	姓名	1月业绩（万元）	2月业绩（万元）	3月业绩（万元）	是否，3个月都>=60	达标奖金（元）	是否，3个月有1个月>80	超标奖金（元）
2	1	表姐	84.13	64.74	52.74	FALSE			
3	2	凌祯	71.92	77.64	71.26	TRUE			
4	3	张盛茗	0.00	67.84	64.67	FALSE			
5	4	林婷婷	65.32	60.53	89.45	TRUE			
6	5	赵小宝	85.49	84.65	55.49	FALSE			

Ctrl+C

图 14-10

b. 单击 G2 编辑栏→把公式里的 F2 删除→然后按 Ctrl + V 粘贴公式内容，即 AND(C2>=60,D2>=60,E2>=60)，组合后的嵌套公式结果为 =IF(AND(C2>=60,D2>=60,E2>=60),1000,0)（见图 14-11）。

SUM =IF(AND(C2>=60,D2>=60,E2>=60),1000,0)

IF(logical_test, [value_if_true], [value_if_false])

	A	B	C	D	E	F	G	H	I
1	序号	姓名	1月业绩（万元）	2月业绩（万元）	3月业绩（万元）	是否，3个月都>=60	达标奖金（元）	是否，3个月有1个月>80	超标奖金（元）
2	1	表姐	84.13	64.74	52.74	FALSE	2>=60),10		
3	2	凌祯	71.92	77.64	71.26	TRUE	1000.00		
4	3	张盛茗	0.00	67.84	64.67	FALSE	0.00		
5	4	林婷婷	65.32	60.53	89.45	TRUE	1000.00		
6	5	赵小宝	85.49	84.65	55.49	FALSE	0.00		

图 14-11

c. 最后，我们再用一个“火车套娃”法，来分析一下这个公式：=IF(AND(C2>=60,D2>=60,E2>=60),1000,0)

表姐口诀

“火车套娃”法：“火车”尾巴找括号，一点一节查“车厢”。

找函数公式中的嵌套关系时，只要单击公式最右侧的括号“)”，即选中这个公式“火车”尾巴上的括号，这样就可以在 Excel 函数参数提示框中看到每个函数的参数了（见图 14-11）。然后通过单击参数框中的参数，可以快速定位“火车”的每节“车厢”。当单击到 IF 函数的第 1 个参数时，会把“AND(C2>=60,D2>=60,E2>=60)”给选中，即它们是 IF 函数“火车”的第 1 节“车厢”。

同理，单击 AND 函数最右侧的括号“)”，即选中这个公式“火车”尾巴上的括号，便可查看 AND 函数的参数提示框。同样，也可以单击选中不同的参数进行查看。这样就能方便去理解每个函数之间的结构关系了。

读书笔记

表姐说

我们现在已经完成了“嵌套函数”公式的编写了。这就像个“火车套娃”——IF函数“大火车”的第1节“车厢”里，套了个AND函数的“小火车”。

只要掌握了“火车套娃”这个看公式的技巧，以后看到多长的函数也不会犯难了。只要拆解一下，就能看懂谁是“火车头”，谁是“车厢”，“大火车”和“小火车”之间究竟是怎么套的。

一开始不太熟悉的时候，可以借助辅助列来帮助我们梳理“火车套娃”的关系。

温馨提示

初学时，推荐使用辅助列，理清函数逻辑关系。

⑤ 超标奖金，就是把OR函数的计算结果，作为IF函数的“火车头”放进去，后面它成立和不成立的结果对应填写即可（见图14-12）。

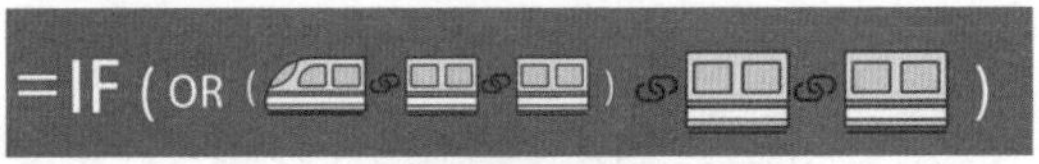

=IF (OR (...) ...)

图 14-12

此处我们不借助辅助列，直接输入IF函数+OR函数。单击I2单元格，在编辑栏输入“=IF(OR(C2>80,D2>80,E2>80),2000,0)”，按Enter键确认。然后双击十字句柄，向下填充公式（见图14-13），这样超标奖金都算出来了。

I2 =IF(OR(C2>80,D2>80,E2>80),2000,0)

序号	姓名	1月业绩(万元)	2月业绩(万元)	3月业绩(万元)	是否，3个月都>=60	达标奖金(元)	是否，3个月有1个月>80	超标奖金(元)
1	表姐	84.13	64.74	52.74	FALSE	0.00		2000
2	凌祯	71.92	77.64	71.26	TRUE	1000.00		0
3	张盛茗	0.00	67.84	64.67	FALSE	0.00		0
4	林婷婷	65.32	60.53	89.45	TRUE	1000.00		2000
5	赵小宝	85.49	84.65	55.49	FALSE	0.00		2000

图 14-13

14.2 掌握IF嵌套应用

业绩提成看着比较复杂，但只要拆解清楚了，不难发现，它只不过是函数“火车”之间的“套娃”。

拆解需求：如果业绩总额<200万，业绩提成2.5%；否则，继续判断，如果业绩总额<220万，业绩提成5%；否则业绩提成为8.8%（见图14-14）。

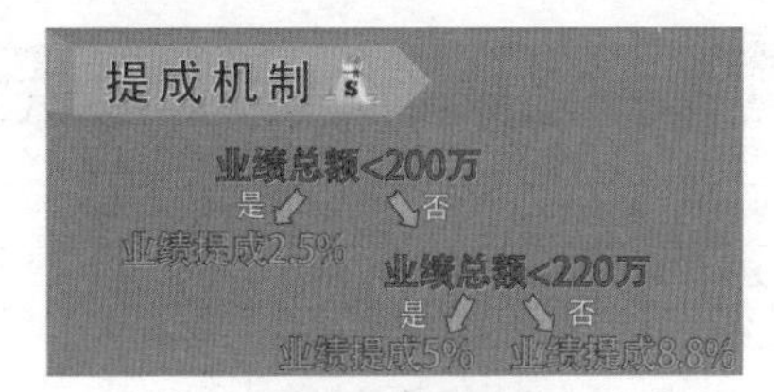

图 14-14

（1）计算业绩总额。这是对F2单元格，根据1月、2月、3月业绩进行求和处理，单击F2单元格，在编辑栏输入“=SUM(C2:E2)”，双击十字句柄，向下填充公式（见图14-15）。

F2 =SUM(C2:E2)

序号	姓名	1月业绩(万元)	2月业绩(万元)	3月业绩(万元)	业绩总额(万元)	提成比率	本季度业绩提成(元)
1	表姐	84.13	64.74	52.74	201.61		
2	凌祯	71.92	77.64	71.26	220.82		
3	张盛茗	0.00	67.84	64.67	132.51		
4	林婷婷	65.32	60.53	89.45	215.30		
5	赵小宝	85.49	84.65	55.49	225.63		

图 14-15

温馨提示

Excel公式中，两个单元格地址间用“:”连接，如“C2:E2”选择的是两个单元格间连续的区域，即包含C2、D2、E2。

（2）计算提成比率。它是根据业绩总额做判断，如果小于 200 万元，提成比率为 2.5%；否则的话再判断是不是小于 220 万元，如果是提成比率为 5%；再否则的话，就超过 220 万元了，提成比率为 8.8%。

IF 嵌套应用：单击 G2 单元格，在编辑栏输入“=IF(F2<200,2.5%,IF(F2<220,5%,8.8%))”，按 Enter 键确认。双击十字句柄向下填充公式（见图 14-16）。

G2 =IF(F2<200,2.5%,IF(F2<220,5%,8.8%))

序号	姓名	1月业绩（万元）	2月业绩（万元）	3月业绩（万元）	业绩总额（万元）	提成比率	本季度业绩提成（元）
1	表姐	84.13	64.74	52.74	201.61	5.00%	
2	凌祯	71.92	77.64	71.26	220.82	8.80%	
3	张盛茗	0.00	67.84	64.67	132.51	2.50%	
4	林婷婷	65.32	60.53	89.45	215.30	5.00%	
5	赵小宝	85.49	84.65	55.49	225.63	8.80%	

图 14-16

（3）计算提成金额。它等于业绩总额乘以提成比率。

单击 H2 单元格，在编辑栏输入“=F2*G2*10^4”，按 Enter 键确定，双击十字句柄向下填充公式（见图 14-17）。

温馨提示

“业绩总额”的单位是万元，“本季度业绩提成”的单位是元，所以我们要乘以 10000。为了避免输入一串 0 容易输入错误，可以输入 10^4。

读书笔记

H2 =F2*G2*10^4

序号	姓名	1月业绩（万元）	2月业绩（万元）	3月业绩（万元）	业绩总额（万元）	提成比率	本季度业绩提成（元）
1	表姐	84.13	64.74	52.74	201.61	5.00%	100805.00
2	凌祯	71.92	77.64	71.26	220.82	8.80%	194321.60
3	张盛茗	0.00	67.84	64.67	132.51	2.50%	33127.50
4	林婷婷	65.32	60.53	89.45	215.30	5.00%	107650.00
5	赵小宝	85.49	84.65	55.49	225.63	8.80%	198554.40

图 14-17

14.3 单元格引用

前面是通过拆分的几个步骤，完成了奖金的计算。计算完成以后，建议把这些表汇总到一张表上，一是便于查看，二是便于修改。

在汇总表的顶部，建议放上我们计算的这些公共信息，或者是一些可能要修订或修改的信息内容（见图 14-18）。

A3 33

达标奖			超标奖			考核标准		业绩线必须>=	提成
达标线	奖金（元）		超标线	奖金（元）		<200万元（不含）		0	2.50%
33	800		80	2000		200万元（含）~220万元（不含）		200	5.00%
						220万元（含）以上		220	8.80%

序号	姓名	1月业绩（万元）	2月业绩（万元）	3月业绩（万元）	业绩总额（万元）	达标奖（元）3个月都超60	超标奖（元）有1个月超80	业绩提成（元）按总额分档提成	本季度奖金总额（元）
1	表姐	84.13	64.74	52.74	201.61	800	2000	100805	103605
2	凌祯	71.92	77.64	71.26	220.82	800	0	194321.6	195121.6
3	张盛茗	0.00	67.84	64.67	132.51	0	0	33127.5	33127.5
4	林婷婷	65.32	60.53	89.45	215.3	800	2000	107650	110450
5	赵小宝	85.49	84.65	55.49	225.63	800	2000	198554.4	201354.4

图 14-18

表格的下半部分放计算表。在编制计算表的时候，可以把表格当中带公式计算的单元格都填充上颜色。这样在查看和修改的时候，可以避免一不小心改错了，造成不必要的计算错误。

温馨提示

把带公式的单元格，设置不同的填充颜色，避免因为误操作，造成不必要的计算错误。

这些需要修改的单元格，怎么把它关联到公式当中呢？这涉及公式编写当中非常重要的单元格的引用方式。

单元格的引用方式一共有 3 种：相对引用、绝对引用、混合引用。

1. 单元格引用 1：相对引用

相对引用：这种引用方式是“相对于单元格引用位置”变动而变动的。

在图 14-19 的数据源表中 A1:C3 单元格区域中，放置了 1~9,9 个数字。我们用“相对引用”的方式，把其关联到 E1:G3 当中。

（1）输入公式。单击 E1 单元格，输入“=A1”后，按 Enter 键确认。鼠标指针移至右下角变成十字句柄时，单击进行向左或向下拖曳（见图 14-19）。

SUM　=A1

	A	B	C	D	E	F	G	H	I	J	K
1	1	2	3		=A1				1	2	3
2	4	5	6						4	5	6
3	7	8	9						7	8	9
5	数据源				相对引用 F4				相对引用 F4		

图 14-19

（2）显示公式。选中带公式的单元格，单击“公式”选项卡→“显示公式”。可以看到 E1:G3 引用的都是 A1:C3 单元格区域的相对位置（见图 14-20）。

温馨提示

再次单击“显示公式”，恢复表格正常计算状态。

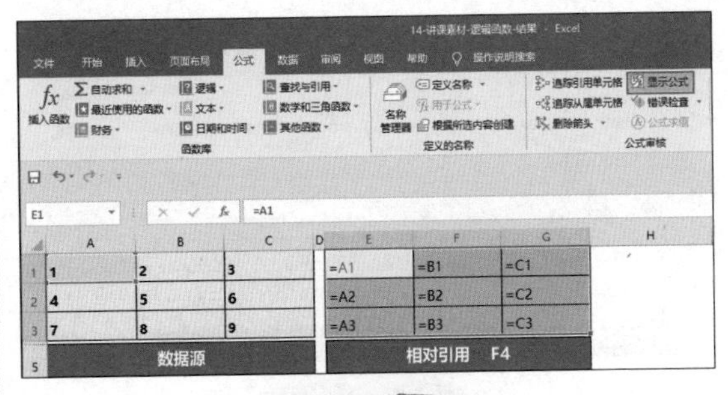

	A	B	C	D	E	F	G	H
1	1	2	3		=A1	=B1	=C1	
2	4	5	6		=A2	=B2	=C2	
3	7	8	9		=A3	=B3	=C3	
5	数据源				相对引用 F4			

图 14-20

2. 单元格引用 2：绝对引用

绝对引用：在行和列上都进行锁死，固定、绝对地引用某个单元格的值。

Excel 中，在列号（字母）、行号（数字）前，都使用 $ 来表示单元格的绝对引用（锁定），即在字母和数字前都挂上双“锁头”。

（1）输入公式。单击 E1 单元格输入“=$A$1”后按 Enter 键确认，鼠标指针移至右下角变成十字句柄时单击进行向左或向下拖曳（见图 14-21）。

SUM　=$A$1

	A	B	C	D	E	F	G	H	I	J	K
1	1	2	3		=$A$1				1	1	1
2	4	5	6						1	1	1
3	7	8	9						1	1	1
5	数据源				绝对引用 $F$4				绝对引用 $F$4		

图 14-21

（2）显示公式。选中带公式的单元格，单击“公式”→“显示公式”。每个单元格引用的都是 A1 单元格（见图 14-22）。

读书笔记

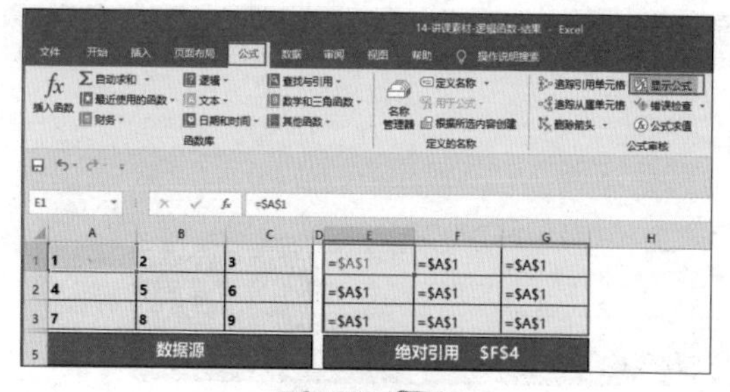

图 14-22

3. 单元格引用 3：混合引用

混合引用：只对行，或者是只对列进行绝对引用，即在列号（字母）或者行号（数字）前，挂上 1 个“锁头”。

（1）混合引用：只锁定列。

① 输入公式。单击 E1 单元格输入公式“=A1”→按快捷键 F4，实现“锁头”挂法的快速切换→切换成“=$A1”→按 Enter 键确认。鼠标指针移至右下角变成十字句柄时，单击进行向左或向下拖曳（见图 14-23）。

图 14-23

② 显示公式。选中带公式的单元格，单击“公式”→“显示公式”。

锁定列。不管单元格跑到哪一列当中，它永远都是锁定 A 列的，但是行会随着变化（见图 14-24）。

（2）混合引用：只锁定行。

① 输入公式。单击 E1 单元格输入“=A1”，按快捷键 F4 实现“锁头”挂法的快速切换，切换成“=A$1”，按 Enter 键确认；鼠标指针移至右下角变成十字句柄时，单击进行向左或向下拖曳（见图 14-25）。

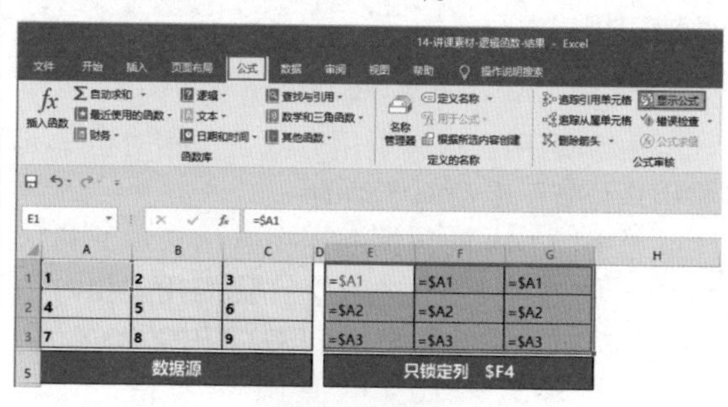

图 14-24

图 14-25

② 显示公式。选中带公式的单元格，单击“公式”→“显示公式”。

锁定行。不管单元格跑到哪一行当中，它永远都是锁定在第 1 行，但是列会随着变化（见图 14-26）。

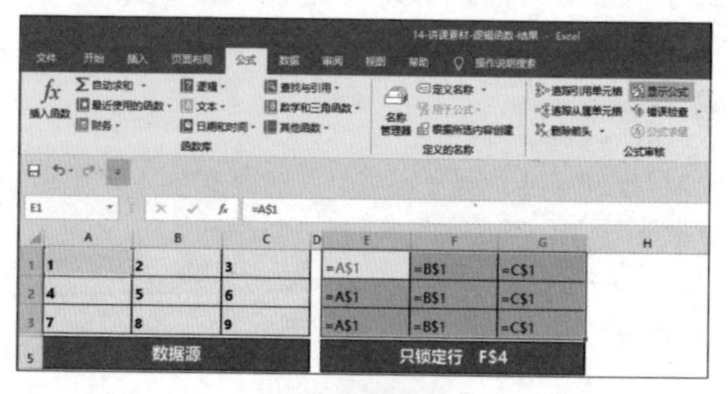

图 14-26

相对引用、绝对引用和混合引用的方式，在公式写完以后，如果只是应用在一个单元格可能不用考虑，但是如果公式应用完了以后，要进行拖曳并应用到其他的区域当中，就一定要考虑到底使用哪种引用方式了（见图 14-27）。

相对引用 与 绝对引用

数据源			相对引用 F4			绝对引用 $F$4		
1	2	3	1	2	3	1	1	1
4	5	6	4	5	6	1	1	1
7	8	9	7	8	9	1	1	1

混合引用

数据源			只锁定列 $F4			只锁定行 F$4		
1	2	3	1	1	1	1	2	3
4	5	6	4	4	4	1	2	3
7	8	9	7	7	7	1	2	3

图 14-27

温馨提示

公式批量运用时，必须要考虑单元格的引用方式。

单元格的引用记忆方法如图 14-28 所示。

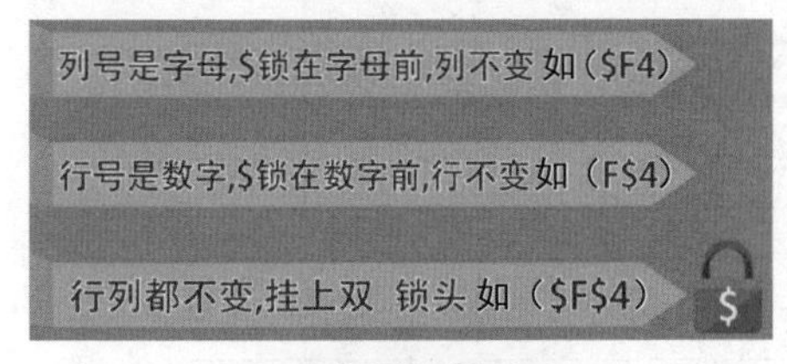

图 14-28

再回来看看本章案例中小张的统计表，达标奖里面写的公式，引用的是 60、1000 这种固定的数字。

如果老板要修改的话，为避免麻烦，需要让它联动变化。所以要把这些固定的数字，更改到某个单元格（如 A3、B3），用这个单元格的值进行计算。

（1）修改公式中的数字为单元格中的值。单击 G7 单元格：①删掉数字 60，更改为 A3 单元格；②删掉数字 1000，更改为 B3 单元格；③完成修改后，按 Enter 键确定（见图 14-29）。

G7 =IF(AND(C7>=A3,D7>=A3,E7>=A3),B3,0)

达标奖		超标奖		考核标准	业绩线必须>=	提成
达标线	奖金（元）	超标线	奖金（元）	<200万元（不含）	0	2.50%
60	1000	80	2000	200万元（含）~220万元（不含）	200	5.00%
				220万元（含）以上	220	8.80%

序号	姓名	1月业绩（万元）	2月业绩（万元）	3月业绩（万元）	业绩总额（万元）	达标奖（元）3个月都超60	超标奖（元）有1个月超80	业绩提成（元）按总额分档提成	本季度奖金总额（元）	上季度奖金总额（元）
1	表姐	84.13	64.74	52.74	201.61	0	2000	100805	102805	107400
2	凌祯	71.92	77.64	71.26	220.82	1000	0	194321.6	195321.6	182500
3	张盈茗	0.00	67.84	64.67	132.51	0	0	33127.5	33127.5	0
4	林婷婷	65.32	60.53	89.45	215.3	1000	2000	107650	110650	105800
5	赵小宝	85.49	84.65	55.49	225.63	0	2000	198554.4	200554.4	203800

图 14-29

（2）设置公式中单元格的引用方式。因为 G7 单元格中的公式不光计算该单元格中的值，而是要拖曳向下，应用到 G7:G11 的区域当中。

选中 G7 单元格右下角十字句柄，向下拖曳公式后→单击"公式"→"显示公式"，查看到：现在关联的达标奖的单元格，因为没有锁死到 A3，所以计算的单元格从 G7 变到 G8、G9、G10、G11 的时候，引用的单元格也会跟着变化，从 A3 变成了 A4、A5、A6、A7（见图 14-30）。

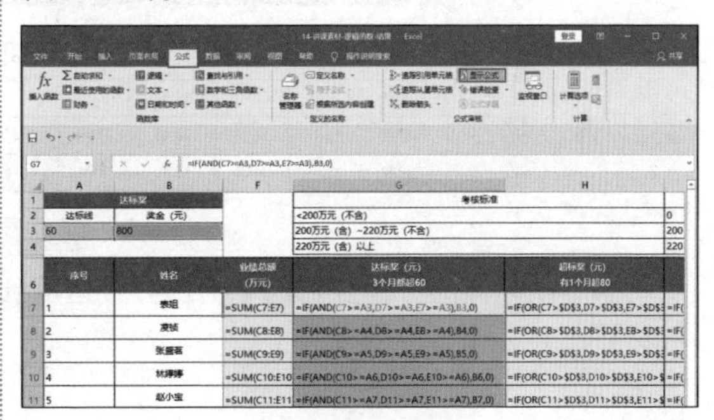
G7 =IF(AND(C7>=A3,D7>=A3,E7>=A3),B3,0)

达标奖		考核标准	
达标线	奖金（元）	<200万元（不含）	0
60	800	200万元（含）~220万元（不含）	200
		220万元（含）以上	220

序号	姓名	业绩总额（万元）	达标奖（元）3个月都超60	超标奖（元）有1个月超80
1	表姐	=SUM(C7:E7)	=IF(AND(C7>=A3,D7>=A3,E7>=A3),B3,0)	=IF(OR(C7>$D$3,D7>$D$3,E7>D
2	凌祯	=SUM(C8:E8)	=IF(AND(C8>=A4,D8>=A4,E8>=A4),B4,0)	=IF(OR(C8>$D$3,D8>$D$3,E8>D
3	张盈茗	=SUM(C9:E9)	=IF(AND(C9>=A5,D9>=A5,E9>=A5),B5,0)	=IF(OR(C9>$D$3,D9>$D$3,E9>D
4	林婷婷	=SUM(C10:E10	=IF(AND(C10>=A6,D10>=A6,E10>=A6),B6,0)	=IF(OR(C10>$D$3,D10>$D$3,E10>$
5	赵小宝	=SUM(C11:E11	=IF(AND(C11>=A7,D11>=A7,E11>=A7),B7,0)	=IF(OR(C11>$D$3,D11>$D$3,E11>$

图 14-30

所以要把 A3 和 B3 都挂上"锁头"，让它固定在这个位置不能变动。

双击 G7 单元格进入公式编辑状态，或者是选中 G7 单元格后，在编辑栏中将 A3、B3 通过按快捷键“F4”的方式给它们挂上双“锁头”，变为 $A$3、$B$3（见图 14-31）。

G7 =IF(AND(C7>=$A$3,D7>=$A$3,E7>=$A$3),$B$3,0)

	A	B	C	D	E	F	G	H	I	J
1	达标奖			超标奖			考核标准		业绩线必须>=	提成
2	达标线	奖金（元）		超标线	奖金（元）		<200万元（不含）		0	2.50%
3	60	800		80	2000		200万元（含）~220万元（不含）		200	5.00%
4							220万元（含）以上		220	8.80%
6	序号	姓名	1月业绩（万元）	2月业绩（万元）	3月业绩（万元）	业绩总额（万	达标奖（元）3个月都超60	超标奖（元）有1个月超80	业绩提成（元）按总额分档提成	本季度奖金总额（元）
7	1	表姐	84.13	64.74	52.74	201.6	0	2000	100805	102805
8	2	凌祯	71.92	77.64	71.26	220.8	800	0	194321.6	195121.6
9	3	张盛茗	0.00	67.84	64.67	132.5	0	0	33127.5	33127.5
10	4	林婷婷	65.32	60.53	89.45	215.3	800	2000	107650	110450
11	5	赵小宝	85.49	84.65	55.49	225.6	0	2000	198554.4	200554.4

图 14-31

> **温馨提示**
>
> 引用位置要锁死，记得挂上双“锁头”。在计算的时候，必须要引用关联的单元格，它是固定不动的，都要记住挂上双“锁头”。

（3）测试更改效果。假设我们的评判标准发生了变化，则只需要更改 A3、B3 单元格中的值。例如把奖金（B3）改为 800，计算的结果也联动变化了（见图 14-32）。

	A	B	C	D	E	F	G	H	I	J	K
1	达标奖			超标奖			考核标准		业绩线必须>=	提成	
2	达标线	奖金（元）		超标线	奖金（元）		<200万元（不含）		0	2.50%	
3	60	800		80	2000		200万元（含）~220万元（不含）		200	5.00%	
4							220万元（含）以上		220	8.80%	
6	序号	姓名	1月业绩（万元）	2月业绩（万元）	3月业绩（万元）	业绩总额（万元）	达标奖（元）3个月都超60	超标奖（元）有1个月超80	业绩提成（元）按总额分档提成	本季度奖金总额（元）	上季度奖金总额（元）
7	1	表姐	84.13	64.74	52.74	201.61	0	2000	100805	102805	107400
8	2	凌祯	71.92	77.64	71.26	220.82	800	0	194321.6	195121.6	182500
9	3	张盛茗	0.00	67.84	64.67	132.51	0	0	33127.5	33127.5	0
10	4	林婷婷	65.32	60.53	89.45	215.3	800	2000	107650	110450	105800
11	5	赵小宝	85.49	84.65	55.49	225.63	0	2000	198554.4	200554.4	203800

图 14-32

（4）用同样的方法，把这个引用方式运用到超标奖和业绩提成当中，这张计算奖金表就制作完成了。

平时在工作中，经常会计算两组数据的增减变化，计算增幅等。如图 14-33 所示，要计算两

季度的增幅情况，但表中出现了"乱码"（见图 14-33）。

达标奖	
达标线	奖金（元）
60	800

考核标准	业绩线必须>=	提成
<200万元（不含）	0	2.50%
200万元（含）~220万元（不含）	200	5.00%
220万元（含）以上	220	8.80%

序号	姓名	业绩总额（万元）	达标奖（元）3个月都超60	超标奖（元）有1个月超80	业绩提成（元）按总额分档提成	本季度奖金总额（元）	上季度奖金总额（元）	增幅 =（本季度-上季度）/上季度
1	裘姐	201.61	0	3000	100805	103805	107400	-3.35%
2	凌祯	220.82	800	0	194321.6	195121.6	182500	6.92%
3	张盈茗	132.51	0	0	33127.5	33127.5	0	#DIV/0!
4	林婷婷	215.3	800	3000	107650	111450	105800	5.34%
5	赵小宝	225.63	0	3000	198554.4	201554.4	203800	-1.10%

图 14-33

表里的乱码"#DIV/0!"，实际上是 Excel 公式计算的一个错误值，即"除零错误"。当计算公式是一个分母为 0（或空单元格）的算式时，会显示错误值"#DIV/0!"（见图 14-34）。可以通过单击单元格左上角的黄色感叹号，看到错误提示的说明。

达标奖	
达标线	奖金（元）
60	800

超标奖	
超标线	奖金（元）
80	3000

序号	姓名	1月业绩（万元）	2月业绩（万元）	3月业绩（万元）	上季度奖金总额（元）	增幅 =（本季度-上季度）/上季度
1	裘姐	84.13	64.74	52.74	107400	-3.35%
2	凌祯	71.92	77.64	71.26	182500	6.92%
3	张盈茗	0.00	67.84	64.67	0	#DIV/0!
4	林婷婷	65.32	60.53	89.45	105800	5.34%
5	赵小宝	85.49	84.65	55.49	203800	-1.10%

公式或函数被零或空单元格除。

图 14-34

如果不希望表格出现这样的"乱码"，可以通过 IFERORRE 函数优化显示。

（1）剪切原公式。选中公式后使用快捷键 Ctrl + X 进行剪切（见图 14-35）。

（2）套上错误美化函数。在单元格中输入"=IF"后，可以看到一串函数名称的提示列表（见图 14-36）。通过↑、↓方向键，找到 IFERROR 以后，按 Tab 键后 Excel 就能够自动补齐函数，并且带上左括号，即显示为"=IFERROR("。然后，我们给手动补上右括号。

达标奖	
达标线	奖金（元）
60	800

超标奖	
超标线	奖金（元）
80	3000

序号	姓名	1月业绩（万元）	2月业绩（万元）	3月业绩（万元）	上季度奖金总额（元）	增幅 =（本季度-上季度）/上季度
1	裘姐	84.13	64.74	52.74	107400	=(J7-K7)/K7
2	凌祯	71.92	77.64	71.26	182500	6.92%
3	张盈茗	0.00	67.84	64.67	0	#DIV/0!
4	林婷婷	65.32	60.53	89.45	105800	5.34%
5	赵小宝	85.49	84.65	55.49	203800	-1.10%

图 14-35

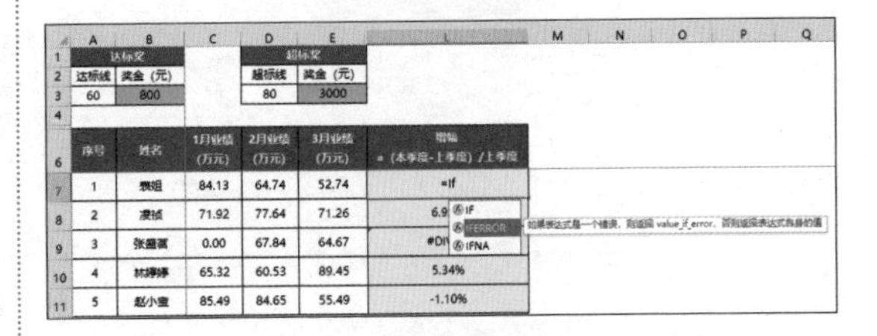

达标奖	
达标线	奖金（元）
60	800

超标奖	
超标线	奖金（元）
80	3000

序号	姓名	1月业绩（万元）	2月业绩（万元）	3月业绩（万元）	增幅 =（本季度-上季度）/上季度
1	裘姐	84.13	64.74	52.74	=If
2	凌祯	71.92	77.64	71.26	6.9 IF
3	张盈茗	0.00	67.84	64.67	#DI IFERROR / IFNA
4	林婷婷	65.32	60.53	89.45	5.34%
5	赵小宝	85.49	84.65	55.49	-1.10%

如果表达式是一个错误，则返回 value_if_error，否则返回表达式自身的值

图 14-36

温馨提示

按住 Tab 键，自动补齐公式。

（3）嵌套函数。在函数的括号内，粘贴前面已经剪切的公式，得到"=IFERROR((J7-K7)/

K7,0)”后按 Enter 键确认，双击十字句柄并向下填充公式（见图 14-37）。

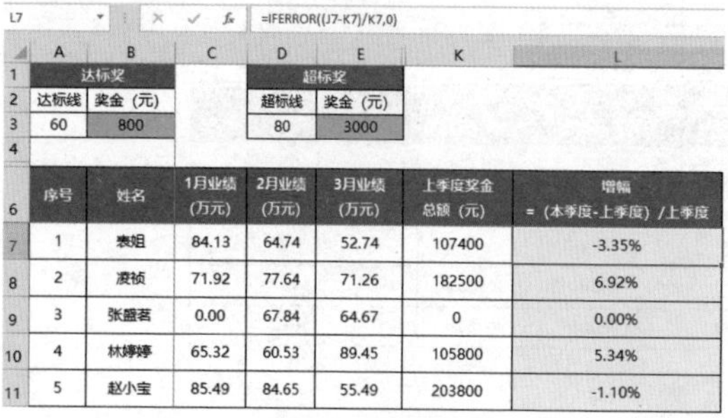

L7　=IFERROR((J7-K7)/K7,0)

达标奖	
达标线	奖金（元）
60	800

超标奖	
超标线	奖金（元）
80	3000

序号	姓名	1月业绩（万元）	2月业绩（万元）	3月业绩（万元）	上季度奖金总额（元）	增幅 =（本季度-上季度）/上季度
1	表姐	84.13	64.74	52.74	107400	-3.35%
2	凌祯	71.92	77.64	71.26	182500	6.92%
3	张盈茗	0.00	67.84	64.67	0	0.00%
4	林婷婷	65.32	60.53	89.45	105800	5.34%
5	赵小宝	85.49	84.65	55.49	203800	-1.10%

图 14-37

本章给大家介绍了 IF 函数的两个小伙伴 AND 和 OR 函数来搭配它，一起发挥更大的作用，如果遇到比较复杂的判断就要层层解析，用 IF 函数的嵌套来解决。

另外使用公式时，如果遇到错误值可以使用 IFERROR 函数来优化显示。

在本书配套的资源当中，给大家提供了“函数快速查询手册”，在使用的时候只要想一想问题的关键词是什么，就能在里面对应地找到答案快速应用了。

读书笔记

15 你以为要苦苦录入的内容，用文本函数就能快速搞定

职场小故事

老板又来了：“小张，你上回做的表，各个大区经理都在表扬你。”

小张嘚瑟道：“为什么我要同时承担帅气和优秀这两种烦恼。”（见图 15-1）

这次老板给小张布置的任务是在公司五周年庆典到来之前，把会员档案整理出来。小张看到表后，就开始上手用“分列大法”进行整理（见图 15-2～图 15-3）。但这“分列大法”居然不管用了……

图 15-1

图 15-2

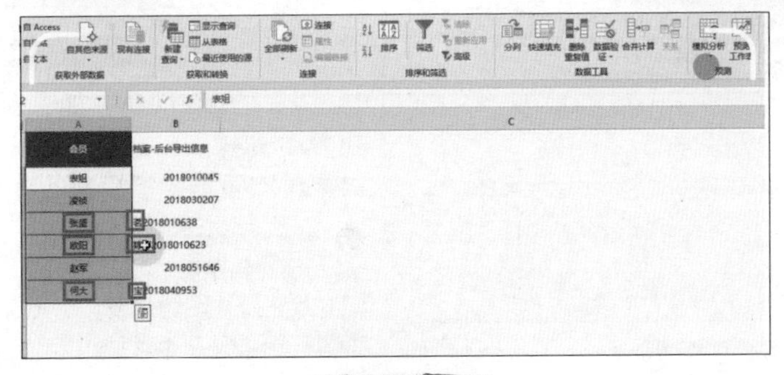

图 15-3

表姐说

小张表现得不错，现在的数据思维已经比原来清晰多了！我们一直都说数据源表，一定要“一个萝卜一个坑”。小张拿到的这张表，里面没有什么规律，并且数据会随业务的增加而不断新增（见图 15-4）。手动去分列（具体操作见图 15-6~图 15-7）当然不行了，这可以用文本函数来“搞定”。

本章我们就来一起和 Excel 做一做文字游戏，让它一次设定终身受用，永不给数据“留坑”。

会员		会员档案
表姐2018010045		表姐-2018010045
凌祯2018030207		凌祯-2018030207
张盛茗2018010638		张盛茗-2018010638
欧阳婷婷2018010623		欧阳婷婷-2018010623
赵军2018051646		赵军-2018051646
何大宝2018040953		何大宝-2018040953

图 15-4

15.1 文本函数 1：RIGHT/LEFT/LEN/LENB

在学习函数之前，我们先来看看用“分列大法”解决数据整理问题。

（1）选中整列，选择“数据”选项卡→“分列”→在弹出的“文本分列向导”对话框中→选择“固定宽度”分列（见图 15-5）。

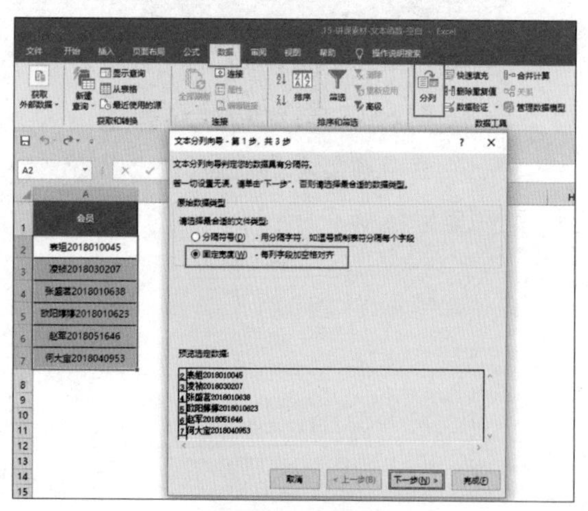

图 15-5

（2）结果。显示出来的分列结果，因为姓名长度不一样，无法达到姓名和卡号分成两列（见图 15-6）。

图 15-6

（3）潜在问题。如有新数据追加，必须得重复分列操作；并且操作完成后，前面的分列结果，有可能会被后面的覆盖（见图 15-7）。

温馨提示

分列存在的问题：①无法一劳永逸自动做。②可能会覆盖老数据。

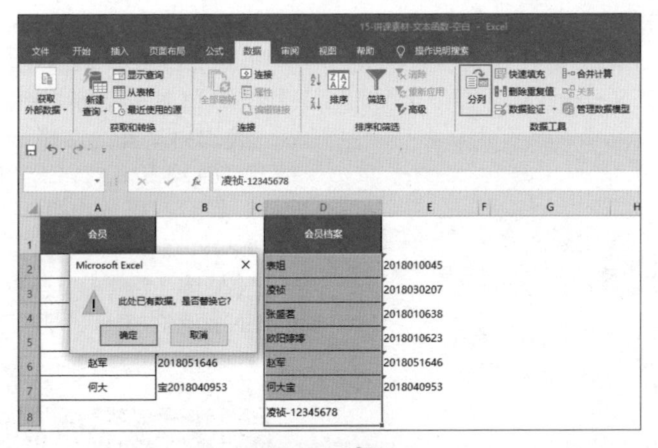

图 15-7

因此，在数据源中如果面对信息的自动拆分，可以使用文本函数来进行处理。

1. RIGHT 函数应用：拆分会员卡号

RIGHT(text,num_chars)：把一个文本字符串 text，从右往左开始拆分截取，拆的位数是 num_chars。

首先是卡号 B2 单元格，根据 A2 当中的值从右往左数，截取出的 10 位是卡号。因此，我们要把 A2 中，从右往左的 10 位卡号都给剪开、拆分出来，这一把从右往左剪文字的“剪刀”就是 RIGHT 函数。

选中 B2 单元格（会员卡号），在编辑栏输入“=RIGHT(A2,10)”并按 Enter 键确认（见图 15-8）。

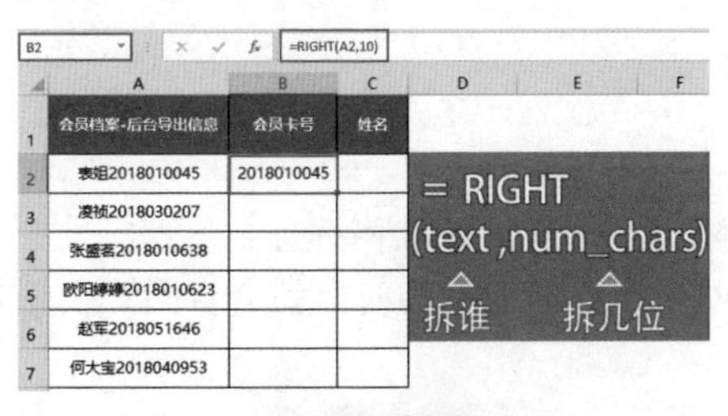

图 15-8

2. LEFT 函数应用：拆分姓名

LEFT(text,num_chars)：把一个文本字符串 text，从左往右开始拆分截取拆的位数是 num_chars。

接着是姓名 C2 单元格，根据 A2 当中的值从左往右数，截取出 2 位（“表姐”）。因此，我们要把 A2 中，从左往右的两位姓名都给剪开、拆分出来，这一把从左往右剪文字的“剪刀”就是 LEFT 函数。

选中 C2 单元格，在编辑栏输入“=LEFT(A2,2)”后按 Enter 键确认（见图 15-9）。

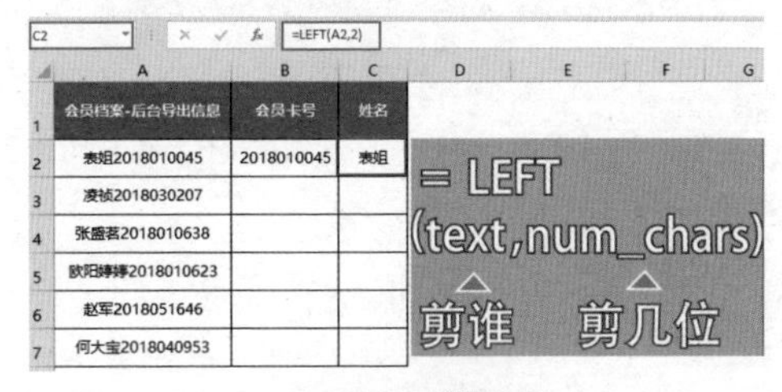

图 15-9

在 C2 单元格（见图 15-9）“剪出”姓名“表姐”以后，发现 C3：C7 的姓名长度各不相等，有 2 位的“凌祯”，有 3 位的“张盛茗”，还有4位的“欧阳婷婷”。这时候，LEFT函数的第2个参数num_chars（剪几位）就没有规律了，我们要请出LEN——计算字符串长度的函数，来嵌套解决。

表姐口诀

规律一致LEFT、RIGHT，规律不同，请出LEN。

3. LEN函数应用：计算卡号长度

LEN(text)：计算一个文本字符串text的长度。

我们先来构建几个辅助列：D列“卡号长度几个字？”、E列“姓名+卡号长度是几个字？”、F列“姓名长度是几个字？”。

（1）选中D2单元格，在编辑栏输入“=LEN(B2)”后按Enter键确认（见图15-10）。

SUM =LEN(B2)

会员档案-后台导出信息	会员卡号	姓名	卡号长度几个字?	姓名+卡号长度是几个字?	姓名长度是几个字?
表姐2018010045	2018010045		=LEN(B2)		
凌祯2018030207	2018030207				
张盛茗2018010638	2018010638				
欧阳婷婷2018010623	2018010623				
赵军2018051646	2018051646				
何大宝2018040953	2018040953				

要计算长度的文本

= LEN (TEXT)

图15-10

（2）用LEN函数：可求得E2=LEN(A2)。F2=E2-D2。C2中，截取的姓名=LEFT(A2,F2)。

（3）LEFT和LEN的嵌套应用：把辅助列F列中的LEN公式嵌套到LEFT函数内。

选中C2单元格，在编辑栏输入“=LEFT(A2,LEN(A2)-LEN(B2))”后按Enter键确认。最后，再选中第2行中包含公式的单元格C2:F2，双击十字句柄，使公式快速引用到整表（见图15-11）。这样我们用了一个LEFT和LEN函数的组合，把姓名给取出来了。

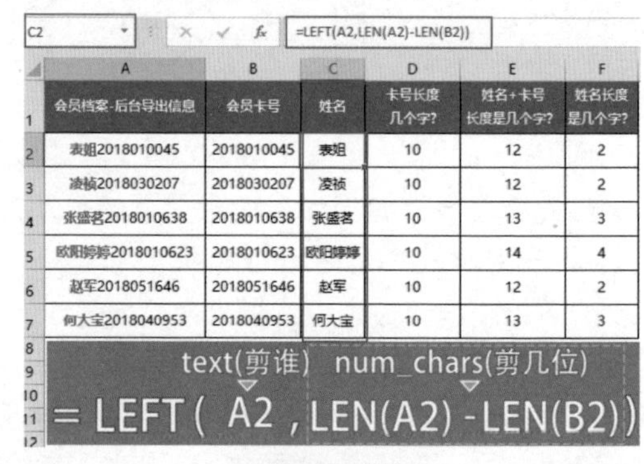

C2 =LEFT(A2,LEN(A2)-LEN(B2))

会员档案-后台导出信息	会员卡号	姓名	卡号长度几个字?	姓名+卡号长度是几个字?	姓名长度是几个字?
表姐2018010045	2018010045	表姐	10	12	2
凌祯2018030207	2018030207	凌祯	10	12	2
张盛茗2018010638	2018010638	张盛茗	10	13	3
欧阳婷婷2018010623	2018010623	欧阳婷婷	10	14	4
赵军2018051646	2018051646	赵军	10	12	2
何大宝2018040953	2018040953	何大宝	10	13	3

图15-11

温馨提示

LEN和LENB的区别如下。

（1）LENB：把1个中文汉字记为2个字符数，即“表”算2，“姐”算2，一共4个字符数。

（2）LEN：把1个中文汉字记为1个字符数，即“表”算1，“姐”算1，一共2个字符数。

15.2 文本函数2：MID/FIND/TRIM

如果遇到图5-12中，卡号长度不固定且中间有分隔符号情况，该如何拆分、整理呢？

数据信息当中有明显的分隔符号，如果直接用分列，当数据追加的时候就会有问题。还是用文本函数来拆分。

这个拆分要用到如下两个工具。

（1）第一个是要定位到这些分隔符号在哪里使用 FIND 函数。

（2）第二个是用 MID 这把“剪刀”，把它一截一截地“剪开”，这个函数比 LEFT 和 RIGHT 更强大。

1. FIND 函数应用：查找“-”所在位置

FIND(find text,within_text,start_num)：查找一个字符串在另一个字符串中存在的位置。

选中 B2 单元格，在编辑栏输入“=FIND("-",A2)”后按 Enter 键确认，双击十字句柄整列填充公式（见图 15-12）。

说明：

（1）- 为不计算的文本，需加 " "（把文本关到双引号的“笼子”里），即 "-"。

（2）[start_num] 是方括号括起来的参数，在 Excel 中，这类参数为非必填项，默认值为 1。

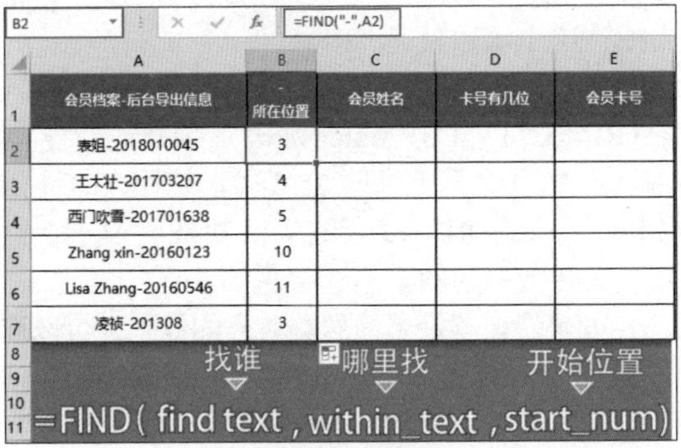

B2 =FIND("-",A2)

	A	B	C	D	E
1	会员档案-后台导出信息	-所在位置	会员姓名	卡号有几位	会员卡号
2	表姐-2018010045	3			
3	王大壮-201703207	4			
4	西门吹雪-201701638	5			
5	Zhang xin-20160123	10			
6	Lisa Zhang-20160546	11			
7	凌祯-201308	3			

找谁　哪里找　开始位置
=FIND(find text , within_text , start_num)

图 15-12

2. MID 函数应用：截取出会员姓名

MID(text,start_num,num_chars)：把一个文本字符串 text，从第 start_num 位开始进行拆分，拆的位数是 num_chars。

（1）选中 C2 单元格，在编辑栏输入“=MID(A2,1,B2-1)”后按 Enter 键确认，双击十字句柄整列填充公式（见图 15-13）。其中，B2-1 的 -1 是剪掉“-”所占的位数。

SUM =MID(A2,1,B2-1)

	A	B	C	D	E
1	会员档案-后台导出信息	-所在位置	会员姓名	卡号有几位	会员卡号
2	表姐-2018010045	3	=MID(A2,1,B2-1)		
3	王大壮-201703207	4	王大壮		
4	西门吹雪-201701638	5	西门吹雪		
5	Zhang xin-20160123	10	Zhang xin		
6	Lisa Zhang-20160546	11	Lisa Zhang		
7	凌祯-201308	3	凌祯		

剪谁　开始剪的位置　剪几位
=MID(text, start_num ,num_chars)

图 15-13

（2）选中 E2 单元格，在编辑栏中输入“=MID(A2,B2+1,100)”后按 Enter 键确认（见图 15-14）。在 num_chars（剪几位）输入一个比较大的值，例如 100，可省去 LEN 函数的嵌套应用。

否则的话，需要先计算 A 列字符串的总长度，然后减去会员姓名的长度，计算出卡号的位数并放在 D 列，增加一重嵌套公式才能计算出 E 列的会员卡号信息（见图 5-15）。

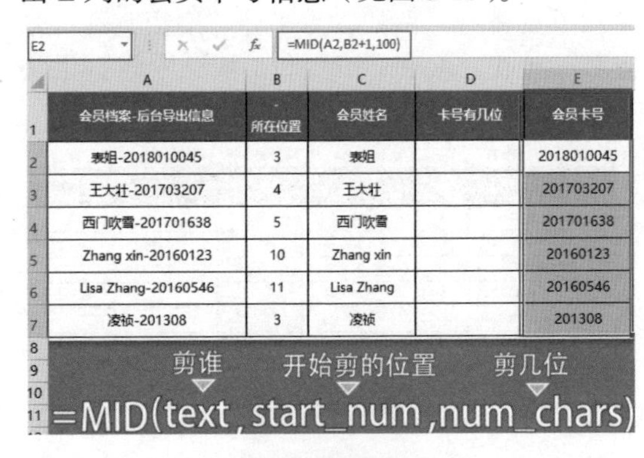

E2 =MID(A2,B2+1,100)

	A	B	C	D	E
1	会员档案-后台导出信息	-所在位置	会员姓名	卡号有几位	会员卡号
2	表姐-2018010045	3	表姐		2018010045
3	王大壮-201703207	4	王大壮		201703207
4	西门吹雪-201701638	5	西门吹雪		201701638
5	Zhang xin-20160123	10	Zhang xin		20160123
6	Lisa Zhang-20160546	11	Lisa Zhang		20160546
7	凌祯-201308	3	凌祯		201308

剪谁　开始剪的位置　剪几位
=MID(text, start_num ,num_chars)

图 15-14

读书笔记

D2 =LEN(A2)-LEN(C2)-1

	A	B	C	D	E
1	会员档案-后台导出信息	-所在位置	会员姓名	卡号有几位	会员卡号
2	表姐-2018010045	3	表姐	10	2018010045
3	王大壮-201703207	4	王大壮	9	201703207
4	西门吹雪-201701638	5	西门吹雪	9	201701638
5	Zhang xin-20160123	10	Zhang xin	8	20160123
6	Lisa Zhang-20160546	11	Lisa Zhang	8	20160546
7	凌祯-201308	3	凌祯	6	201308

图 15-15

3. TRIM 函数应用：删除文本中多余的空格

TRIM(text)：把一个文本字符串 text 中冗余的空格删掉。

如果我们平时拿到的数据类似图 15-16 那样，在 A 列中姓名的前后有非常多的空格。如果使用前面的 MDI、FIND 方法，给整理成 C 列的样子。这些名字会变得歪歪扭扭而且不管用什么样的对齐方式，都没办法让它有效居中。

这种情况往往是因为在录入姓名的时候，为了让姓名可以目测得对齐，把人名中间手动输入了空格符。例如，为了让“凌祯”和“张盛茗”对齐，就在“凌”和“祯”中间打了个空格，从而变成了“凌 祯”。

	A	B	C	D	E	F
1	会员档案-后台导出信息	-所在位置	会员姓名 =从开始到"-"的位置-1	会员卡号	会员姓名	清除会员姓名前后的空格
2	表姐-2018010045	4	表姐			
3	王大壮 -201703207	17	王大壮			
4	西门吹雪-201701638	15	西门吹雪			
5	Zhang xin-20160123	20	Zhang xin			
6	Lisa Zhang-20160546	19	Lisa Zhang			
7	凌祯 -201308	10	凌祯			

图 15-16

如果单纯用查找替换的方式，也会造成很多问题。例如按如下操作：

按 Ctrl+F 打开“查找和替换”对话框→查找“ ”（一个空格）→替换为空（什么都不输入）→单击“全部替换”后，会把英文姓名 Lisa Zhang 当中的空格给替换掉（见图 15-17）。

图 15-17

这就破坏了数据的真实准确性，为了避免这种问题，要用一个函数来帮我们把这些空格去掉，这个函数就是 TRIM。

选中 F2 单元格，在编辑栏输入“=TRIM(C2)”后按 Enter 键确定，双击十字句柄公式整列填充（见图 15-18）。使用 TRIM 函数以后，文字前后多余的空格就被删掉了，并且英文姓名中间的空格还会保留。

如果要设置姓名为两端对齐的效果，可以选中单元格后右击→打开“设置单元格格式”对话框→在“对齐”中设置单元格的“水平对齐”为“分散对齐（缩进）”，将“缩进”设为 1。这样就可以实现图 15-18 中文字自动对齐的效果了。这个技巧常常用于制作座位牌、铭牌等。

读书笔记

F2 =TRIM(E2)

	A	D	E	F
1	会员档案-后台导出信息	会员卡号	会员姓名	清除会员姓名前后的空格
2	表姐-2018010045	2018010045	表姐	表 姐
3	王大壮 -201703207	201703207	王大壮	王 大 壮
4	西门吹雪-201701638	201701638	西门吹雪	西 门 吹 雪
5	Zhang xin-20160123	20160123	Zhang xin	Zhang xin
6	Lisa Zhang-20160546	20160546	Lisa Zhang	Lisa Zhang
7	凌祯 -201308	201308	凌祯	凌 祯

图 15-18

15.3 秒做日报表 1：&

在工作中，除了要把一串信息拆开以外，有的时候也需要把多行信息合并在一起。正所谓“分久必合，合久必分”，分分合合，文本函数来“搞定”。文字信息之间的组合用 &（连接符）即可。

& 的输入方法：按 Shift + 7 键可直接打出 &。

如图 15-19 所示，要将 A3:C7 单元格区域中各门店的新增会员人数和累计会员人数整理成一段话。

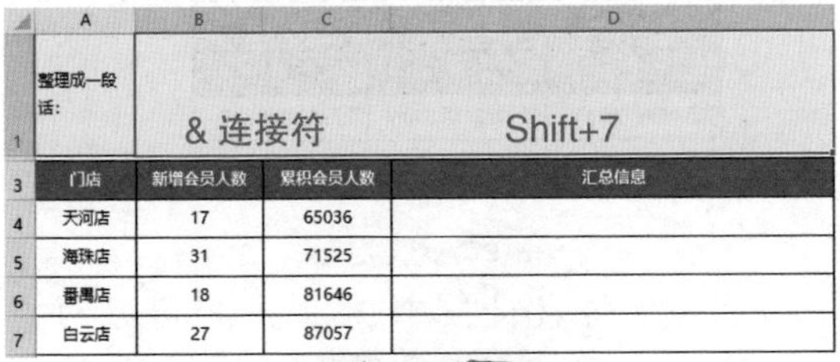

	A	B	C	D
1	整理成一段话：	& 连接符		Shift+7
3	门店	新增会员人数	累积会员人数	汇总信息
4	天河店	17	65036	
5	海珠店	31	71525	
6	番禺店	18	81646	
7	白云店	27	87057	

图 15-19

1. & 的应用

选中 D4 单元格（汇总信息），在编辑栏输入“=A4&B4&C4”后按 Enter 键确定，双击十字句柄整列填充公式。便可以把 A4:C4 3 个单元格的信息组合到一起（见图 15-20）。

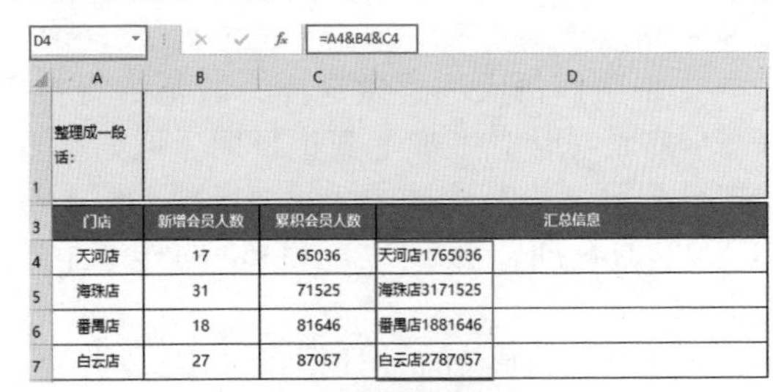

D4 =A4&B4&C4

	A	B	C	D
1	整理成一段话：			
3	门店	新增会员人数	累积会员人数	汇总信息
4	天河店	17	65036	天河店1765036
5	海珠店	31	71525	海珠店3171525
6	番禺店	18	81646	番禺店1881646
7	白云店	27	87057	白云店2787057

图 15-20

2. 通过 &，添加分隔的信息

虽然图 15-20 中已经把数据组合到一起，但是数字之间完全粘在一起，反而看不清信息了。我们可以在每个单元格前后，添加上它们的说明文字、标点符号等。只是要注意一下，这些文本要关到双引号的“笼子”里，才能和单元格进行“牵手”连接。

选中 D4 单元格（汇总信息），在编辑栏输入“=A4&"，新增会员人数："&B4&"人，累积会员人数："&C4&"。"”双击十字句柄整列填充公式。

3. 最终组合成一段话

在 B1 单元格中输入公式“=D4&D5&D6&D7”即可（见图 15-21）。

B1 =D4&D5&D6&D7

	A	B	C	D
1	整理成一段话:	天河店，新增会员人数：17人，累积会员人数：65036。海珠店，新增会员人数：31人，累积会员人数：71525。番禺店，新增会员人数：18人，累积会员人数：81646。白云店，新增会员人数：27人，累积会员人数：87057。		
3	门店	新增会员人数	累积会员人数	汇总信息
4	天河店	17	65036	天河店，新增会员人数：17人，累积会员人数：65036。
5	海珠店	31	71525	海珠店，新增会员人数：31人，累积会员人数：71525。
6	番禺店	18	81646	番禺店，新增会员人数：18人，累积会员人数：81646。
7	白云店	27	87057	白云店，新增会员人数：27人，累积会员人数：87057。

图 15-21

读书笔记

15.4 秒做日报表 2：TEXT/CHAR

如果我们每天都要做这样一段话的日报，只需要在汇总信息上加上截止日期。但如果直接把日期用 & 进行连接的话就会发现，原本是 2018/9/9 的日期，显示成了 43352 的样子（见图 15-22）。

这就是前面说的，日期的本质是数字。43352 是表示从 1900/1/0 到 2018/9/9，一共有 43352 天。

知道这个原理后，只需要用 TEXT 函数就可以让这个数字，显示成日期格式了。

B1 =A2&B2&C2&D2

	A	B	C	D
1	整理成一段话:	截止到：43352各门店会员人数如下：		
2	截止到:	2018/9/9	各门店会员人数如下:	
4	门店	新增会员人数	累积会员人数	汇总信息
5	天河店	100	65036	
6	海珠店	31	71525	
7	番禺店	18	81646	
8	白云店	27	87057	

图 15-22

1. TEXT 函数应用

TEXT(value,format_text)：设置一个值，显示为指定的格式。

TEXT 的使用方法：选中需要编辑的单元格 H1，在编辑栏输入“=TEXT(G1,"YYYY 年 MM 月 DD 日 ")”后按 Enter 键确定。日期便显示为“2018 年 08 月 30 日”了（见图 15-23），其中的字母 Y、M、D 分别表示年、月、日。

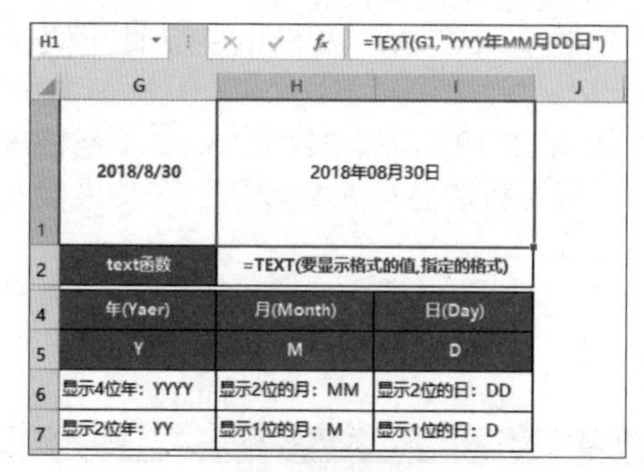

H1 =TEXT(G1,"YYYY年MM月DD日")

	G	H	I
1	2018/8/30	2018年08月30日	
2	text函数	=TEXT(要显示格式的值,指定的格式)	
4	年(Yaer)	月(Month)	日(Day)
5	Y	M	D
6	显示4位年：YYYY	显示2位的月：MM	显示2位的日：DD
7	显示2位年：YY	显示1位的月：M	显示1位的日：D

图 15-23

因此，每日日报中 B1 单元格可以写为“=A2&TEXT(B2,"YYYY 年 MM 月 DD 日 ")&C2&D5&D6&D7&D8”后按 Enter 键确认（见图 15-24）。

读书笔记

B1 =A2&TEXT(B2,"YYYY年MM月DD日")&C2&D5&D6&D7&D8

	A	B	C	D
1	整理成一段话:	截止到：2018年09月09日各门店会员人数如下：天河店，新增会员人数：100人，累积会员人数：65036。海珠店，新增会员人数：31人，累积会员人数：71525。番禺店，新增会员人数：18人，累积会员人数：81646。白云店，新增会员人数：27人，累积会员人数：87057。		
2	截止到:	2018/9/9	各门店会员人数如下:	
4	门店	新增会员人数	累积会员人数	汇总信息
5	天河店	100	65036	天河店，新增会员人数：100人，累积会员人数：65036。
6	海珠店	31	71525	海珠店，新增会员人数：31人，累积会员人数：71525。
7	番禺店	18	81646	番禺店，新增会员人数：18人，累积会员人数：81646。
8	白云店	27	87057	白云店，新增会员人数：27人，累积会员人数：87057。

图 15-24

2. CHAR 函数应用

在图 15-24 中展示的效果，如果我们想要在指定位置进行换行的话，可以使用 CHAR(10) 生成一个单元格内强制换行符即可。

例如，选中 B1 单元格将公式更改为“=A2&TEXT(B2,"YYYY 年 MM 月 DD 日")&CHAR(10)&C2&CHAR(10)&D5&CHAR(10)&D6&CHAR(10)&D7&CHAR(10)&D8”后按 Enter 键回车确认（见图 15-25）。

B1 =A2&TEXT(B2,"YYYY年MM月DD日")&CHAR(10)&C2&CHAR(10)&D5&CHAR(10)&D6&CHAR(10)&D7&CHAR(10)&D8

	A	B	C	D
1	整理成一段话:	截止到：2018年09月09日 各门店会员人数如下： 天河店，新增会员人数：100人，累积会员人数：65036。 海珠店，新增会员人数：31人，累积会员人数：71525。 番禺店，新增会员人数：18人，累积会员人数：81646。		
2	截止到:	2018/9/9	各门店会员人数如下:	
4	门店	新增会员人数	累积会员人数	汇总信息
5	天河店	100	65036	天河店，新增会员人数：100人，累积会员人数：65036。
6	海珠店	31	71525	海珠店，新增会员人数：31人，累积会员人数：71525。
7	番禺店	18	81646	番禺店，新增会员人数：18人，累积会员人数：81646。
8	白云店	27	87057	白云店，新增会员人数：27人，累积会员人数：87057。

图 15-25

15.5 彩蛋：快速填充 CTRL + E

如果你使用的是 Excel 2013、2016 或更高的版本，那么在文本数据的整理上，Excel 还提供了一个 AI 级的工具“快速填充”功能。

温馨提示

文本一次性快速整理，就用快速填充 Ctrl+E。

1. 快速填充：Ctrl+E

例如要清空图 15-26 中 A 列的空白，只需在 B2 中输入模板：“表姐”→移至单元格右下角→单击并向下拖曳→单击右侧小方框→选中“快速填充”（见图 15-26），即可完成整列数据的快速整理。

用同样的方法也可以快速“搞定”，将 C 列手机号码中间的 4 位，更改为 ****。即在 D2 单元格输入“159****6243”后，选中 D3 单元格后按快捷键 Ctrl+E（见图 15-27）。

	A	B	C	D
1	会员姓名	会员姓名	手机号码	手机****号码
2	表姐	表姐	15914806243	159****6243
3	王大壮	王大壮	15526106595	
4	西门吹雪	西门吹雪	15096553490	
5	Lisa Zhang	Lisa Zhang	13878033234	
6	Zhang xin	Zhang xin	13353493421	
7	凌祯	凌祯	13211541544	

图 15-26

温馨提示

快速填充的使用条件：

（1）Excel 版本是（Windows 系统）2013、2016。

（2）只适用于有规律的数据，并且需要在数据源第 1 行手工填写填充规律。

如在图 15-27 中要对 E 列的地址，分别拆分为 F 列的省份、G 列的城市、H 列的区、I 列的区 - 城市 - 省份（对 E 列的数据进行重组）。必须要先在 F2 单元格输入填充规律“江西”后，再在 F3 单元格按下快捷键 Ctrl ＋ E 才行。

读书笔记

	A	B	C	D	E	F	G	H	I
1	会员姓名	会员姓名	手机号码	手机****号码	地址	省份	城市	区	区-城市-省份
2	表姐	表姐	15914806243	159****6243	江西省九江市浔阳区人民路6号	江西	九江	浔阳区	浔阳区-九江市-江西省
3	王大壮	王大壮	15526106595	155****6595	湖南省长沙市芙蓉区观塘里8号	湖南	长沙	芙蓉区	芙蓉区-长沙市-湖南省
4	西门吹雪	西门吹雪	15096553490	150****3490	广东省广州市海珠区赤岗路10号	广东	广州	海珠区	海珠区-广州市-广东省
5	Lisa Zhang	Lisa Zhang	13878033234	138****3234	河北省廊坊市三河区迎宾路188号	河北	廊坊	三河区	三河区-廊坊市-河北省
6	Zhang xin	Zhang xin	13353493421	133****3421	广东省深圳市宝安区幸福里808号	广东	深圳	宝安区	宝安区-深圳市-广东省
7	凌祯	凌祯	13211541544	132****1544	湖北省武汉市高新区江边路606号	湖北	武汉	高新区	高新区-武汉市-湖北省

图 15-27

表姐说

总结一下，通过文本函数可以快速“搞定”职场中，所有和文字计算相关的问题，如文字的拆分、组合、长度计算等。

如果遇到表格没有按照“一个萝卜一个坑”的规则分开填写时，我们就用文本函数，只需要设置一次，后面追加的数据就能自动分开，解放我们的双手。

如果文本当中有冗余的空格，就用 TRIM 函数去掉。

如果数据要变一下显示的格式，就用 TEXT 函数改一下。

如果要把内容合并到一起，就可以用 & 串起来。

如果是 Excel 2013、2016 及以上的版本，它还有一个超级厉害的功能——“快速填充”，只要给它一个规则，按一下快捷键 Ctrl+E，所有复杂的文本问题都能一键“搞定”。

读书笔记

16 数据计算“自动档”，只需认识统计函数三兄弟

职场小故事

现在，老板觉得小张的工作干得越来越好了。小张也不由得感慨起来，函数真是个好东西，一开始感觉特别难，没想到跟着表姐学起来，数数“火车”都能轻松掌握。（见图 16-1 和图 16-2）

图 16-1

图 16-2

一天，老板拿出了一张表（见图 16-3），吩咐小张道：“上半年已经过去了，你帮我算下各部门业绩都完成得怎么样，这样我好定下半年的预算。”

季度	大区	门店	品牌	店长	业绩总额（万元）
第一季度	华南	广州店	华为P10	表姐	201.61
第一季度	华南	深圳店	华为荣耀	凌祯	220.82
第一季度	华北	北京店	OPPO R系列	张盛茗	132.51
第二季度	华南	广州店	OPPO	表姐	215.30
第二季度	华南	深圳店	华为P系列	凌祯	225.63
第二季度	华北	北京店	HUAWEI华为	张盛茗	263.65

图 16-3

小张想起前面表姐的叮嘱——关于数据的统计和分析，心中永远默念 5 个字：数据透视

表！但使用这个工具是有一个前提的，必须得有规范的数据源。

但是图 16-3 中的表里，部门、产品都没有统一填好，是没有办法使用数据透视表的。面对这种“留坑”表，小张掏出表姐的“函数快速查询手册”（见图 16-4）。原来，面对这种老表“留坑”的问题，只需要用 SUMIFS 函数就能“搞定”。而且小张也顺便记住了其他几个类似的函数。

在开始学函数之前，我们先来掌握几个单元格区域在公式中的写法。

1. 连续区域

在地址栏输入“F2:F7”后按 Enter 键确定，此时 Excel 选中了 F2～F7 的整片区域（见图 16-5）。在 Excel 中用冒号“:”连接首末单元格间的连续区域，相当于鼠标操作中拖曳选择连续区域。

F2（首格）: F7（末格）表示连续区域。相当于选中 F2（首格）+ 按 Shift 键 +F7（末格）。

图 16-4

F2:F7 | fx 201.61

	A	B	C	D	E	F
1	季度	大区	门店	品牌	店长	业绩总额（万元）
2	第一季度	华南	广州店	华为P10	表姐	201.61
3	第一季度	华南	深圳店	华为荣耀	凌祯	220.82
4	第一季度	华北	北京店	OPPO R系列	张盛茗	132.51
5	第二季度	华南	广州店	OPPO	表姐	215.30
6	第二季度	华南	深圳店	华为P系列	凌祯	225.63
7	第二季度	华北	北京店	HUAWEI华为	张盛茗	263.65

图 16-5

2. 指定区域

在单元格编辑栏输入“F2,F7”后按 Enter 键确定，此时 Excel 只选中了 F2 和 F7 两个单元格（见图 16-6）。在 Excel 中，用逗号“,”连接指定的单元格。相当于选中 F2+ 按 Ctrl 键 +F7，即选择不连续的区域。

F2,F7 | fx 263.65

	A	B	C	D	E	F
1	季度	大区	门店	品牌	店长	业绩总额（万元）
2	第一季度	华南	广州店	华为P10	表姐	201.61
3	第一季度	华南	深圳店	华为荣耀	凌祯	220.82
4	第一季度	华北	北京店	OPPO R系列	张盛茗	132.51
5	第二季度	华南	广州店	OPPO	表姐	215.30
6	第二季度	华南	深圳店	华为P系列	凌祯	225.63
7	第二季度	华北	北京店	HUAWEI华为	张盛茗	263.65

图 16-6

了解上述内容以后，我们在写函数公式选择区域的时候，也就不难了。

16.1 5类基础统计函数

由于操作方法都类似，我们在这里仅使用SUM求和函数进行讲解。

（1）选择单元格J2→单击“公式”→“自动求和”→“求和”（见图16-7）。

季度	大区	门店	品牌	店长	业绩总额（万元）
第一季度	华南	广州店	华为P10	袁姐	201.61
第一季度	华南	深圳店	华为荣耀	凌祯	220.82
第一季度	华北	北京店	OPPO R系列	张盛茗	132.51
第二季度	华南	广州店	OPPO	袁姐	215.30
第二季度	华南	深圳店	华为P系列	凌祯	225.63
第二季度	华北	北京店	HUAWEI华为	张盛茗	263.65

统计项目	函数	结果
求和	SUM	
平均值	AVERAGE	
计数	COUNT	
最大值	MAX	
最小值	MIN	

图 16-7

（2）框选SUM函数的参数即目标计算区域，拖曳选择F2:F7并按Enter键确定（见图16-8）。

=SUM(F2:F7)

图 16-8

用同样的方法，完成其他4类基础统计函数的快速计算：平均值（AVERAGE）、计算（COUNT）、最大值（MAX）、最小值（MIN）（见图16-9）。

至此，我们把5类最基础的函数都使用了。后面我们对这些函数做出演变的计算，就会非常简单了。例如SUMIFS函数，就是SUM再加上IFS的一个组合而已。

季度	大区	门店	品牌	店长	业绩总额（万元）
第一季度	华南	广州店	华为P10	袁姐	201.61
第一季度	华南	深圳店	华为荣耀	凌祯	220.82
第一季度	华北	北京店	OPPO R系列	张盛茗	132.51
第二季度	华南	广州店	OPPO	袁姐	215.30
第二季度	华南	深圳店	华为P系列	凌祯	225.63
第二季度	华北	北京店	HUAWEI华为	张盛茗	263.65

统计项目	函数	结果
求和	SUM	1259.52
平均值	AVERAGE	209.92
计数	COUNT	6
最大值	MAX	263.65
最小值	MIN	132.51

图 16-9

16.2 SUMIFS函数

不用透视表该如何计算满足某个条件下的数据统计呢？正如前面所说，学函数的第一步：拆分需求。

对业绩总额（I3单元格），根据大区当中满足为华南地区的，对应的业绩总额情况进行汇总求和（见图16-10）。

在需求中，找出关键词：“满足条件……进行统计求和”，这对应的就是SUMIFS函数。

图 16-10

1. SUMIFS函数单条件求和

SUMIFS (sum_range,criteria_range1,criteria1)：对于一个区域sum_range进行条件求和，要求是它的条件区域criteria_range1，满足条件criteria1。

（1）鼠标选中I3单元格，在编辑栏输入“=SUM”，通过↑、↓方向键找到SUMIFS函数，定位后这个函数会显示为蓝色选中状态（见图16-11）。此时按Tab键，Excel会自动补齐函数名称和左括号，然后手动补上右括号。根据函数参数提示框的内容，输入2个连接件逗号即输入为“=SUMIFS(,,)”（见图16-12）。

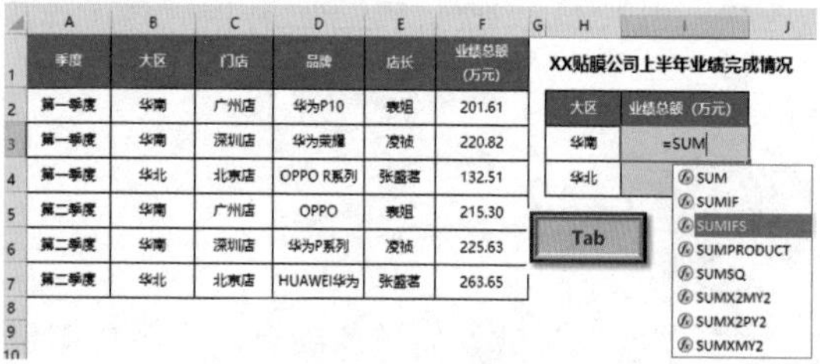

图 16-11

在Excel当中，函数的参数如果是方括号括起来的，意味着这种参数是非必填项；如果没有被方括号括起来，意味着这个参数不可缺失（见图16-12）。此时我们计算的条件只有一组即“大区”，满足“华南”的条件。因此在SUMIFS函数中，只写两个逗号。

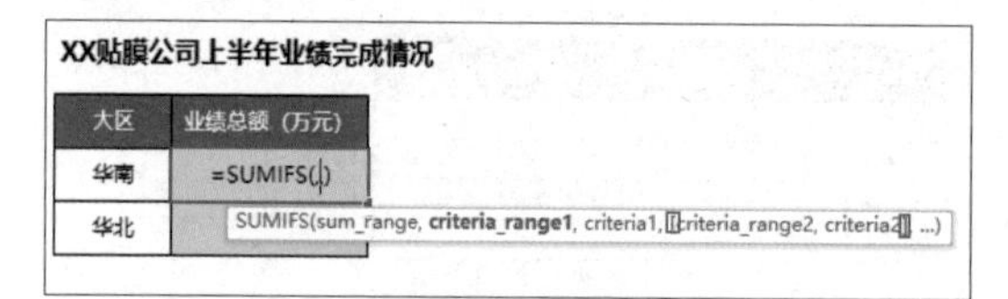

图 16-12

温馨提示

用方括号括起来的参数，可写可不写。

（2）在I3单元格完善公式“=SUMIFS(F2:F7,B2:B7,H3)”按Enter键确定（见图16-13）。即在A1:F7的原始表格中，我们实际进行求和的区域是“业绩总额（万元）”所在单元格区域F2:F7，进行条件计算要满足的条件是，“大区”（B2:B7）必须等于“华南”（H3）。

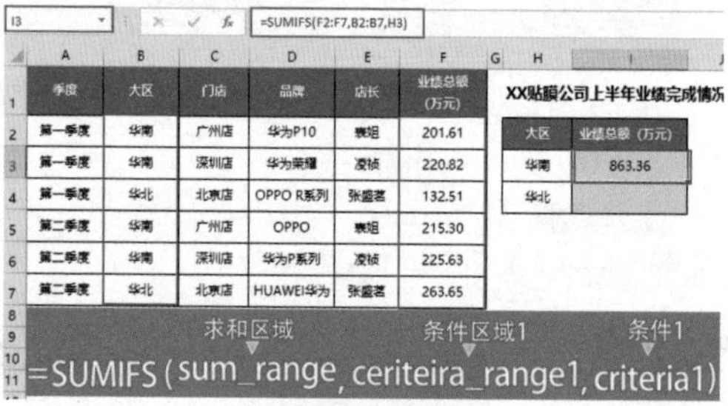

图 16-13

（3）批量应用公式，检查哪些区域要锁死，给它挂“锁头”。通过单击函数参数提示框中不同参数位置，进行参数选择的快速跳转。单击sum_range，则SUMIFS函数中的第1个参数“F2:F7”变成灰色选中状态。此时按快捷键F4，快速给F2:F7挂上“锁头”，变成$F$2:$F$7。

用同样的方法，确认其他参数是否需要锁定，最后将I3单元格公式，编辑为

“=SUMIFS($F$2:$F$7,$B$2:$B$7,H3)”按Enter键确认。双击十字句柄，将公式快速应用至I4单元格（见图16-14）。

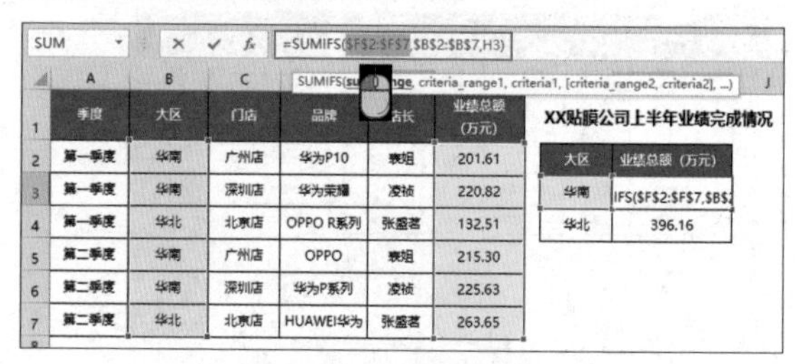

图 16-14

2. SUMIFS函数多条件求和

SUMIFS函数不仅仅可做单条件求和，还可以做多条件求和。如图16-15所示，要在同

时满足“大区”“季度”两组条件后进行求和。

季度	大区	门店	品牌	店长	业绩总额（万元）
第一季度	华南	广州店	华为P10	裘姐	201.61
第一季度	华南	深圳店	华为荣耀	凌祯	220.82
第一季度	华北	北京店	OPPO R系列	张盛茗	132.51
第二季度	华南	广州店	OPPO	裘姐	215.30
第二季度	华南	深圳店	华为P系列	凌祯	225.63
第二季度	华北	北京店	HUAWEI华为	张盛茗	263.65

XX贴膜公司上半年业绩完成情况

大区	季度	业绩总额（万元）
华南	第一季度	
华北	第一季度	
华南	第二季度	
华北	第二季度	

对谁 根据什么条件 进行怎样处理
业绩总额 大区名称;季度 业绩总额求和

图 16-15

拆分需求：第一个条件是大区满足对应的大区名称，第二个条件是季度满足对应的季度名称，将满足条件的业绩总额金额进行求和汇总，使用的还是 SUMIF 函数（见图 16-16）。

SUMIFS 函数可记忆为：SUMIFS（求和区域，条件区域 1，条件 1，条件区域 2，条件 2…）。

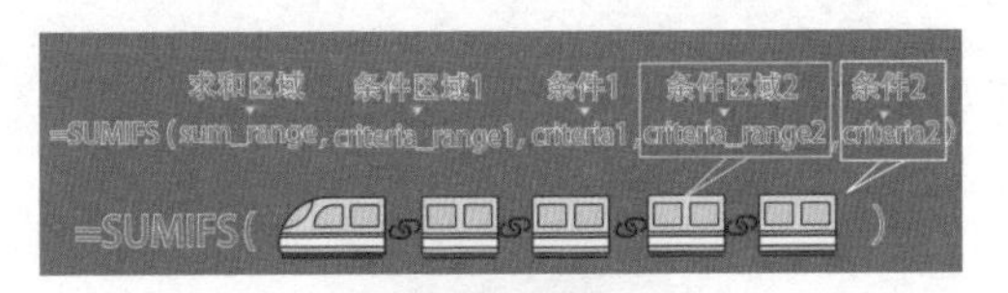

图 16-16

（1）选中 J3 单元格，在编辑栏输入“=SUMIFS(F2:F7,B2:B7,H3,A2:A7,I3)”按 Enter 键确认（见图 16-17）。

J3 =SUMIFS(F2:F7,B2:B7,H3,A2:A7,I3)

季度	大区	门店	品牌	店长	业绩总额（万元）
第一季度	华南	广州店	华为P10	裘姐	201.61
第一季度	华南	深圳店	华为荣耀	凌祯	220.82
第一季度	华北	北京店	OPPO R系列	张盛茗	132.51
第二季度	华南	广州店	OPPO	裘姐	215.30
第二季度	华南	深圳店	华为P系列	凌祯	225.63
第二季度	华北	北京店	HUAWEI华为	张盛茗	263.65

XX贴膜公司上半年业绩完成情况

大区	季度	业绩总额（万元）
华南	第一季度	422.43
华北	第一季度	
华南	第二季度	
华北	第二季度	

求和区域 条件区域1 条件1 条件区域2
= SUMIFS(sum_range, criteria_range1, criteria1, criteria_range2,)

图 16-17

（2）批量应用公式前，检查单元格引用方式，将求和区域、条件区域 1、条件区域 2 挂“锁头”锁死，修改公式为“=SUMIFS($F$2:$F$7,$B$2:$B$7,H3,$A$2:$A$7,I3)”按 Enter 键确认，双击十字句柄向下快速填充公式（见图 16-18）。

J3 =SUMIFS($F$2:$F$7,$B$2:$B$7,H3,$A$2:$A$7,I3)

季度	大区	门店	品牌	店长	业绩总额（万元）
第一季度	华南	广州店	华为P10	裘姐	201.61
第一季度	华南	深圳店	华为荣耀	凌祯	220.82
第一季度	华北	北京店	OPPO R系列	张盛茗	132.51
第二季度	华南	广州店	OPPO	裘姐	215.30
第二季度	华南	深圳店	华为P系列	凌祯	225.63
第二季度	华北	北京店	HUAWEI华为	张盛茗	263.65

XX贴膜公司上半年业绩完成情况

大区	季度	业绩总额（万元）
华南	第一季度	422.43
华北	第一季度	132.51
华南	第二季度	440.93
华北	第二季度	263.65

图 16-18

3. SUMIFS 函数模糊条件求和

在本章“职场小故事”中，小张拿到的数据源表中，要统计的品牌“华为”有的写在机型前面如“华为 P10”，有的写在字母后面如“HUAWEI 华为”。面对这样的情况，就需要用 SUMIFS 函数来做模糊条件求和。

拆分需求：对业绩统计所在的 K3 单元格，根据大区当中等于华南，品牌当中包含华为的业绩总额情况进行汇总统计，用到的是条件求和 SUMIFS 函数（见图 16-19）。

季度	大区	门店	品牌	店长	业绩总额（万元）
第一季度	华南	广州店	华为P10	裘姐	201.61
第一季度	华南	深圳店	华为荣耀	凌祯	220.82
第一季度	华北	北京店	OPPO R系列	张盛茗	132.51
第二季度	华南	广州店	OPPO	裘姐	215.30
第二季度	华南	深圳店	华为P系列	凌祯	225.63
第二季度	华北	北京店	HUAWEI华为	张盛茗	263.65

XX贴膜公司上半年业绩完成情况

大区	品牌	KPI	业绩	完成率
华南	华为	450		0%
华南	OPPO	130		0%
华北	华为	430		0%
华北	OPPO	150		0%

对谁 根据什么条件 进行怎样处理
业绩 大区=华南;品牌包含华为 业绩总额汇总统计

图 16-19

（1）编写 SUMIFS 函数。选中 K3 单元格，在编辑栏输入公式“=SUMIFS(F2:F7,B2:B7,H3,

D2:D7,I3)”按 Enter 键确认，K2 显示为 0（见图 16-20）。

原因分析：在数据源表，对 I3“华为”进行匹配时，并没有找到完全等于“华为”的数据，即无法与 I3 单元格匹配。

K3 =SUMIFS(F2:F7,B2:B7,H3,D2:D7,I3)

季度	大区	门店	品牌	店长	业绩总额（万元）
第一季度	华南	广州店	华为P10	表姐	201.61
第一季度	华南	深圳店	华为荣耀	凌祯	220.82
第一季度	华北	北京店	OPPO R系列	张盈茗	132.51
第二季度	华南	广州店	OPPO	表姐	215.30
第二季度	华南	深圳店	华为P系列	凌祯	225.63
第二季度	华北	北京店	HUAWEI华为	张盈茗	263.65

XX贴膜公司上半年业绩完成情况

大区	品牌	KPI	业绩	完成率
华南	华为	450	0	0%
华南	OPPO	130		0%
华北	华为	430		0%
华北	OPPO	150		0%

图 16-20

（2）构建模糊条件。在这里我们可以发现，要将“华为”显示出来时，信息内容的前面有一些不确定的内容，而后面也有不确定的内容。在 Excel 当中，不确定的模糊信息，使用“*”通配符来表示任意字符串。结合前面，对于不同字符、单元格之间，使用“&”连接符组合起来。

温馨提示

用“*”通配符标识任意内容。

① 在 K3 单元格编辑栏输入“=SUMIFS(F2:F7,B2:B7,H3,D2:D7,*&I3&*)”按 Enter 键确定（见图 16-21）。

K3 =SUMIFS(F2:F7,B2:B7,H3,D2:D7,*&I3&*)

季度	大区	门店	品牌	店长	业绩总额（万元）
第一季度	华南	广州店	华为P10	表姐	201.61
第一季度	华南	深圳店	华为荣耀	凌祯	220.82
第一季度	华北	北京店	OPPO R系列	张盈茗	132.51
第二季度	华南	广州店	OPPO	表姐	215.30
第二季度	华南	深圳店	华为P系列	凌祯	225.63
第二季度	华北	北京店	HUAWEI华为	张盈茗	263.65

XX贴膜公司上半年业绩完成情况

大区	品牌	KPI	业绩	完成率
华南	=SUMIFS(F2:F7,B2:B7,H3,D2:D7,*&I3&*)			
华南	OPPO	130		0%
华北	华为	430		0%
华北	OPPO	150		0%

图 16-21

② 弹出错误提示对话框（见图 16-22），这是因为 * 不参与计算，必须将 * 放在 " " 里。

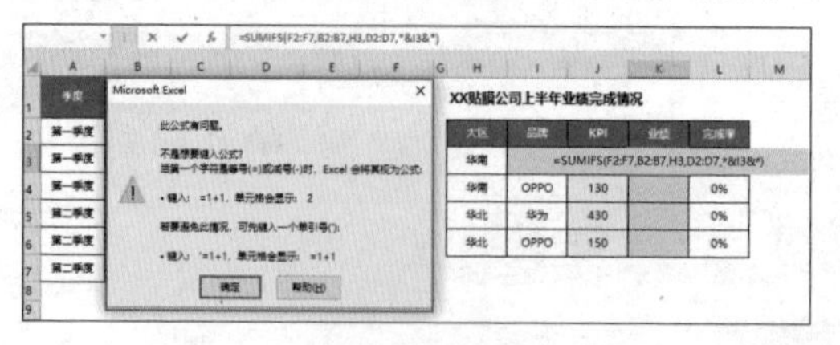

图 16-22

③ 修改公式为“=SUMIFS(F2:F7,B2:B7,H3,D2:D7,"*"&I3&"*")”按 Enter 键确认（见图 6-23）。

K3 =SUMIFS(F2:F7,B2:B7,H3,D2:D7,"*"&I3&"*")

季度	大区	门店	品牌	店长	业绩总额（万元）
第一季度	华南	广州店	华为P10	表姐	201.61
第一季度	华南	深圳店	华为荣耀	凌祯	220.82
第一季度	华北	北京店	OPPO R系列	张盛茗	132.51
第二季度	华南	广州店	OPPO	表姐	215.30
第二季度	华南	深圳店	华为P系列	凌祯	225.63
第二季度	华北	北京店	HUAWEI华为	张盛茗	263.65

XX贴膜公司上半年业绩完成情况

大区	品牌	KPI	业绩	完成率
华南	华为	450	&I3&"*")	144%
华南	OPPO	130		0%
华北	华为	430		0%
华北	OPPO	150		0%

图 16-23

④ 公式批量应用，选择需要锁定的参数区域后按快捷键 F4，给它们挂上双“锁头”锁死。

最终 K3 单元格的公式为“=SUMIFS($F$2:$F$7,$B$2:$B$7,H3,$D$2:$D$7,"*"&I3&"*")”按 Enter 键确定，双击十字句柄，向下快速应用公式（见图 16-24）。

K3 =SUMIFS($F$2:$F$7,$B$2:$B$7,H3,$D$2:$D$7,"*"&I3&"*")

季度	大区	门店	品牌	店长	业绩总额（万元）
第一季度	华南	广州店	华为P10	表姐	201.61
第一季度	华南	深圳店	华为荣耀	凌祯	220.82
第一季度	华北	北京店	OPPO R系列	张盛茗	132.51
第二季度	华南	广州店	OPPO	表姐	215.30
第二季度	华南	深圳店	华为P系列	凌祯	225.63
第二季度	华北	北京店	HUAWEI华为	张盛茗	263.65

XX贴膜公司上半年业绩完成情况

大区	品牌	KPI	业绩	完成率
华南	华为	450	648.06	144%
华南	OPPO	130	215.3	166%
华北	华为	430	263.65	61%
华北	OPPO	150	132.51	88%

图 16-24

16.3 AVERAGEIFS 函数

在图 16-25 所示的表中，对业绩的情况不是进行条件求和，而是求条件平均值。

拆分需求：业绩总额平均值是把门店当中满足条件是广州店的“业绩总额”进行条件平均值计算，用到的是 AVERAGEIFS 函数（见图 16-25）。

AVERAGEIFS (average_range,criteria_range1,criteria1)：对于一个区域 average_range 进行条件平均值计算，要求是它的条件区域 criteria_range1，满足条件 criteria1。

我们先来对比一下 AVERAGEIFS 函数和 SUMIFS 函数，从而快速理解和掌握（见图 16-26）。

（1）相同：两个函数的参数选择完全一样，即选定某一个区域，然后对它的满足条件区域或条件进行依次填写。

季度	大区	门店	品牌	店长	业绩总额（万元）
第一季度	华南	广州店	华为P10	褒姐	201.61
第一季度	华南	深圳店	华为荣耀	凌祯	220.82
第一季度	华北	北京店	OPPO R系列	张盛茗	132.51
第二季度	华南	广州店	OPPO	褒姐	215.30
第二季度	华南	深圳店	华为P系列	凌祯	225.63
第二季度	华北	北京店	华为	张盛茗	263.65

门店	业绩总额平均值
广州店	
深圳店	
北京店	

对谁　根据什么条件　进行怎样处理
业绩总额平均值　广州店　业绩总额平均值

图 16-25

（2）区别：函数名称不同。

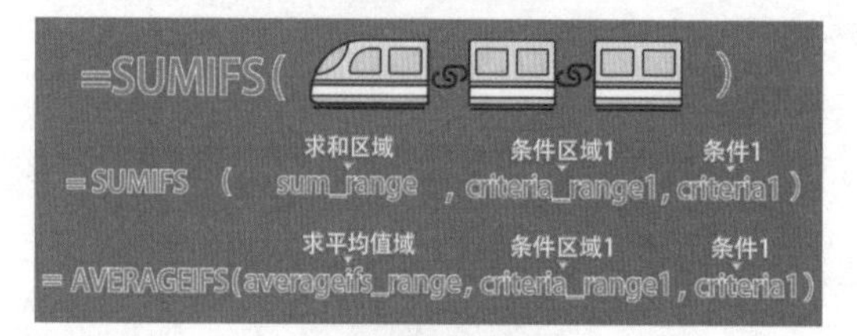

图 16-26

温馨提示

以点带面学函数，学会一个，掌握一串。

（1）选中 I2 单元格，在编辑栏输入 "=AVERAGEIFS(F2:F7,C2:C7,H2)" 按 Enter 键确认（见图 16-27）。

I2　=AVERAGEIFS(F2:F7,C2:C7,H2)

季度	大区	门店	品牌	店长	业绩总额（万元）
第一季度	华南	广州店	华为P10	褒姐	201.61
第一季度	华南	深圳店	华为荣耀	凌祯	220.82
第一季度	华北	北京店	OPPO R系列	张盛茗	132.51
第二季度	华南	广州店	OPPO	褒姐	215.30
第二季度	华南	深圳店	华为P系列	凌祯	225.63
第二季度	华北	北京店	华为	张盛茗	263.65

门店	业绩总额平均值
广州店	208.455
深圳店	
北京店	

求平均值域　条件区域1　条件1
=AVERIAGEIFS(average_range, ceriteira_range1, criteria1)

图 16-27

（2）公式批量填充，挂上双"锁头""=AVERAGEIFS($F$2:$F$7,$C$2:$C$7,H2)" 按 Enter 键确认，双击十字句柄向下快速应用公式（见图 16-28）。

I2　=AVERAGEIFS($F$2:$F$7,$C$2:$C$7,H2)

F4快速切换$所在位置

季度	大区	门店	品牌	店长	业绩总额（万元）
第一季度	华南	广州店	华为P10	褒姐	201.61
第一季度	华南	深圳店	华为荣耀	凌祯	220.82
第一季度	华北	北京店	OPPO R系列	张盛茗	132.51
第二季度	华南	广州店	OPPO	褒姐	215.30
第二季度	华南	深圳店	华为P系列	凌祯	225.63
第二季度	华北	北京店	华为	张盛茗	263.65

门店	业绩总额平均值
广州店	208.455
深圳店	223.225
北京店	198.08

图 16-28

16.4 COUNTIFS 函数

在图 16-29 所示的表中，对满足业绩条件的门店，进行个数的计算。

拆分需求：对 I2 单元格进行条件计算（即计算满足条件的个数），它需要满足两个条件：第一个是季度等于季度名称；第二个是业绩总额要满足的条件是">=200"万元，用到的是 COUNTIFS 函数（见图 16-29）。

COUNTIFS (criteria_range1,criteria1）：对于条件区域 criteria_range1，满足条件 criteria1 的个数，进行计算。

季度	大区	门店	品牌	店长	业绩总额（万元）
第一季度	华南	广州店	华为P10	褒姐	201.61
第一季度	华南	深圳店	华为荣耀	凌祯	220.82
第一季度	华北	北京店	OPPO R系列	张盛茗	132.51
第二季度	华南	广州店	OPPO	褒姐	215.30
第二季度	华南	深圳店	华为P系列	凌祯	225.63
第二季度	华北	北京店	华为	张盛茗	263.65

季度	业绩总额>=220万元，有几家店
第一季度	
第二季度	

对谁　根据什么条件
I2　季度=季度名称；业绩总额>=220

图 16-29

COUNTIFS 函数和 SUMIFS 函数对比：COUNTIFS 函数是满足特定条件的个数计算，只需要写判定的条件区域和条件，不选求和区域（见图 16-30）。

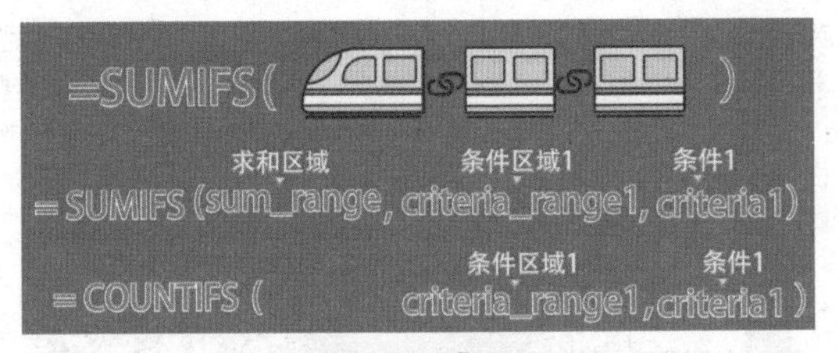

图 16-30

（1）选中I2单元格，在编辑栏输入“=COUNTIFS(A2:A7,H2,F2:F7,">220")”按Enter键确定（见图 16-31）。其中“>220”的判定条件是不参与计算的，需要加上 " "，即 ">220"。

I2 =COUNTIFS(A2:A7,H2,F2:F7,">220")

季度	大区	门店	品牌	店长	业绩总额（万元）		季度	业绩总额>=220万元，有几家店
第一季度	华南	广州店	华为P10	表姐	201.61		第一季度	1
第一季度	华南	深圳店	华为荣耀	凌祯	220.82		第二季度	
第一季度	华北	北京店	OPPO R系列	张盛茗	132.51			
第二季度	华南	广州店	OPPO	表姐	215.30			
第二季度	华南	深圳店	华为P系列	凌祯	225.63			
第二季度	华北	北京店	华为	张盛茗	263.65			

条件区域1　条件1　条件区域2　条件2
=COUNTIFS(criteria_range1, criteria1, criteria_range2, criteria2)

图 16-31

（2）公式批量填充，挂上双“锁头”“=COUNTIFS($A$2:$A$7,H2,$F$2:$F$7,">220")” 按Enter键确认，双击十字句柄向下快速应用公式（见图 16-32）。

I2 =COUNTIFS($A$2:$A$7,H2,$F$2:$F$7,">220")

季度	大区	门店	品牌	店长	业绩总额（万元）		季度	业绩总额>=220万元，有几家店
第一季度	华南	广州店	华为P10	表姐	201.61		第一季度	1
第一季度	华南	深圳店	华为荣耀	凌祯	220.82		第二季度	2
第一季度	华北	北京店	OPPO R系列	张盛茗	132.51			
第二季度	华南	广州店	OPPO	表姐	215.30			
第二季度	华南	深圳店	华为P系列	凌祯	225.63			
第二季度	华北	北京店	华为	张盛茗	263.65			

图 16-32

读书笔记

表姐说

我们通过 SUMIFS 函数的学习，类比着学习了 AVERAGEIFS 条件平均计算和 COUNTIFS 条件个数计算（见图 16-33）。

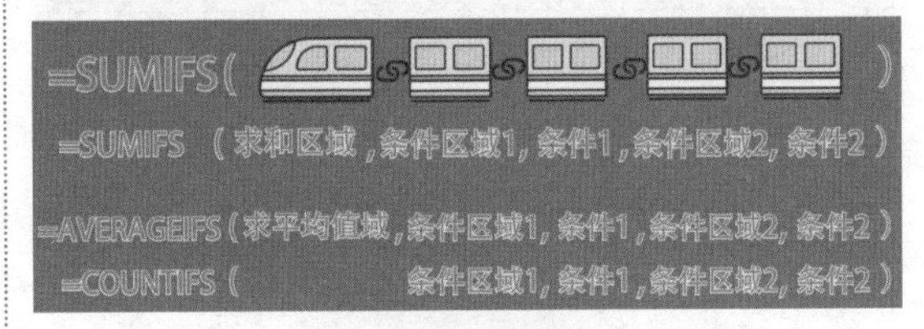

图 16-33

AVERAGEIFS 和 SUMIFS 一样，其中写的是要进行计算的区域、逗号，后面跟着成对出现的条件区域 1、条件 1，条件区域 2、条件 2，以此类推。

COUNTIFS 和 SUMIFS 有一点小差异，它不用在第 1 个参数写上用于计算的区域，直接把判定条件成对写上就好。

16.5 彩蛋

1. 快速计算 1：ALT+=

自动求和：选中需要求和的单元格 B2:N10，按 ALT+= 键，即可一键自动求和（见图 16-34）。

店长	1月	2月	3月	4月	5月	6月	7月	8月	9月	10月	11月	12月	合计
表姐	13	9	24	66	66	58	32	76	59	30	7	64	
凌祯	85	81	5	95	92	9	35	89	49	79	81	87	
张盛茗	73	35	47	11	66	25	10	84	7	53	82	46	
林婷婷	67	100	19	1	50	43	10	85	75	63	5	18	
赵一涵	9	67	59	85	90	77	80	100	17	51	40	84	
张大宝	49	8	68	27	91	15	37	77	98	23	78	24	
王大刀	33	41	39	36	34	93	15	49	39	96	63	5	
韩笑笑	63	24	25	8	18	8	62	34	83	39	34	62	
合计													

ALT+=

图 16-34

自动求和结果如图 16-35 所示。

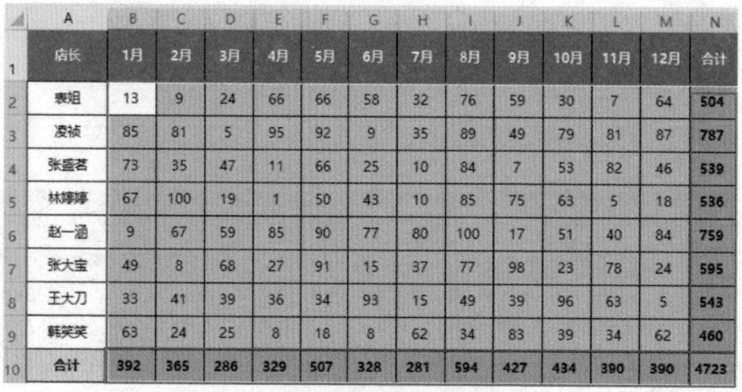

A	B	C	D	E	F	G	H	I	J	K	L	M	N
店长	1月	2月	3月	4月	5月	6月	7月	8月	9月	10月	11月	12月	合计
表姐	13	9	24	66	66	58	32	76	59	30	7	64	504
凌祯	85	81	5	95	92	9	35	89	49	79	81	87	787
张盛茗	73	35	47	11	66	25	10	84	7	53	82	46	539
林婷婷	67	100	19	1	50	43	10	85	75	63	5	18	536
赵一涵	9	67	59	85	90	77	80	100	17	51	40	84	759
张大宝	49	8	68	27	91	15	37	77	98	23	78	24	595
王大刀	33	41	39	36	34	93	15	49	39	96	63	5	543
韩笑笑	63	24	25	8	18	8	62	34	83	39	34	62	460
合计	392	365	286	329	507	328	281	594	427	434	390	390	4723

图 16-35

ALT+= 这个快捷键并不是表姐发明的，在 Excel“公式”选项卡→“自动求和”→“求和”，Excel 已经为我们内置好。

将鼠标指针移动到“求和”旁边，会有一个自动的快捷键提示（见图 16-36）。用该方法，以后看见这样的提示窗，就可以去试试对应的快捷键。

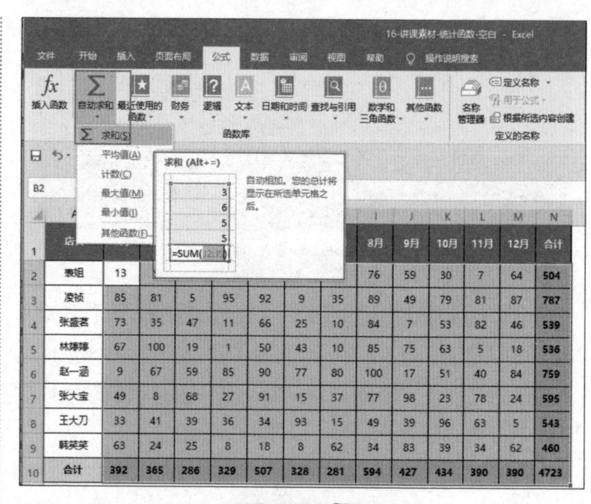

图 16-36

温馨提示

根据提示窗，掌握快捷键。

2. 快速计算 2：超级表里公式自动填充

职场小故事

小张终于完成了业绩统计，提交给了老板。

小张：“老板，你要的统计都在这里。”

老板：“很好。看来上半年大家都完成得不错，那下半年的预算可以加一些。”

小张：“是不是要做个预算表，让大区经理们填上来？”

老板：“这个提议很好，那你来做个模板让他们填吧。”（见图 16-37）

图 16-37

小张在下班前，交出了预算申报表的模板，如图 16-38 所示。

我们先给小张点个赞，他已经把前面学的基础制表函数公式都用到了工作当中，做了图 16-38 所示的费用预算申请表的模板。在小张做的表里，还有一个小玄机。在我们把表格套用"表格格式"变身超级表后，Excel 会自动把编写公式的参数中的单元格（C8）变成表名称形式 [@ 字段名]([@ 品牌])（见图 16-39）。

费用预算申报表

销售大区：　　门店：　　店长：

填报日期：　　预算总额：¥ 43,652.00　　填报状态：

各品牌费用汇总：

品牌	门店装修费	广告宣传费	餐费、招待费	其他杂项	合计
华为	5,983	3,842	2,227	2,400	14,452
苹果	5,011	5,338	4,051	2,400	16,800
OPPO	6,328	3,592	1,580	900	12,400
汇总	**17,322**	**12,772**	**7,858**	**5,700**	**43,652**

预算明细：

月份	品牌	门店装修费	广告宣传费	餐费、招待费	其他杂项	合计
10	华为	1,467	2,200	324	800	
10	苹果	1,530	3,000	978	800	
10	OPPO	2,739	2,151	460	300	
11	华为	1,073	688	995	800	
11	苹果	2,451	1,138	1,170	800	
11	OPPO	2,170	562	211	300	
12	华为	3,443	954	908	800	
12	苹果	1,030	1,200	1,903	800	
12	OPPO	1,419	879	909	300	

图 16-38

SUM　=SUMIFS(预算申报表!$F$13:$F$21,预算申报表!$C$13:$C$21,[@品牌])

费用预算申报表

销售大区：　　门店：　　店长：

填报日期：　　预算总额：¥ 43,652.00　　填报状态：

各品牌费用汇总：

品牌	门店装修费	广告宣传费	餐费、招待费	其他杂项	合计
华为	5,983	3,842	2,227	2,400	14,452
苹果	5,011	5,338	4,051	2,400	16,800
OPPO	=SUMIFS(预算申报表!$F$13:$F$21,预算申报表!$C$13:$C$21,[@品牌])				
汇总	17,32	SUMIFS(sum_range, **criteria_range1**, criteria1, [criteria_range2, criteria2], ...)			

预算明细：

月份	品牌	门店装修费	广告宣传费	餐费、招待费	其他杂项	合计
10	华为	1,467	2,200	324	800	
10	苹果	1,530	3,000	978	800	
10	OPPO	2,739	2,151	460	300	
11	华为	1,073	688	995	800	
11	苹果	2,451	1,138	1,170	800	
11	OPPO	2,170	562	211	300	
12	华为	3,443	954	908	800	
12	苹果	1,030	1,200	1,903	800	
12	OPPO	1,419	879	909	300	

图 16-39

温馨提示

[@字段名]是超级表中公式的特有写法，表示该字段名下，当前行的值。

（1）套用超级表方法。

① 选中数据的表格区域中，单击“开始”选项卡→“套用表格格式”（见图16-40）。为了区别普通表，表姐给这种套用了表格格式的表起了个名字，叫作“超级表”。

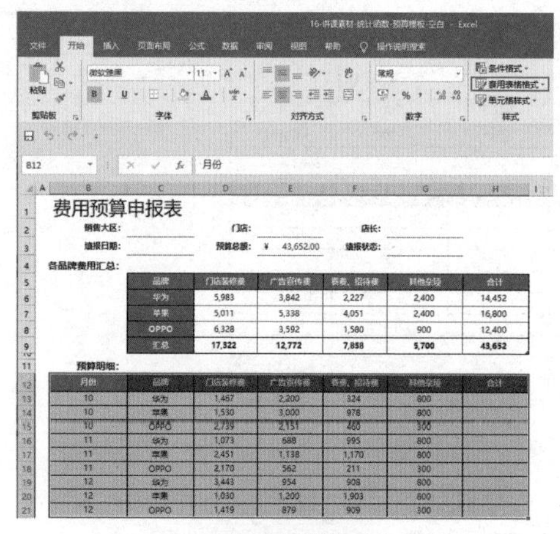

图 16-40

② 快速更改表格颜色样式：单击“设计”选项卡→“表格样式”→选择应用（见图16-41）。

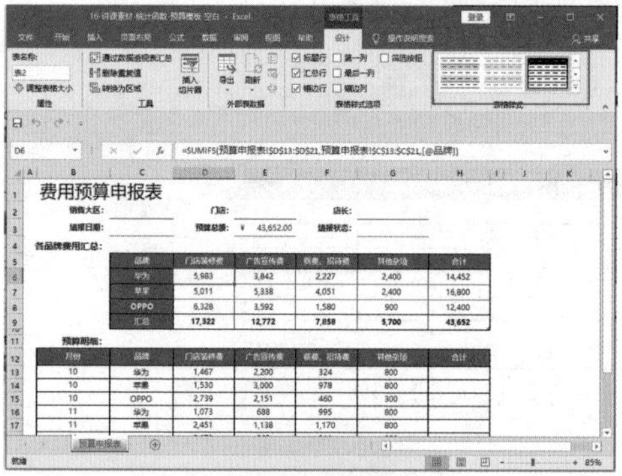

图 16-41

（2）应用公式

① 选中“合计”单元格，按快捷键ALT+= 自动求和，按Enter键后无须拖曳十字句柄，超级表会自动地把整列都进行填充（见图16-42）。

预算明细：

月份	品牌	门店装修费	广告宣传费	餐费、招待费	其他杂项	合计
10	华为	1,467	2,200	324	800	¥4,791.00
10	苹果	1,530	3,000	978	800	¥6,308.00
10	OPPO	2,739	2,151	460	300	¥5,650.00
11	华为	1,073	688	995	800	¥3,556.00
11	苹果	2,451	1,138	1,170	800	¥5,559.00
11	OPPO	2,170	562	211	300	¥3,243.00
12	华为	3,443	954	908	800	¥6,105.00
12	苹果	1,030	1,200	1,903	800	¥4,933.00
12	OPPO	1,419	879	909	300	¥3,507.00

图 16-42

② 如果要对合计求和，也不用手动写SUM公式，只需要单击“设计”选项卡→“表格样式选项”→选中“汇总行”，在超级表底部会自动生成汇总行（见图16-43）。

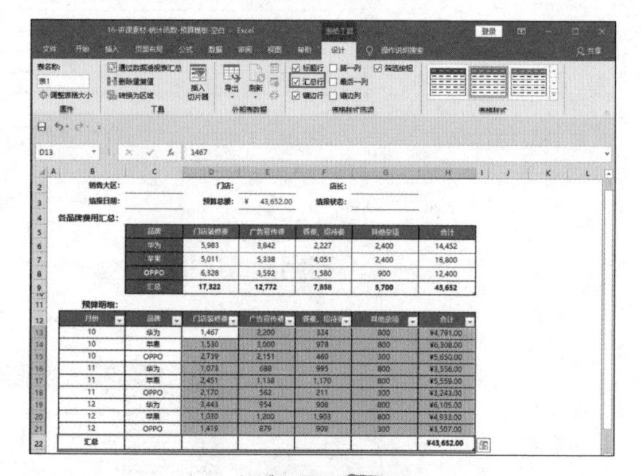

图 16-43

③ 单击汇总行上的“▽”，还可以更改为求最大值、最小值、平均值等（见图16-44）。

读书笔记

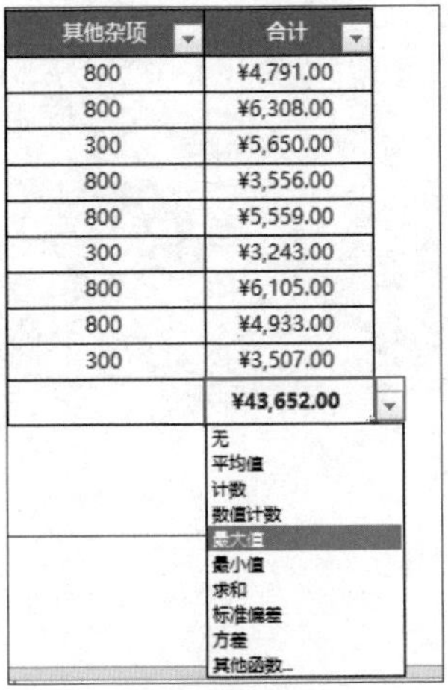

其他杂项	合计
800	¥4,791.00
800	¥6,308.00
300	¥5,650.00
800	¥3,556.00
800	¥5,559.00
300	¥3,243.00
800	¥6,105.00
800	¥4,933.00
300	¥3,507.00
	¥43,652.00

无
平均值
计数
数值计数
最大值
最小值
求和
标准偏差
方差
其他函数...

图 16-44

关于超级表的使用，表姐还整理了很多个人总结出来的经验，都收录在“福利篇”，大家可以去看一看。

表姐说

本章我们看到，对于老表“留坑”可以使用统计函数，帮助我们完成单条件计算、多条件计算，甚至是模糊条件计算的统计。学会 SUMIFS 函数，后面的 COUNTIFS、AVERAGEIFS 函数也就不难了。它们的应用场景基本类似、大同小异。

这才是学函数的正确方式，学会其中一个，再“以点带面”地学习，就能把后面的一串都给“抱回家”。此外，除了单纯的统计分析，如果还要建立一个规范的工作模板，函数可以帮我们：规范建模、自动计算，不给将来“留坑”。

读书笔记

17 海量数据中查找关键信息？查找函数帮你自动判断

职场小故事

小张完成了老板交代的一个又一个的任务后，老板对他连连夸赞："干得这么快，小伙子不错，有前途。"

小张浮想联翩起来："莫不是老板要给我发奖金，有'钱'在途吧？"（见图 17-1）

老板安抚小张说："急什么呀，公司不会亏待你的！完成这次的任务以后，会让你单独做项目经理。"（见图 17-3）

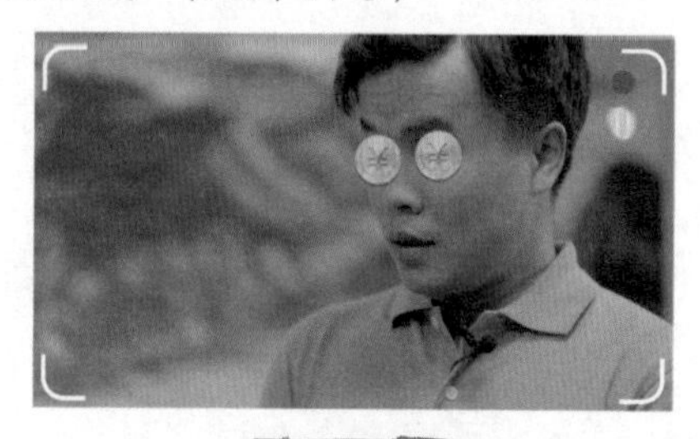

图 17-1

图 17-2

老板接着说道："你看这是我们公司的会员评价标准，你帮我把 VVIP 都筛出来，我要邀请他们来参加公司的游轮盛会。"（见图 17-3）

会员积分标准

会员积分原则	会员等级
500分以内	普通会员
500分(含)~1000分	黄金会员
1000分(含)~3500分	白金会员
3500分(含)~5000分	钻石会员
5000分及以上	VVIP

图 17-3

17.1 阶梯查询LOOKUP

相信学到这儿的人，遇到图 17-3 中的多重逻辑判断，一定会想到使用 IF 函数来“搞定”。但是这个评级标准这么多级，如果用 IF 函数分析需求（见图 17-4），是很容易被绕晕的。

这种情况，我们可以根据 VIP 的会员积分，来“查找”会员所处的等级。这里的需求关键词就是：查找。下面我们就来学习“职场查找”的神器：LOOKUP、VLOOKUP 和 HLOOKUP“三兄弟”。

首先先来看看名不见经传，但是却能“搞定”各种阶梯查找匹配的“大哥”——LOOKUP 函数。

图 17-4

拆解需求：根据积分的档位不同，来判定对应的会员等级。会员积分标准存在多重判定，且阶梯式地一级一级往上长，用到的是阶梯查找 LOOKUP 函数。

LOOKUP (lookup_value, lookup_vector, result_vector)：要查找一个值 Lookup_value，根据它在一个升序序列 lookup_vector 中，达到了哪一档“起步线”的标准，把对应的结果 result_vector 给找出来。

（1）LOOKUP 在做阶梯判定之前，需要先建立“起步线”（见图 17-5）。

会员积分原则	起步线	会员等级
500分以内	0	普通会员
500分（含）~1000分	500	黄金会员
1000分（含）~3500分	1000	白金会员
3500分（含）~5000分	3500	钻石会员
5000分及以上	5000	VVIP

图 17-5

温馨提示

“起步线”必须是从小到大的升序序列。

（2）LOOUKP 函数输入方法。选中 C2 单元格，在编辑栏输入“=LOOKUP(B2, F2:F6,G2:G6)”后按 Enter 键确认（见图 17-6）。

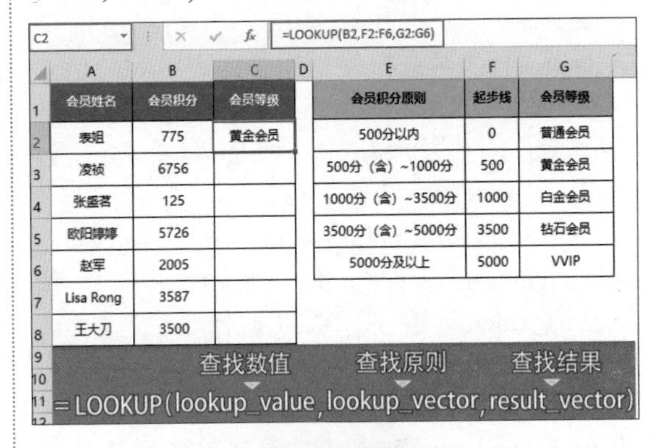

会员姓名	会员积分	会员等级
表姐	775	黄金会员
凌祯	6756	
张盛茗	125	
欧阳婷婷	5726	
赵军	2005	
Lisa Rong	3587	
王大刀	3500	

会员积分原则	起步线	会员等级
500分以内	0	普通会员
500分（含）~1000分	500	黄金会员
1000分（含）~3500分	1000	白金会员
3500分（含）~5000分	3500	钻石会员
5000分及以上	5000	VVIP

图 17-6

（3）批量应用公式前检查单元格引用方式，修改为“=LOOKUP(B2,$F$2:$F$6,$G$2:$G$6)”按 Enter 键确认（见图 17-7），然后双击十字句柄整列快速填充公式。

这样就快速完成了各会员的积分所处的等

级。如果会员等级评定原则发生变化时，只要对应修改“起步线”，即可让 LOOKUP 函数自动更新每个会员的最新等级了。

C2 =LOOKUP(B2,$F$2:$F$6,$G$2:$G$6)

会员姓名	会员积分	会员等级
表姐	775	黄金会员
凌祯	6756	VVIP
张盛茗	125	普通会员
欧阳婷婷	5726	VVIP
赵军	2005	白金会员
Lisa Rong	3587	钻石会员
王大刀	3500	钻石会员

会员积分原则	起步线	会员等级
500分以内	0	普通会员
500分（含）~1000分	500	黄金会员
1000分（含）~3500分	1000	白金会员
3500分（含）~5000分	3500	钻石会员
5000分及以上	5000	VVIP

F4 快速切换 $ 所在位置

图 17-7

17.2 精确查找 VLOOKUP

认识了 LOOKUP 查找函数后，我们再来认识一下查找函数里，出镜率最高的 VLOOKUP 函数。它常常用于两表之间的信息核对工作。如图 17-8 所示，要核对会员积分的“系统账”（绿表）和“手工账”（黄表）的统计结果，是否一致。

VLOOKUP (lookup_value, table_arrary,col_index_num,range_lookup)：要找一个值 Lookup_value，是在一个以它作为“起始列”的区域 table_arrary 中进行查找的，查找到这个值以后，返回的计算结果值是在这个区域中的第 col_index_num 列，并且是精确匹配查找的（VLOOKUP 最后一个参数，默认写 0）。

VLOOKUP 记忆方法：VLOOKUP（找谁，哪里找，返回第几列，0）。

（1）查找信息。选中 C2 单元格，在编辑栏输入“=VLOOKUP(A2,G2:H6,2,0)”按 Enter 键确认（见图 17-8）。

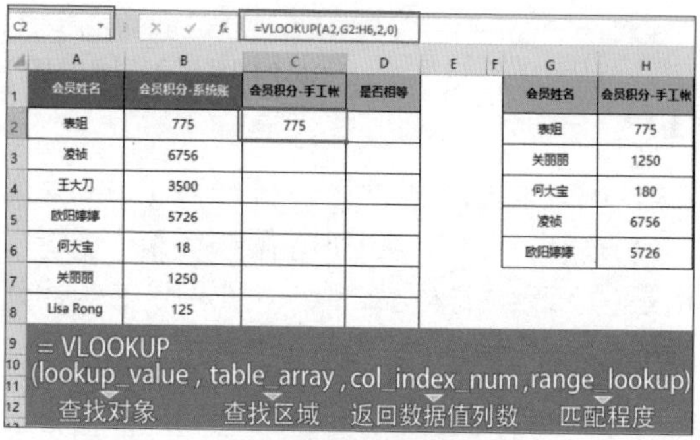

C2 =VLOOKUP(A2,G2:H6,2,0)

会员姓名	会员积分-系统账	会员积分-手工帐	是否相等
表姐	775	775	
凌祯	6756		
王大刀	3500		
欧阳婷婷	5726		
何大宝	18		
关丽丽	1250		
Lisa Rong	125		

会员姓名	会员积分-手工帐
表姐	775
关丽丽	1250
何大宝	180
凌祯	6756
欧阳婷婷	5726

= VLOOKUP
(lookup_value , table_array , col_index_num , range_lookup)
查找对象 查找区域 返回数据值列数 匹配程度

图 17-8

lookup_Value：选择要查找的值。

table_Array：在选择时，必须把“找谁”放置在第 1 列，然后从左往右拖曳选择区域。

col_Index_Num：在被查找的数据区域中，从左往右数，返回第几列，就写几。

rage_Lookup：要找的值，在被查找的数据表中是否精确匹配，例如要找“凌祯”，就不能返回“表姐凌祯”的结果。在通常情况下，用 VLOOKUP 函数，都是做精确匹配查找结果的，所以记住，默认写 0。

（2）批量应用公式前，检查单元格引用方式，即被查找的 table_Array 要固定不变，修改为“=VLOOKUP(A2,$G$2:$H$6,2,0)”按 Enter 键确认（见图 17-9）。

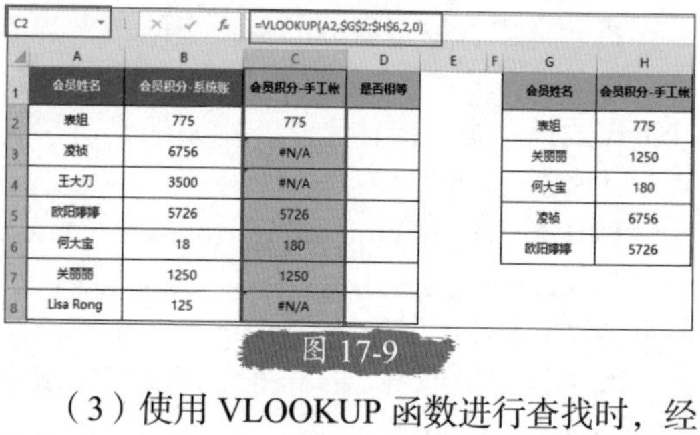

C2 =VLOOKUP(A2,$G$2:$H$6,2,0)

会员姓名	会员积分-系统账	会员积分-手工帐	是否相等
表姐	775	775	
凌祯	6756	#N/A	
王大刀	3500	#N/A	
欧阳婷婷	5726	5726	
何大宝	18	180	
关丽丽	1250	1250	
Lisa Rong	125	#N/A	

会员姓名	会员积分-手工帐
表姐	775
关丽丽	1250
何大宝	180
凌祯	6756
欧阳婷婷	5726

图 17-9

（3）使用 VLOOKUP 函数进行查找时，经常会出现“#N/A”（N/A：NOT AVAILABLE）

的错误值，表示“查无此值”。例如 17-9 图中所示的，“系统账”（绿表）中的 Lisa Rong、王大刀，在“手工账”（黄表）里确实就没有，所以当然查不到。

但图 17-10 中所示的“凌祯”，通过目测，在“系统账”（绿表）和“手工账”（黄表）里明明是有的，但是也显示了“#N/A”（查无此值）。

遇到这样的问题时，先来判断一下，两边的“凌祯”是否真的完全一致。

判断两个单元格内容是否一致：选择 D3 单元格，输入“=A3=G5”按 Enter 键确定（见图 17-10），结果显示的是 FALSE 即不一致。因此 VLOOKUP 也就查找不出来了。

温馨提示

FALSE表示结果不一致，TRUE表示结果一致。

D3 =A3=G5

	A	B	C	D	E	F	G	H
1	会员姓名	会员积分-系统账	会员积分-手工帐	是否相等			会员姓名	会员积分-手工帐
2	表姐	775	775				表姐	775
3	凌祯	6756	#N/A	FALSE			关丽丽	1250
4	王大刀	3500	#N/A				何大宝	180
5	欧阳婷婷	5726	5726				凌祯	6756
6	何大宝	18	180				欧阳婷婷	5726
7	关丽丽	1250	1250					
8	Lisa Rong	125	#N/A					

图 17-10

（4）仔细检查一下，原来是 A3 单元格的“凌祯”中有个空格。我们在 VLOOKUP 函数中嵌套应用 TRIM 函数，修改 C2 的公式为“=VLOOKUP(TRIM(A2),$G$2:$H$6,2,0)”按 Enter 键确认（见图 17-11）。然后双击十字句柄整列快速填充公式。

温馨提示

先做数据清洗，再做信息查找。

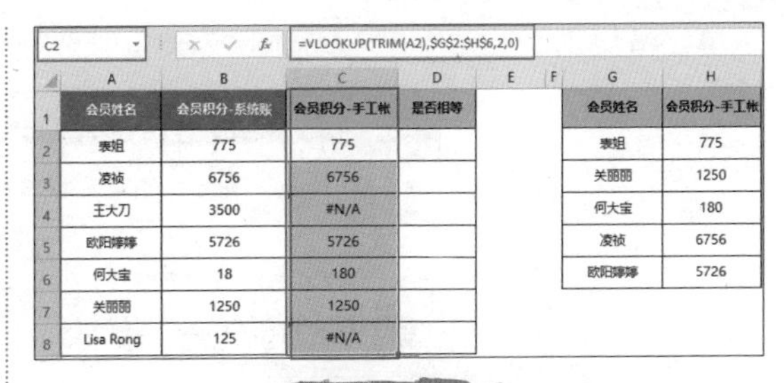

C2 =VLOOKUP(TRIM(A2),$G$2:$H$6,2,0)

	A	B	C	D	E	F	G	H
1	会员姓名	会员积分-系统账	会员积分-手工帐	是否相等			会员姓名	会员积分-手工帐
2	表姐	775	775				表姐	775
3	凌祯	6756	6756				关丽丽	1250
4	王大刀	3500	#N/A				何大宝	180
5	欧阳婷婷	5726	5726				凌祯	6756
6	何大宝	18	180				欧阳婷婷	5726
7	关丽丽	1250	1250					
8	Lisa Rong	125	#N/A					

图 17-11

（5）最后，在 D2 单元格输入公式“=B2=C2”，如果它们相等则显示 TRUE，如果不相等则显示 FALSE。但如果 C 列中出现了“#N/A”的错误值，那么 D 列也会对应的显示错误值。

（6）如果想要将“#N/A”的错误值，显示为其他内容，可以使用 IFERROR 函数优化一下公式的写法。

IFERROR(value, value_if_error)：如果一个计算结果 value 是错误的，那么就显示一个想显示的结果 value_if_error；否则的话，就还是显示 value 本身的计算结果。

修改 D2 的公式为“=IFERROR（B2=C2, "查无结果"）”按 Enter 键确认（见图 17-12）。

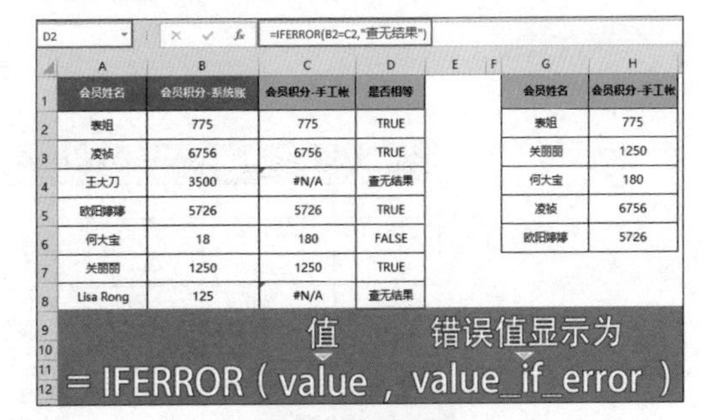

D2 =IFERROR(B2=C2,"查无结果")

	A	B	C	D	E	F	G	H
1	会员姓名	会员积分-系统账	会员积分-手工帐	是否相等			会员姓名	会员积分-手工帐
2	表姐	775	775	TRUE			表姐	775
3	凌祯	6756	6756	TRUE			关丽丽	1250
4	王大刀	3500	#N/A	查无结果			何大宝	180
5	欧阳婷婷	5726	5726	TRUE			凌祯	6756
6	何大宝	18	180	FALSE			欧阳婷婷	5726
7	关丽丽	1250	1250	TRUE				
8	Lisa Rong	125	#N/A	查无结果				

值　错误值显示为
= IFERROR (value , value_if_error)

图 17-12

（7）最后利用条件格式直观显示查询结果。

① 选择查询结果 D2:D8 单元格区域→选择“开始”选项卡→“条件格式”→“突出显

示单元格规则”→“等于”（见图 17-13）。

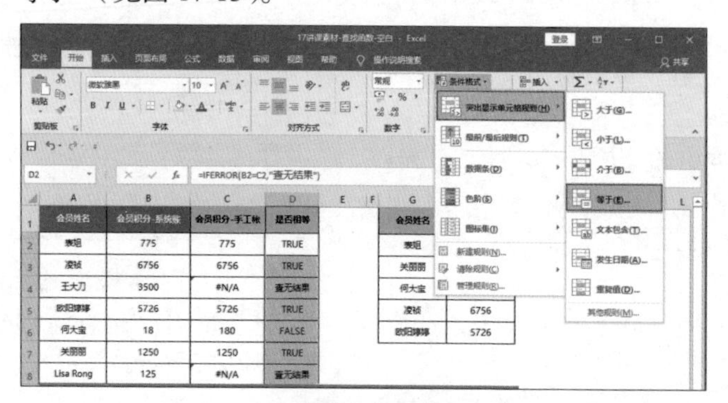

图 17-13

② 在弹出的“等于”对话框中→“为等于以下值的单元格设置格式”输入 FALSE，然后设置一个喜欢的颜色样式→单击“确定”即可（见图 17-14），用同样的方法完成“查无结果”的条件格式设置效果（见图 17-15）。

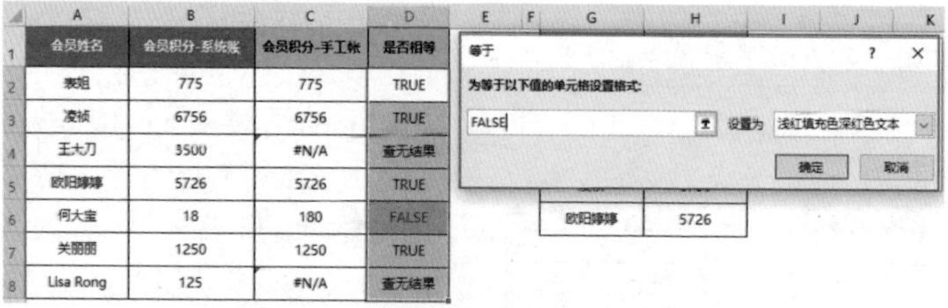

会员姓名	会员积分-系统账	会员积分-手工帐	是否相等
表姐	775	775	TRUE
凌祯	6756	6756	TRUE
王大刀	3500	#N/A	查无结果
欧阳婷婷	5726	5726	TRUE
何大宝	18	180	FALSE
关丽丽	1250	1250	TRUE
Lisa Rong	125	#N/A	查无结果

等于
为等于以下值的单元格设置格式:
FALSE 设置为 浅红填充色深红色文本
确定 取消

图 17-14

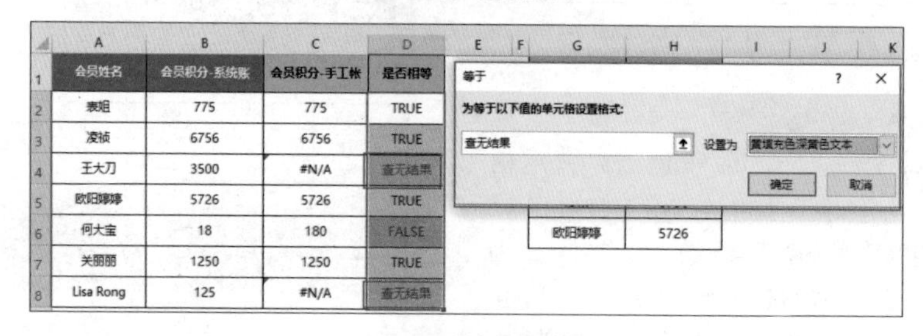

图 17-15

温馨提示

利用条件格式，让结果更直观。

读书笔记

17.3 VLOOKUP使用详解

VLOOKUP函数除了应用在17.2节中介绍的“两表之间的信息核对”之外，还常用于数据表格的“信息补全”。例如根据员工姓名，在员工清单表中查找对应的信息，将其返回、显示到员工名片表（见图17-16）。

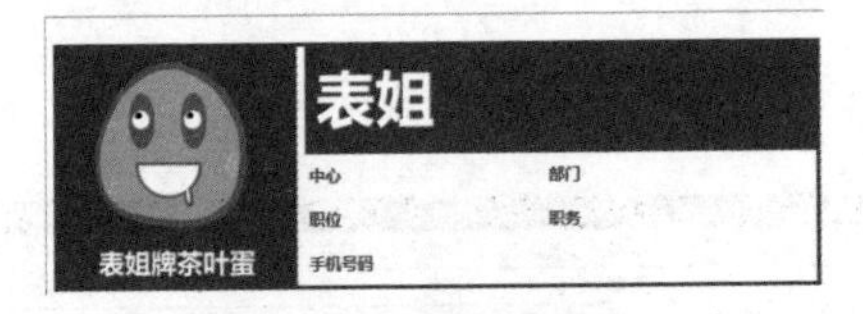

图 17-16

（1）在名片表中选择E3单元格，在编辑栏输入“=VLOOKUP(D2,'员工清单-1'!A:F,2,0)”按Enter键确认（见图17-17）。

在函数应用中，跨表选择时，函数格式会自动显示表格名称用！区分，然后再是所选区域。“'员工清单-1'!A:F”指的就是，名为“员工清单”的工作表中的A:F列。在编写公式时，直接通过选择不同工作表名称的方式，完成工作表切换即可。

温馨提示

当来源表保存在其他工作表时，选中第2参数所在位置，直接鼠标点选对应区域即可（见图17-18）

图 17-17

A1 =VLOOKUP(D2,'员工清单-1'!A:F

	A	B	C	D	E	F
1	姓名	中心	部门	职位	职务	手机号码
2	表姐	董事长办公室	办公室	总监	董事长	13874793894
3	凌祯	董事长办公室	办公室	总监	总经理	15712617432
4	邹新文	董事长办公室	办公室	总监	董事长秘书	13067811506
5	李明	董事长办公室	办公室	经理	秘书	18283423308
6	翁国栋	董事长办公室	办公室	经理	秘书	15187708733
7	康书	董事长办公室	成本部	经理	经理	15559695228
8	孙坛	董事长办公室	成本部	员工	职员	15540393558
9	张一波	董事长办公室	成本部	员工	职员	13683172960
10	马鑫	董事长办公室	成本部	员工	职员	18642265466
11	倪国梁	董事长办公室	成本部	员工	职员	13617751619
12	程桂刚	董事长办公室	审计部	主管	职员	13770549962
13	陈希龙	董事长办公室	审计部	员工	职员	13695585804
14	李明	董事长办公室	审计部	员工	职员	15255614785
15	桑玮	董事长办公室	ERP项目部	总监	项目经理	18519192581
16	张娟	董事长办公室	ERP项目部	员工	职员	13328067924
17	杜志强	董事长办公室	ERP项目部	员工	职员	13760069914
18	史伟	董事长办公室	ERP项目部	员工	职员	15257811770

名片1 | 员工清单-1 | 名片2 | 员工清单-2 | 员工清单-3 | 员工清单-

图 17-18

（2）复制并快速应用公式。

① 双击E3单元格后，选中所有的公式内容，按快捷键Ctrl + C复制。

② 选中目标单元格如G3，在编辑栏位置，按快捷键Ctrl + V粘贴公式，然后修改VLOOKUP函数的第3个参数，即“部门”返回值。在来源表（'员工清单-1'!A:F）中，从左往右数处在第几列，就写几。对比图17-18，可知“部门”在第3列，所以最终修改G3的公式为“=VLOOKUP(D2,'员工清单-1'!A:F,3,0)”（见图17-19）。

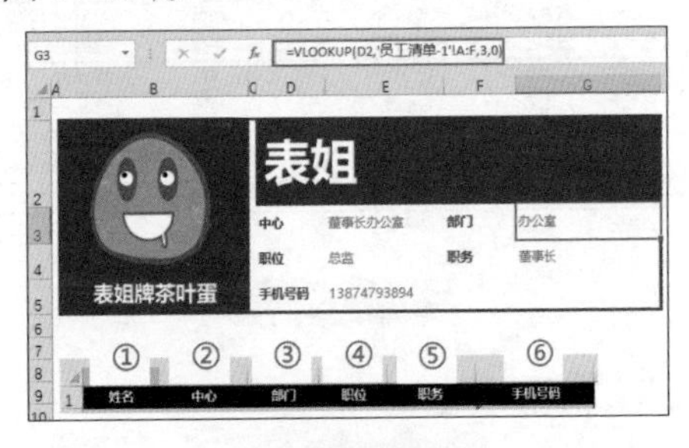

图 17-19

③ 用同样的方法完成“职位”“职务”“手

机号码”等员工信息的公式的快速编写。

（3）公式编写完后，只要更改姓名，如把“表姐”改成“凌祯”，则对应的员工信息就能自动更新了（见图17-20）。

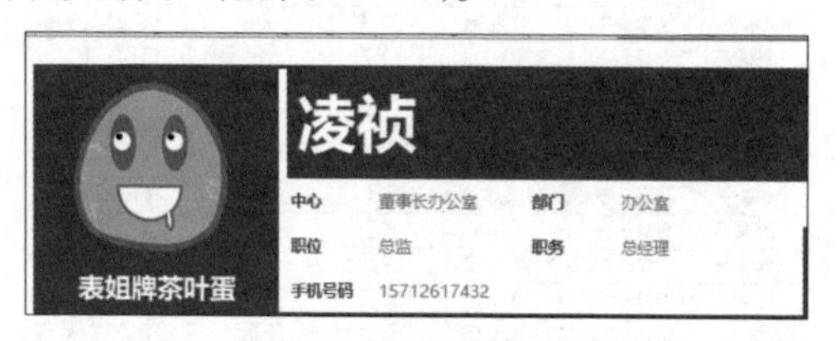

图 17-20

（4）VLOOKUP函数只能针对所要找的值，在数据源表里进行一对一的查找。假如员工姓名有重复的（见图17-21），那么VLOOKUP函数查找到的，永远只是第1条“李明”的信息。

姓名	中心	部门	职位	职务	手机号码
表姐	董事长办公室	办公室	总监	董事长	13874793894
凌祯	董事长办公室	办公室	总监	总经理	15712617432
邹新文	董事长办公室	办公室	总监	董事长秘书	13067811506
李明	董事长办公室	办公室	经理	秘书	18283423308
翁国栋	董事长办公室	办公室	经理	秘书	15187708733
康书	董事长办公室	成本部	经理	经理	15559695228
孙坛	董事长办公室	成本部	员工	职员	15540393558
张一波	董事长办公室	成本部	员工	职员	13683172960
马鑫	董事长办公室	成本部	员工	职员	18642265466
倪国梁	董事长办公室	成本部	员工	职员	13617751619
程桂刚	董事长办公室	审计部	主管	职员	13770549962
陈希龙	董事长办公室	审计部	员工	职员	13695585804
李明	董事长办公室	审计部	员工	职员	15255614785
桑玮	董事长办公室	ERP项目部	总监	项目经理	18519192581
张娟	董事长办公室	ERP项目部	员工	职员	13328067924
杜志强	董事长办公室	ERP项目部	员工	职员	13760069914
史伟	董事长办公室	ERP项目部	员工	职员	15257811770
张步青	董事长办公室	ERP项目部	员工	职员	18299035591
吴姣姣	财务中心	财务部	总监	总监	18598311721
任隽芳	财务中心	财务部	经理	经理	18783899369
王晓琴	财务中心	财务部	员工	职员	15941471022
姜滨	财务中心	财务部	员工	职员	13297992098
张新文	财务中心	财务部	员工	职员	13392287321
张清兰	财务中心	财务部	员工	职员	15137484080

图 17-21

温馨提示

为数据源建立唯一编号，方便信息的精细化管理。

对于上述的情况，建议为这些可能重名的数据信息，定义一个唯一的编号（ID）。例如为员工设置员工编号、为产品设置产品编号、为客户设置客户编号、为固定资产设置固定资产编号等。

为了方便VLOOKUP函数的数据信息查询，建议把这个编号放在数据源表的最左侧列（见图17-22）。因为VLOOKUP函数在查找的时候，执行的是“从左向右查找”，无法从右向左逆向查找。

员工编号	姓名	中心	部门	职位	职务	手机号码
0001	表姐	董事长办公室	办公室	总监	董事长	13874793894
00	凌祯	董事长办公室	办公室	总监	总经理	15712617432
0003	邹新文	董事长办公室	办公室	总监	董事长秘书	13067811506
0004	李明	董事长办公室	办公室	经理	秘书	18283423308
0005	翁国栋	董事长办公室	办公室	经理	秘书	15187708733
0006	康书	董事长办公室	成本部	经理	经理	15559695228
0007	孙坛	董事长办公室	成本部	员工	职员	15540393558
0008	张一波	董事长办公室	成本部	员工	职员	13683172960
0009	马鑫	董事长办公室	成本部	员工	职员	18642265466
0010	倪国梁	董事长办公室	成本部	员工	职员	13617751619
0011	程桂刚	董事长办公室	审计部	主管	职员	13770549962
0012	陈希龙	董事长办公室	审计部	员工	职员	13695585804
0013	李明	董事长办公室	审计部	员工	职员	15255614785
0014	桑玮	董事长办公室	ERP项目部	总监	项目经理	18519192581
0015	张娟	董事长办公室	ERP项目部	员工	职员	13328067924
0016	杜志强	董事长办公室	ERP项目部	员工	职员	13760069914
0017	史伟	董事长办公室	ERP项目部	员工	职员	15257811770
0018	张步青	董事长办公室	ERP项目部	员工	职员	18299035591
0019	吴姣姣	财务中心	财务部	总监	总监	18598311721
0020	任隽芳	财务中心	财务部	经理	经理	18783899369
0021	王晓琴	财务中心	财务部	员工	职员	15941471022
0022	姜滨	财务中心	财务部	员工	职员	13297992098
0023	张新文	财务中心	财务部	员工	职员	13392287321
0024	张清兰	财务中心	财务部	员工	职员	15137484080

图 17-22

温馨提示

编号放置最左侧，方便使用VLOOKUP。

特别需要注意的是，当使用编号来管理数据的时候，编号格式在数据源表如果是文本格式的话，那么用VLOOKUP函数做数据查询时，所查的这个编号也必须保持格式一致。

例如，图17-23中的VLOOKUP函数查找报错的原因是，名片表中的G2单元格中的数字 1 和数据源表（员工清单）中 A 列的文本格式的 1 是不相同的。也就是说，Excel 认为数字“1”≠文本格式的“1”，因此也就出错了。

图 17-23

遇到这种情况时，我们把两边的单元格格式统一一下。例如，在名片表中选中 G2 单元格→选择“开始”选项卡→“数字”→将单元格格式改为“文本”，然后在 G2 单元格中，录入 0001 即可（见图 17-24）。

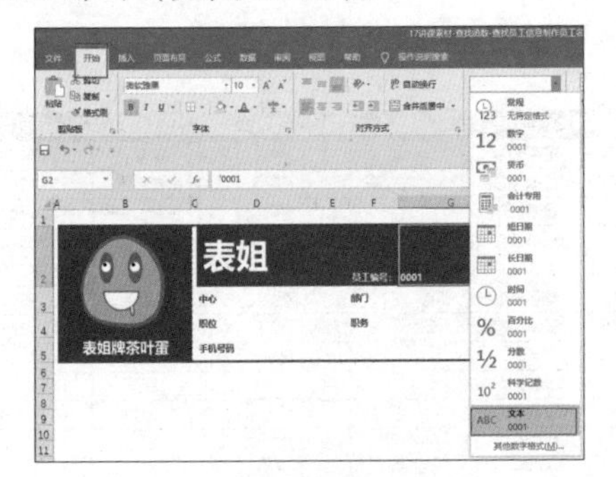

图 17-24

当然也可以修改数据源表（员工清单）中 A 列的序号，把文本格式都改为常规格式的数字。

将文本格式的数字，转化为常规格式的数字的操作方法如下。

在任意一个空白单元格，输入一个数字 1→复制数字 1→选中需要转换的单元格区域→右击选择“选择性粘贴”→在弹出的“选择性粘贴”对话框中，选择“乘 *”即可。

这样一个文本型数字 *1 还是等于它本身，但是已经完成了格式的强制转化了。

温馨提示

常规格式 1 ≠ 文本格式 1。

（5）数据源中有不规范的情况，例如有合并单元格存在。那么在使用 VLOOKUP 函数查找之前，先要处理一下合并单元格（巧妙解决合并单元格问题，详见第 4 章）。当我们选中这些合并单元格区域后，单击“开始”选项卡下的“取消单元格合并”后，会发现这些单元格中的信息只保留在左上角，下面区域的单元格都是空的（见图 17-25）。补全空白单元格信息的具体做法如下。

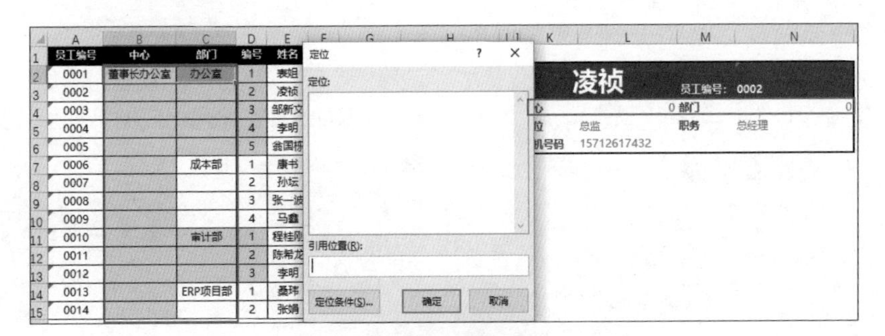

图 17-25

① 选中 B2:D15 →按快捷键 Ctrl + G 打开快速定位→在弹出的“定位”对话框→单击“定位条件”（见图 17-26）。

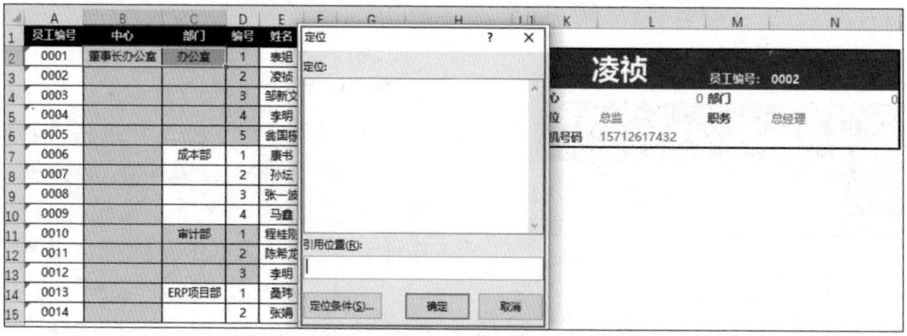

员工编号	中心	部门	编号	姓名
0001	董事长办公室	办公室	1	表姐
0002			2	凌祯
0003			3	邹新文
0004			4	李明
0005			5	翁国栋
0006		成本部	1	康书
0007			2	孙坛
0008			3	张一波
0009			4	马鑫
0010		审计部	1	程桂刚
0011			2	陈希龙
0012			3	李明
0013		ERP项目部	1	桑玮
0014			2	张娟

定位

定位:

引用位置(R):

定位条件(S)... 确定 取消

凌祯 员工编号：0002

心 0 部门 0

位 总监 职务 总经理

机号码 15712617432

图 17-26

② 在弹出的“定位条件”对话框选择“空值”→单击“确定”（见图 17-27）。此时，Excel 会自动选中 B2:D15 中的空白单元格，而有字的单元格都会被跳过不选中。

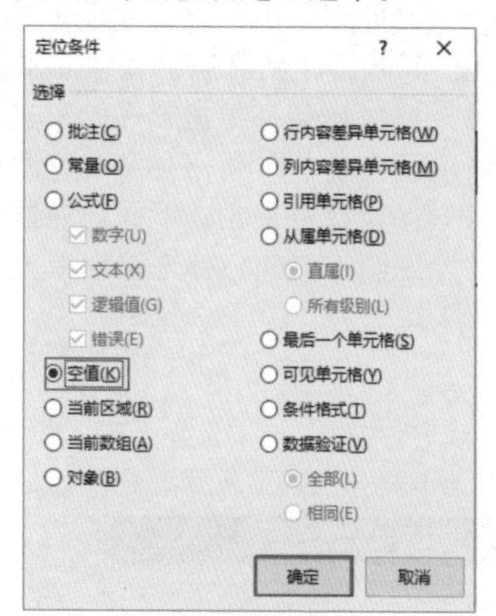

图 17-27

③ 在第②步完成后，直接按 = + ↑ 方向键，然后按 Ctrl + Enter 批量填充，即让第②步中选中的空白单元格，批量等于它们上方的有字单元格。当补齐单元格后，再次选中 B2:D15 单元格，用选择性粘贴为数值的方式将公式存为具体的填充内容（见图 17-28）。

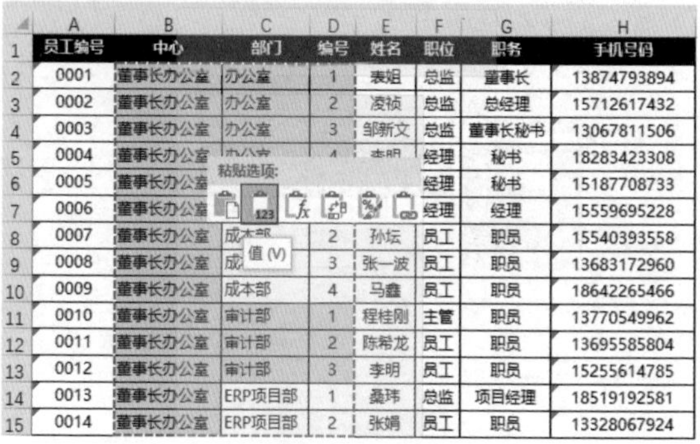

员工编号	中心	部门	编号	姓名	职位	职务	手机号码
0001	董事长办公室	办公室	1	表姐	总监	董事长	13874793894
0002	董事长办公室	办公室	2	凌祯	总监	总经理	15712617432
0003	董事长办公室	办公室	3	邹新文	总监	董事长秘书	13067811506
0004	董事长办公室	办公室	4	李明	经理	秘书	18283423308
0005	董事长办公室				经理	秘书	15187708733
0006	董事长办公室				经理	经理	15559695228
0007	董事长办公室	成本部	2	孙坛	员工	职员	15540393558
0008	董事长办公室	成	3	张一波	员工	职员	13683172960
0009	董事长办公室	成本部	4	马鑫	员工	职员	18642265466
0010	董事长办公室	审计部	1	程桂刚	主管	职员	13770549962
0011	董事长办公室	审计部	2	陈希龙	员工	职员	13695585804
0012	董事长办公室	审计部	3	李明	员工	职员	15255614785
0013	董事长办公室	ERP项目部	1	桑玮	总监	项目经理	18519192581
0014	董事长办公室	ERP项目部	2	张娟	员工	职员	13328067924

粘贴选项:

值(V)

图 17-28

现在，补全了数据源后，就可以用 VLOOKUP 函数查询相应的结果了（见图 17-29）。

温馨提示

老表“留坑”，函数来帮，事后“救火”，不如事前规范。

	A	B	C	D	E	F	G	H
1	员工编号	中心	部门	编号	姓名	职位	职务	手机号码
2	0001	董事长办公室	办公室	1	表姐	总监	董事长	13874793894
3	0002	董事长办公室	办公室	2	凌祯	总监	总经理	15712617432
4	0003	董事长办公室	办公室	3	邹新文	总监	董事长秘书	13067811506
5	0004	董事长办公室	办公室	4	李明	经理	秘书	18283423308
6	0005	董事长办公室	办公室	5	翁国栋	经理	秘书	15187708733
7	0006	董事长办公室	成本部	1	康书	经理	经理	15559695228
8	0007	董事长办公室	成本部	2	孙坛	员工	职员	15540393558
9	0008	董事长办公室	成本部	3	张一波	员工	职员	13683172960
10	0009	董事长办公室	成本部	4	马鑫	员工	职员	18642265466
11	0010	董事长办公室	审计部	1	程桂刚	主管	职员	13770549962
12	0011	董事长办公室	审计部	2	陈希龙	员工	职员	13695585804
13	0012	董事长办公室	审计部	3	李明	员工	职员	15255614785
14	0013	董事长办公室	ERP项目部	1	桑玮	总监	项目经理	18519192581
15	0014	董事长办公室	ERP项目部	2	张娟	员工	职员	13328067924

翁国栋		员工编号:	0005
中心	董事长办公室	部门	办公室
职位	经理	职务	秘书
手机号码	15187708733		

图 17-29

17.4 解锁 VLOOKUP“一对多查询”

前面提到，VLOOKUP 函数只能实现信息的一对一查找。如图 17-30 所示，我们要实现选择某一个部门后，将这个部门下所有员工姓名都查找出来。看似好像是根据部门“一对多查找”姓名，但实际上用的还是 VLOOKUP 函数，只不过做了一个小小的“机关”（见图 17-30）。

M7 =IFERROR(VLOOKUP($L$2&L7,A:I,6,0),"")

	B	C	D	E	F
1	员工编号	中心	部门	编号	姓名
2	0001	董事长办公室	办公室	1	表姐
3	0002	董事长办公室	办公室	2	凌祯
4	0003	董事长办公室	办公室	3	邹新文
5	0004	董事长办公室	办公室	4	李明
6	0005	董事长办公室	办公室	5	翁国栋
7	0006	董事长办公室	成本部	1	康书
8	0007	董事长办公室	成本部	2	孙坛
9	0008	董事长办公室	成本部	3	张一波
10	0009	董事长办公室	成本部	4	马鑫
11	0010	董事长办公室	审计部	1	程桂刚
12	0011	董事长办公室	审计部	2	陈希龙
13	0012	董事长办公室	审计部	3	李明
14	0013	董事长办公室	ERP项目部	1	桑玮
15	0014	董事长办公室	ERP项目部	2	张娟

成本部

编号	姓名
1	康书
2	孙坛
3	张一波
4	马鑫
5	

图 17-30

当取消隐藏 A 列以后，可以看到 A 列中，重新构建了一个“部门编号”列，即将部门和编号组合起来，让其变成唯一值 ID，方便 VLOOKUP 函数查询时调用。

（1）在“员工编号”前插入一列“部门编号”，选中 A2 单元格，输入“=D2&E2”按 Enter 键确认（见图 17-31），双击十字句柄，整列公式快速应用。

SUM =D2&E2

	A	B	C	D	E	F
1	部门编号	员工编号	中心	部门	编号	姓名
2	=D2&E2	0001	董事长办公室	办公室	1	表姐
3	办公室2	0002	董事长办公室	办公室	2	凌祯
4	办公室3	0003	董事长办公室	办公室	3	邹新文
5	办公室4	0004	董事长办公室	办公室	4	李明
6	办公室5	0005	董事长办公室	办公室	5	翁国栋
7	成本部1	0006	董事长办公室	成本部	1	康书
8	成本部2	0007	董事长办公室	成本部	2	孙坛
9	成本部3	0008	董事长办公室	成本部	3	张一波
10	成本部4	0009	董事长办公室	成本部	4	马鑫
11	审计部1	0010	董事长办公室	审计部	1	程桂刚
12	审计部2	0011	董事长办公室	审计部	2	陈希龙
13	审计部3	0012	董事长办公室	审计部	3	李明
14	ERP项目部1	0013	董事长办公室	ERP项目部	1	桑玮
15	ERP项目部2	0014	董事长办公室	ERP项目部	2	张娟

成本部

编号	姓名
1	康书
2	孙坛
3	张一波
4	马鑫
5	

图 17-31

（2）根据部门编号，执行一对多查询。选中 M6 单元格，在编辑栏输入“=VLOOKUP($L$2&L6,A:F,6,0)”按 Enter 键确认（见图 17-32）。也就是，把 L2（锁定）单元格选择的部门 +L6 填写的编号 1，组合起来作为 VLOOKUP 函数的第 1 个参数，执行运算。

M6 =VLOOKUP($L$2&L6,A:F,6,0) ⑥

	A	B	C	D	E	F
1	部门编号	员工编号	中心	部门	编号	姓名
2	办公室1	0001	董事长办公室	办公室	1	表姐
3	办公室2	0002	董事长办公室	办公室	2	凌祯
4	办公室3	0003	董事长办公室	办公室	3	邹新文
5	办公室4	0004	董事长办公室	办公室	4	李明
6	办公室5	0005	董事长办公室	办公室	5	翁国栋
7	成本部1	0006	董事长办公室	成本部	1	康书
8	成本部2	0007	董事长办公室	成本部	2	孙坛
9	成本部3	0008	董事长办公室	成本部	3	张一波
10	成本部4	0009	董事长办公室	成本部	4	马鑫
11	审计部1	0010	董事长办公室	审计部	1	程桂刚
12	审计部2	0011	董事长办公室	审计部	2	陈希龙
13	审计部3	0012	董事长办公室	审计部	3	李明
14	ERP项目部1	0013	董事长办公室	ERP项目部	1	桑玮
15	ERP项目部2	0014	董事长办公室	ERP项目部	2	张娟

审计部

编号	姓名	IFERROR
1	程桂刚	
2	陈希龙	
3	李明	
4	#N/A	
5	#N/A	

图 17-32

（3）如果觉得“#N/A”不太美观可以用 IFERROR 函数处理一下。例如，在 N6 单元格输入“=IFERROR(M6,"")”按 Enter 键确认（见图 17-33），双击十字句柄，整列公式快速应用。

N6 =IFERROR(M6,"")

	A	B	C	D	E	F
1	部门编号	员工编号	中心	部门	编号	姓名
2	办公室1	0001	董事长办公室	办公室	1	表姐
3	办公室2	0002	董事长办公室	办公室	2	凌祯
4	办公室3	0003	董事长办公室	办公室	3	邹新文
5	办公室4	0004	董事长办公室	办公室	4	李明
6	办公室5	0005	董事长办公室	办公室	5	翁国栋
7	成本部1	0006	董事长办公室	成本部	1	康书
8	成本部2	0007	董事长办公室	成本部	2	孙坛
9	成本部3	0008	董事长办公室	成本部	3	张一波
10	成本部4	0009	董事长办公室	成本部	4	马鑫
11	审计部1	0010	董事长办公室	审计部	1	程桂刚
12	审计部2	0011	董事长办公室	审计部	2	陈希龙
13	审计部3	0012	董事长办公室	审计部	3	李明
14	ERP项目部1	0013	董事长办公室	ERP项目部	1	桑玮
15	ERP项目部2	0014	董事长办公室	ERP项目部	2	张娟

审计部

编号	姓名	IFERROR
1	程桂刚	程桂刚
2	陈希龙	陈希龙
3	李明	李明
4	#N/A	
5	#N/A	

图 17-33

表姐说

在工作当中，只要拥有规范的数据源（见图 17-34），就可以用前面的数据透视图表去做数据分析。

当然还可以用这份数据，“解锁”不同的订单报表模板。如图 17-35 所示，就根据销售清单当中的“订单编号”，自动生成了销售订单（打印）模板。我们只要单击鼠标通过数据验证的方法，点选不同的订单编码，就能快速查询出这个订单的订货信息，包括客户名称、订单明细等。这就是使用 Excel 来打开我们的数据思维，高效办公的正确方式。

订单编号	客户编码	客户简称	编号	产品类别	销售员	数量	折扣率	标准售价	成交金额	成本单价	成本总额	利润总额
DD-001	KH-001	上海富安	1	减肥茶叶蛋	紫薇	6	14%	8	41.28	5	30	11.28
DD-001	KH-001	上海富安	2	美颜茶叶蛋	紫薇	18	20%	5	72	3	54	18
DD-001	KH-001	上海富安	3	减肥茶叶蛋	紫薇	4	12%	8	28.16	5	20	8.16
DD-001	KH-001	上海富安	4	补肾茶叶蛋	紫薇	63	9%	20	1146.6	15	945	201.6
DD-001	KH-001	上海富安	5	补肾茶叶蛋	紫薇	21	6%	20	394.8	15	315	79.8
DD-002	KH-003	BOB	1	美颜茶叶蛋	五阿哥	40	19%	5	162	3	120	42
DD-002	KH-003	BOB	2	美颜茶叶蛋	五阿哥	17	25%	5	63.75	3	51	12.75
DD-002	KH-003	BOB	3	增高茶叶蛋	五阿哥	71	2%	12	834.96	8	568	266.96
DD-002	KH-003	BOB	4	丰胸茶叶蛋	五阿哥	60	11%	18	961.2	13	780	181.2
DD-003	KH-004	北京环宇	1	美颜茶叶蛋	尔康	99	4%	5	475.2	3	297	178.2
DD-003	KH-004	北京环宇	2	美颜茶叶蛋	尔康	100	10%	5	450	3	300	150
DD-003	KH-004	北京环宇	3	增高茶叶蛋	尔康	23	2%	12	270.48	8	184	86.48
DD-003	KH-004	北京环宇	4	减肥茶叶蛋	尔康	49	8%	8	360.64	5	245	115.64
DD-003	KH-004	北京环宇	5	减肥茶叶蛋	尔康	74	4%	8	568.32	5	370	198.32
DD-004	KH-007	苏州创新	1	补肾茶叶蛋	金锁	87	3%	20	1687.8	15	1305	382.8
DD-004	KH-007	苏州创新	2	减肥茶叶蛋	金锁	46	14%	8	316.48	5	230	86.48
DD-004	KH-007	苏州创新	3	减肥茶叶蛋	金锁	27	28%	8	155.52	5	135	20.52
DD-004	KH-007	苏州创新	4	增高茶叶蛋	金锁	24	25%	12	216	8	192	24
DD-004	KH-007	苏州创新	5	补肾茶叶蛋	金锁	82	17%	20	1361.2	15	1230	131.2
DD-005	KH-007	苏州创新	1	美颜茶叶蛋	金锁	38	30%	5	133	3	114	19
DD-005	KH-007	苏州创新	2	丰胸茶叶蛋	金锁	70	0%	18	1260	13	910	350
DD-005	KH-007	苏州创新	3	减肥茶叶蛋	金锁	80	2%	8	627.2	5	400	227.2

图 17-34

表姐牌茶叶蛋 销售订单

客户名称	大连海生环科集团	供方名称	表姐牌茶叶蛋股份有限公司
客户地址	大连市开发区长安大街50号6-B.C,	供方地址	江西省九江市浔阳区经济创新园区12座A808室
联系人	康成慶	客户经理	尔康
电话	16988780123	手机号码	18283423308
订单日期	2019/3/3	订单编码	DD-010

DD-010 订单明细

序号	产品类别	数量	折扣率		
1	增高茶叶蛋	24	4%		
2	补肾茶叶蛋	59	3%		
3	美颜茶叶蛋	61	3%		
4	增高茶叶蛋	21	24%		
5					
6					
7					
汇总		165			1908.45

DD-006
DD-007
DD-008
DD-009
DD-010
DD-011
DD-012
DD-013

图 17-35

17.5 彩蛋："秒懂"HLOOKUP

VLOOKUP 函数还有一个双胞胎"弟弟"叫 HLOOKUP。VLOOKUP 侧重的是垂直（vertical）查找，在数据信息匹配的第 1 列从上往下找，找到合适的把数据源当中的对应信息从左向右匹配回来（见图 17-36）。

A① 员工编号	B② 姓名	C③ 中心	D④ 部门	E⑤ 职位	F⑥ 职务	G⑦ 手机号码
0001	表姐	董事长办公室	办公室	总监	董事长	13874793894
00						15712617432
0003	邹新文	董事长办公室	办公室	总监	董事长秘书	13067811506
0004	李明	董事长办公室	办公室	经理	秘书	18283423308
0005	翁国栋	董事长办公室	办公室	经理	秘书	15187708733
0006	康书	董事长办公室	成本部	经理	经理	15559695228
0007	孙坛	董事长办公室	成本部	员工	职员	15540393558
0008	张一波	董事长办公室	成本部	员工	职员	13683172960
0009	马鑫	董事长办公室	成本部	员工	职员	18642265466
0010	倪国梁	董事长办公室	成本部	员工	职员	13617751619
0011	程桂刚	董事长办公室	审计部	主管	职员	13770549962
0012	陈希龙	董事长办公室	审计部	员工	职员	13695585804
0013	李明	董事长办公室	审计部	员工	职员	15255614785
0014	桑玮	董事长办公室	ERP项目部	总监	项目经理	18519192581
0015	张娟	董事长办公室	ERP项目部	员工	职员	13328067924
0016	杜志强	董事长办公室	ERP项目部	员工	职员	13760069914
0017	史伟	董事长办公室	ERP项目部	员工	职员	15257811770
0018	张步青	董事长办公室	ERP项目部	员工	职员	18299035591
0019	吴姣姣	财务中心	财务部	总监	总监	18598311721
0020	任隽芳	财务中心	财务部	经理	经理	18783899369
0021	王晓琴	财务中心	财务部	员工	职员	15941471022
0022	姜滨	财务中心	财务部	员工	职员	13297992098

图 17-36

HLOOKUP 恰巧相反，它相对于 VLOOKUP 的垂直查找来说，变为了水平（horizontal）查找（见图 17-37）。

	A	B	C	D	E	F	G	H	I	J	K	L	M	N	O
① 1	员工编号	0001	0002	0003	0004	0005	0006	0007	0008	0009	0010	0011	0012	0013	0014
② 2	姓名	表姐	凌祯	邹新文	李明	翁国栋	康书	孙坛	张一波	马鑫	程桂刚	陈希龙	李明	桑玮	张娟
③ 3	职位	总监	总监	总监	经理	经理	经理	员工	员工	员工	主管	员工	员工	总监	员工
④ 4	职务	董事长	总经理	董事长秘书	秘书	秘书	经理	职员	职员	职员	职员	职员	职员	项目经理	职员

图 17-37

图 17-38 所示的员工编号，数据是从左向右罗列的。在数据查找时也是要从左向右水平查找、匹配，找到所要查找的信息后，把它对应的下面的内容进行返回。

在编写 HLOOKUP 函数的时候，与 VLOOKUP 函数基本一致，只不过是把列变成了行而已。

例如，C8 单元格是要根据 C7 单元格的员工编号，在第 1～4 行中，查找处于第 2 行的姓名，那么在编辑栏输入“=HLOOKUP(C7,1:4,2,0)”按 Enter 键确认即可（见图 17-38）。

C8　=HLOOKUP(C7,1:4,2,0)

	A	B	C	D	E	F	G	H	I	J	K	L	M	N	O
1	员工编号	0001	0002	0003	0004	0005	0006	0007	0008	0009	0010	0011	0012	0013	0014
2	姓名	表姐	凌祯	邹新文	李明	翁国栋	康书	孙坛	张一波	马鑫	程桂刚	陈希龙	李明	桑玮	张娟
3	职位	总监	总监	总监	经理	经理	经理	员工	员工	员工	主管	员工	员工	总监	员工
4	职务	董事长	总经理	董事长秘书	秘书	秘书	经理	职员	职员	职员	职员	职员	职员	项目经理	职员
5															
6															
7	员工编号	0001	0005												
8	姓名	表姐	翁国栋												
9	职位	总监	经理												
10	职务	董事长	秘书												

图 17-38

表姐说

现在要恭喜大家已经学会了 LOOKUP、VLOOKUP 和 HLOOKUP 查找函数“三兄弟”了，可以说你现在已经是一个“函数达人”了。

通过 LOOKUP 函数可以快速“搞定”评级问题，如根据分数、业绩情况来确认等级，可以省去绕晕人的 IF 函数多重嵌套。通过 VLOOKUP 函数的精确查找，可以完成补全信息或者是进行 A、B 两表的匹配，如根据员工编号，查找员工的基础信息，或者根据客户名称，查找联系人、地址、开票信息等。

读书笔记

18 不用翻日历不用设闹钟，日期函数帮你自动提醒

职场小故事

小张用 Excel 帮助大家把效率都提高了，得到了老板的赏识，现在已经升为了项目负责人，自己管理项目了。（见图 18-1）

小张每天都要查看项目中的各项任务推进得怎么样，该怎么让 Excel 能每天实现自动提醒呢？（见图 18-2）

图 18-1

图 18-2

我们看到小张现在表现得非常不错了，已经想到用 Excel 来控项目了，也抓到了重点，就是用日期来帮助自动提醒。我们需要用到：

（1）日期函数，帮助我们计算日期的信息。

（2）条件格式，可以根据执行情况报警。

18.1 基础日期函数 TODAY/NOW/YEAR/MONTH/DAY/DATE

在开始做自动提醒之前，我们先来认识几个基础的日期类函数。

（1）Today函数，自动计算计算机系统显示的当前日期。例如，在B1单元格输入“=TODAY()”按Enter键确认（见图18-3）。

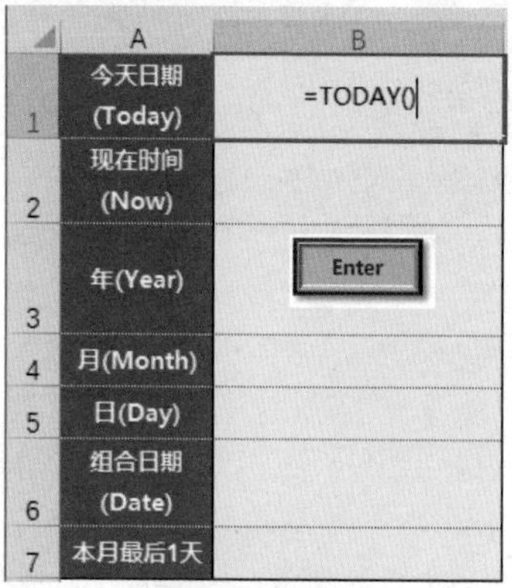

	A	B
1	今天日期(Today)	=TODAY()
2	现在时间(Now)	
3	年(Year)	Enter
4	月(Month)	
5	日(Day)	
6	组合日期(Date)	
7	本月最后1天	

图18-3

（2）NOW函数，自动计算计算机系统显示的当前时间，当按F9键时，时间会自动刷新。例如，在B2单元格输入“=NOW()”按Enter键确认（见图18-4）。

	A	B
1	今天日期(Today)	2018/9/10
2	现在时间(Now)	=NOW()
3	年(Year)	Enter
4	月(Month)	
5	日(Day)	
6	组合日期(Date)	
7	本月最后1天	

图18-4

（3）YEAR函数，自动计算一个日期的年份。例如，在B3单元格输入“=YEAR(B1)”按Enter键确认（见图18-5）。

	A	B
1	今天日期(Today)	2018/9/10
2	现在时间(Now)	2018/9/10 18:09:00
3	年(Year)	=YEAR(B1)
4	月(Month)	Enter
5	日(Day)	
6	组合日期(Date)	
7	本月最后1天	

图18-5

（4）MONTH函数，自动计算一个日期的月份。例如，在B4单元格输入“=MONTH(B1)”按Enter键确认（见图18-6）。

	A	B
1	今天日期(Today)	2018/9/10
2	现在时间(Now)	2018/9/10 18:09:00
3	年(Year)	2018
4	月(Month)	=MONTH(B1)
5	日(Day)	
6	组合日期(Date)	Enter
7	本月最后1天	

图18-6

（5）DAY函数，自动计算一个日期的日。例如，在B5单元格输入“=DAY(B1)”按Enter键确认（见图18-7）。

	A	B
1	今天日期 (Today)	2018/9/10
2	现在时间 (Now)	2018/9/10 18:09:00
3	年(Year)	2018
4	月(Month)	9
5	日(Day)	=DAY(B1)
6	组合日期 (Date)	Enter
7	本月最后1天	

图 18-7

（6）DATE 函数，组合一个完整的年、月、日格式的真日期。例如，在 B6 单元格输入“=DATE(B3,B4,B5)”按 Enter 键确认（见图 18-8）。DATE 函数里面的参数，支持手工录入。

	A	B
1	今天日期 (Today)	2018/9/10
2	现在时间 (Now)	2018/9/10 18:09:00
3	年(Year)	2018
4	月(Month)	9
5	日(Day)	10
6	组合日期 (Date)	=DATE(B3,B4,B5)
7	本月最后1天	

图 18-8

温馨提示

DATE 函数应用：计算某月最后一天。因为每年的闰月是不同的，每个月份的最后一天也是会变动的。

操作方法：在 B7 单元格，输入“=DATE(B3,B4+1,0)”按 Enter 键确认（见图 18-9）。即计算下个月的第 0 天，也就是这个月的最后一天。

温馨提示

下个月的第 0 天，等于本月最后一天。

	A	B
1	今天日期 (Today)	2018/9/10
2	现在时间 (Now)	2018/9/10 18:09:00
3	年(Year)	2018
4	月(Month)	9
5	日(Day)	10
6	组合日期 (Date)	2018/9/10
7	本月最后1天	=DATE(B3,B4+1,0)

图 18-9

尝试更改 B4 单元格的月份，则本月最后一天也随着变化（见图 18-10）。

	A	B
1	今天日期 (Today)	2018/9/10
2	现在时间 (Now)	2018/9/10 18:09:00
3	年(Year)	2018
4	月(Month)	2
5	日(Day)	10
6	组合日期 (Date)	2018/2/10
7	本月最后1天	2018/2/28

图 18-10

18.2 计算日期1：DATEDIF函数

在工作当中，经常计算两个日期之间相隔的年数、月数和天数，用到的是DATEDIF函数：

DATEDIF(开始日期,结束日期,计算类型)。

（1）计算两日期相隔年数。常常用于计算员工的年龄、工龄等。

操作方法：选中F4单元格，输入"=DATEDIF(F1,F2,"Y")"按Enter键确认（见图18-11）。

开始日期参数为F1，结束日期参数为F2，计算类型为"Y"（年）。

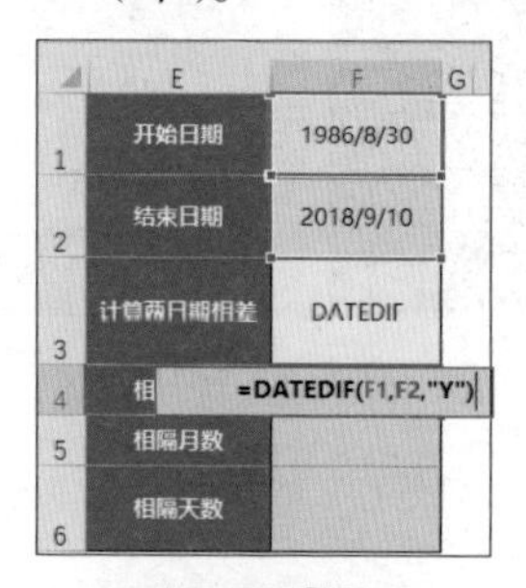

图 18-11

结果如图18-12所示。

	E	F
1	开始日期	1986/8/30
2	结束日期	2018/9/10
3	计算两日期相差	DATEDIF
4	相隔年数	32
5	相隔月数	
6	相隔天数	

图 18-12

（2）计算两日期相隔月数。

操作方法：选中F5单元格，输入"=DATEDIF(F1,F2,"M")"按Enter键确认（见图18-13）。

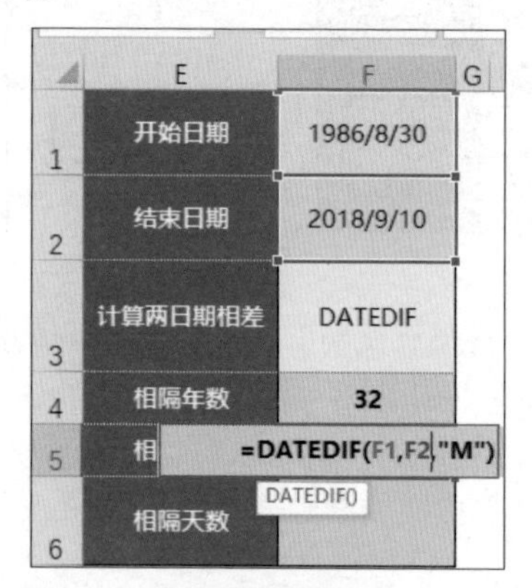

图 18-13

（3）计算两日期相隔天数。

操作方法：选中F6单元格，输入"=DATEDIF(F1,F2,"D")"按Enter键确认（见图18-14）。

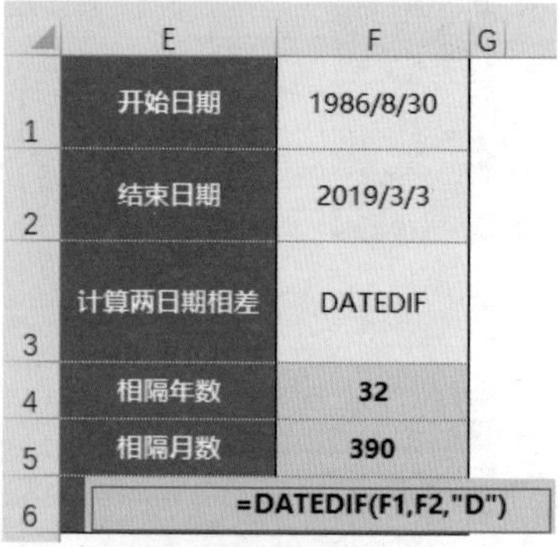

	E	F	G
1	开始日期	1986/8/30	
2	结束日期	2019/3/3	
3	计算两日期相差	DATEDIF	
4	相隔年数	32	
5	相隔月数	390	
6	=DATEDIF(F1,F2,"D")		

图 18-14

18.3 日期计算 2：NETWORKDAYS 函数

在掌握了基础日期函数知识后，我们开始利用日期函数，来制作“××××项目时间进度表”，如图 18-15 所示。可以用第 3 章介绍的绘制图表的技巧，先把项目的基本情况填入表中，然后利用公式进行自动计算。

（1）显示今天的日期：选中 E1 单元格，输入“=TODAY()”按 Enter 键确认（见图 18-15）。输入完毕后，因为目前的 E 列列宽过窄，导致日期显示为“#######”。解决方案：鼠标指针移至列宽边缘，鼠标指针显示为双十字，双击，让 Excel 自动调整列宽到合适的位置即可（当然，也可以通过鼠标拖曳拉宽，手动调整到合适的位置）（见图 18-16）。

	A	B	C	D	E	F	G	H	I	J	K	L	M	N	O	P
1	XXXX项目时间进度表				=TODAY()											
2	项目阶段	责任人	开始日期	结束日期	实际工作天数	工作日	9/7	9/8	9/9	9/10	9/11	9/12	9/13	9/14	9/15	9/16
3	项目计划	表姐	2018/9/7	2018/9/10												
4	方案确认	凌祯	2018/9/8	2018/9/10												
5	系统建设	凌祯	2018/9/11	2018/9/15												
6	项目上线	表姐	2018/9/15	2018/9/16												

图 18-15

	A	B	C	D	E	F	G	H	I	J	K	L	M	N	O	P
1	XXXX项目时间进度表			今天日期：	#######											
2	项目阶段	责任人	开始日期	结束日期	实际工作天数	工作	/7	9/8	9/9	9/10	9/11	9/12	9/13	9/14	9/15	9/16
3	项目计划	表姐	2018/9/7	2018/9/10												
4	方案确认	凌祯	2018/9/8	2018/9/10												
5	系统建设	凌祯	2018/9/11	2018/9/15												
6	项目上线	表姐	2018/9/15	2018/9/16												

图 18-16

温馨提示

列宽过窄，导致日期显示为“#######”。

（2）利用 DATEDIF 函数，计算实际工作天数。

操作方法：选中 E3 单元格，输入“=DATEDIF(C3,D3,"D") + 1”按 Enter 键确认（见图 18-17）。

注：DATEDIF 函数计算的是相隔天数，而实际工作天数比相隔天数多一天，所以在计算的结果天数后面 + 1。

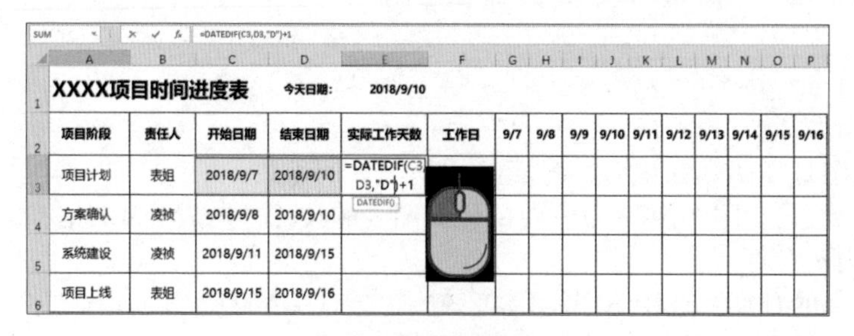

图 18-17

（3）更改数字显示格式。将 E 列计算的结果从日期格式改为“常规”，设置为“开始”选项卡→“数字”→“常规”（见图 18-18）。

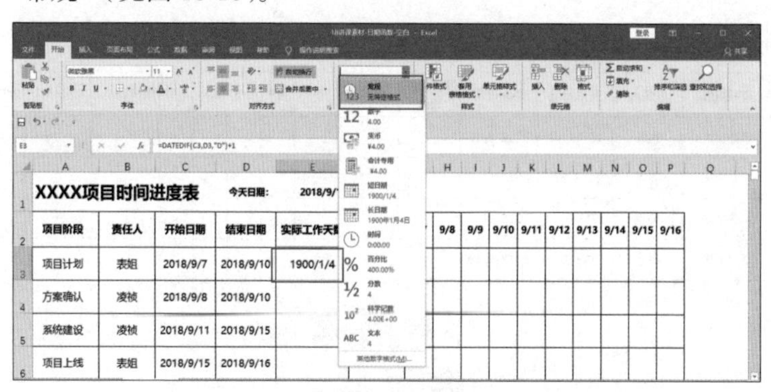

图 18-18

（4）计算工作日。在工作当中，可能还要计算具体的工作日（工作日是指不包含休息日，如周六、周日等指定假期的净工作日）。我们实际的净工作日天数计算，用到的是 NETWORKDAYS：计算两个日期之间相隔的净工作日。这个函数很好记忆：Net（净）、Work（工作）、Days（日）。下面用一个简单的案例，来帮助大家理解。

① 选中待计算净工作日数量的单元格 K3，输入“=NETWORKDAYS(K1,K2)”按 Enter 键确认（见图 18-19）。开始日期参数为 K1，结束日期参数为 K2。

图 18-19

② 在计算的净工作日中，如果包含中秋节等国家法定节假日，还可以单独建立一个自定义的假日列表（见图 18-20）。方便在计算净工作日的时候，把其减除。

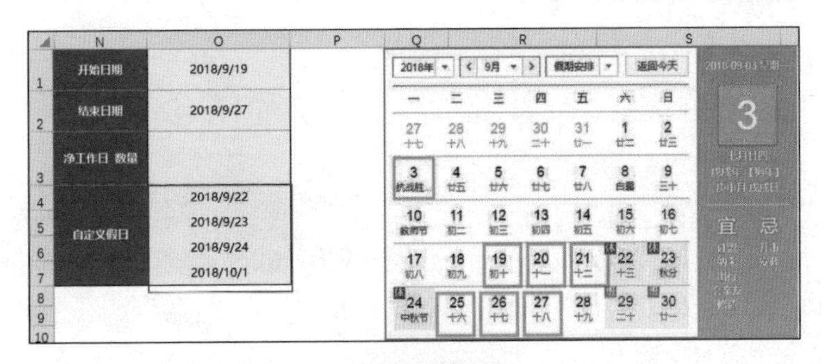

图 18-20

③ 计算具有自定义假日的工作天数。在 O3 单元格输入“=NETWORKDAYS(O1,O2,O4:O7)”按 Enter 键确认（见图 18-21）。其中 O4:O7，是提前录入的，告诉 Excel 的自定义假日。

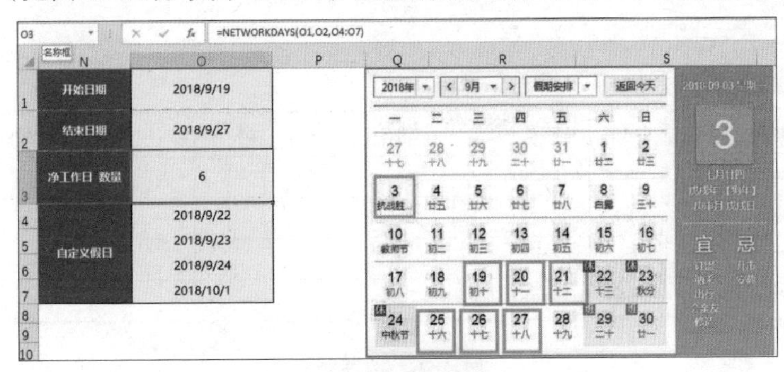

图 18-21

下面，我们回到小张的表，他计算工作日也是用的 NETWORKDAYS 函数。操作方法如下。

（1）选中 F3 单元格，输入“=NETWORKDAYS(C3,D3)”按 Enter 键确认（见图 18-22）。

（2）如果需要指定假日列表，可以单独去选择指定的假日列表里自定义的放假日期。在本例中，工期没有跨度那么大，所以直接写开始和结束日期就可以了。

=NETWORKDAYS(C3,D3)

XXXX项目时间进度表　今天日期：2018/9/10

项目阶段	责任人	开始日期	结束日期	实际工作天数	工作日	9/7	9/8	9/9	9/10	9/11	9/12	9/13	9/14	9/15	9/16
项目计划	表姐	2018/9/7	2018/9/10	4	2										
方案确认	凌祯	2018/9/8	2018/9/10	3	1										
系统建设	凌祯	2018/9/11	2018/9/15	5	4										
项目上线	表姐	2018/9/15	2018/9/16	2	0										

图 18-22

18.4 项目进度管理：条件格式与函数的结合

在 G3:P6 的单元格区域内，我们希望通过颜色标识的方法，让每天对应的单元格自动显示进度情况。以 G3 单元格为例，拆分需求：G3 单元格是根据 G2 是否 > =C2，且 <=C3，如果同时满足这两个条件，就显示填充颜色；否则显示为空。

关键词："如果""同时满足"，使用 IF 函数和 AND 函数嵌套应用（见图 18-23）。

对谁	根据什么条件	进行什么处理
G3	G2是否>=C2且<=C3	显示填充颜色

图 18-23

（1）选中 G3 单元格，在编辑栏输入"=IF(AND(G2>=C3,G2<=D3),1," ")"按 Enter 键确认（见图 18-24）。现在只完成了 G3 单元格的公式设置。

G3 =IF(AND(G2>=C3,G2<=D3),1,"")

	A	B	C	D	E	F	G	H	I	J	K	L	M	N	O	P
1	XXXX项目时间进度表		今天日期：	2018/9/10												
2	项目阶段	责任人	开始日期	结束日期	实际工作天数	工作日	9/7	9/8	9/9	9/10	9/11	9/12	9/13	9/14	9/15	9/16
3	项目计划	表姐	2018/9/7	2018/9/10	4	2	1									
4	方案确认	凌祯	2018/9/8	2018/9/10	3	1										
5	系统建设	凌祯	2018/9/11	2018/9/15	5	4										
6	项目上线	表姐	2018/9/15	2018/9/16	2	0										

图 18-24

温馨提示

英文状态下两个连续的双引号""表示空。

（2）如果要将 G3 单元格的公式运用到其他的区域，只要选中单元格右下角的十字句柄，往右填充就向右拖曳鼠标，往下填充就向下拖曳鼠标。拖曳完鼠标以后，检查计算结果，发现"1"显示的情况和实际各阶段的工作日期情况对应不上。这是因为向右、向下拖曳鼠标填充公式的时候，没有检查单元格的锁定，也就是检查各个引用单元格的引用关系（见图 18-25）。

这张表格中公式在填充的时候，实际上是希望：判断的每个变动的日期（G2、H2、I2、J2、K2、L2、M2、N2、O2、P2，都是第 2 行）当天的日期，所在的行不变；而每个项目阶段，具体的开始日期（C3、C4、C5、C6，都是 C 列）和结束日期（D3、D4、D5、D6，都是 D 列）所在的列不变。

在编写 G3 单元格公式的时候，要把引用单元格 G2 的行号，挂上行的锁定"锁头"，变为 G$2。而对应的开始日期（C3）、结束日期（D3），要在列上挂上"锁头"，变为 $C3、$D3。这样在公式批量、自动填充的时候，才能绑定对应的当前日期所在行，和对应的开始日期、结束日期所在列（见图 18-26）。

G3 =IF(AND(G2>=C3,G2<=D3),1,"")

XXXX项目时间进度表		今天日期:	2018/9/10												
项目阶段	责任人	开始日期	结束日期	实际工作天数	工作日	9/7	9/8	9/9	9/10	9/11	9/12	9/13	9/14	9/15	9/16
项目计划	表姐	2018/9/7	2018/9/10	4	2	1				1				1	
方案确认	凌祯	2018/9/8	2018/9/10	3	1				1		1		1		1
系统建设	凌祯	2018/9/11	2018/9/15	5	4					1		1		1	
项目上线	表姐	2018/9/15	2018/9/16	2	0				1		1		1		1

图 18-25

开始日期	结束日期	9/7	9/8
2018/9/7	2018/9/10	=IF(AND(G2>=C3,G2<=D3),1,"")	=IF(AND(H2>=C3,H2<=D3),1,"")
2018/9/8	2018/9/11	=IF(AND(G2>=C4,G2<=D4),1,"")	=IF(AND(H2>=C4,H2<=D4),1,"")

图 18-26

（3）选中 G3 单元格，按 F4 键快速切换 $ 位置，修改公式为“=IF(AND(G$2>=$C3, G$2<=$D3),1," ")”按 Enter 键确认。

公式调整完毕以后，如果有项目阶段在执行的话，那么每天日期对应的单元格，就会显示 1；否则为空（见图 18-27）。这样就实现了自动化计算、显示的功能了。下一步就是让显示更直观、更好看。

G3 =IF(AND(G$2>=$C3,G$2<=$D3),1,"")

XXXX项目时间进度表		今天日期:	2018/9/10												
项目阶段	责任人	开始日期	结束日期	实际工作天数	工作日	9/7	9/8	9/9	9/10	9/11	9/12	9/13	9/14	9/15	9/16
项目计划	表姐	2018/9/7	2018/9/10	4	2	1	1	1	1						
方案确认	凌祯	2018/9/8	2018/9/10	3	1		1	1	1						
系统建设	凌祯	2018/9/11	2018/9/15	5	4					1	1	1	1	1	
项目上线	表姐	2018/9/15	2018/9/16	2	0									1	1

图 18-27

（4）设置条件格式。当满足条件：数字为 1，显示颜色。

① 选中单元格 G3:P6 →选择“开始”选项卡→“条件格式”→“突出显示单元格规则”→“等于”（见图 18-28）。

② 在弹出的“等于”对话框中，设置“为等于以下值的单元格设置格式”为 1 →单击“设置为”后面的小三角→设置一个喜欢的颜色→单击“确认”即可。

温馨提示

设置时，可以把字体和填充颜色设置为同一个颜色，这样做出的效果就是一个纯色色块了（见图 18-29）。

图 18-28

图 18-29

完成后，建议最好把周末的情况标识出来，方便我们了解项目安排的是否紧凑。这里要用到TEXT 函数做数据的格式转换，也就是通过日期计算出来。

（1）在第 2 行上面，插入 1 行空白行。在插入的空白行中，选中 G2 单元格，在编辑栏输入“=TEXT(G3,"aaaa")”按 Enter 键确认（见图 18-30），即可计算出 2018/9/7 是星期五。

图 18-30

（2）如果不需要显示“星期”，更改公式为“=TEXT(G3,"aaa")”按 Enter 键确认即可（见图 18-31）。然后向右拖曳 G2 单元格的公式至 P2，使项目进度日期对应的星期值都计算出来。

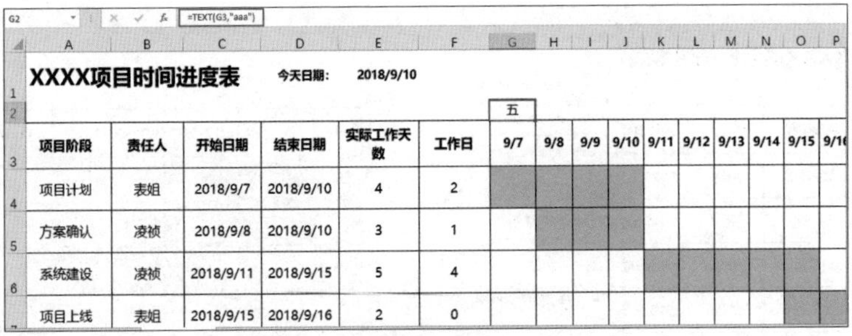

G2 =TEXT(G3,"aaa")

	A	B	C	D	E	F	G	H	I	J	K	L	M	N	O	P
1	XXXX项目时间进度表			今天日期:	2018/9/10											
2							五									
3	项目阶段	责任人	开始日期	结束日期	实际工作天数	工作日	9/7	9/8	9/9	9/10	9/11	9/12	9/13	9/14	9/15	9/16
4	项目计划	表姐	2018/9/7	2018/9/10	4	2										
5	方案确认	凌祯	2018/9/8	2018/9/10	3	1										
6	系统建设	凌祯	2018/9/11	2018/9/15	5	4										
7	项目上线	表姐	2018/9/15	2018/9/16	2	0										

图 18-31

（3）利用条件格式，标识周末情况。

① 选中 G4:P4 单元格（见图 18-32）→选择“开始”选项卡→“条件格式”→“新建规则”（见图 18-33）。

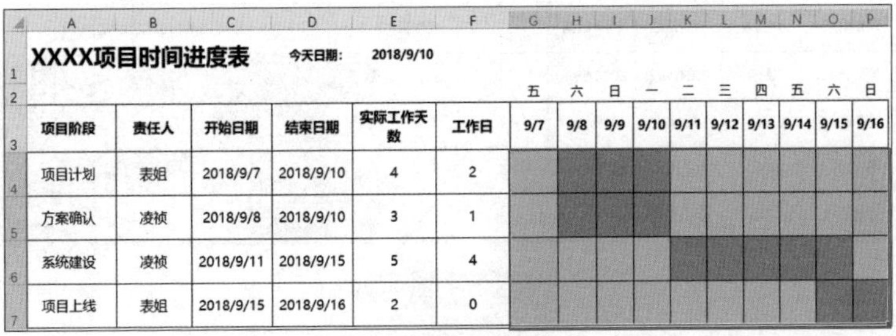

	A	B	C	D	E	F	G	H	I	J	K	L	M	N	O	P
1	XXXX项目时间进度表			今天日期:	2018/9/10											
2							五	六	日	一	二	三	四	五	六	日
3	项目阶段	责任人	开始日期	结束日期	实际工作天数	工作日	9/7	9/8	9/9	9/10	9/11	9/12	9/13	9/14	9/15	9/16
4	项目计划	表姐	2018/9/7	2018/9/10	4	2										
5	方案确认	凌祯	2018/9/8	2018/9/10	3	1										
6	系统建设	凌祯	2018/9/11	2018/9/15	5	4										
7	项目上线	表姐	2018/9/15	2018/9/16	2	0										

图 18-32

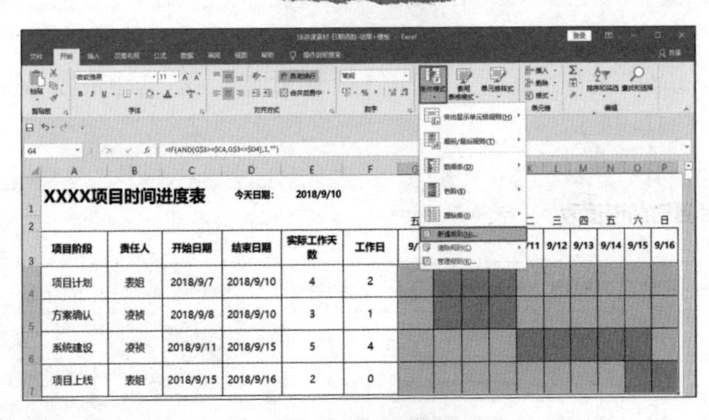

图 18-33

② 在弹出的“新建格式规则”对话框→选择“使用公式确定要设置格式的单元格”→在“为符合此公式的值设置格式”下方输入公式“=or(G$2=" 六 ",$G$2=" 日 ")”→将“格式”设置为喜欢的效果（例如斜纹阴影的样式）→单击“确定”（见图 18-34）。设置后效果如图 18-35 所示。

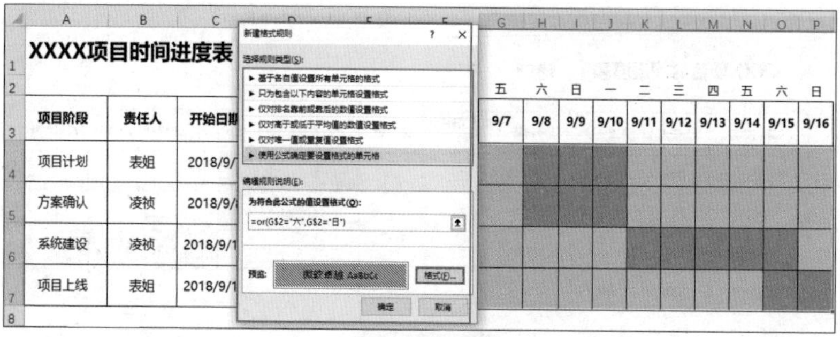

图 18-34

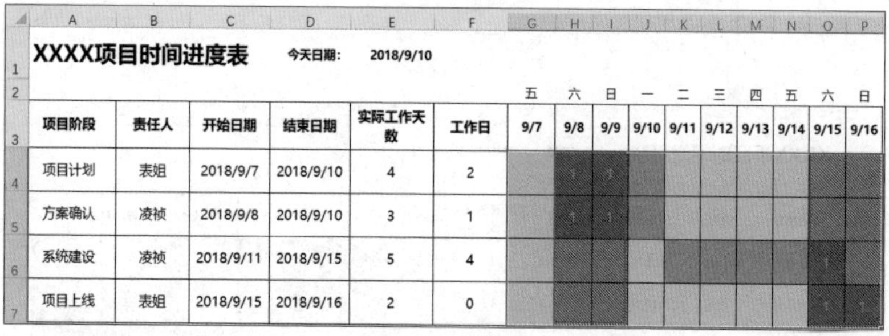

项目阶段	责任人	开始日期	结束日期	实际工作天数	工作日
项目计划	表姐	2018/9/7	2018/9/10	4	2
方案确认	凌祯	2018/9/8	2018/9/10	3	1
系统建设	凌祯	2018/9/11	2018/9/15	5	4
项目上线	表姐	2018/9/15	2018/9/16	2	0

图 18-35

在完成项目时间进度表的整理后，我们还可以站在看表人的角度想想看：最好把当前的日期在进度中，突出显示出来，起到跟踪的效果。同样，我们用条件格式来判定，如果第 3 行日期 =E1 单元格日期即当前的日期，那么就达到条件格式突出显示的要求了。具体操作如下。

（1）选中需要运用条件格式的区域：选中 G3 单元格，按 Shift 键，同时选中 P7 单元格，选择连续区域 G3:P7（见图 18-36）。

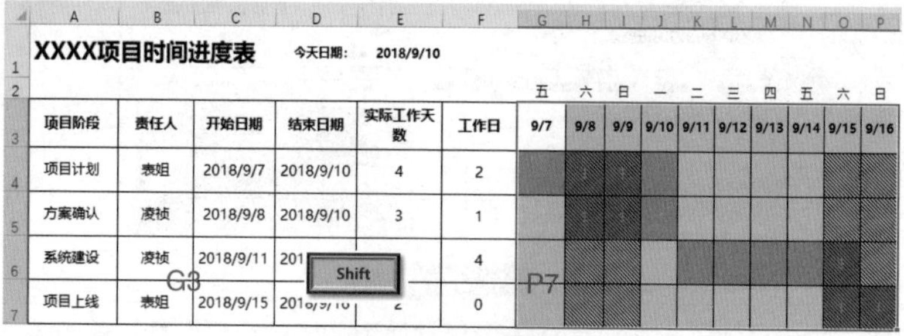

图 18-36

（2）选择“开始”选项卡→“条件格式”→“新建规则”（见图 18-37）。

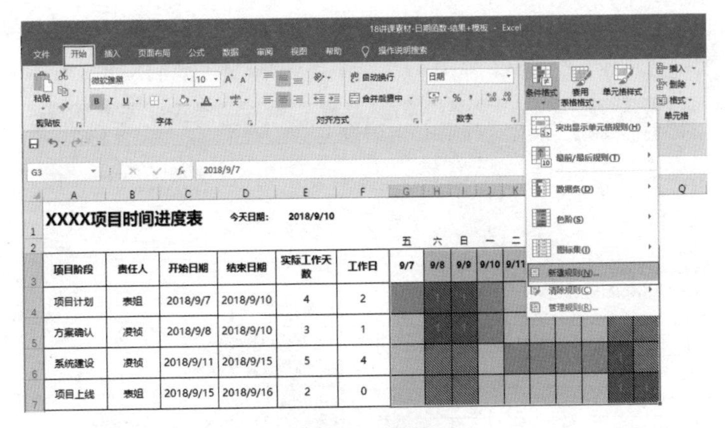

图 18-37

（3）在弹出的“新建格式规则”对话框→选择“使用公式确定要设置格式的单元格”→在“为符合此公式的值设置格式”下方输入公式“=G$3=$E$1”→单击“格式”按钮，将格式设置为喜欢的效果→单击“确定”（见图 18-38），设置后效果如图 18-39 所示。

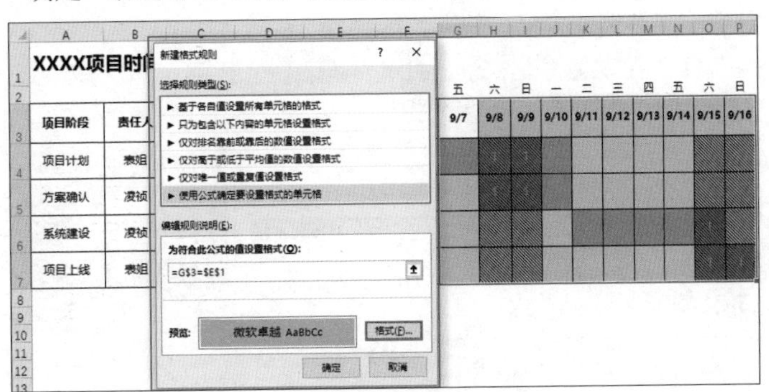

XXXX项目时间进度表		今天日期:	2018/9/10												
						五	六	日	一	二	三	四	五	六	日
项目阶段	责任人	开始日期	结束日期	实际工作天数	工作日	9/7	9/8	9/9	9/10	9/11	9/12	9/13	9/14	9/15	9/16
项目计划	表姐	2018/9/7	2018/9/10	4	2										
方案确认	凌祯	2018/9/8	2018/9/10	3	1										
系统建设	凌祯	2018/9/11	2018/9/15	5	4										
项目上线	表姐	2018/9/15	2018/9/16	2	0										

图 18-39

（4）调整条件格式应用顺序，使进度绿色色块置于当前的日期提醒的黄色色块之上。

① 选择“开始”选项卡→“条件格式”→“管理规则”（见图 18-40）。

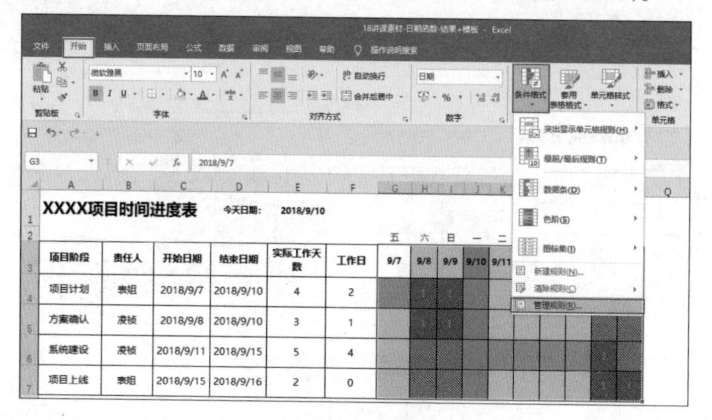

图 18-40

② 在弹出的“条件格式规则管理器”对话框→选中需要调整位置的填充选项→单击上方的△、▽按钮来调整位置→修改完毕单击“确定”（见图 18-41）。

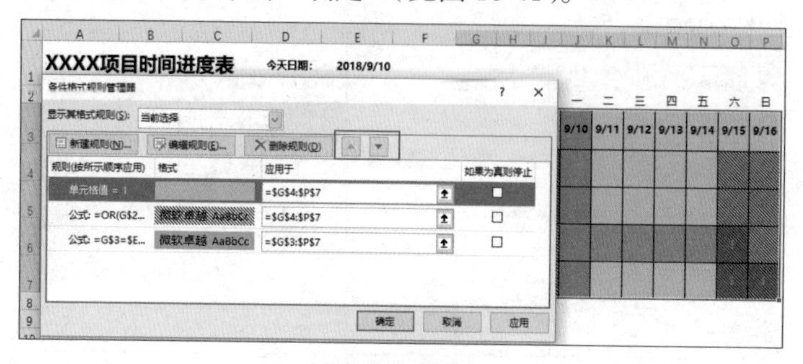

图 18-41

（5）最后，如果想隐藏 G4:P7 单元格区域中的数字 1，还可以选中 G4:P7 →通过“开始”选项卡→“字体”→调整字体大小，改为“1”，让它们小到不易被察觉，好像“隐藏”起来了一样（见图 18-42）。这样，“×××× 项目时间进度表”就制作完成了。

到此，我们用函数和条件格式实现了项目进度的管理。如果平时工作比这复杂，也没关系，因为用到的知识点都是一样的。

随书附带的资源包当中，表姐给大家提供了一个模板（见图 18-43）。大家工作中需要做进度呈现时，可以直接套用这个模板，如表中的“主要里程碑”“任务”“主责人”“开始时间”“结束时间”……都可以根据实际情况进行替换。表格后面的日期所关联的条件格式都是自动的，只要把日期根据实际情况进行修改，对应的进度就能实时变化。

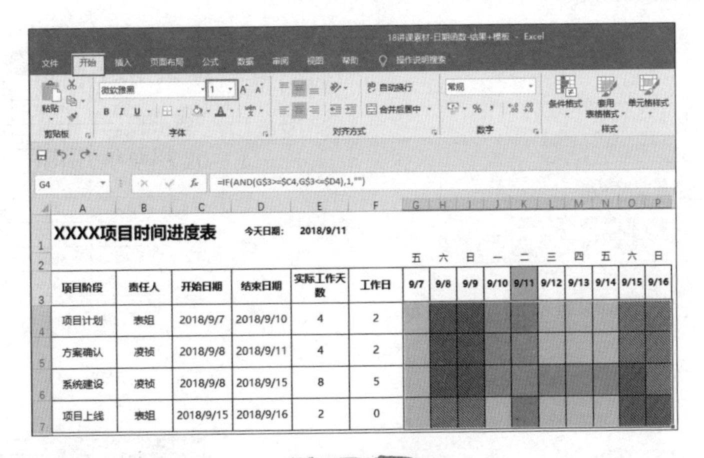

XXXX项目时间进度表 今天日期：2018/9/11

						五	六	日	一	二	三	四	五	六	日
项目阶段	责任人	开始日期	结束日期	实际工作天数	工作日	9/7	9/8	9/9	9/10	9/11	9/12	9/13	9/14	9/15	9/16
项目计划	表姐	2018/9/7	2018/9/10	4	2										
方案确认	凌祯	2018/9/8	2018/9/11	4	2										
系统建设	凌祯	2018/9/8	2018/9/15	8	5										
项目上线	表姐	2018/9/15	2018/9/16	2	0										

图 18-42

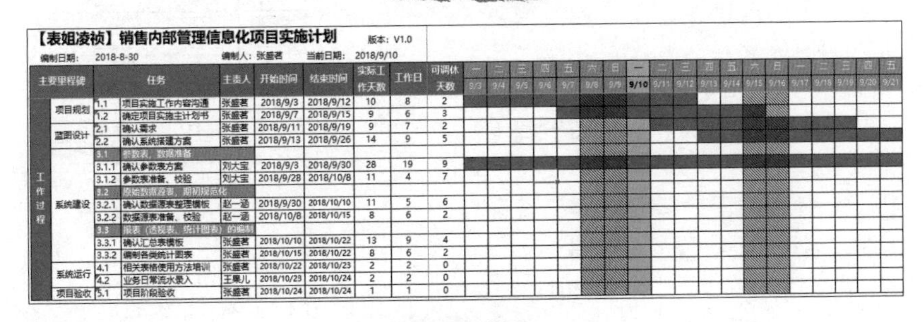

【表姐凌祯】销售内部管理信息化项目实施计划 版本：V1.0

编制日期：2018-8-30 编制人：张盛茗 当前日期：2018/9/10

主要里程碑		任务		主责人	开始时间	结束时间	实际工作天数	工作日	可调休天数	一	二	三	四	五	六	日	一	二	三	四	五	六	日	一	二	三	四	五
										9/3	9/4	9/5	9/6	9/7	9/8	9/9	9/10	9/11	9/12	9/13	9/14	9/15	9/16	9/17	9/18	9/19	9/20	9/21
工作过程	项目规划	1.1	项目实施工作内容沟通	张盛茗	2018/9/3	2018/9/12	10	8	2																			
		1.2	确定项目实施主计划书	张盛茗	2018/9/7	2018/9/15	9	6	3																			
	蓝图设计	2.1	确认需求	张盛茗	2018/9/11	2018/9/19	9	7	2																			
		2.2	确认系统搭建方案	张盛茗	2018/9/13	2018/9/26	14	9	5																			
	系统建设	3.1	参数表，数据准备																									
		3.1.1	确认参数表方案	刘大宝	2018/9/3	2018/9/30	28	19	9																			
		3.1.2	参数表准备、校验	刘大宝	2018/9/28	2018/10/8	11	4	7																			
		3.2	原始数据源表，期初规范化																									
		3.2.1	确认数据源表整理模板	赵一涵	2018/9/30	2018/10/10	11	5	6																			
		3.2.2	数据源表准备、校验	赵一涵	2018/10/8	2018/10/15	8	6	2																			
		3.3	报表（透视表、统计图表）的编制																									
		3.3.1	确认汇总表模板	张盛茗	2018/10/10	2018/10/22	13	9	4																			
		3.3.2	编制各类统计图表	张盛茗	2018/10/15	2018/10/22	8	6	2																			
	系统运行	4.1	相关表格使用方法培训	张盛茗	2018/10/22	2018/10/23	2	2	0																			
		4.2	业务日常流水录入	王果儿	2018/10/23	2018/10/24	2	2	0																			
	项目验收	5.1	项目阶段验收	张盛茗	2018/10/24	2018/10/24	1	1	0																			

图 18-43

18.5 彩蛋：快速录入日期、时间

（1）快速录入系统当前日期：Ctrl+;（见图 18-44）。

图 18-44

（2）快速录入系统当前时间：Ctrl +;（空格）Ctrl +Shift+;（见图 18-45）。

利用快捷键输入的日期、时间，和利用 TODAY、NOW 函数输入的区别如下。

利用函数输入的日期、时间，可以通过双击单元格，启动编辑状态后，按 Enter 键确认输入的方式，重新激活公式运算结果，是一个变动的数据（或者按 F9 刷新计算结果）。

通过快捷键输入的日期、时间，是固定的

数据，不会重新计算，即不会随日期、时间的变化而变化。

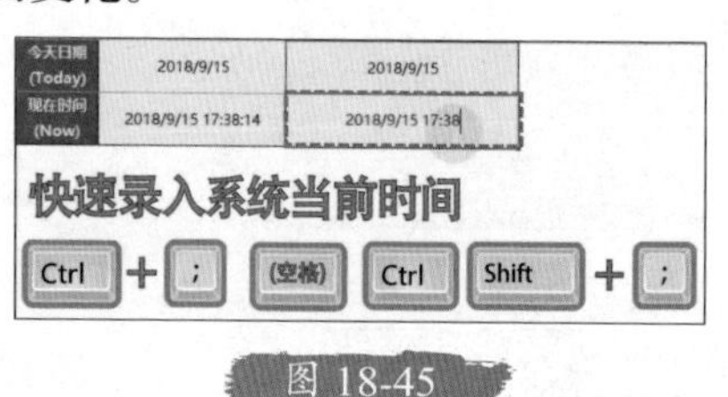

图 18-45

18.6 函数“避坑”指南

我们在写函数公式的时候，常常出现各种问题，导致计算结果出现错误值。这也是很多人觉得函数难学的原因之一。其实，每个“错误值”背后，都隐藏着对应的“密码”。表姐总结了一下，函数公式计算错误主要有如下两大类问题。

（1）写错了：日期错误、除零错误、查询错误、引用错误、名称错误。

（2）不显示：错用文本、错按 Ctrl+～、手动计算。

第一大类“写错了”，分为以下 5 种情况。

1. 日期错误

原因分析：出现“#######”的错误形式（见图 18-46），这往往是因为单元格的列宽太窄。

解决方案：

（1）将列宽调整合适。

（2）如果日期中出现负数（见图 18-47），则无法显示正确的结果，需要把日期改为正确的格式。

读书笔记

	A	B	C
1	会员姓名	会员积分	入会日期
2	表姐	775	#######
3	凌 祯	6756	#######
4	张盛茗	125	#######
5	欧阳婷婷	5726	#######
6	赵军	2005	#######
7	何大宝	18	#######
8	关丽丽	1250	#######
9	Lisa Rong	3587	#######
10	王大刀	3500	#######

图 18-46

C2　=-2017/6/3

	A	B	C	D
1	会员姓名	会员积分	入会日期	
2	表姐	775	###############	
3	凌 祯	6756	2018/2/16	
4	张盛茗	125	2018/3/22	
5	欧阳婷婷	5726	2018/5/10	
6	赵军	2005	2018/7/13	
7	何大宝	18	2018/7/16	
8	关丽丽	1250	2018/1/12	
9	Lisa Rong	3587	2018/11/9	
10	王大刀	3500	2018/12/18	

图 18-47

2. 除零错误

原因分析：在计算的时候，计算式的分母为 0（或空值），所以显示为“#DIV/0!”（见图 18-48）。

解决方案：使用 IFERROR 函数（见图 18-49）。

D7　=B7/C7

	A	B	C	D
1	姓名	业绩总额	业绩目标	业绩完成率
2	表姐	775		#DIV/0!
3	凌 祯	6756	7360	92%
4	张盛茗	125	150	83%
5	欧阳婷婷	5726	6580	87%
6	赵军	2005	2230	90%
7	何大宝	18		#DIV/0!
8	关丽丽	1250	1450	86%
9	Lisa Rong	3587	4200	85%
10	王大刀	3500	3290	106%

图 18-48

D7 =IFERROR(B7/C7,0)

	A	B	C	D
1	姓名	业绩总额	业绩目标	业绩完成率
2	表姐	775		0%
3	凌祯	6756	7360	92%
4	张盛茗	125	150	83%
5	欧阳婷婷	5726	6580	87%
6	赵军	2005	2230	90%
7	何大宝	18		0%
8	关丽丽	1250	1450	86%
9	Lisa Rong	3587	4200	85%
10	王大刀	3500	3290	106%

图 18-49

3. 查询错误

（1）“查无此值”：显示为“#N/A！”。

原因分析：查询的表格里没有此数据（见图 18-50）。

解决方案：使用 IFERROR 函数。

C8 =VLOOKUP(A8,$E$2:$F$7,2,0)

	A	B	C	D	E	F
1	姓名	系统账	人工账		姓名	人工账
2	表姐	775	775		凌祯	6756
3	凌祯	6756	6756		表姐	775
4	张盛茗	125	3587		何大宝	18
5	欧阳婷婷	5726	1250		欧阳婷婷	1250
6	赵军	2005	3500		张盛茗	3587
7	何大宝	18	18		赵军	3500
8	Lisa Rong	35	#N/A			
9	王大刀	3500	#N/A			

图 18-50

（2）被查找值格式未统一显示为“#N/A！”。

原因分析：被查找值和数据来源中的表格格式不同，一边是常规格式，一边是文本格式（见图 18-51）。

解决方案：将两边格式统一。将常规分列为文本，或者将文本“选择性粘贴 *1”转换成常规（数字）格式。

4. 引用错误

原因分析：函数当中参数引用的位置被误操作，删除掉了（见图 18-52），显示为“#REF！”。

解决方案：按 Ctrl+Z 键撤销上一步操作；如无法撤销，只能重新编写公式。

J2 =VLOOKUP(H2,$L$2:$M$8,2,0)

	H	I	J	K	L	M
1	卡号	系统账	人工账		卡号	人工账
2	26872769	775	#N/A		16891630	3500
3	18458761	6756	#N/A		18458761	6756
4	28909615	125	#N/A		24819880	2005
5	65062932	5726	#N/A		26872769	770
6	24819880	2005	#N/A		28909615	125
7	68853217	18	#N/A		65062932	5724
8	16891630	3500	#N/A		68853217	14

图 18-51

C2 =LOOKUP(B2,#REF!,#RE

	A	B	C
1	会员姓名	会员积分	会员等级
2	表姐	775	#REF!
3	凌祯	6756	#REF!
4	张盛茗	125	#REF!
5	欧阳婷婷	5726	#REF!
6	赵军	2005	#REF!
7	Lisa Rong	3587	#REF!

图 18-52

5. 名称错误

原因分析：函数名称输入不完整，或者写错了（见图 18-53），显示为“#NAME？”。

解决方案：将函数名称修改正确即可。

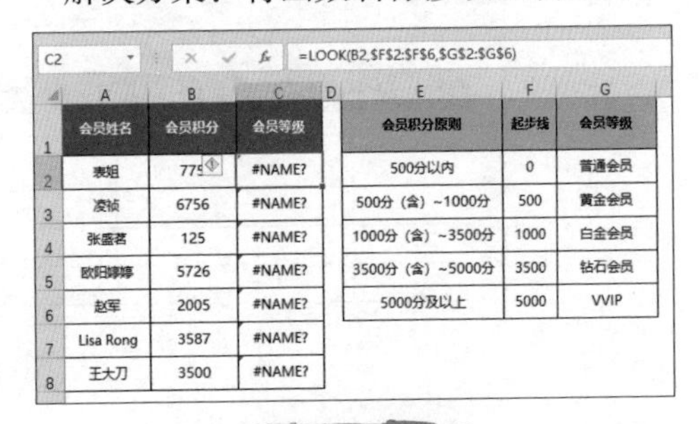

C2 =LOOK(B2,$F$2:$F$6,$G$2:$G$6)

	A	B	C	D	E	F	G
1	会员姓名	会员积分	会员等级		会员积分原则	起步线	会员等级
2	表姐	775	#NAME?		500分以内	0	普通会员
3	凌祯	6756	#NAME?		500分（含）~1000分	500	黄金会员
4	张盛茗	125	#NAME?		1000分（含）~3500分	1000	白金会员
5	欧阳婷婷	5726	#NAME?		3500分（含）~5000分	3500	钻石会员
6	赵军	2005	#NAME?		5000分及以上	5000	VVIP
7	Lisa Rong	3587	#NAME?				
8	王大刀	3500	#NAME?				

图 18-53

第二大类“不显示”：公式都写对了，但是不显示计算结果，这往往由以下 3 种原因造成的。

1. 错用文本

原因分析：前面提到过，如果数字不计算，“文本大法”早用早好。但是，如果单元格中写了公式，但单元格格式是文本格式的话（见图 18-54），那么该公式将原模原样显示，而不执行计算了。

解决方案：将单元格格式改为常规格式，然后重新录入公式，执行计算即可。

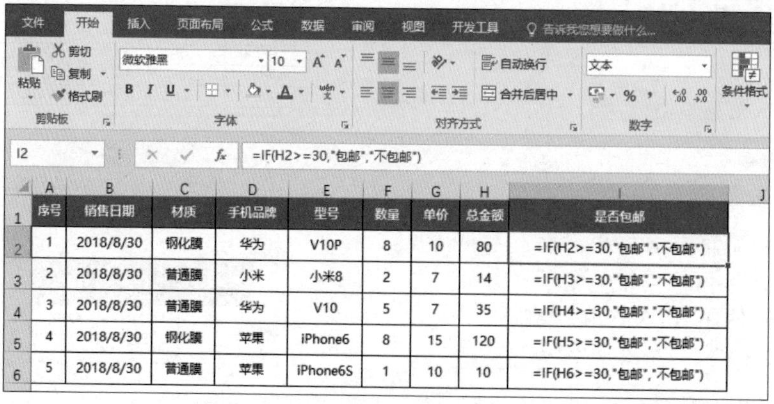

文件　开始　插入　页面布局　公式　数据　审阅　视图　开发工具　告诉我您想要做什么...

剪切　复制　格式刷　粘贴　剪贴板　微软雅黑　10　字体　自动换行　合并后居中　对齐方式　文本　%　数字　条件格式

I2　=IF(H2>=30,"包邮","不包邮")

序号	销售日期	材质	手机品牌	型号	数量	单价	总金额	是否包邮
1	2018/8/30	钢化膜	华为	V10P	8	10	80	=IF(H2>=30,"包邮","不包邮")
2	2018/8/30	普通膜	小米	小米8	2	7	14	=IF(H3>=30,"包邮","不包邮")
3	2018/8/30	普通膜	华为	V10	5	7	35	=IF(H4>=30,"包邮","不包邮")
4	2018/8/30	钢化膜	苹果	iPhone6	8	15	120	=IF(H5>=30,"包邮","不包邮")
5	2018/8/30	普通膜	苹果	iPhone6S	1	10	10	=IF(H6>=30,"包邮","不包邮")

图 18-54

2. 错按 Ctrl+～

原因分析：启用了显示公式状态（快捷键为 Ctrl+～），如图 18-55 所示。

解决方案：再按一次 Ctrl+～键，恢复公式普通计算状态即可。

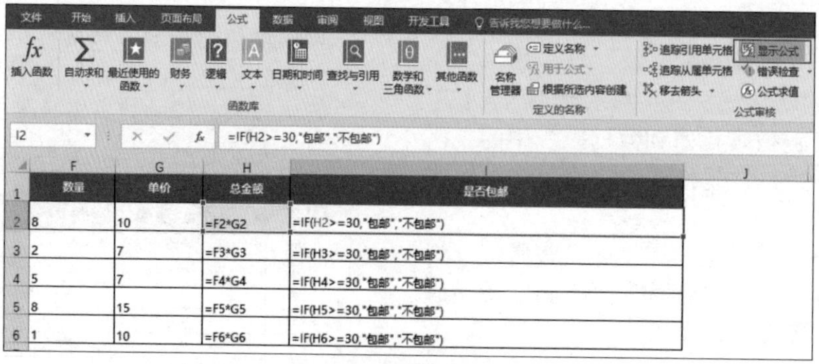

文件　开始　插入　页面布局　公式　数据　审阅　视图　开发工具　告诉我您想要做什么...

插入函数　自动求和　最近使用的函数　财务　逻辑　文本　日期和时间　查找与引用　数学和三角函数　其他函数　函数库　名称管理器　定义名称　用于公式　根据所选内容创建　定义的名称　追踪引用单元格　追踪从属单元格　移去箭头　显示公式　错误检查　公式求值　公式审核

I2　=IF(H2>=30,"包邮","不包邮")

数量	单价	总金额	是否包邮
8	10	=F2*G2	=IF(H2>=30,"包邮","不包邮")
2	7	=F3*G3	=IF(H3>=30,"包邮","不包邮")
5	7	=F4*G4	=IF(H4>=30,"包邮","不包邮")
8	15	=F5*G5	=IF(H5>=30,"包邮","不包邮")
1	10	=F6*G6	=IF(H6>=30,"包邮","不包邮")

图 18-55

3. 手动计算

原因分析：更改数据后，公式不自动计算了，这往往是因为Excel设置成了手动计算模式（见图18-56）。

解决方案：选择“公式”选项卡→“计算”→“计算选项”→将计算模式改为“自动”即可（见图18-57）。

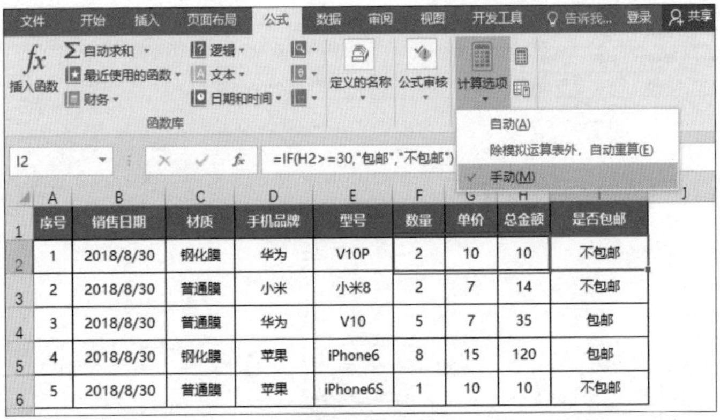

I2 =IF(H2>=30,"包邮","不包邮")

序号	销售日期	材质	手机品牌	型号	数量	单价	总金额	是否包邮
1	2018/8/30	钢化膜	华为	V10P	2	10	10	不包邮
2	2018/8/30	普通膜	小米	小米8	2	7	14	不包邮
3	2018/8/30	普通膜	华为	V10	5	7	35	包邮
4	2018/8/30	钢化膜	苹果	iPhone6	8	15	120	包邮
5	2018/8/30	普通膜	苹果	iPhone6S	1	10	10	不包邮

图 18-56

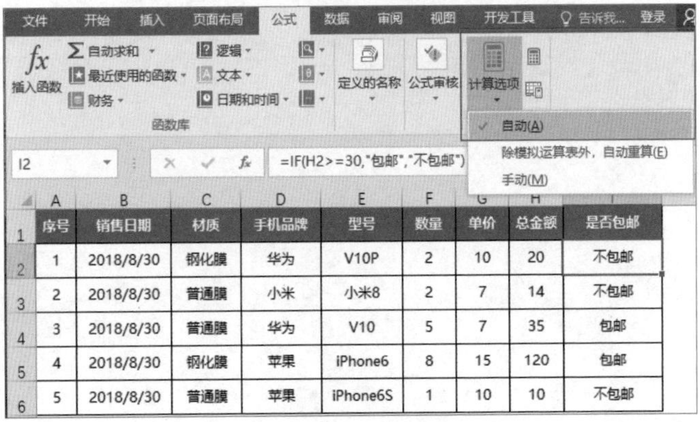

I2 =IF(H2>=30,"包邮","不包邮")

序号	销售日期	材质	手机品牌	型号	数量	单价	总金额	是否包邮
1	2018/8/30	钢化膜	华为	V10P	2	10	20	不包邮
2	2018/8/30	普通膜	小米	小米8	2	7	14	不包邮
3	2018/8/30	普通膜	华为	V10	5	7	35	包邮
4	2018/8/30	钢化膜	苹果	iPhone6	8	15	120	包邮
5	2018/8/30	普通膜	苹果	iPhone6S	1	10	10	不包邮

图 18-57

最后，再教大家一个写公式的小技巧，可以通过公式选项卡下的“公式求值”功能，在弹出的“公式求值”对话框中，单击“求值”按钮，从而检测公式的每一步计算结果是否正确，进行公式校验（见图18-58）。

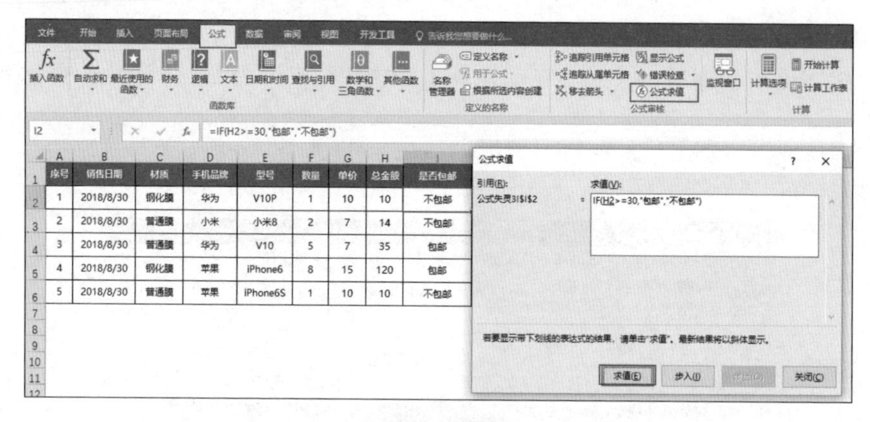

图 18-58

到此，我们已经学完函数了，在成为“Excel 办公效率达人”的道路上，已经修炼了 80% 了。

通过函数、公式的学习，除了能搞定数据的计算，还能解决工作当中的三大问题：老表“填坑”、数据的动态追加以及建立标准模板。

在学函数的时候，大家千万不要贪多。我们就以工作当中的实际需求为出发点，以点带面的、组合式学函数，这样就可以学得既快又轻松。当我们学会了“主动思考、举一反三”的去解决问题，还能用函数来建立模板，提高大家的工作效率。

读书笔记

【玩转“高大上”图表篇】

“别付出了 99% 的努力，

却输在汇报这临门一脚。”

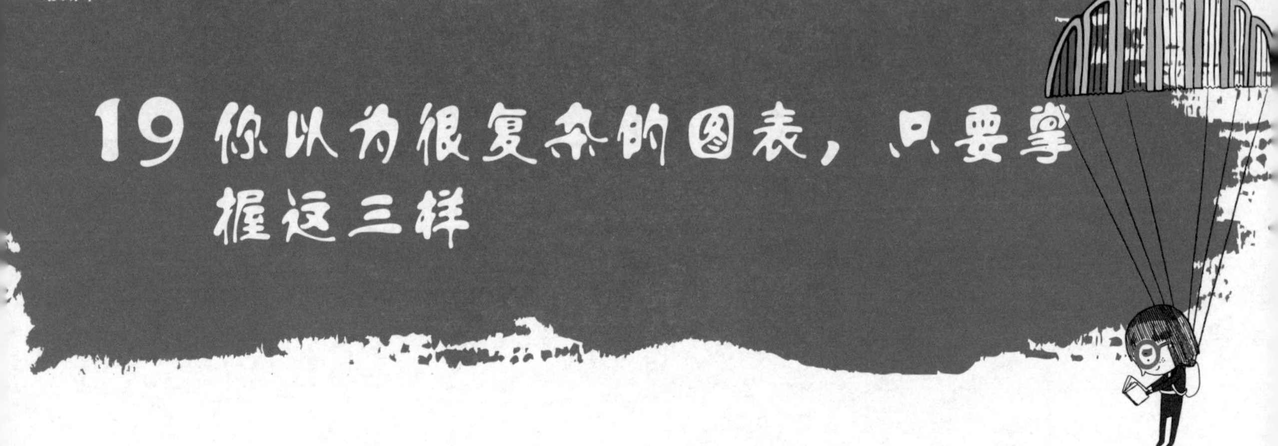

19 你以为很复杂的图表，只要掌握这三样

职场小故事

年终时，老板要求每人做一份年终汇报总结，在审阅大家交上来的汇报时，发现多数图表都是系统默认的样式，毫无新意。（见图 19-1）

唯独小张一人的汇报令领导眼前一亮，惊叹道：“这就是我想要的大数据科技风！”（见图 19-2）

图 19-1

图 19-2

小张因此走上了升职加薪之路。（见图 19-3）

图 19-3

通过从本章开始的 3 章内容的学习，大家就能做出和小张一模一样的大数据科技风图表看板。

19.1 拆解看板

我们首先拆解一下案例中小张这张看板的结构（见图 19-4），主要包括 4 块内容：图表总标题、制作信息、外部框线、7 张子图表。

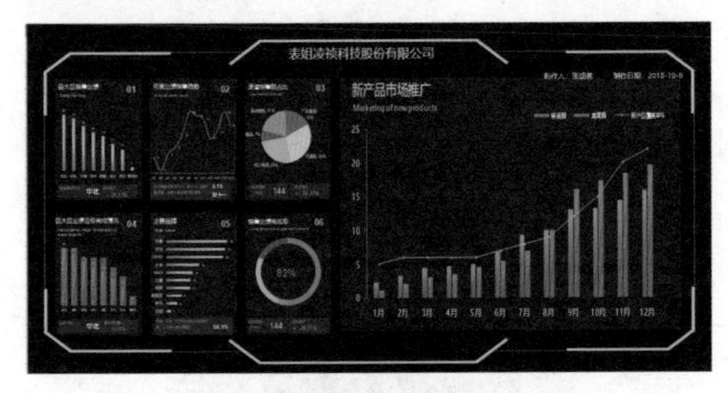

图 19-4

看似“复杂”的看板，只不过是将 7 张子图表，整洁、规范地对齐组合在一起罢了。如果将这 7 张子图表脱掉“美颜”（图表美化）的外衣，实际上就是 7 张用 Excel 做出来的普通图表（见图 19-5）。

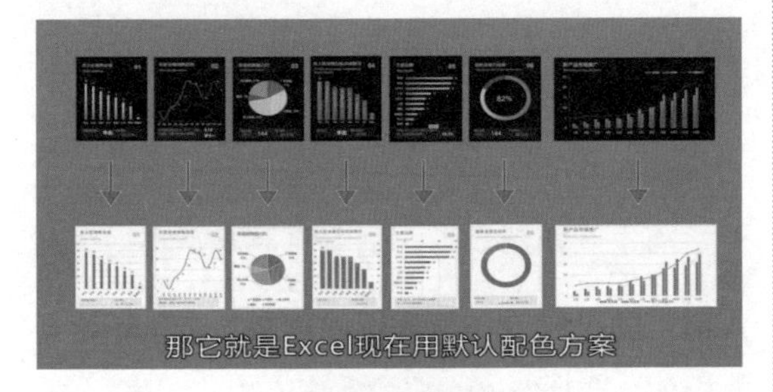

图 19-5

如果继续“追踪”7 张图表的来源，就会发现：它们对应的是 Excel 中 7 张表格（见图 19-6）。这 7 张表里的数据可以是手动录入的，也可以用我们前面学到的函数或数据透视表，从数据源当中自动获取、汇总统计。

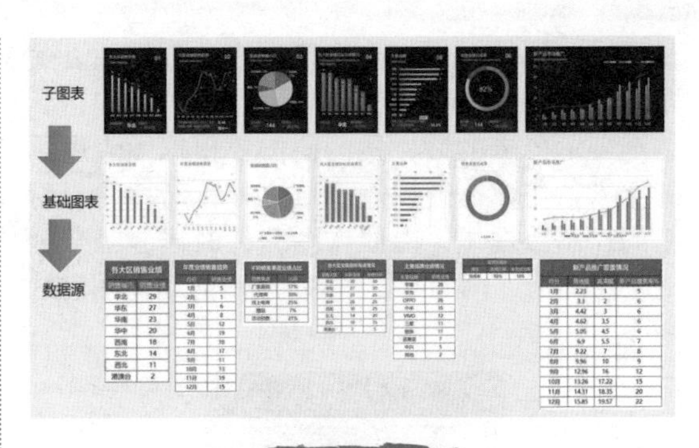

图 19-6

再将这 7 张图表进行分类，就会发现，它们都来源于最基础的 3 类：柱形图、折线图和饼图（见图 19-7）。条形图只不过是将柱形图旋转一下，横着放；环形图就是“空心”饼图。倘若将柱形图、折线图放在一起，就变成了组合图。

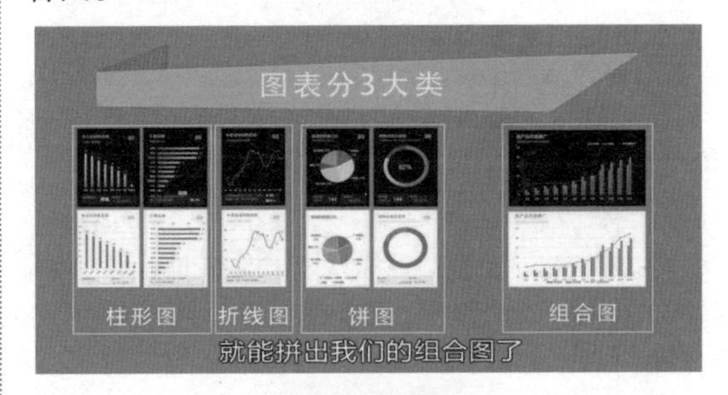

图 19-7

通过前面的拆解可以看出，实际上看板的制作无非是从表到单张图表，再从多张图表组合美化到看板而已。表姐总结出制作商务图表的 3 个步骤如下。

（1）准备作图数据源表（见图 19-8）。如果有数据源流水台账的话，可以使用函数、数据透视表，根据汇报维度的要求，整理出作图所需的关键数据统计表。当然如果着急汇报，也可以手工整理出作图所需要的关键指标数据。

日后有时间的时候，再把统计表和数据源表关联起来。另外，有时如果数据透视图无法达到数据展示要求的话，我们还需要根据图表展示的要求，在数据透视表区域之外重新构建一份新的作图数据源，以便作图表的时候多维数据的快速调用，例如第 22 章所展示的动态图表的制作。

各大区销售业绩	
销售城市	销售业绩
华北	29
华东	27
华南	23
华中	20
西南	18
东北	14
西北	11
港澳台	2

图 19-8

（2）制作基础图表（见图 19-9）。顾名思义，就是将作图所用的数据表格，可视化展现的基础图表。这里追求的是，图表语言表达是否符合数据展示的目的，完成图表元素的增减、组合。例如，数据之间对比分析的时候，选择柱形图。并不需要考虑图表配色是否和谐、美观等。

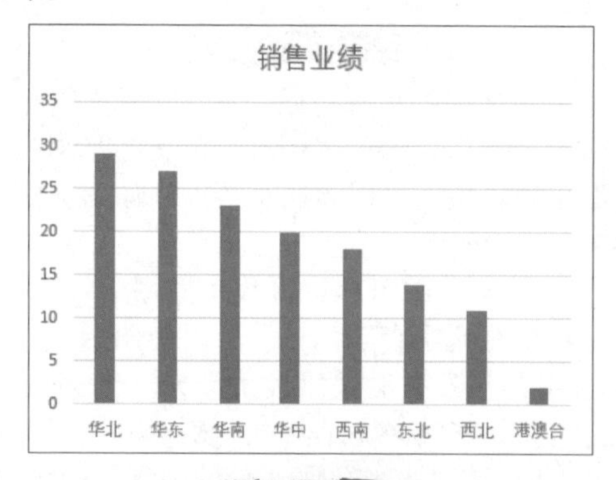

图 19-9

（3）商务图表美化（见图 19-10）。在第 2 步基础图表之上，对图表进行配色调整、辅助元素的添加等。可以根据每个公司 logo 主色调，进行搭配。如果有多张图表，再将它们对齐、排版到一起，就生成了属于我们自己的商务图表看板了。

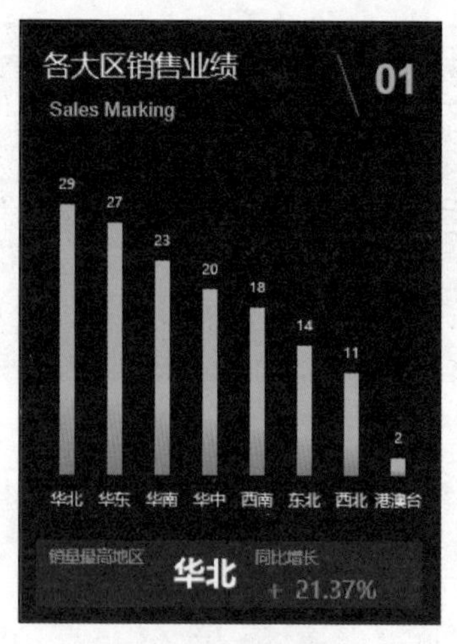

图 19-10

19.2 图表的分类与选择

大家是不是已经开始跃跃欲试，想要赶紧开始动手制作图表啦？别着急，表姐觉得在动手之前，更重要的是，思考怎么样才能更好地呈现出"你要表达的观点"！也就是：①你想分析什么数据？②需要用什么类型的图表？

在 Excel 2016 中一共提供了 15 类图表类型：柱形图、折线图、饼图、条形图、面积图、XY 散点图、股价图、曲面图、雷达图、树形图、旭日图、直方图、箱形图、瀑布图、组合图（见图 19-11）。其中，Excel 2016 相较于之前的版本（2013），新增的图表类型有树形图、旭日图、直方图、箱形图、瀑布图。而组合图是在 2010 及以前的版本中没有独立出现的图表类型，需要通过复杂的图表技巧才能够实现。

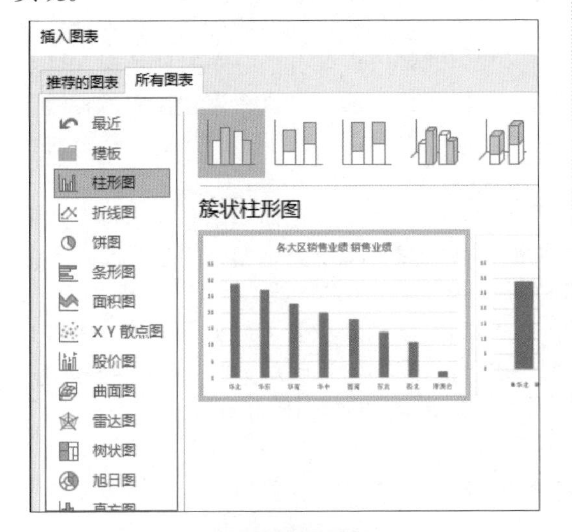

图 19-11

在诸多的图表类型中，我们该如何选择有效的图表类型呢？可视化专家 Andrew Abela 将图表与其呈现的数据关系，分为 4 类：比较、分布、构成、联系，并绘制了一份图表类型选择指南。该指南由国内的 ExcelPro 老师翻译，表姐在此基础上进行了优化，由罗茜月整理后呈现如图 19-12 所示。

（1）“柱形图”用于显示一段时间内的数据变化或显示各项之间的比较情况。是基础的三大图表之一，通过次坐标、变形、逆转可实现复杂图表的制作。

（2）“不等宽柱形图”在常规柱形图的基础上，实现了宽幅和高度两个维度的数据记录和比较。

（3）“表格或内嵌图表的表格”用于一系列相同类型图表的呈现。针对每个个体，以统一风格的图表呈现其内部数据关系，然后进行排列布局，组合后进行数据呈现。

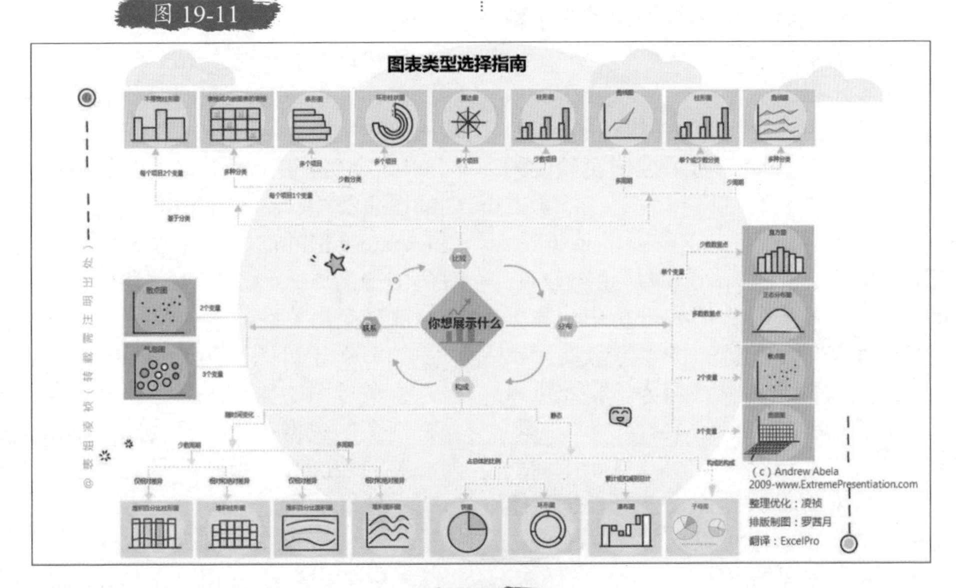

图 19-12

（4）“条形图”对于数据项标题较长的情况，用柱状图制图会无法完全呈现数据系列名称，采用条形图则可有效解决该问题。同时在制图前，可将数据进行降序排列，使得条形图呈现出数据的阶梯变化趋势。

（5）“环形柱状图”是柱形图变形呈现形式的一种，通常单个数据系列的最大值，（一般来说）不超过环形角度 270°，并由最外环往最内环逐级递减的呈现数据。

（6）“雷达图”又可称为戴布拉图、蜘蛛网图，用于分析某一事物在各个不同纬度指标下的具体情况，并将各指标点连接成图。

（7）“曲线图”又称折线图，以曲线的上升或下降来表示统计数量的增减变化情况。不仅可以表示数量的多少，而且可以反映数据的增减波动状态。

（8）“直方图”又称质量分布图。是一种统计报告图，由一系列高度不等的纵向条纹或线段表示数据分布的情况。一般用横轴表示数据类型，纵轴表示分布情况。

（9）“正态分布图”也称“常态分布”或高斯分布，是连续随机变量概率分布的一种。常常应用于质量管理控制：为了控制实验中的测量（或实验）误差，常“以作为上、下警戒值，以作为上、下控制值”。这样做的依据是：正常情况下测量（或实验）误差服从正态分布。

（10）“散点图”是指在回归分析中，数据点在直角坐标系平面上的分布图，散点图表示因变量随自变量而变化的大致趋势，据此可以选择合适的函数对数据点进行拟合。

（11）“曲面图”通过 X、Y、Z 3 个维度的坐标交汇，形成对应的数据点，并且根据这组数据汇总生成的图表。它可以比较方便地模拟绘制各种标准曲面方程的图像。

（12）“堆积百分比柱形图”用于某一系列数据之间，其内部各组成部分的分布对比情况。各数据系列内部，按照构成百分比进行汇总，即各数据系列的总额均为 100%。数据条反应的是各系列中、各类型的占比情况。

（13）“堆积柱形图”用于某一系列数据之间，其内部各组成部分的分布对比情况。各数据系列按照数量的多少进行堆积汇总，各数据系列之间，根据汇总柱形图的高低，进行对比分析。

（14）“堆积百分比面积图”显示每个数值所占百分比随时间或类别变化的趋势线。可强调每个系列的比例趋势线。

（15）“堆积面积图”显示每个数值所占大小随时间或类别变化的趋势线。可强调某个类别交于系列轴上的数值的趋势线。

（16）“饼图”以图形的方式直接显示各个组成部分所占比例，各数据系列的比率汇总为 100%。

（17）“环形图”是由两个及两个以上大小不一的饼图叠在一起，挖去中间的部分所构成的图形。能够区分或表明某种关系，常用于饼状图的进一步美化。

（18）“瀑布图”是由麦肯锡顾问公司所独创的图表类型，因为形似瀑布流水而称为瀑布图（Waterfall Plot)。此种图表采用绝对值与相对值结合的方式，适用于表达数个特定数值之间的数量变化关系。

（19）“子母图”用于表示数据之间的构成关系，在母图的比例关系中，其中某一部分涵盖特别多的数据项目，且在总比率中可以合计为一类的情况时，可将该部分单独以子饼图的形式，进行呈现。

（20）“气泡图”排列在工作表的列中的数据（第一列中列出 x 值，在相邻列中列出相应的 y 值和气泡大小的值）可以绘制在气泡图中。

气泡图与散点图相似，不同之处在于，气泡图允许在图表中额外加入一个表示大小的变量。

在掌握了图表类型的选择技巧之后，也许大家会疑惑，是否必须熟练掌握上述 20 种图表类型的制作方法，才能够制作高质量的商务图表呢？答案是否定。在实际工作中，表姐发现我们常用的图表类型，始终都离不开最基础的 3 类图表：柱形图、饼图、折线图。

（1）柱形图：主要用于各项目之间的比较。

（2）饼图：用于构成情况还有分布占比的分析。

（3）折线图：主要用于时间趋势上的变化分析。

只需要掌握柱形图、饼图、折线图 3 种图表类型，就能轻松驾驭工作中 80% 的图表需求（见图 19-13）。

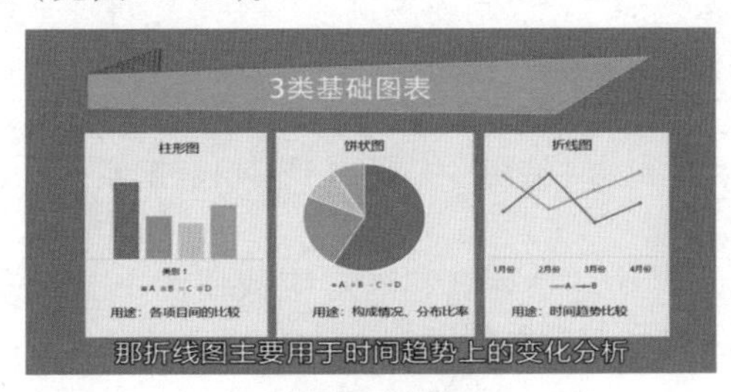

图 19-13

19.3 创建图表

1. 创建图表

第一种方法：数据驱动法（先选数据，后选图表）。

（1）先选中需要创建图表的数据所在的 A2:B10 单元格区域。

（2）选择“插入”选项卡→“图表”→选中“二维柱形图”（见图 19-14），即可完成图表的创建。

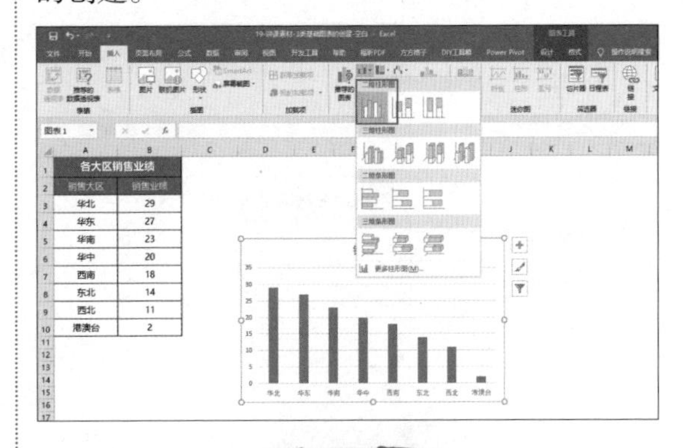

图 19-14

第二种方法：空盒子法（先选图表，后选数据）。

（1）插入空白图表：选中空白单元格→选择“插入”选项卡→“图表”→选中“二维柱形图”→ Excel 给出一个空白的图表区域（见图 19-15）。

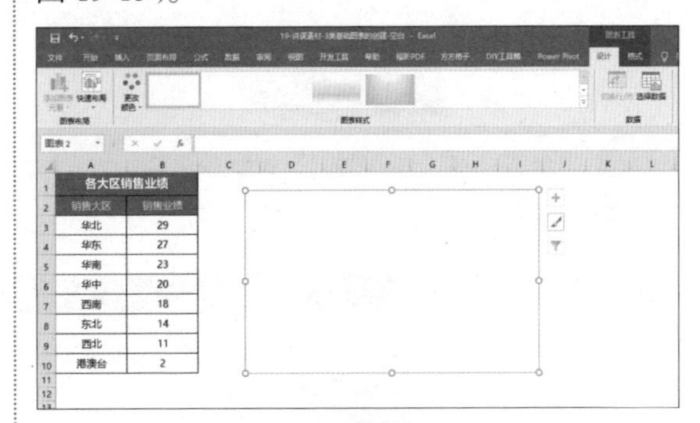

图 19-15

（2）添加数据：选择“设计”选项卡→“数据”→“选择数据”（见图 19-16）→在弹出的“选择数据源”对话框→添加图表数据区域→单击右侧折叠的小三角（见图 19-17）→在弹出的“选择数据源”页面中→选择 A2:B10 单元格区域→再次单击右侧折叠的三角→返回

图表数据区域界面→单击“确定”，即可完成图表创建（见图 19-18）。

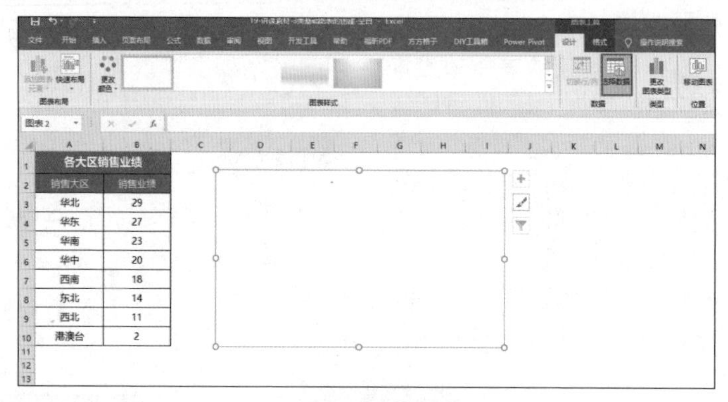

图 19-16

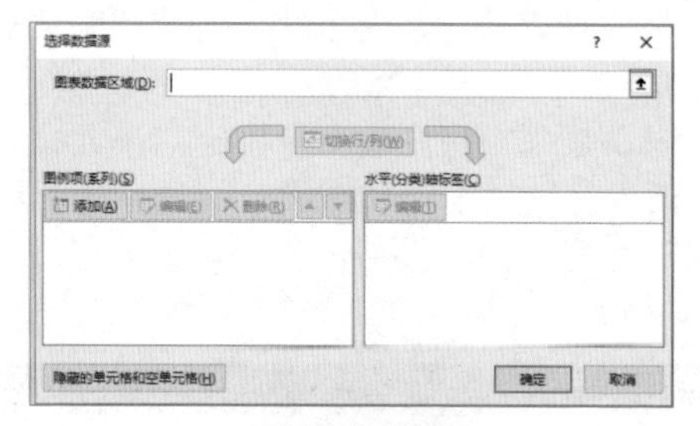

图 19-17

2. 添加、编辑、删除图表数据内容

选中图表→选择“设计”选项卡→单击“选择数据”→在弹出的“选择数据源”对话框中，单击“添加”“编辑”“删除”，即可对图表数据源进行相应的操作（见图 19-19）。在“选择数据源”中，可对图例项（系列）、水平分类轴标签，分别进行设置。

（1）图例项（系列）：单击左侧图例项（系列）→“编辑”→弹出“编辑数据系列”对话框。

其中“系列名称”对应数据源中 B2“销售业绩”这个系列名称（见图 19-20）。

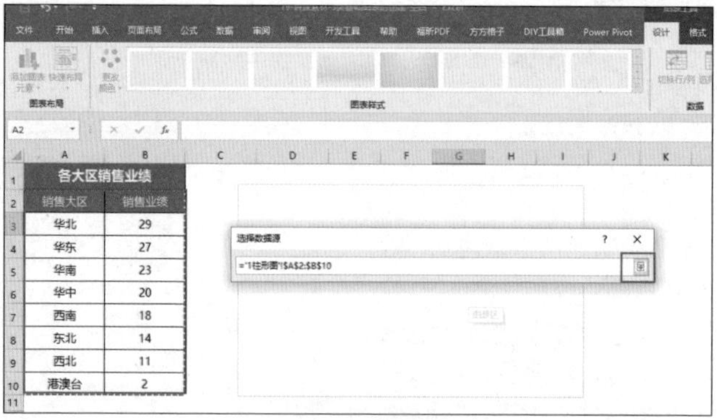

各大区销售业绩
销售大区
销售业绩
华北 29
华东 27
华南 23
华中 20
西南 18
东北 14
西北 11
港澳台 2
选择数据源
='1柱形图'!$A$2:$B$10

图 19-18

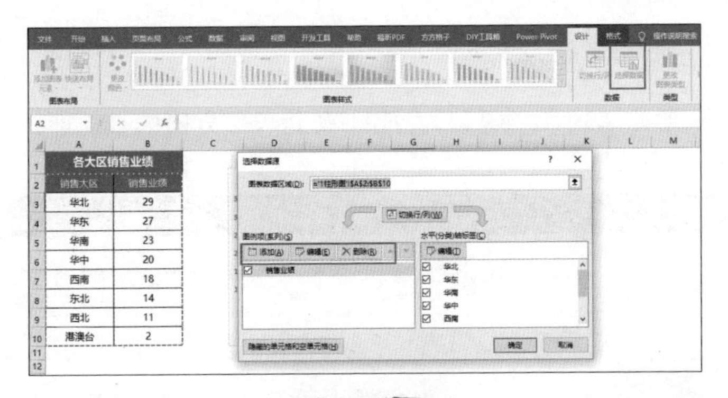

图 19-19

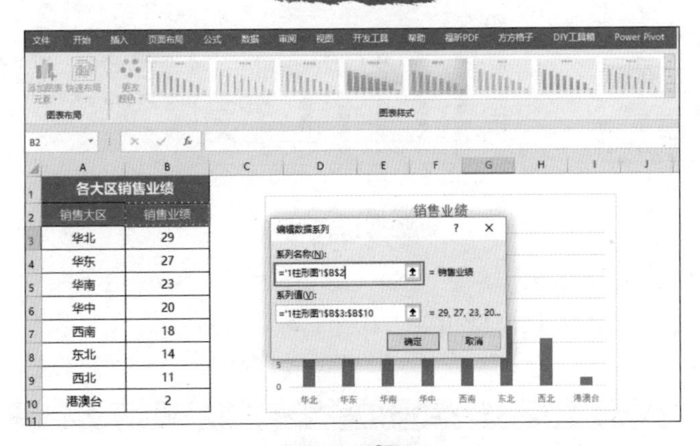

图 19-20

“系列值”对应数据源中 B3:B10 销售业绩的具体数值单元格区域，对应图表中“销售业绩”高低不同的柱形（见图 19-21）。

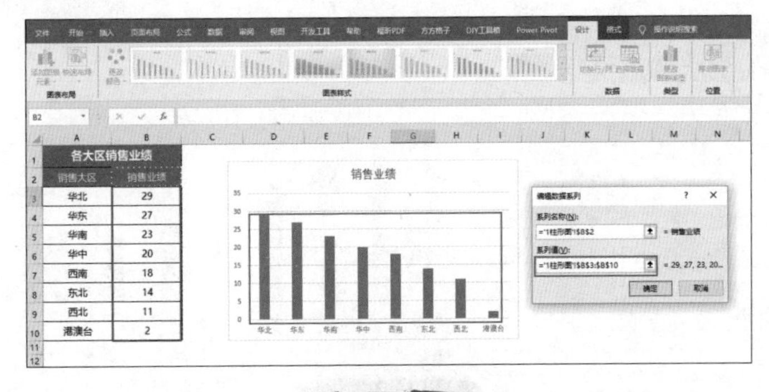

图 19-21

（2）水平（分类）轴标签：单击右侧水平（分类）轴标签→“编辑”→弹出“轴标签”对话框。

水平轴：对应数据源 A3:A10 区域，对应图表上水平方向的轴，即柱形下方的名称（见图 19-22）。

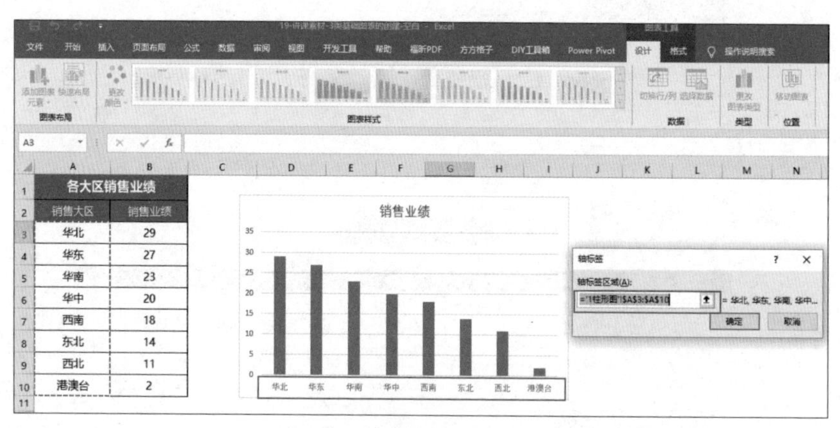

图 19-22

3. 快速增减、调整图表数据

选中图表→在图表对应的表格区域边框，移动鼠标指针到区域右下角变为斜线 45° 双向箭头时→通过鼠标拖曳的方式，调整边框区域大小，即可实现快速增减数据区域的效果（见图 19-23）。

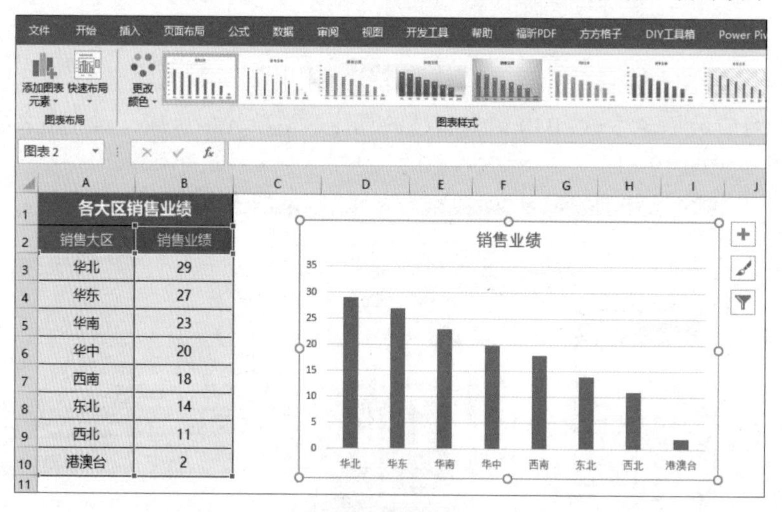

图 19-23

认识图表工具

下面来认识图表的元素。

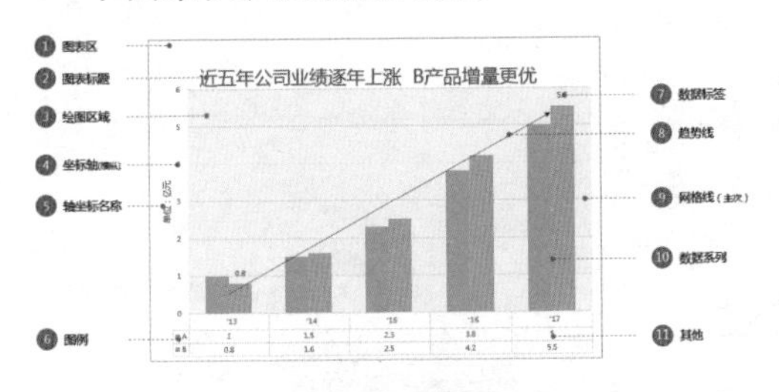

图 19-24

大多数 Excel 商务图表中，或多或少地包含了以下 11 类元素（见图 19-24）。

（1）图表区：用于存放图表所有元素的区域以及其他添加到图表当中的内容，是图表展示的“容器”。

（2）图表标题：是图表核心观点的载体，用于描述本张图表的内容介绍或作者的结论。

（3）绘图区域：在图表区域内部，仅包含数据系列图形（柱形图、折线图、饼图等的区域），可像图表区一样调整大小。

（4）坐标轴（横纵）：可根据坐标轴的方向分为横纵坐标轴，也可称作 X 轴 /Y 轴 /Z 轴、主坐标轴 / 次坐标轴。复杂的图表需要构建多个坐标轴。

（5）坐标轴名称：用于标识各坐标轴的名称，也可以手动修改，备注为图表的“单位”或其他信息。

（6）图例：用于标识图表中各系列格式的图形（颜色、形状、标记点）代表图表中具体的数据系列。可以根据需要增减或手动补充。

（7）数据标签：针对数据系列的内容、数值或名称等进行锚定标识。

（8）趋势线：模拟数据变化趋势而生成的预测线。

（9）网格线（主次）：用于各坐标轴的刻度标识，作为数据系列查阅时的参照对象。

（10）数据系列：（必不可少）根据制图数据源绘制的各类图形，用来形象化、可视化地反映数据。

（11）其他：根据数据呈现需要，插入图表的其他内容，如文本框、数据表等；或者记录图表信息的来源、统计数据截止日期、制作单位等内容。

图表的基本操作

1. 移动图表位置

选中图表→移动鼠标指针至图表边框位置处，当变成四向箭头时→单击拖曳，即可实现图表的移动（见图 19-25）。

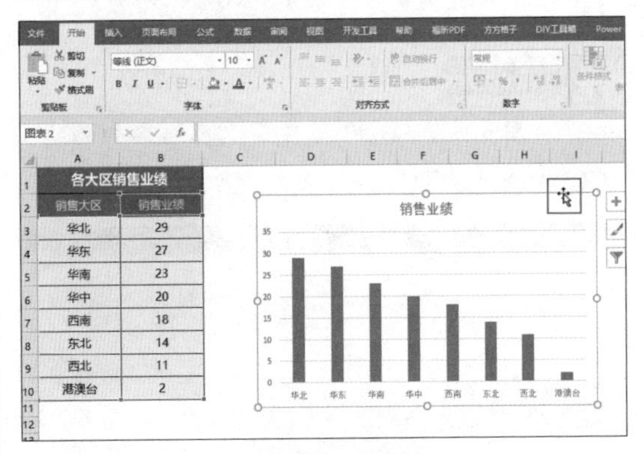

图 19-25

2. 调整图表大小

选中图表→移动鼠标指针至图表边框位置处，当变成左右或者上下双向箭头时→单击拖曳，即可实现图表的大小调节（见图 19-26）。

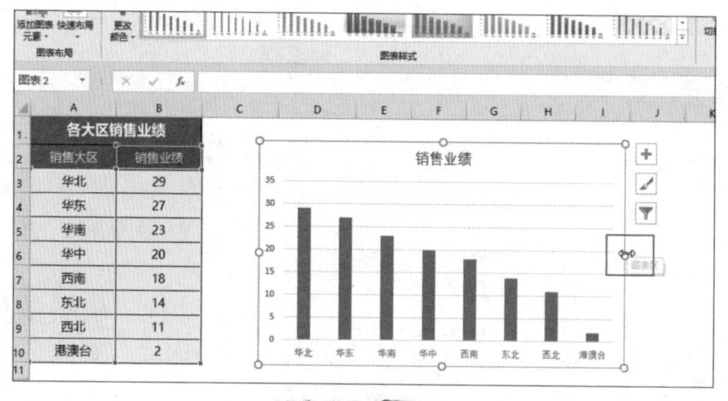

图 19-26

表姐口诀

四向箭头可移动；双向箭头调大小。

3．调整绘图区大小

鼠标指针移至图表内区域，移动鼠标指针→出现“绘图区”提示→单击，即可选中绘图区→通过鼠标拖曳的方式，进行移动和大小调整（见图 19-27）。

温馨提示

在图表区域移动鼠标指针，Excel 会自动显示图表元素的名称。

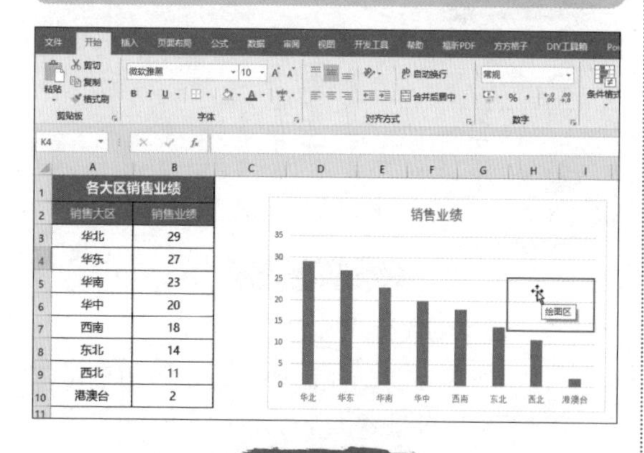

图 19-27

4．添加图表元素

选中图表→选择“设计”选项卡→“图表布局”→“添加图表元素”→可对图表元素进行选择，即在图表上是否进行显示（见图 19-28）。

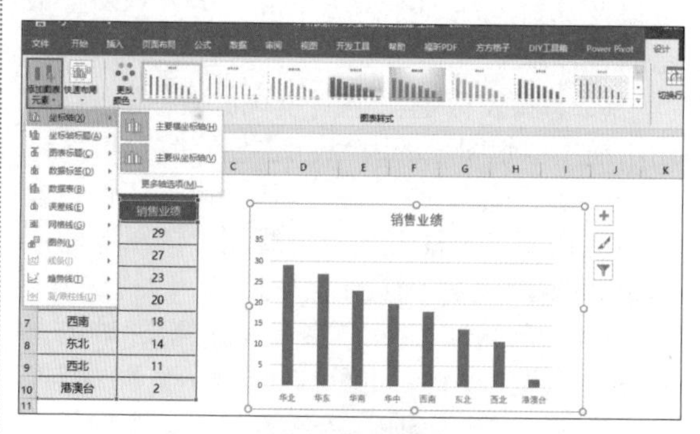

图 19-28

5．快速添加或删除图表元素

选中图表→单击图表右上角“+”按钮→选中或取消选中图表元素复选框，即可快速添加或删除图表元素（见图 19-29）。

6．更多设置

通过图表右上角“+”按钮→“数据标签”→“更多选项”→弹出“设置数据标签格

式”，在图表设计弹窗中，可以设置图表元素更多的细节（见图 19-30～图 19-31）。

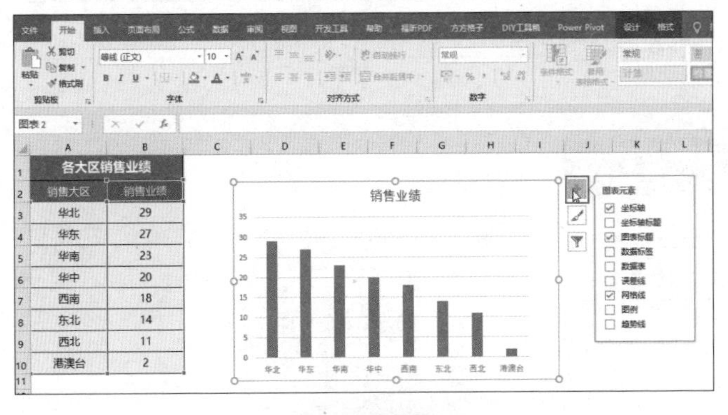

图 19-29

在 Excel 2016 中，图表设计弹窗特别“人性化”。当选择不同的图表元素时（如“数据标签”），即可打开对应元素的设计器（“设置数据标签格式”）。表姐把这个图表设计弹窗称为“工具箱”。以后只要进行图表设计，十之八九是离不开这个“工具箱”的。

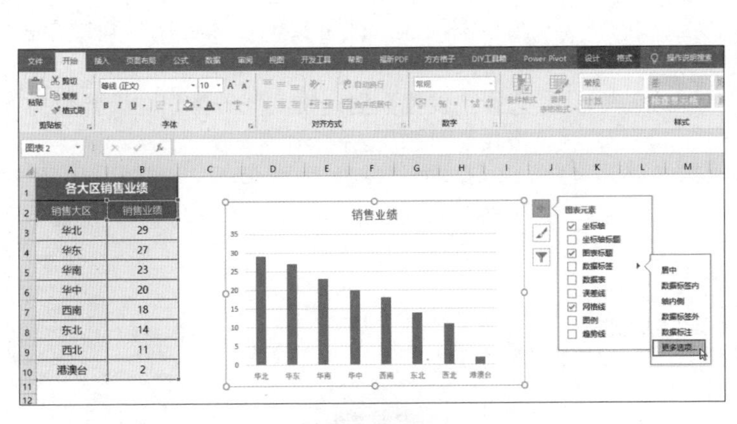

图 19-30

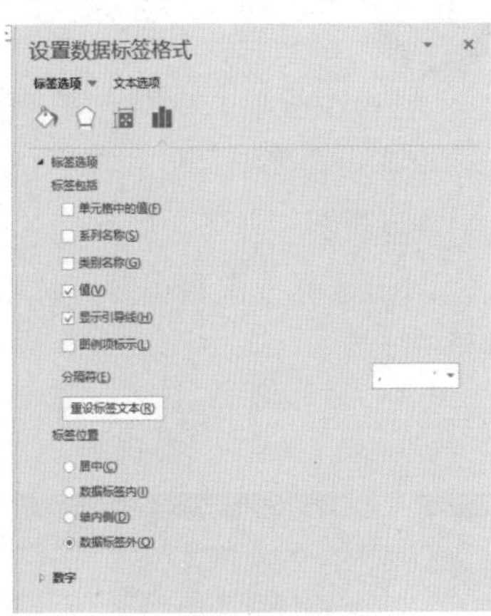

图 19-31

7．快速美化图表。

选中图表→选择“设计”选项卡→“图表样式”或“更改颜色”（见图 19-32）。

读书笔记

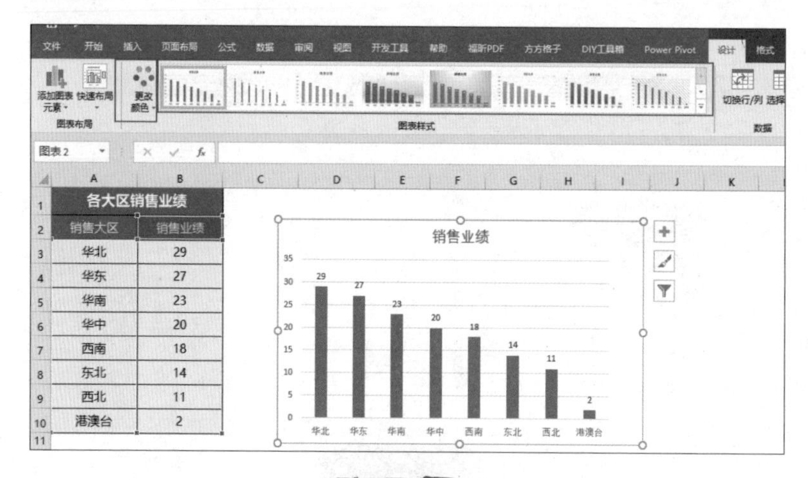

图 19-32

19.6 基础图表操作实践

在 19.3 节中，我们完成了柱形图的基本创建，下面再看看饼图、折线图的创建操作。

1．饼图

（1）选择作图数据源。选中 A2:B7 单元格区域。

（2）制作基础图表。选择“插入”选项卡→“图表”→“二维饼图”（见图 19-33）。

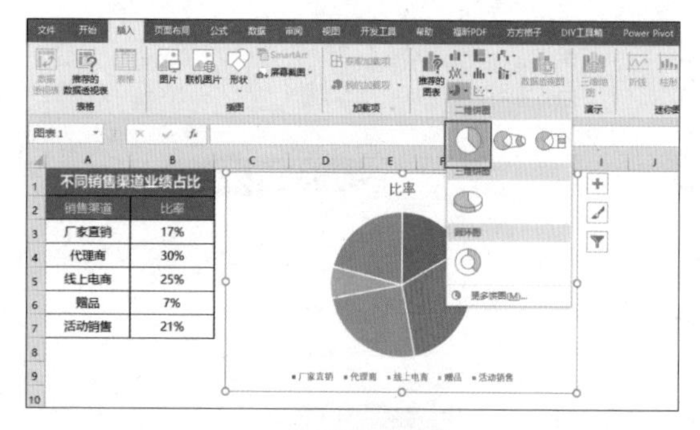

图 19-33

（3）美化饼图。选中创建的饼图→单击饼图绘图区域，即可选中整体饼图→再次单击，即可选中饼图中的某一个指定扇形区域→右击，选择“设置数据点格式”→弹出“设置数据点格式”，对图表进行细节修改。

例如，修改填充效果：通过“填充与线条”选项，设置图表颜色与边框效果（见图 19-34）。

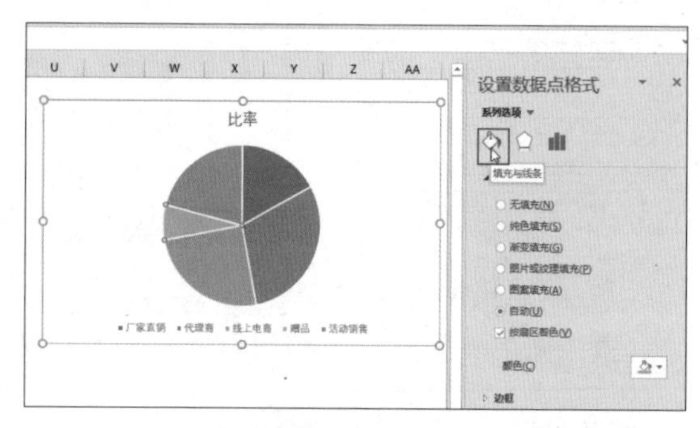

图 19-34

修改扇形起始位置、分离程度：通过“系

列选项”→调整“第一扇区起始角度”，即可调整扇形的位置→通过“饼图分离”即可调整刚刚选中的某一指定扇形和其他扇区之间的分离程度（见图 19-35）。这通常用作某一特殊数据的个性化显示。

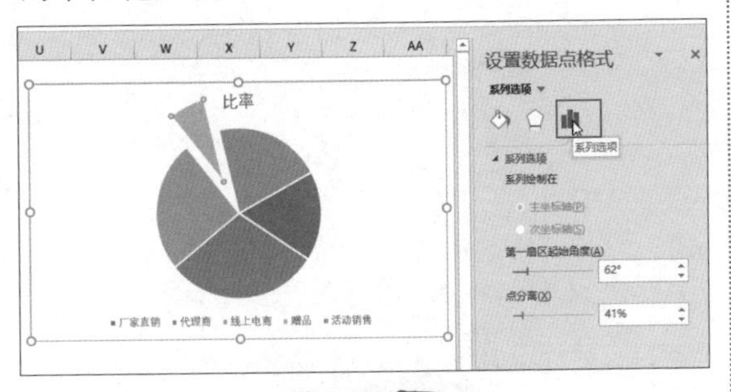

图 19-35

2．折线图

（1）选择作图数据源。选中 A2:B7 单元格区域。

（2）制作基础图表。选择“插入”选项卡→“图表”→插入一个图形。如果一不小心插入成了“柱形图”，而非“折线图”（见图 19-36），我们还可以进行图表的二次修改。

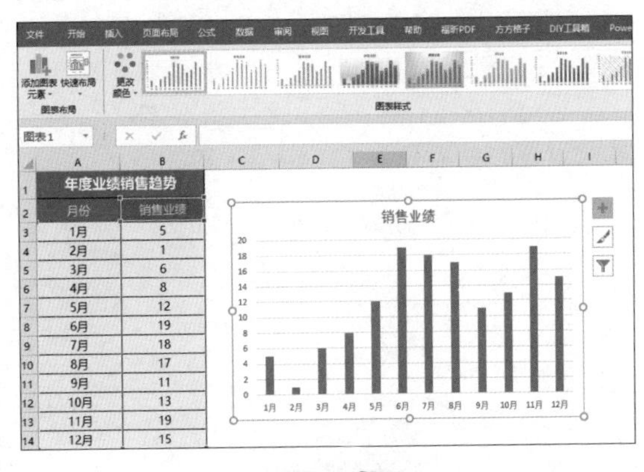

图 19-36

（3）更改图表类型：选中已经插入的图表→选择“设计”选项卡→“更改图表类型”→在弹出的“更改图表类型”对话框中选择“折线图”→选择第 4 个“带数据标记的折线图”样式（见图 19-37）→单击“确定”，修改后的效果如图 19-38 所示。

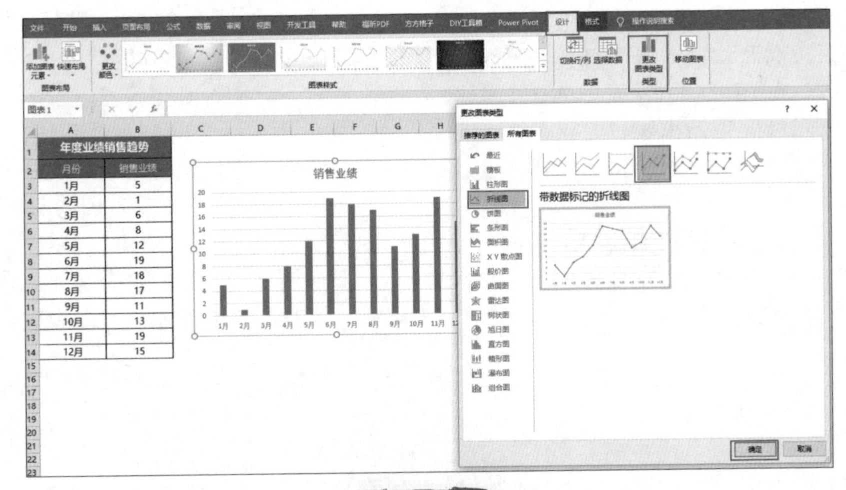

图 19-37

（4）折线图优化。如图19-38所示创建的折线图是“有棱有角”的，如果想让它变得“平滑”些，可以通过“工具箱”进行细节设置。

① 启用“工具箱”：选中折线图，右击选择“设置数据系列格式”（见图19-38）。

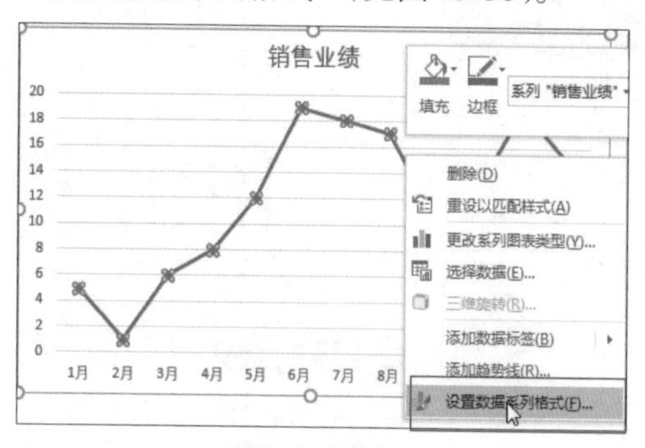

图 19-38

② 在“设置数据系列格式”→“填充与线条”→“线条”→选中“平滑线”，即可实现将有棱角的折线图，设置成平滑效果（见图19-39）。

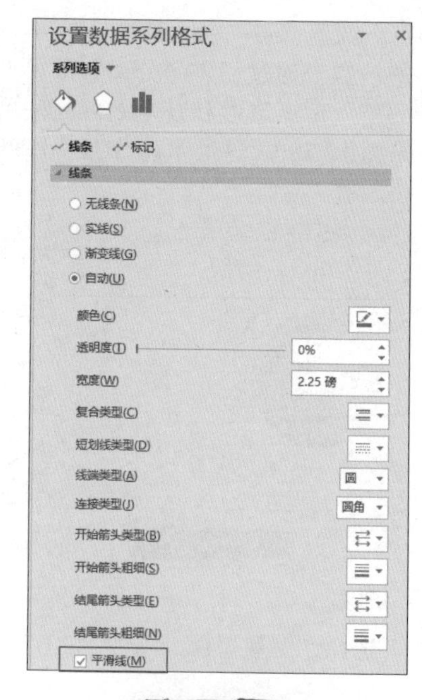

图 19-39

上半年的业绩成交趋势：只要把对应月份下的小计情况汇总求和后，制作折线图就好。

针对大区之间的占比情况：做个饼图即可，并且可以一目了然地看到，前3个大区占比特别大，它们特别重要。

要分析大区之间的高低起伏，以及制定下半年的预算计划情况：可以使用柱形图。

同一张表格是可以生成各种各样的图表，一定要学会用图表表达你的观点！

具体选择什么样的语言、选择什么样的图形，要看汇报的对象以及图表应用的场景。

3. 三大图表应用实例

平时工作当中遇到的表，可能不是已经整理好的作图数据源，这需要我们先对数据进行简单的处理。如图19-40所示，只是上半年的业绩表，我们可以先做出小计、占比的情况（见图中灰色区域部分）。然后，才是用图表来分析数据。

对于这样的数据表进行汇报时，表姐有个“数据汇报心法”：复杂的数据抓重点，简单的数据多角度。举例如下。

读书笔记

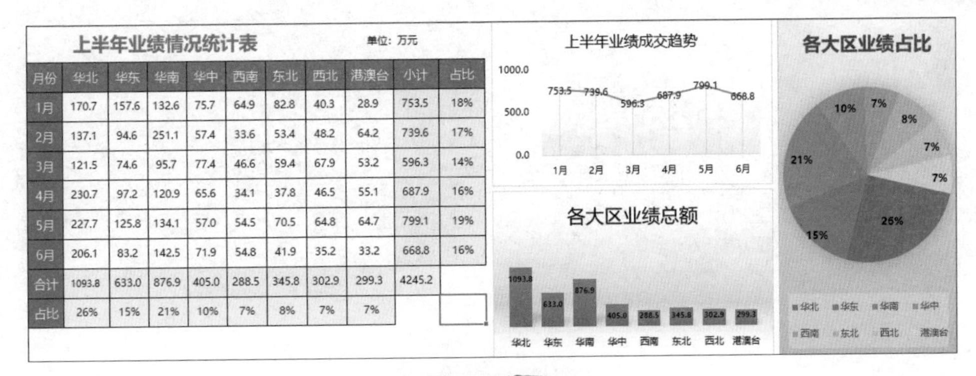

上半年业绩情况统计表　单位：万元

月份	华北	华东	华南	华中	西南	东北	西北	港澳台	小计	占比
1月	170.7	157.6	132.6	75.7	64.9	82.8	40.3	28.9	753.5	18%
2月	137.1	94.6	251.1	57.4	33.6	53.4	48.2	64.2	739.6	17%
3月	121.5	74.6	95.7	77.4	46.6	59.4	67.9	53.2	596.3	14%
4月	230.7	97.2	120.9	65.6	34.1	37.8	46.5	55.1	687.9	16%
5月	227.7	125.8	134.1	57.0	54.5	70.5	64.8	64.7	799.1	19%
6月	206.1	83.2	142.5	71.9	54.8	41.9	35.2	33.2	668.8	16%
合计	1093.8	633.0	876.9	405.0	288.5	345.8	302.9	299.3	4245.2	
占比	26%	15%	21%	10%	7%	8%	7%	7%		

图 19-40

表姐说

本章我们学习了一份好的汇报图表不仅“颜值”要高，最关键的是要能够承载我们汇报的观点。学会了柱形图、饼图、折线图3类基础图表以后，再去学习复杂的图表就会简单很多，下一章我们将来看看一些进阶的图表制作。

读书笔记

20 制作图表基本奥义：图表类型与结构

学习了柱形图、饼图、折线图 3 类基础图表之后，我们再来看看图 20-1 所示的 3 张进阶图表。虽然这 3 张图表看似难度比较大，但实际上都是通过前面学习的图表元素之间的增减变化实现的。

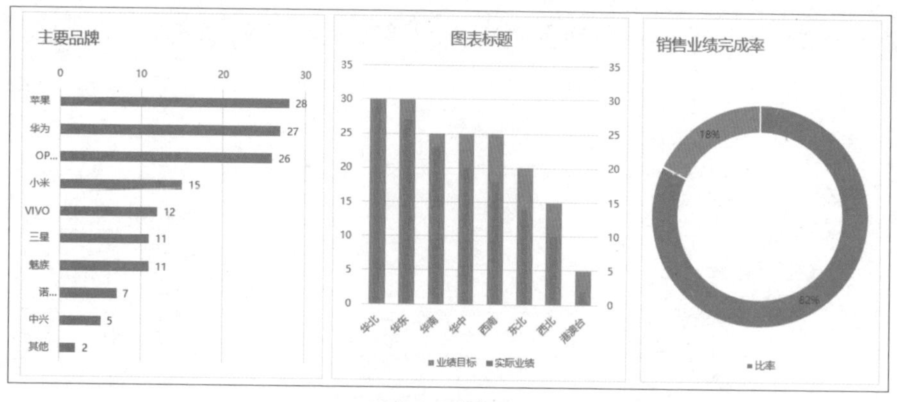

图 20-1

20.1 制作条形图

首先看一下看板上除了前面学习过的 3 类图表之外，其他 4 张图表的结构（见图 20-2）。

条形图：实际上是这柱形图顺时针旋转 90°，即是条形图。

环形图：饼图中间“镂空”，即是环形图。

组合图：两个柱形图的组合，用于实际与预算对比；两个柱形图配合折线图，主要用于多维数据分析。

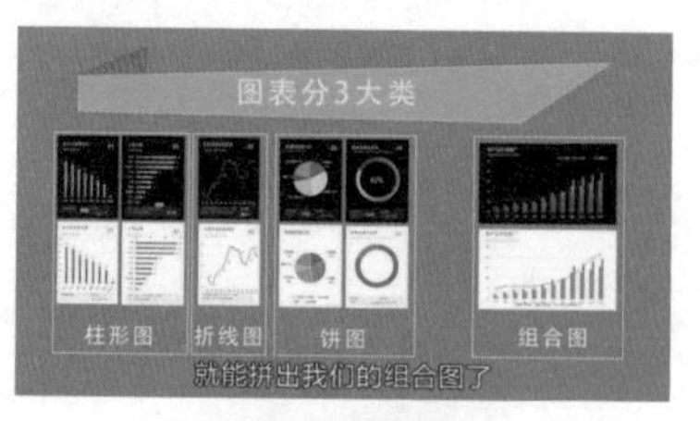

图 20-2

1. 创建条形图

选中数据源表格中 A2:B12 单元格区域→选择“插入”选项卡→“图表”→“柱形图”→选择“二维条形图”（见图 20-3）。

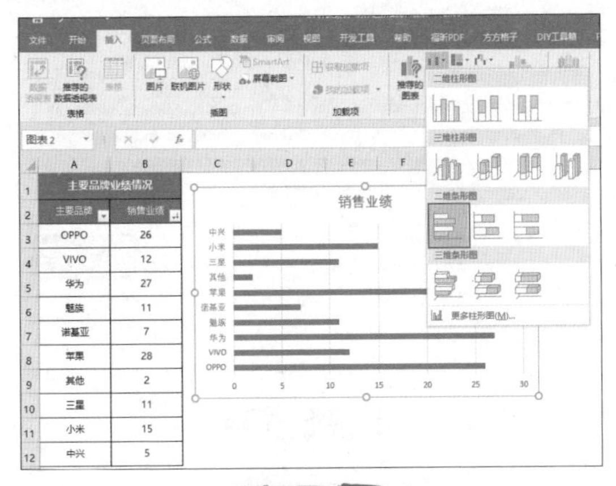

图 20-3

2. 数据源排序调整

插入完的条形图高高低低，起伏毫无规律（见图 20-3）。这是由于作图的数据源表 A2:B12 单元格区域的数据没有整理排序。选中数据源表格→单击 B2“销售业绩”旁的小按钮→选择“降序”，使数据源的业绩从高到低显示（见图 20-4）。

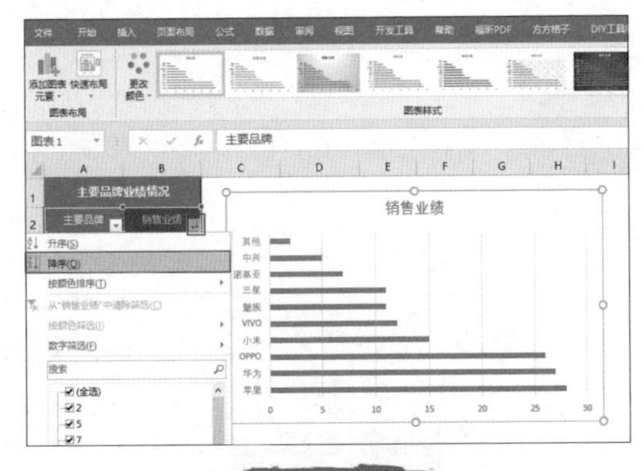

图 20-4

> **温馨提示**
>
> 条形图在制作时，为了更好呈现，先将数据源排序。

3. 调整图表垂直轴的排序原则

当数据源表降序排序之后，条形图却是升序排序（见图 20-5）。需要将垂直坐标轴的顺序调换过来，即逆序列排序。

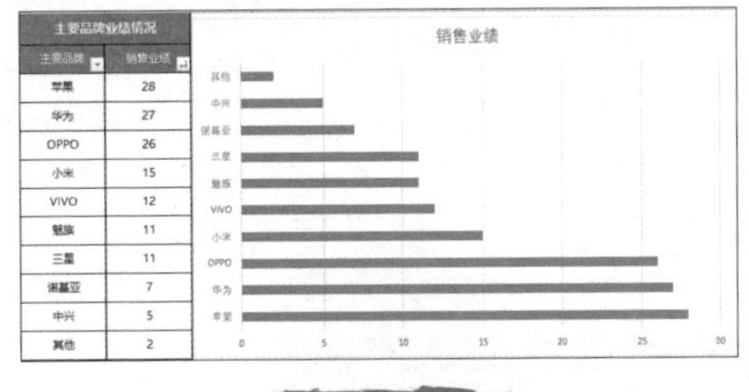

图 20-5

选中图表左侧的垂直坐标轴→右击选择“设置坐标轴格式”→在弹出的“设置坐标轴格式”→选中“坐标轴选项”下的“逆序类别”（见图 20-6）。

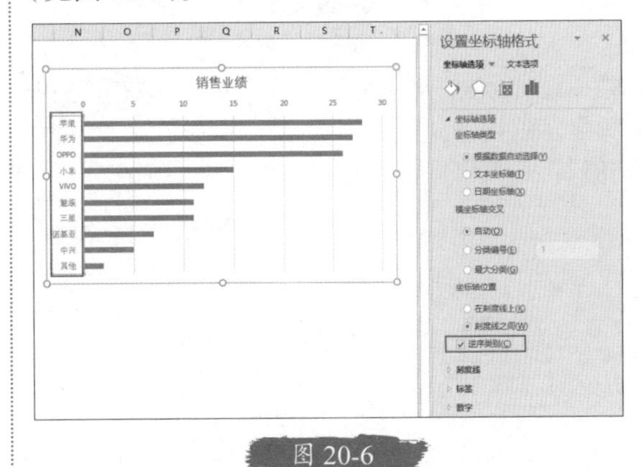

图 20-6

4. 水平轴调整

选中水平坐标轴→通过“设置坐标轴格式”→“坐标轴选项”→“边界”，可以调整坐标轴的范围。Excel默认为“自动”设置（见图20-7）。

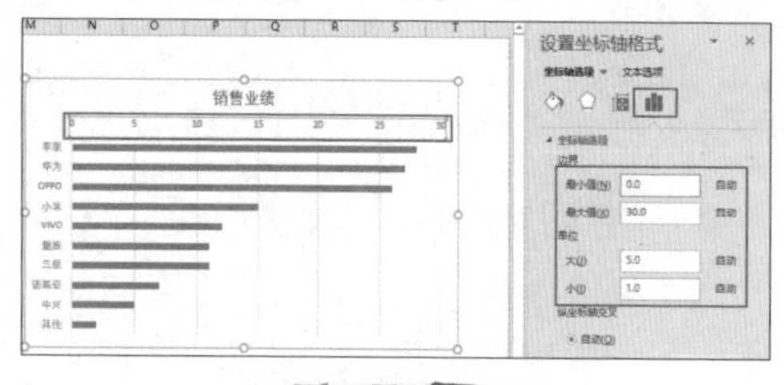

图 20-7

5．添加数据系列标签

（1）选中图表中的柱形→右击选择“添加数据标签”（见图20-8）。

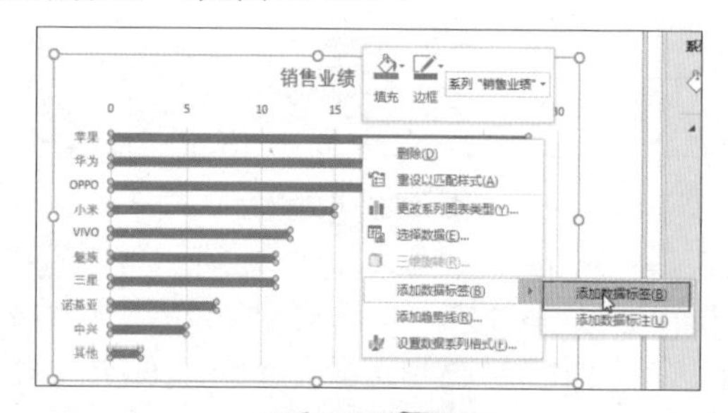

图 20-8

（2）标签格式调整：选中标签→在弹出的“设置数据标签格式”→“标签选项”→可对显示的内容进行细节设置，例如，是否显示“值”，是否“显示引导线”等（见图20-9）。

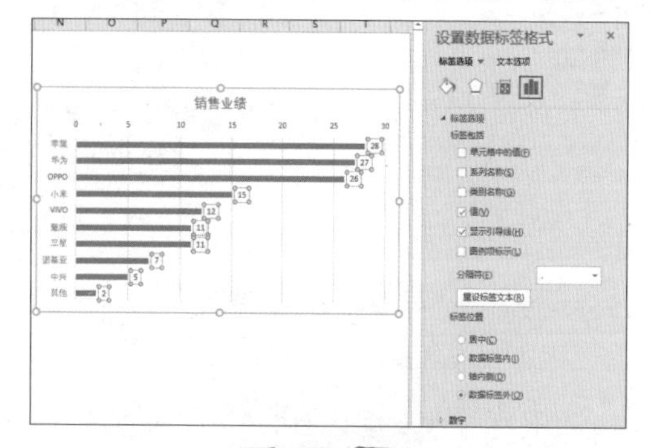

图 20-9

6．删除无用信息，让图表更聚焦

选中图表中的水平轴→按Delete键删除→选中网格线→按Delete键删除（见图20-10～图20-11）。

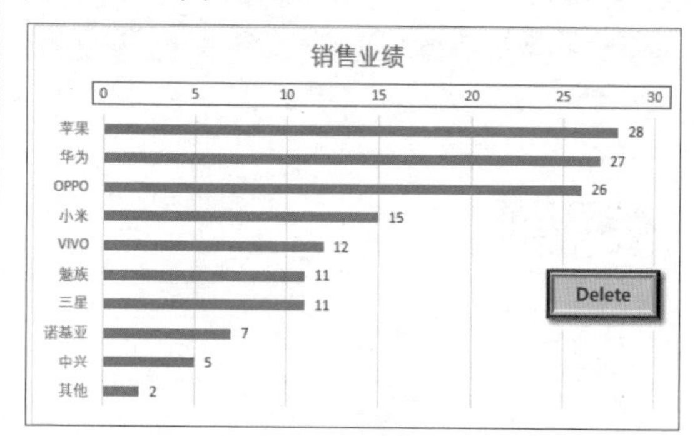

图 20-10

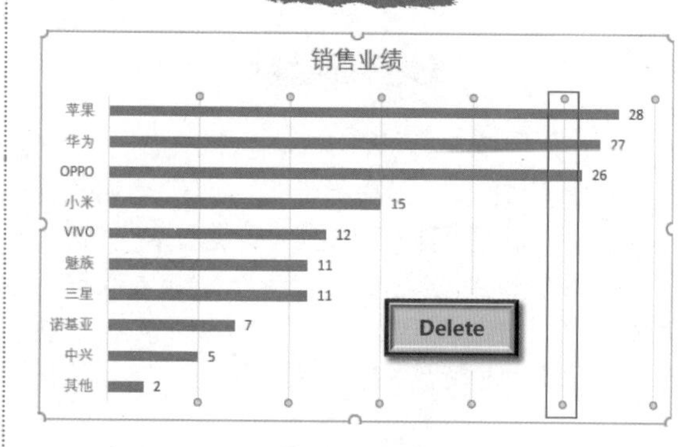

图 20-11

20.2 制作环形图

1．准备作图数据源（见图20-12）

（1）计算销售业绩完成率。销售业绩完成率＝实际完成／预算值，在B5单元格内输入“=B3/C3”按Enter键确认。

（2）计算未完成比率。未完成比率＝1－销售业绩完成率，在C5单元格内输入“1-B5”

按 Enter 键确认。

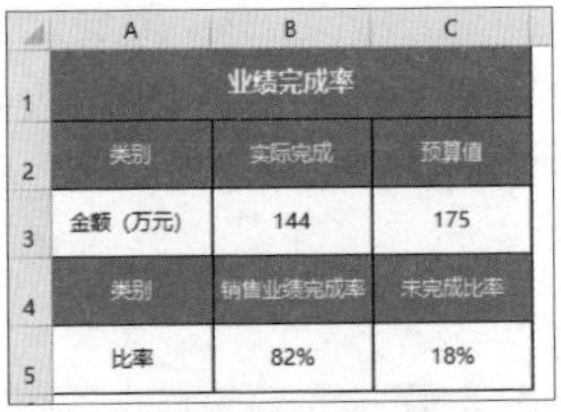

A	B	C
业绩完成率		
类别	实际完成	预算值
金额（万元）	144	175
类别	销售业绩完成率	未完成比率
比率	82%	18%

图 20-12

2. 制作环形图

选中作图所用的数据源 B4:C5 单元格区域→选择“插入”选项卡→“图表”→选择“饼图”→“圆环图”（见图 20-13）。

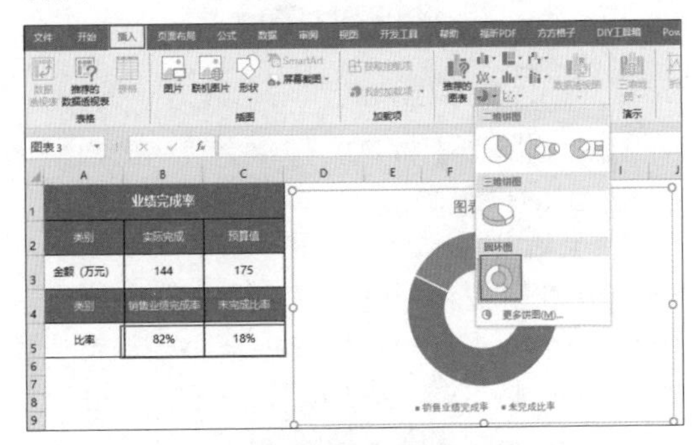

图 20-13

3. 调整图表（见图 20-14～图 20-15）

（1）修改标题：选中图表标题→再次单击→对图表标题进行修改。

（2）删除图例：选中图表下方图例→按 Delete 键删除。

4. 添加数据标签

选中环形图→右击选择“添加数据标签”→完成数据标签的添加后，可以通过选中＋鼠标拖曳的方式，移动数据标签位置；还可以选中不需要的数据标签，按 Delete 键删除（见图 20-16～图 20-17）。

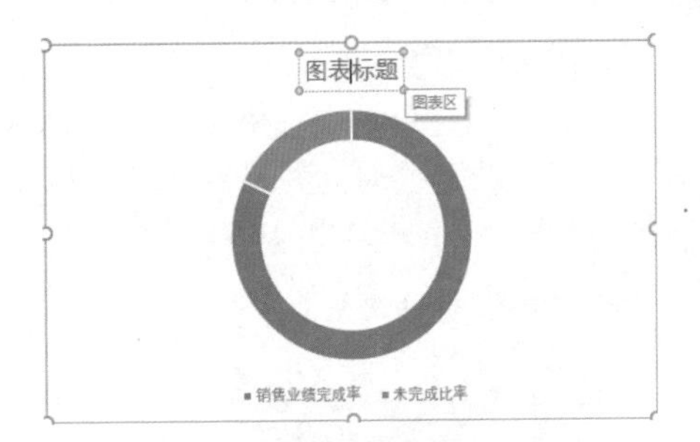

图 20-14

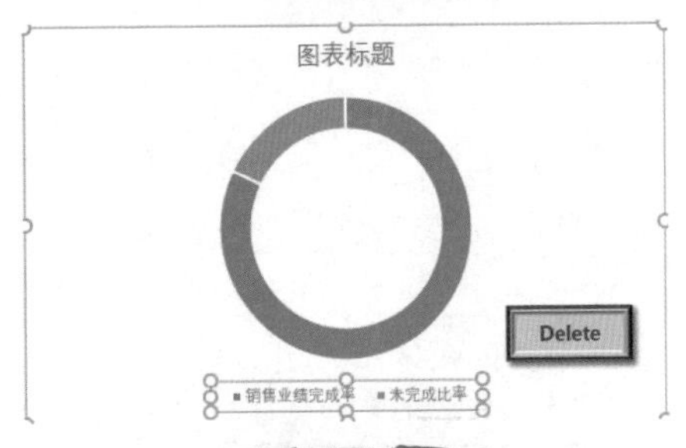

图 20-15

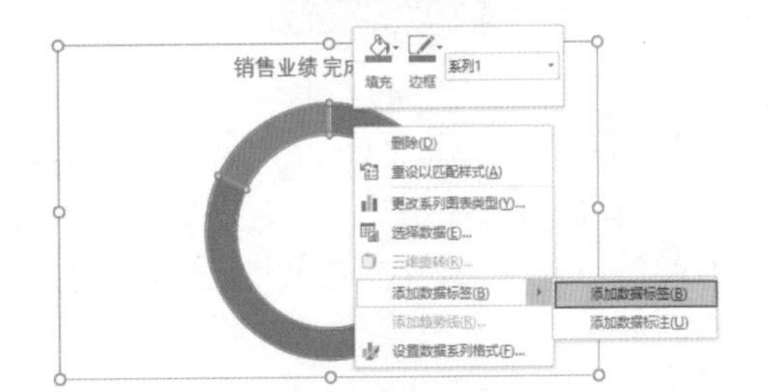

图 20-16

图 20-17

5．删除引导线

选中数据标签→右击选中“设置数据标签格式”→在“设置数据标签格式”中，取消选中“显示引导线”（见图 20-18）。

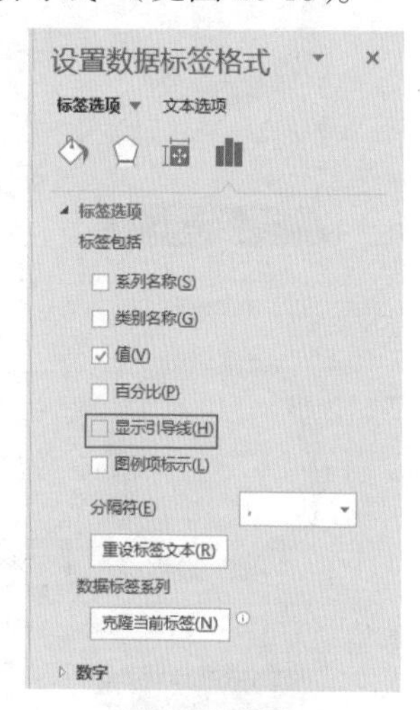

图 20-18

6．调整圆环内径的大小

选中环形图中的“圆环”→工具箱即变成了“设置数据系列格式”→即可像第 19 章中演示的饼图一样，更改圆环的“第一扇区起始角度”“圆环图分离程度”和“圆环图圆环大小”（见图 20-19）。

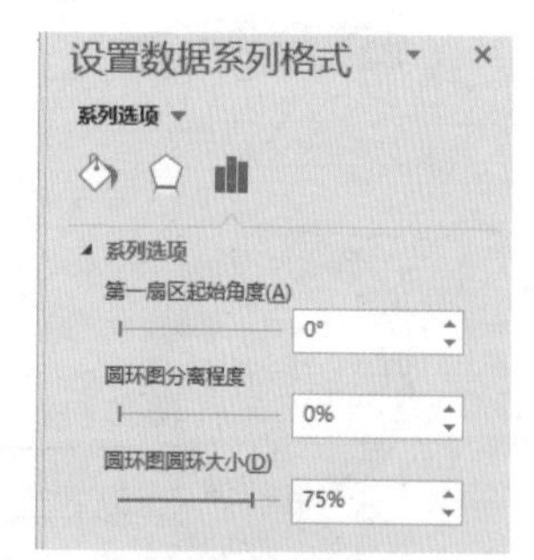

图 20-19

例如，此时修改数据源表中数据，图表也会随数据源的变动而变动。但是“完成率”比率的数据标签，并没有固定在图表的中心位置（见图 20-20）。我们需要创建一个可以固定在图表中心位置的、并且数值随着单元格的值联动变化的“动态标签”。

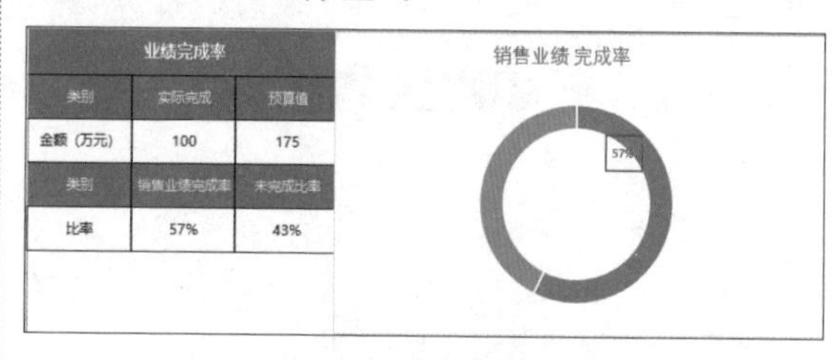

业绩完成率		
类别	实际完成	预算值
金额（万元）	100	175
类别	销售业绩完成率	未完成比率
比率	57%	43%

图 20-20

7．插入文本框，制作动态数据标签

（1）删除数据标签：选中完成率的数据标签→按 Delete 键删除。

（2）插入文本框：选择“插入”选项卡→单击“形状”按钮→选择“文本框”→拖曳鼠标绘制一个文本框→选中文本框→在编辑栏输入“=B5”（将文本框的值绑定到单元格的数据），按 Enter 键确定（见图 20-21~ 图 20-22）。

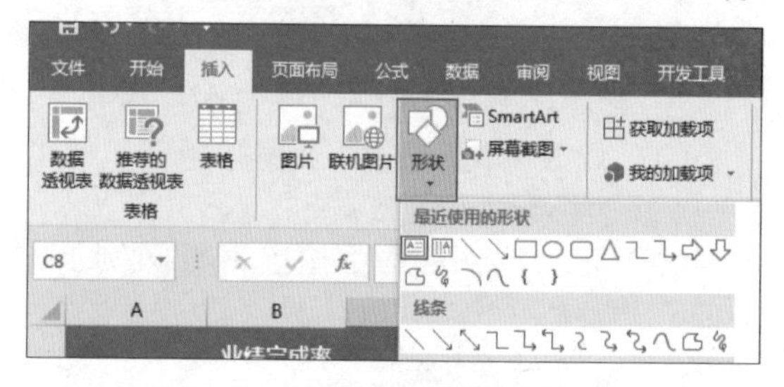

图 20-21

温馨提示

插入的文本框，可以设置其填充颜色、边框均为无色，对文本的字体、字号和对齐方式等进行适度调整。

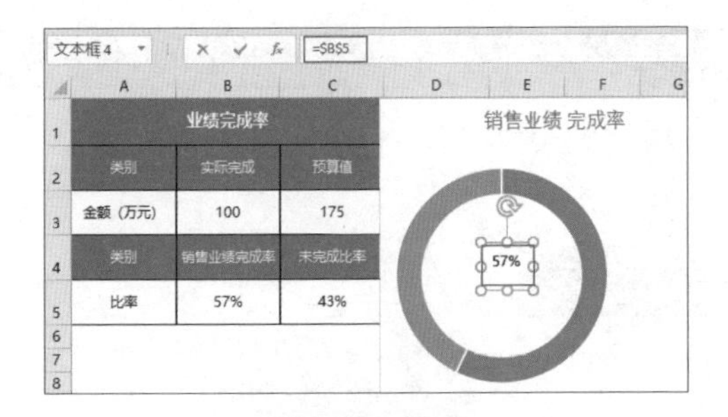

图 20-22

8. 优化图表内容

对比已经插入的环形图和看板中目标图表的样式（见图 20-23），发现目标图表中有很多英文、说明文字等。其实，这些都是通过插入文本框、形状的方式，创建而来的。

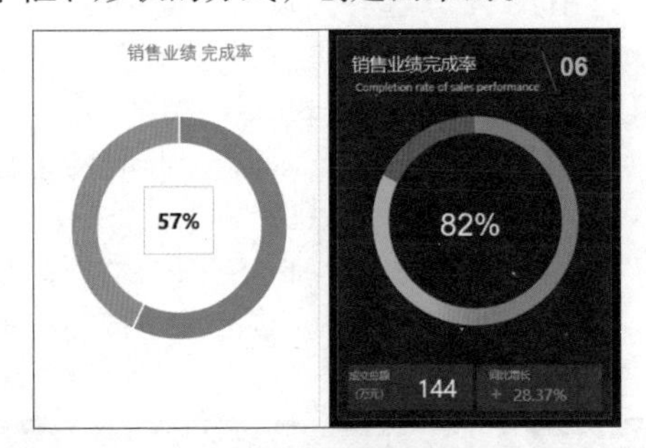

图 20-23

选择“插入”选项卡→单击“形状”→根据需要，选择添加合适的形状（见图 20-24）。

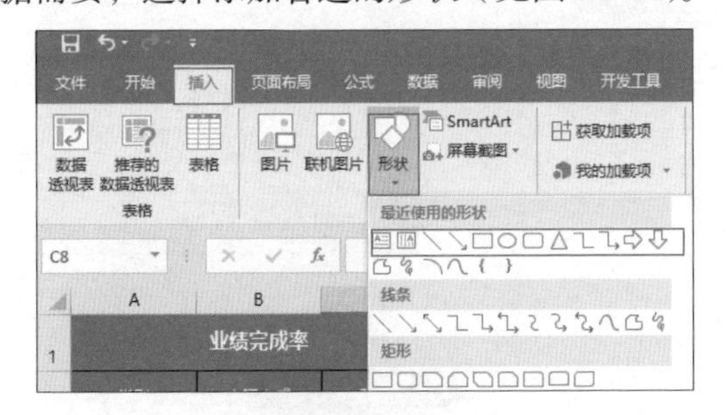

图 20-24

具体操作这里不做过多赘述，最终效果如图 20-25 所示。

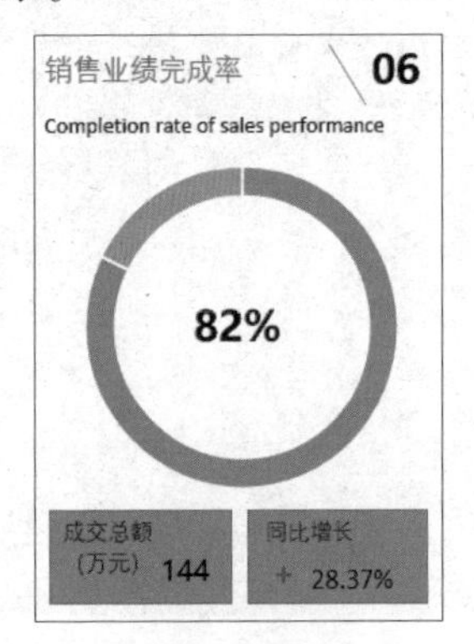

图 20-25

20.3 制作温度计图

在工作中，我们常常要进行两组数据的对比，如图 20-26 所示：一前（实际业绩）一后（业绩目标）的两个柱形，能更加凸显出每组数据中，实际和预算的对比情况。表姐习惯把这样的图表称为“温度计图”。

对于不太熟悉的图表结构，表姐有个小技巧，帮助大家快速“拆解图表结构”。

选中目标图表→选择“设计”选项卡→“类型”→单击“更改图表类型”→在弹出的“更改图表类型”对话框中，可查看图表的具体类型，即组合图（见图 20-27）。

图 20-26 所示图表由两个“簇状柱形图”组合而成，并且“实际业绩”的簇状柱形图还设置了“次坐标轴”。

读书笔记

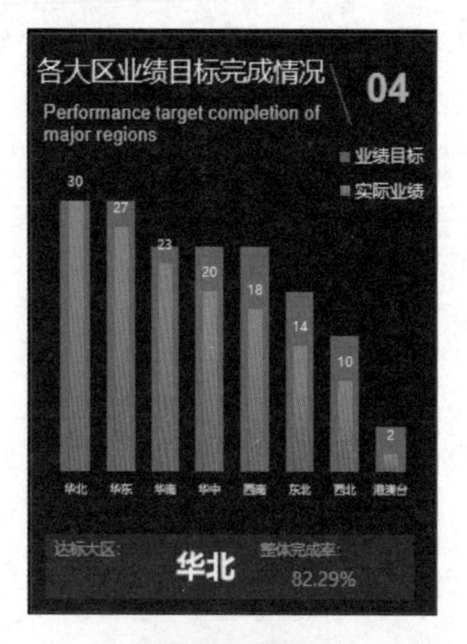

图 20-26

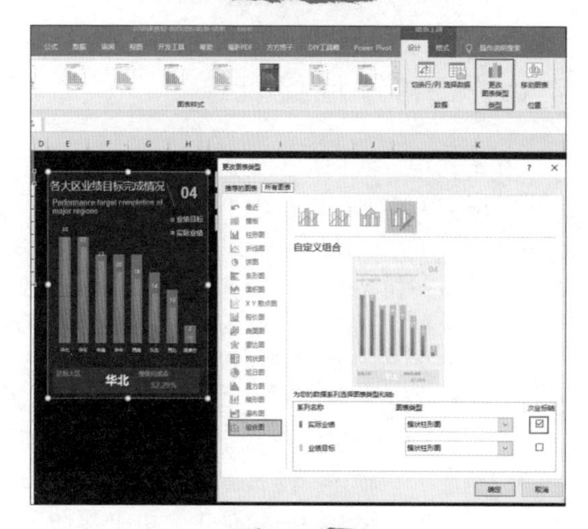

图 20-27

1. 制作温度计图

选中作图数据源区域 A2:C10 单元格→选择“插入”选项卡→“图表”→选择“柱形图”，此时两个柱形图是水平放置的（见图 20-28）。

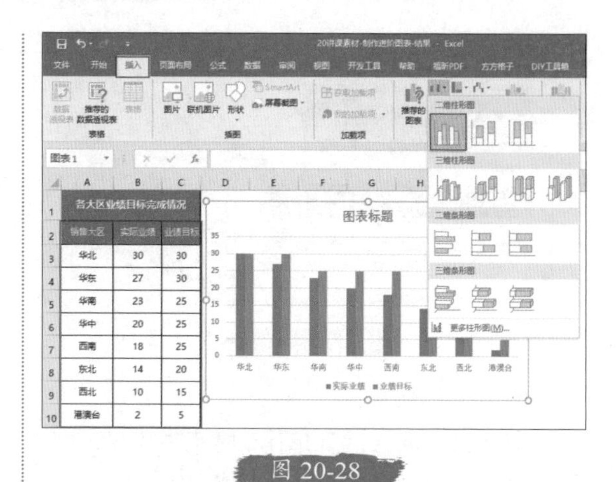

图 20-28

2. 调整图表结构

选中图表→选择“设计”选项卡→“类型”→单击“更改图标样式”→在弹出的“更改图表类型”对话框→单击“组合”→选中“实际业绩”后的“次坐标轴”，此时两个柱形显示为重合的效果（见图 20-29）。在温度计图中，设置了“次坐标轴”的数据系列，会显示在图表的顶层，而默认的主坐标轴的数据系列则置于底层。

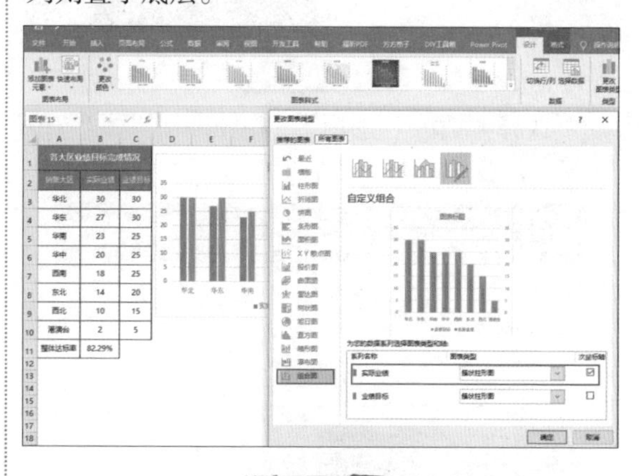

图 20-29

温馨提示

选中“次坐标轴”的柱形图显示在前，其他柱形图显示在后。

3. 调整柱形图宽度

选中图表中需要调整宽度的柱形→右击→选择“设置数据系列格式”→在弹出的“设置数据系列格式”，通过调整“间隙宽度”，改变柱形的“胖瘦”（见图 20-30）。

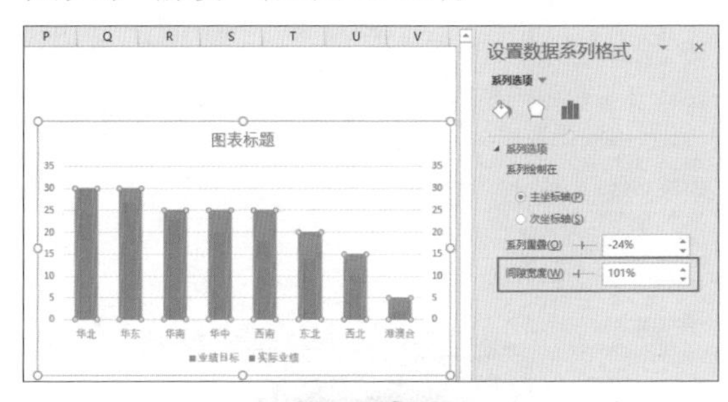

图 20-30

4. 调整坐标轴范围

因为启用了“次坐标轴”，而温度计图的前后两根柱形，必须要在同一坐标系内进行对比，才有数据价值和意义。因此，在制作温度计图时，一定要保证主、次坐标的轴刻度范围（最小值、最大值），必须完全一致。具体操作如下。

选中坐标轴→右击选择“设置坐标轴格式”→在“坐标轴选项”→设置“边界”的“最小值”“最大值”为固定值，如 0,40（见图 20-31）。注意：主、次坐标轴，都需要设置一次。

5. 保存为模板

在实际工作中，温度计图常常用于以下场景。

（1）实际与目标对比（见图 20-32）。

（2）今年与去年对比（见图 20-33）。

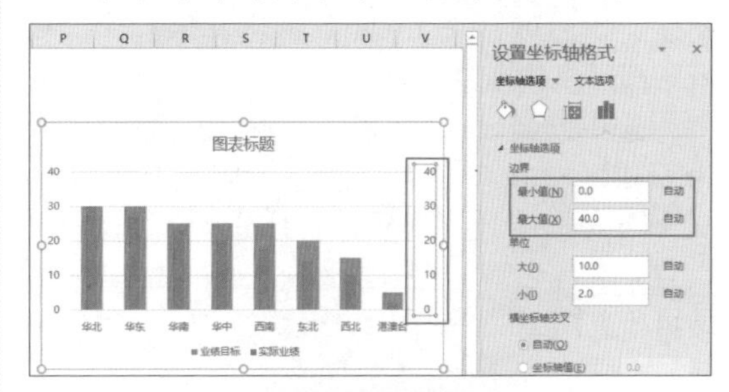

图 20-31

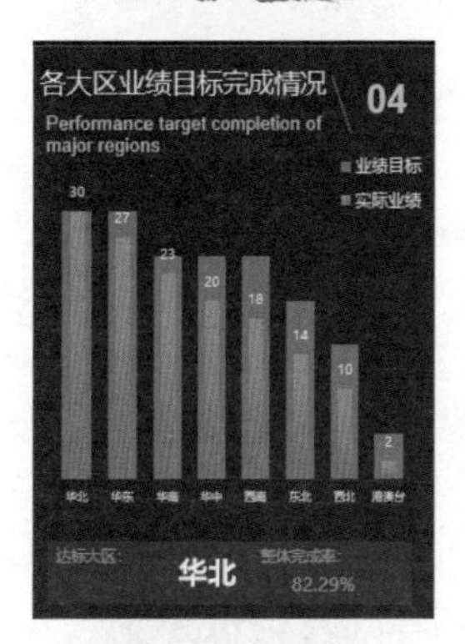

图 20-32

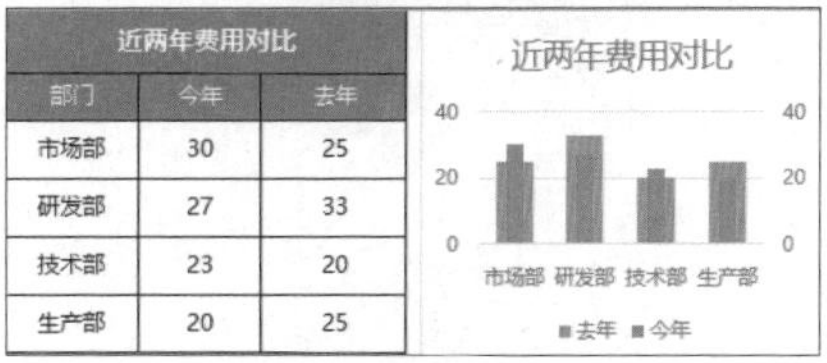

近两年费用对比		
部门	今年	去年
市场部	30	25
研发部	27	33
技术部	23	20
生产部	20	25

近两年费用对比

图 20-33

（3）成本与收入对比（见图 20-34）。

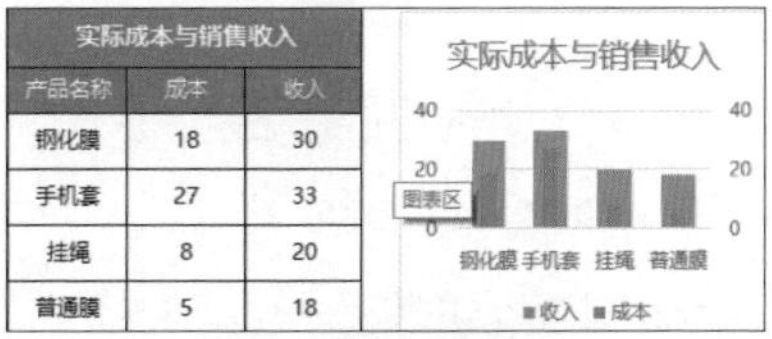

实际成本与销售收入		
产品名称	成本	收入
钢化膜	18	30
手机套	27	33
挂绳	8	20
普通膜	5	18

实际成本与销售收入

图 20-34

如果我们想“一键生成”前面已经做过的图表（如温度计图），只需要将其保存为“模板”即可直接套用。

选中已经设计好的图表→右击选择“另存为模板”→在弹出的“保存图表模板”对话框→不要修改任何设置，直接选择默认路径，设置“文件名”（如温度计图）→单击“保存”即可（见图 20-35～图 20-36）。

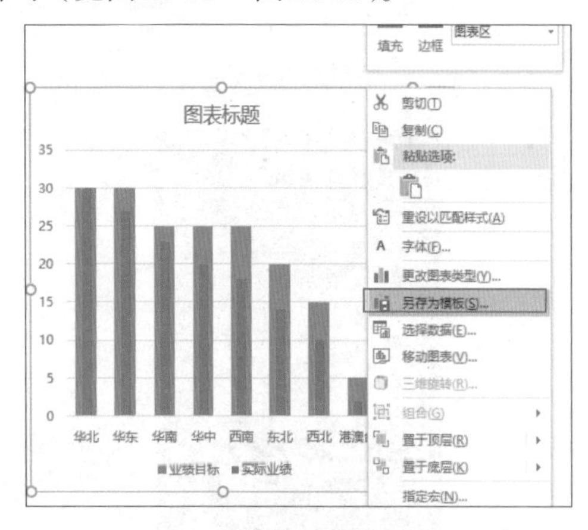

图 20-35

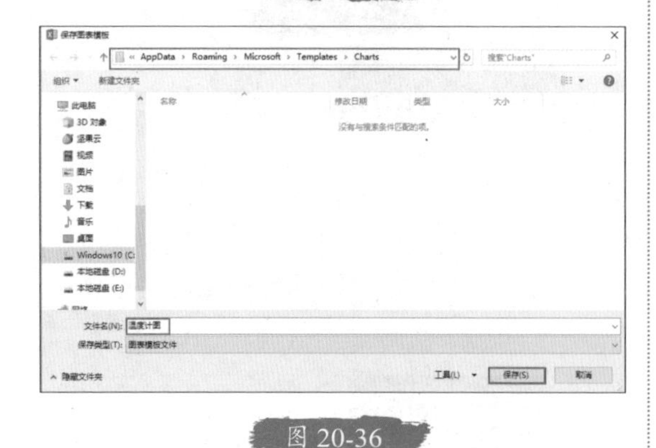

图 20-36

6. 套用模板

选中作图用数据源→选择“插入”选项卡→“推荐的图表”→在弹出的“插入图表”对话框中选择→“所有图表”→“模板”→找到我们刚刚保存好的“温度计图”模板→单击“确定”即可（见图 20-37）。

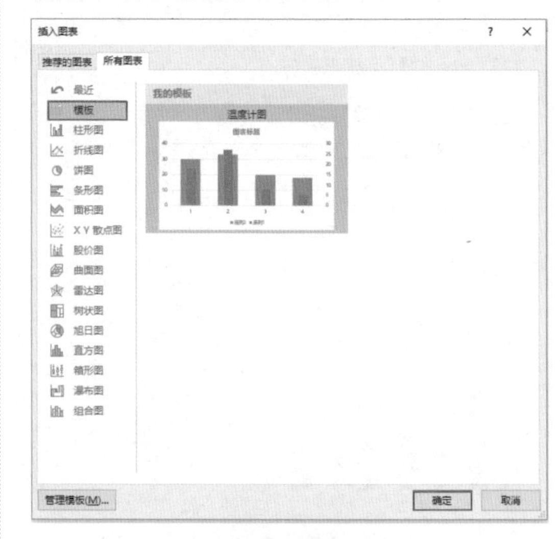

图 20-37

20.4 制作多维度组合图

前面 20.1 节案例中的最后一个组合图（见图 20-38），是由两个柱形图 + 折线图组成的。常常用于多维数据分析，如业绩、数量、比率的综合图表呈现。

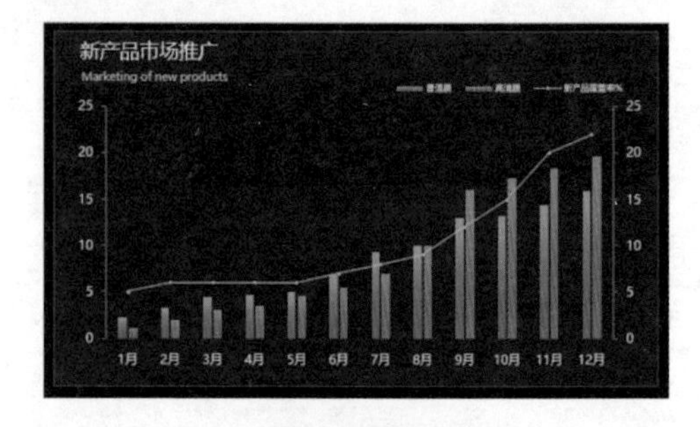

图 20-38

1. 拆解组合图结构

选中图表→单击“设计”选项卡→“更改图标类型”→在弹出的“更改图表类型”对话框中，可见图表由 2 个“簇状柱形图”+1 个“带数据标记的折线图”组合而成；并且“新产品覆盖率 %”的数值，因为和“普通膜”“高清膜”的业绩金额差距较大，所以启用了“次坐标轴”选项（见图 20-39）。

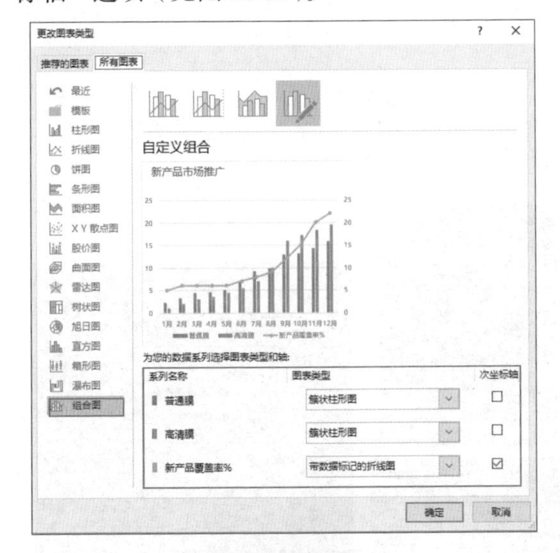

图 20-39

2. 制作组合图

选中作图用的数据源→选择“插入”选项卡→单击“推荐的图表”→在弹出的“插入图表”对话框→选择“所有图表”中的“组合图”→修改“新产品覆盖率 %”的图表类型为“带数据标记的折线图”，并选中“次坐标轴”→单击“确定”（见图 20-40）。

读书笔记

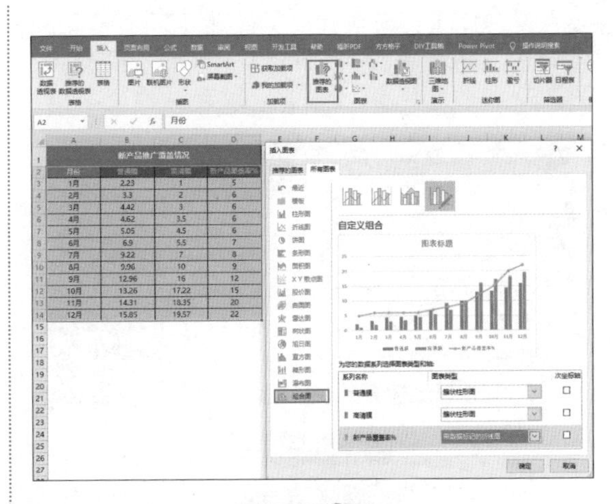

图 20-40

3. 完善图表其他信息

通过插入文本框，设置字体、字号，删除网格线等方法，完成图表整体设置，这里不做过多赘述，最终效果如图 20-41 所示。

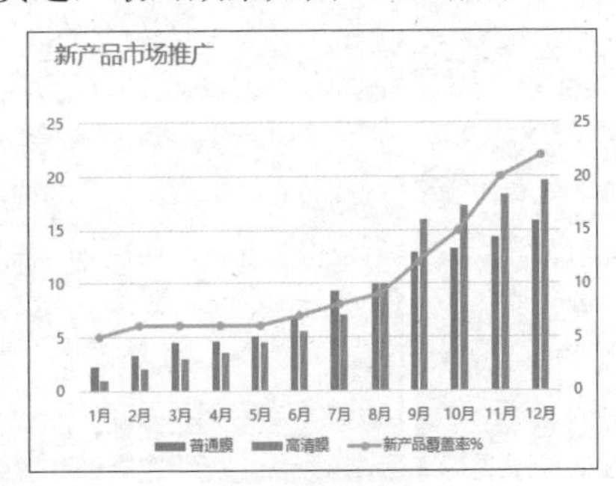

图 20-41

表姐说

到此，我们通过两章的内容，已经将看板中 7 张子图表的基础表全部制作完成了，最终效果如图 20-42 所示。

从下一章开始，我们就正式进入图表美化

的具体操作中，将制作好的 7 张子图表通过美化处理，制作成与看板一模一样的“高颜值”图表。

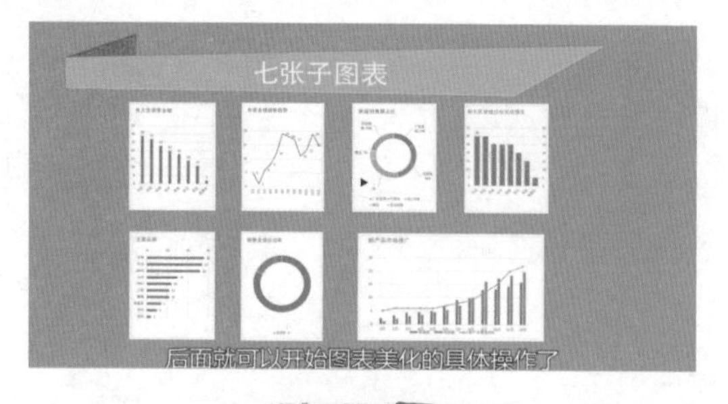

图 20-42

因为篇幅的原因，这里就不对每个子图表中说明性的文本框的制作方法进行描述了。大家可以根据下面展示的看板中展示的图表信息，对照进行练习。

（1）数据图表、编号、英文、尾缀等，通过文本框绘制而成。

（2）如果这些内容有数据来源，可以使用文本框绑定单元格的方法，制作“动态标签”；如果没有数据来源，可以先手动输入（见图 20-43）。

（3）此外，可根据实际工作要求，标注出关键信息，辅助看表人了解情况，例如，标注出业绩高峰期处在“618”“双十一”期间（见图 20-44）。

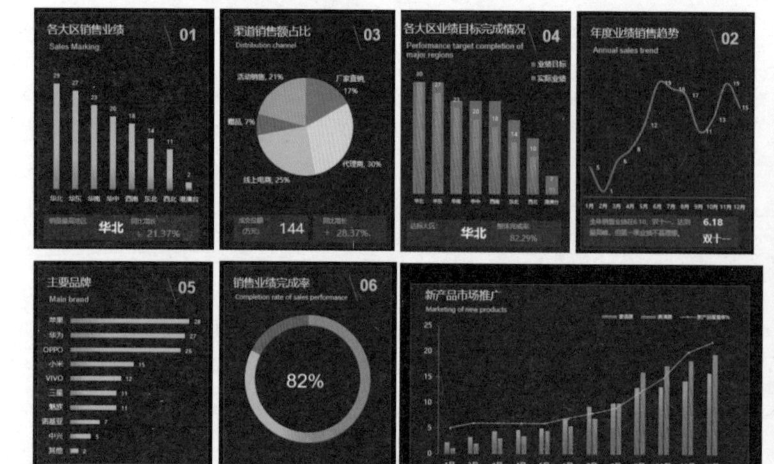

图 20-43

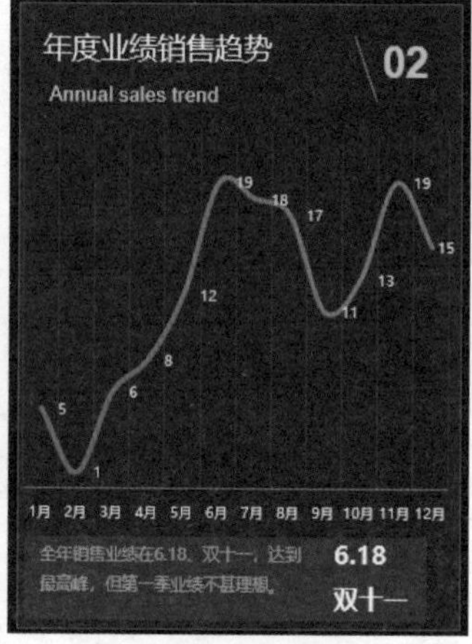

图 20-44

读书笔记

20.5 彩蛋：图形的快速复制

在完善图表信息过程中，经常会插入文本框和形状来制作信息标识。这里，表姐给大家分享 2 个图形处理的“小妙招”。

1. 快速复制

选中图形→按 Ctrl+Shift 键→同时拖曳鼠标，即可快速复制（见图 20-45）。

2. 创建正圆或正多边形

选择“插入”选项卡→“形状”→选择“圆形”（或其他多边形）→按 Shift 键 + 拖曳鼠标绘制→即可快速绘制一个正圆形（或正多边形）（见图 20-46）。

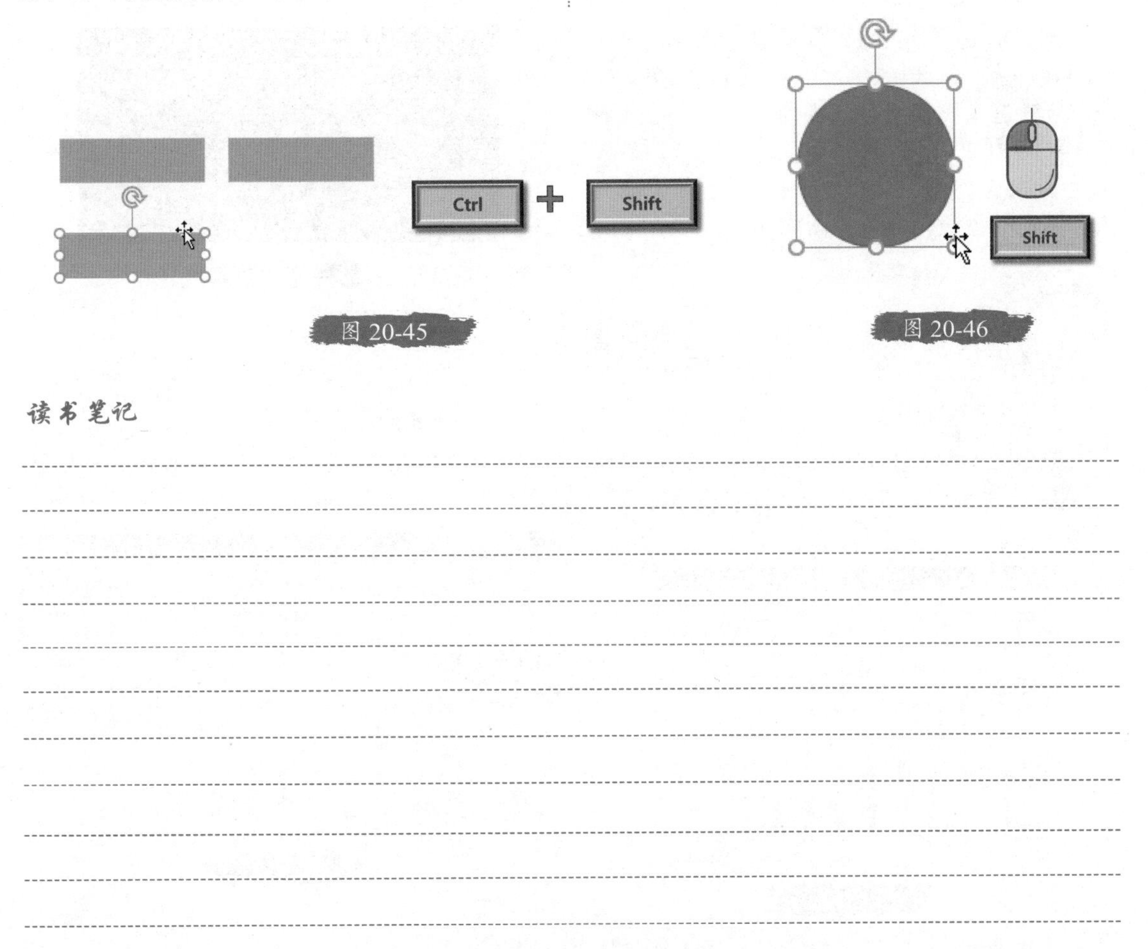

图 20-45

图 20-46

读书笔记

21 让图表变得高级的秘密：图表配色与快速排版

通过前面两章内容，我们已经制作出 7 张子图表。从本章开始，我们进入图表的美化阶段，并将这些图表组合、排列在一起，形成看板（见图 21-1）。

表姐总结了一下，图表美化有 3 种方法：填充颜色美化、填充图案美化、填充图片美化。

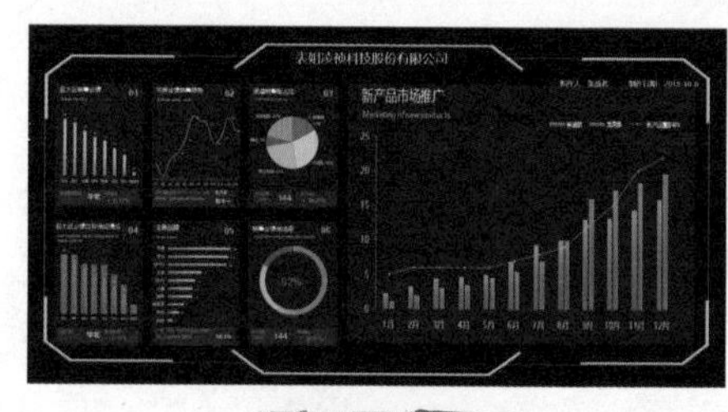

图 21-1

21.1 填充颜色美化 1：纯色填充

1．创建基础图表

选中数据源表中 A1:B9 单元格区域→选择“插入”选项卡→“图表”→选择“柱形图”（见图 21-2）。

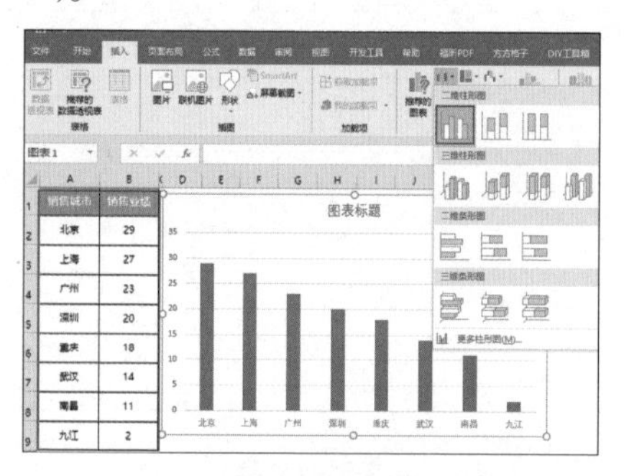

图 21-2

2．快速美化图表

选中图表→选择“设计”选项卡→“图表样式”→选择喜欢的图表样式（见图 21-3）。

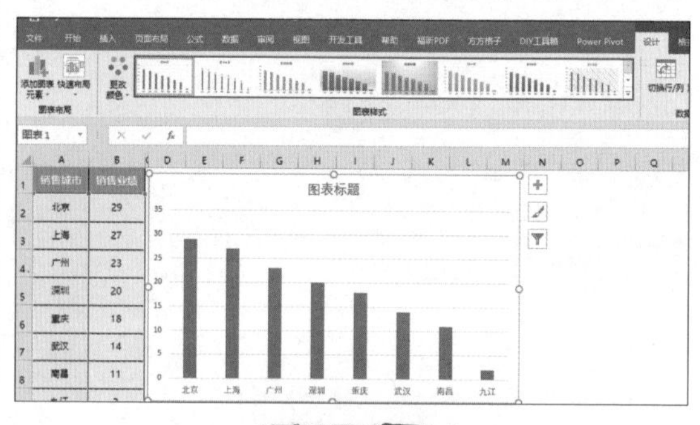

图 21-3

3. 手动美化图表

如果对于自动套用的图表样式不满意，还可以手动进行更加细节的设置。

（1）统一图表字体：选中图表→选择“开始”选项卡→设置“字体”→“微软雅黑”，该字体可以使图表看起来更加商务（见图 21-4）。

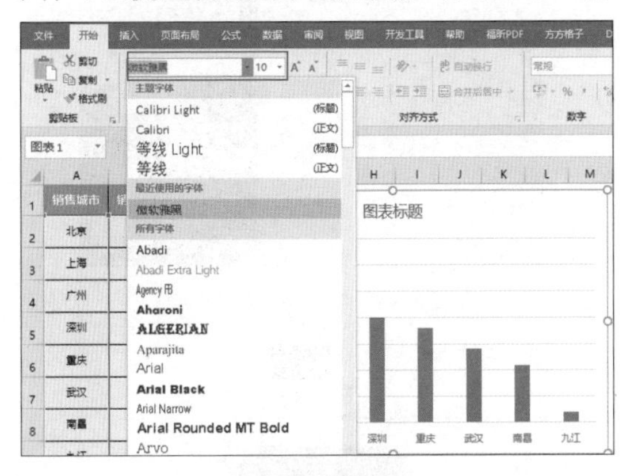

图 21-4

（2）删除网格线：选中图表中的网格线→按“Delet”键删除，使图表显得更简洁（见图 21-5）。

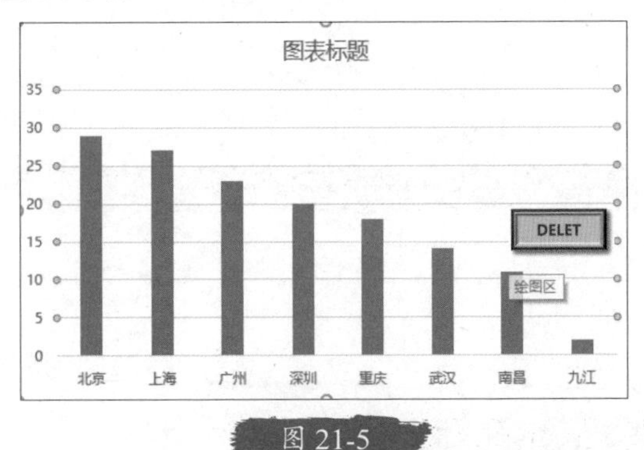

图 21-5

（3）添加数据标签：选中柱形图→右击选择“添加数据标签”，并通过鼠标拖曳图表边框的方法，将图表调整到合适位置（见图 21-6）。

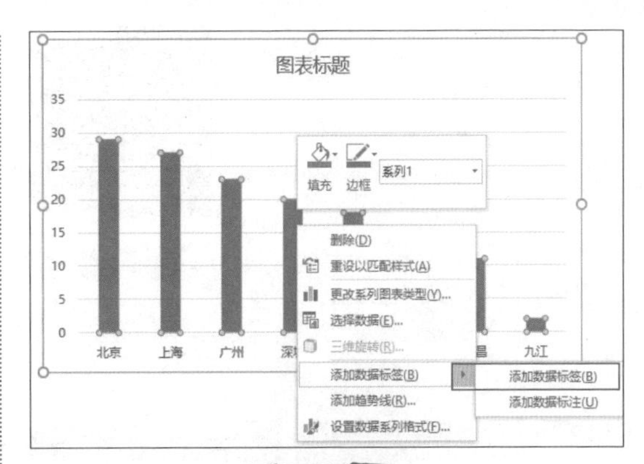

图 21-6

温馨提示

按住 ALT 键 + 鼠标拖曳图形 / 图表，可以使图表 / 图形快速对齐至单元格边框位置。

（4）更改柱形颜色：选中柱形→选择“格式”选项卡→单击“形状填充”→选择喜欢的颜色即可（见图 21-7）。如果没有合适的颜色，还可以通过自定义的方式进行设置。

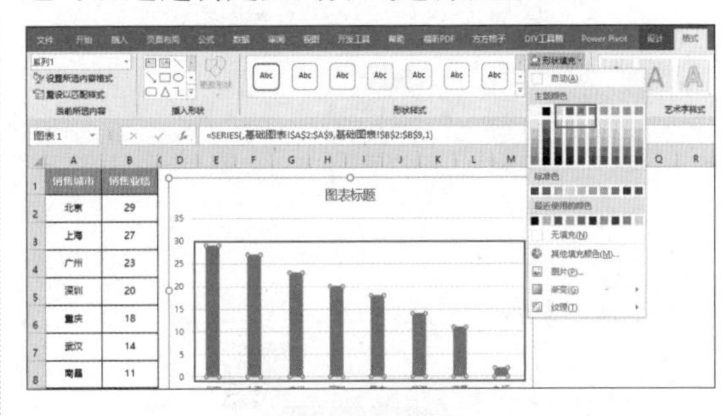

图 21-7

自定义颜色的方法如下。

（1）方法 1：QQ 截图拾取自定义颜色。

① 启动 QQ 软件后，按 Ctrl+ALT+A 键打开 QQ 截图对话框→鼠标指针右下角出现的 RGB：（0,14,36）”，即是当前颜色的色值，如图 21-8 所示。

② 选中图表中需要自定义颜色的区域，如柱形→选择“格式”选项卡→“形状填充”→选择“其他填充颜色”→在弹出的“颜色”对话框→选择“自定义”→输入自定义的颜色色值“红色：0，绿色：14，蓝色：36”→单击“确定”完成填充（见图21-9~图21-10）。

图 21-8

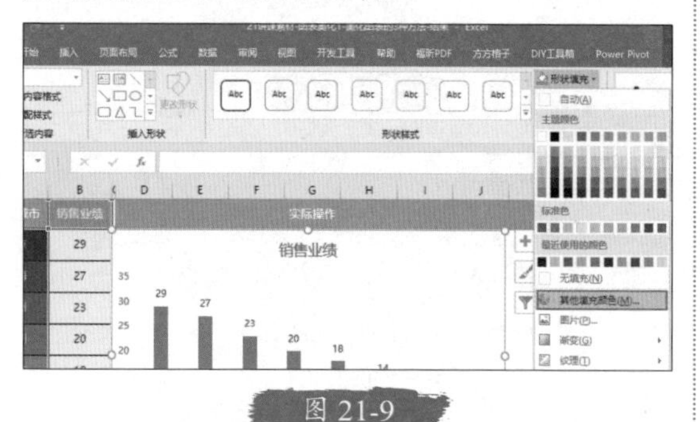
图 21-9

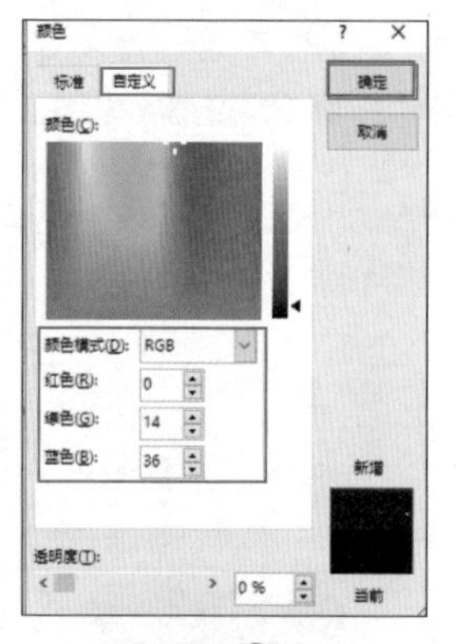
图 21-10

（2）方法2：ColorPix 取色器工具拾取颜色。

① 双击启动 ColorPix 取色器工具→移动鼠标指针至目标颜色上→按键盘任意键锁定颜色，进行取色→在工具界面的“RGB”栏中，显示的即是当前颜色的色值，如图12-11所示。

② 再次按键盘任意键，取消颜色锁定状态，可重新取色。

③ 通过自定义颜色方法，将颜色应用到图表区域中。

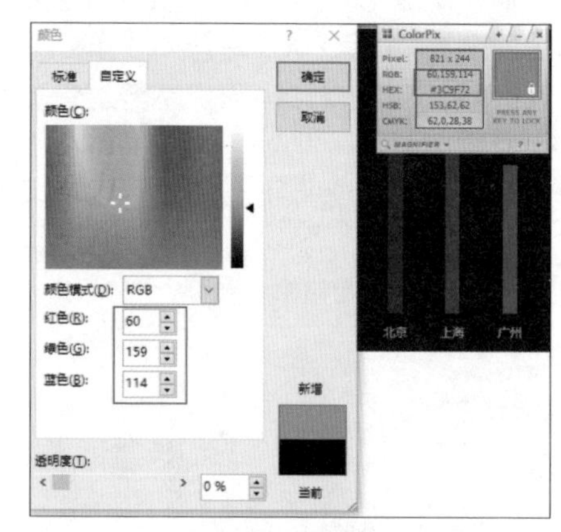
图 21-11

④ 操作实践。选中图表中需要更改填充颜色的区域，如图21-12所示的图表背景色→选择“格式”选项卡→“形状填充”→选择“其他填充颜色”→在弹出的“颜色”对话框→选择“自定义”→输入颜色色值“红色：60，绿色：159，蓝色：114”→单击“确定”完成填充（见图21-12）。

图 21-12

21.2 填充颜色美化 2：渐变填充

除了可以设置纯色填充效果之外，还可以设置渐变的填充颜色，如图 21-13 所示，柱形采用的是深绿 - 浅绿 - 深绿的渐变填充，呈现出了立体的效果。

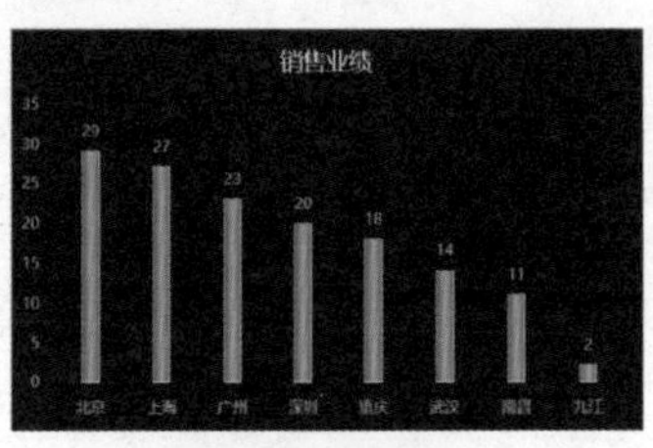

图 21-13

1. 设置渐变填充

选中柱形图→右击选择“设置数据系列格式”→在弹出的“设置数据系列格式”→选择“填充”→设置为“渐变填充”（见图 21-14）。

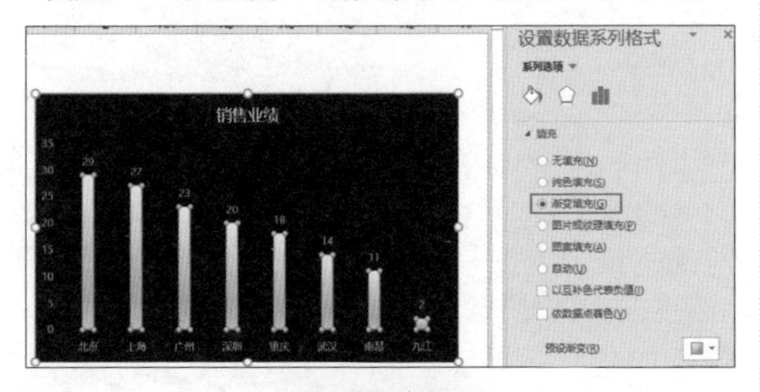

图 21-14

2. 设置渐变光圈

在“设置数据系列格式”中，找到“渐变光圈”，通过设置“停止点”来改变光圈的不同位置；还可以通过“+”“-”按钮，来增加或删除“停止点”。

此外，针对每个“停止点”，可以通过“颜色填充”，修改为喜欢的颜色（见图 21-15），例如设置两端为“深绿色”，中间为“亮绿色”，可得到一个立体效果的柱形。

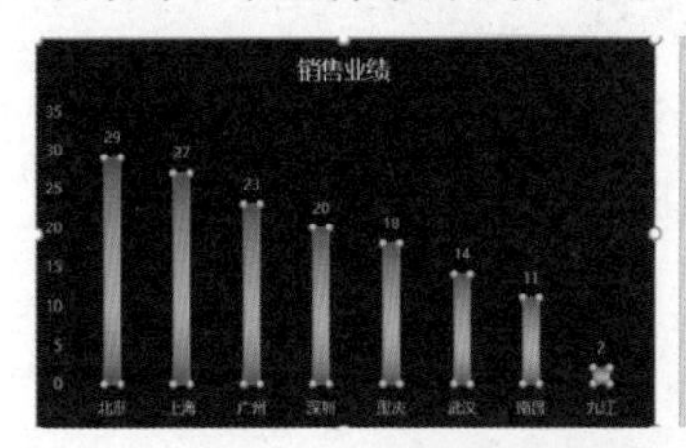

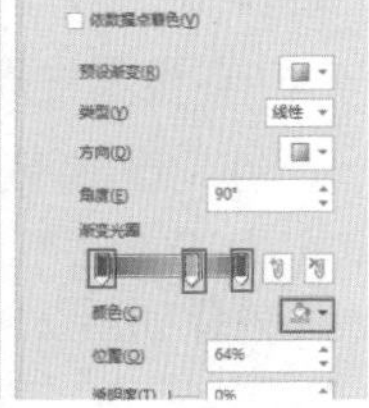

图 21-15

3. 调整渐变方向

在“设置数据系列格式”中，单击“方向”右侧的小三角→选择第 4 个“水平方向”，图 21-15 中原本竖着渐变的柱形，就会变成横向渐变的样式（见图 21-16）。

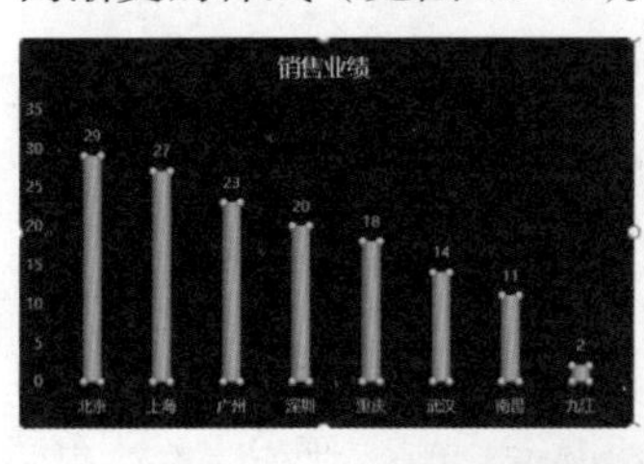

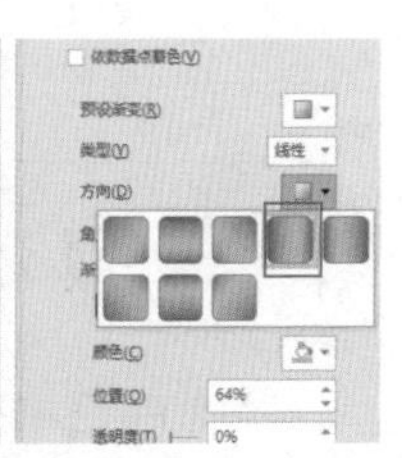

图 21-16

4. 调整填充颜色透明度。在“设置数据系列格式”中，单击更改“透明度”滑块位置，即可根据需要调整颜色透明度（见图 21-17）。

读书笔记

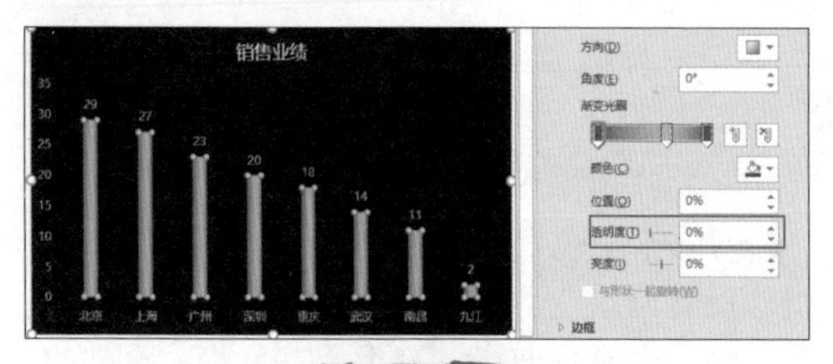
图 21-17

5．设置柱形边框颜色

在“设置数据系列格式”中，选择“边框”→“颜色”→选择一个合适的颜色即可，最终效果如图 21-18 所示。

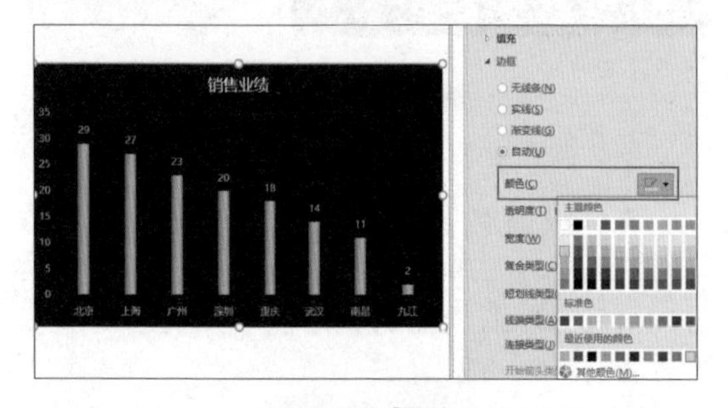
图 21-18

21.3 填充图案、图片美化

除了纯色填充和渐变填充，还可以使图表如图 21-19 所示，用图案、图片进行填充美化。

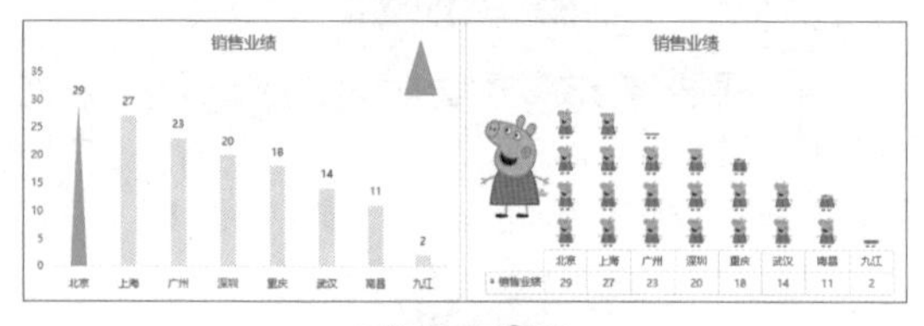
图 21-19

1．图案填充

选中柱形图→右击选择“设置数据系列格式”→在弹出的“设置数据系列格式”→选择“填充与线条”→“图案填充”→选择图案为“斜纹”→颜色为“绿色”(见图 21-20~图 21-21)。

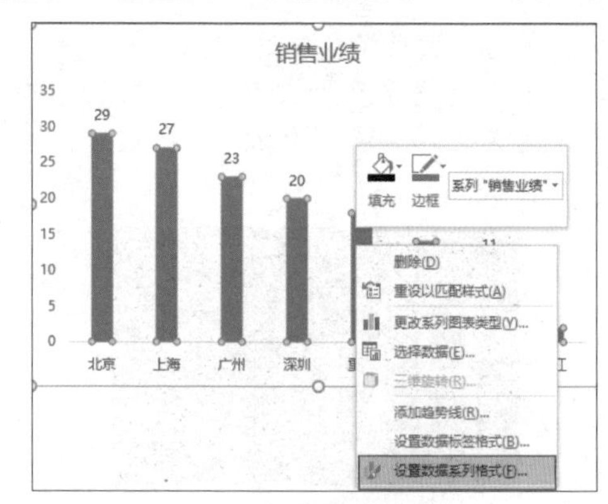
图 21-20

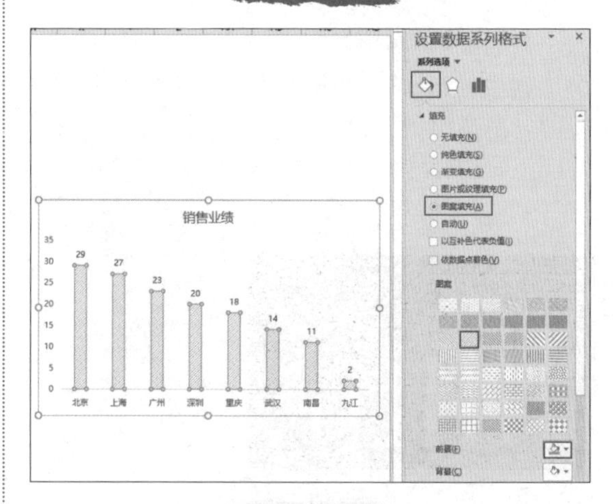
图 21-21

2．自定义图形填充

（1）选择“插入”选项卡→单击“形状”→选择“三角形”→单击向下拖曳，画出三角形→选中三角形→单击“格式”选项卡→设置三角形的“形状填充”“形状轮廓”为同一色系（见图 21-22）。

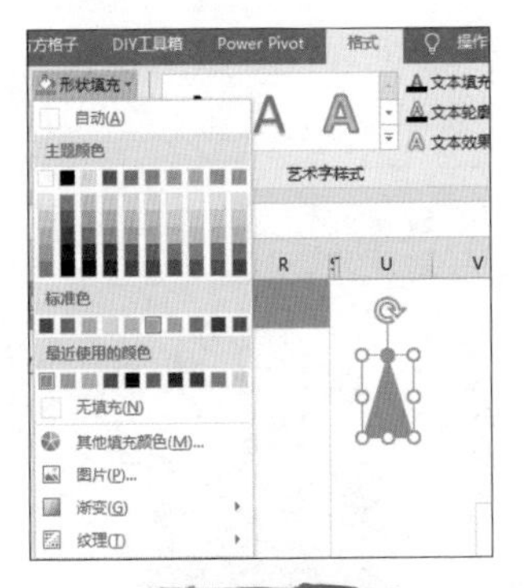

图 21-22

（2）选中设置好的三角形→按 Ctrl+C 键复制→单击图表柱形图中柱形，选中所有柱形→再次单击，即可仅选择单个“北京”的柱形→按 Ctrl+V 粘贴即可（见图 21-23）。

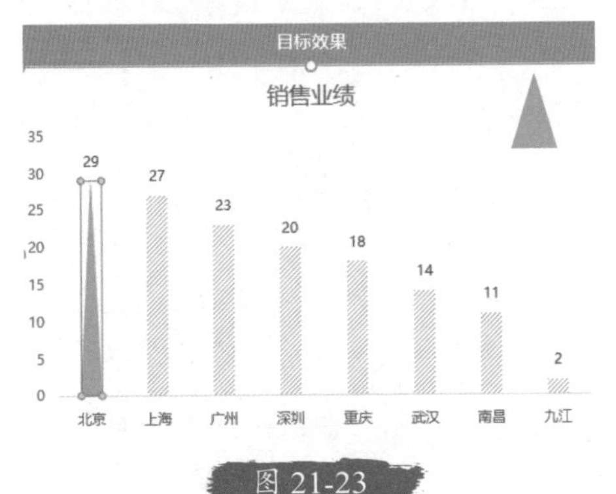

图 21-23

温馨提示

单击一次选中全部柱形，再次单击选中单个柱形。

3. 图片填充

在工作中，也可以利用公司的产品图片或 logo 做图片填充，如图 21-24 所示，是小猪佩奇玩具的公司的销售业绩，用小猪佩奇做的柱形图填充效果。

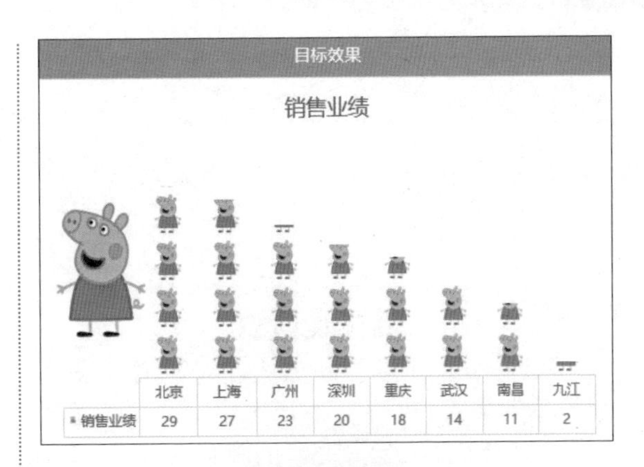

	北京	上海	广州	深圳	重庆	武汉	南昌	九江
销售业绩	29	27	23	20	18	14	11	2

图 21-24

（1）填充图片：选中小猪佩奇的图片→按 Ctrl+C 键复制→单击图表柱形图中柱形，选中所有柱形→按 Ctrl+V 键粘贴，即可将所有柱形填充为小猪佩奇的图片（见图 21-25）。

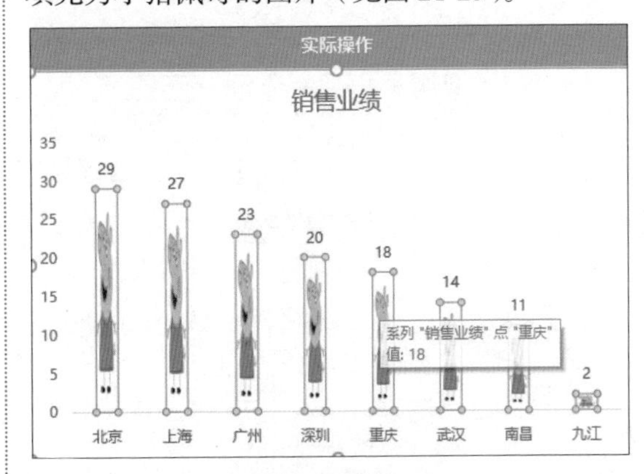

图 21-25

（2）改变柱形图图片填充效果：选中柱形图→右击选择“设置数据系列格式”→在弹出的“设置数据系列格式”中，选择“填充与线条”→选择“层叠”，即可把图 21-25 中拉长显示的小猪佩奇图片，改为图 21-26 所示的层叠效果。

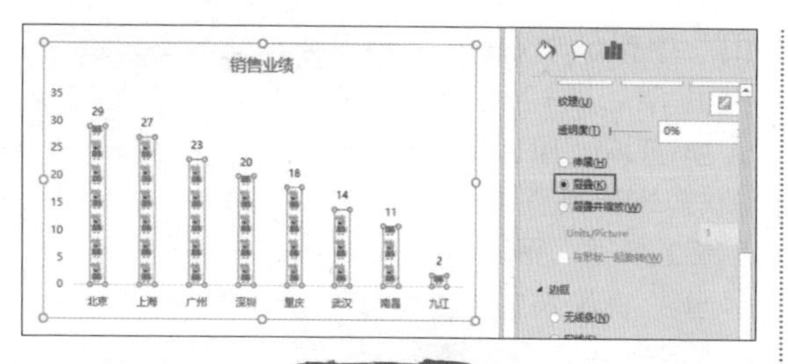

图 21-26

（3）修改柱形图间隙大小：选择“设置数据系列格式”中→“系列选项”→“间隙宽度”→单击左右拖拉调整“间隙宽度”，即可改变每个柱形的宽度，也调整了每个柱形中小猪佩奇图片的数量（见图 21-27）。

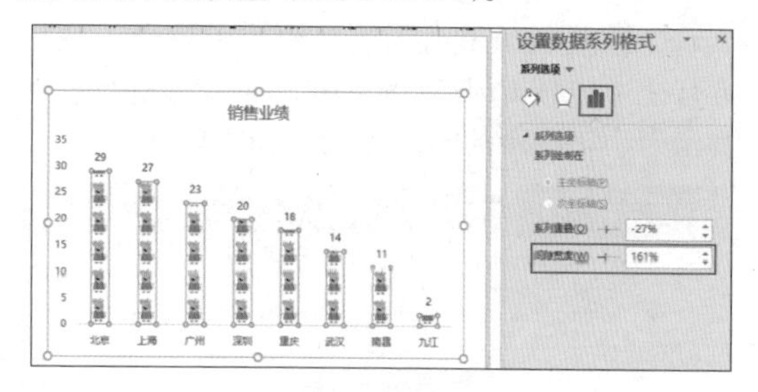

图 21-27

（4）优化图表显示信息。

① 删除垂直轴：选中图表左侧垂直轴→按 Delete 键删除（见图 21-28）。

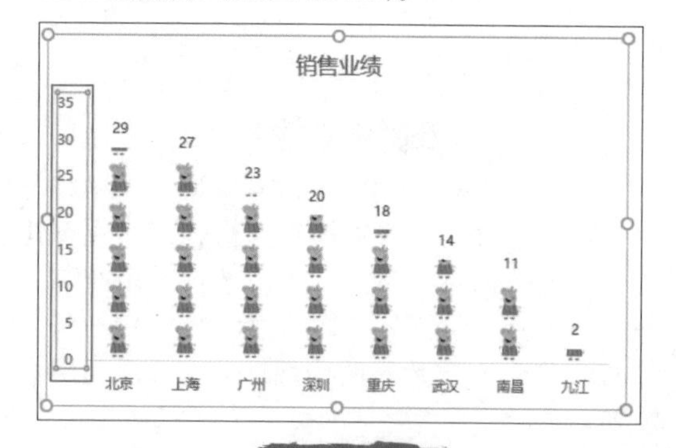

图 21-28

② 添加数据表：单击图表右上方“+”按钮→选中“数据表”（见图 21-29）。

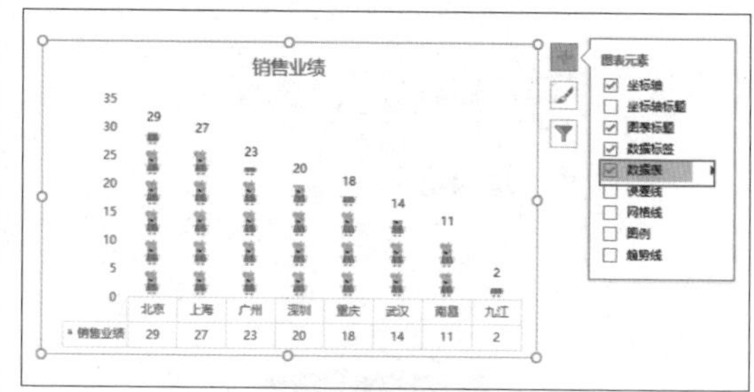

图 21-29

③ 删除数据标签：选中数据标签→按 Delete 键删除（见图 21-30）。

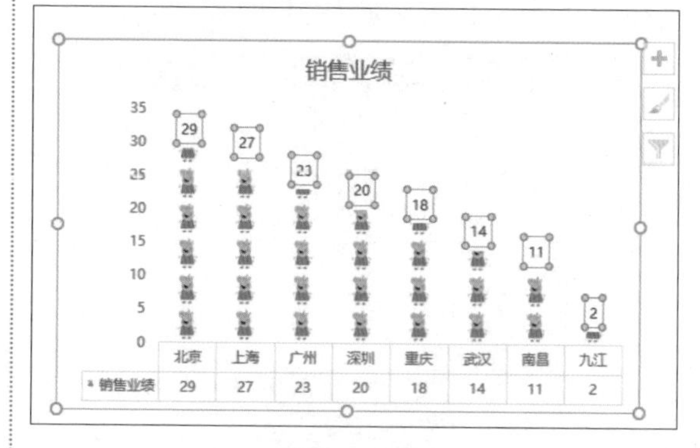

图 21-30

④ 添加图表 icon。选中图片按 Ctrl+C 复制→选中图表后→按 Ctrl+V 粘贴；这样，可以把小猪佩奇的图片粘贴到图表的内部，调整到合适位置，最终效果如图 21-31 所示。

这样做的好处是，后面在对这张图表进行整体移动、复制的时候，可以把小猪佩奇的图片作为该图表内部的一部分，一同进行操作处理。

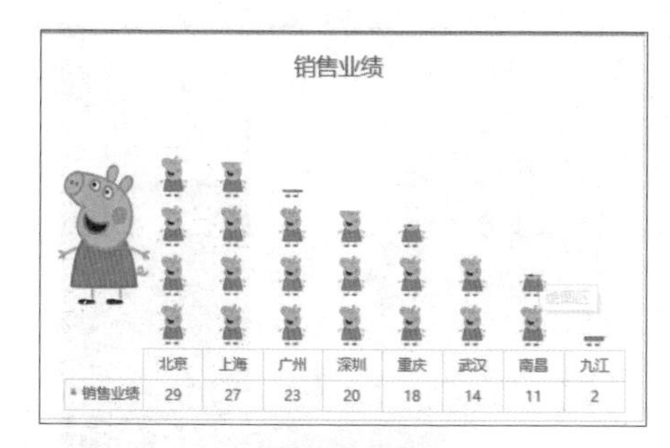

图 21-31

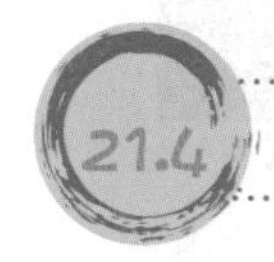

21.4 看板美化实践

1. 设置图表所处单元格区域的背景色

打开素材示例文件，之前制作好的 7 张子图表分别放在独立的工作表当中。选择这些子图表所在的列（如 D：I 列），将这些单元格的背景颜色设置为如图 21-32 所示的背景色（可用 ColorPix 取色器工具获取背景颜色的 RGB 值）。

选中 D：I 列→选择“开始”选项卡→“填充颜色”→选择“其他颜色”→在弹出的“颜色”对话框→选择“自定义”→设置 RGB 值（红色：10，绿色：8；蓝色：21）（见图 21-32）。

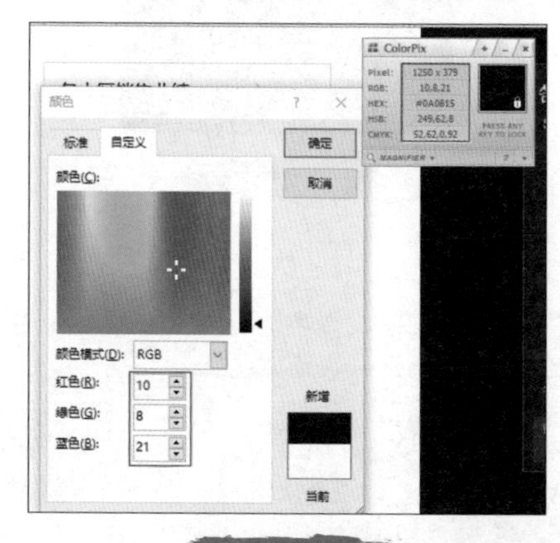

图 21-32

2. 设置图表自身的背景填充颜色

选中图表→选择“格式”选项卡→“形状填充”→选择“其他填充颜色”→在弹出的“颜色”对话框→选择“自定义”，设置 RGB 值（红色：10，绿色：8；蓝色：21）→单击“确定”（见图 21-33~ 图 21-34）。

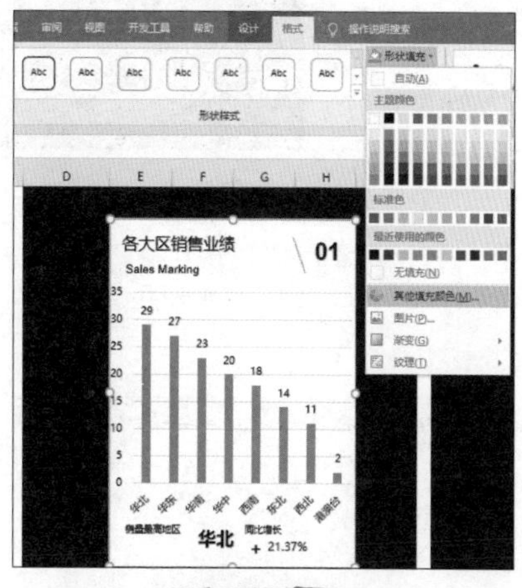

图 21-33

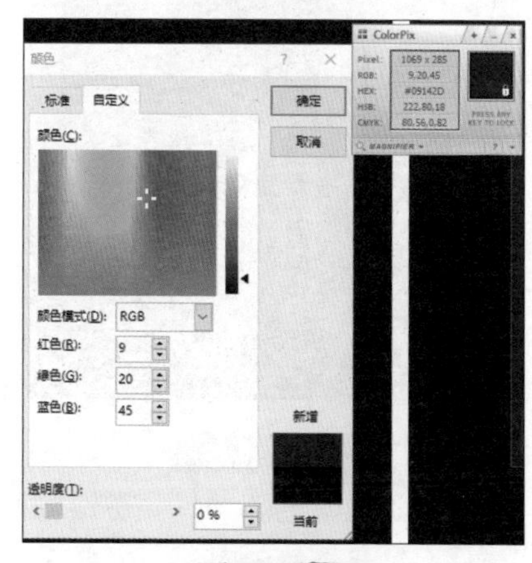

图 21-34

3. 美化图表

美化“各大区销售业绩”柱形图，最终效

果如图 21-35 所示。

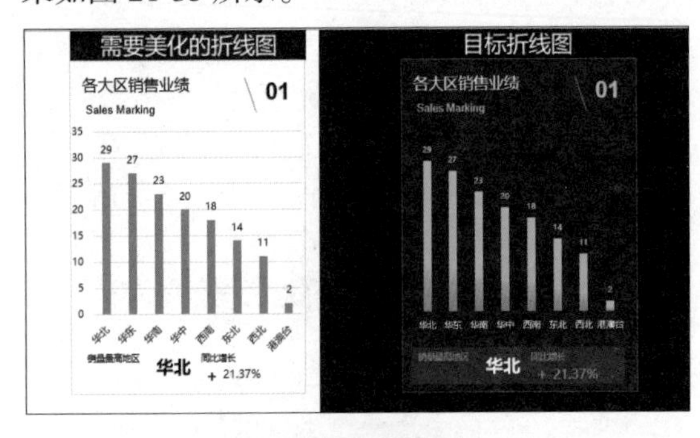

图 21-35

（1）修改字体颜色：选中图表→选择“开始”选项卡→“字体”→“字体颜色”，设置为白色（见图 21-36）。

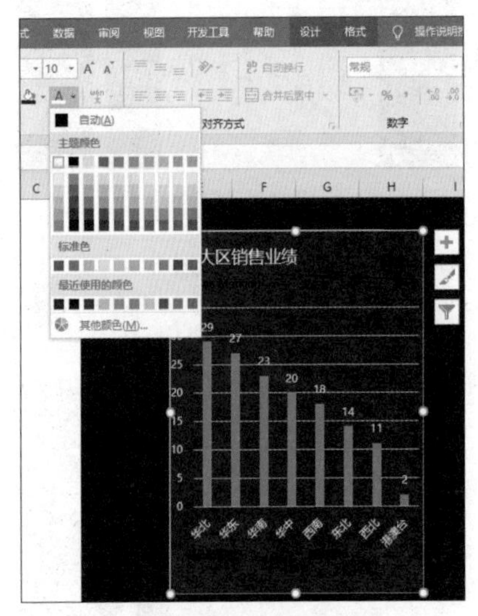

图 21-36

（2）修改边框颜色：Ctrl+ 鼠标滚轮将图表放大→拾取右侧目标效果图表的边框颜色→然后选中左侧待设置的图表→选择“格式”选项卡→“形状轮廓”→“其他轮廓颜色”，设置自定义颜色（见图 21-37）。

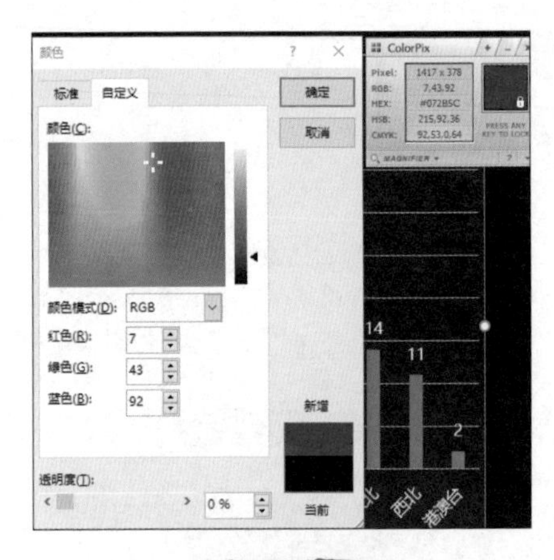

图 21-37

（3）按照右侧目标效果图表的字体颜色，完成左侧待设置的图表的文本框字体、颜色和大小的设置（见图 21-38）。

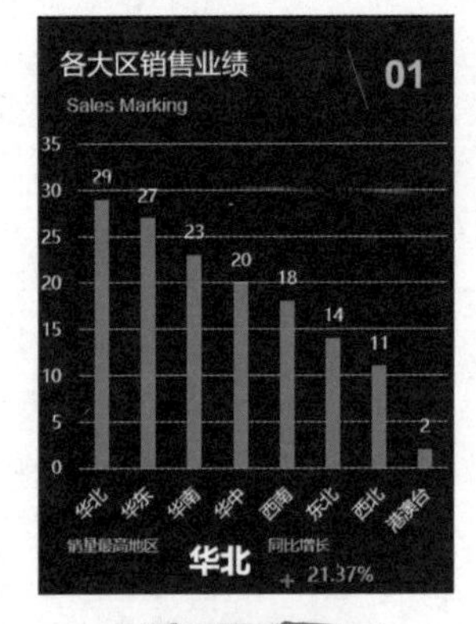

图 21-38

温馨提示

（1）完成一次颜色的自定义操作后，可以通过按 F4 快捷键，快速重复上一次操作。

（2）单击文本框时，通常是直接进入文本框编辑状态；按 Esc 快捷键，可以取消文本框编辑状态，即选中了整个文本框。这样就可以对整个文本框进行细节设置了。

（4）删除多余信息：选中垂直轴→按 Delete 键删除→选中网格线→按 Delete 键删除。

（5）调整水平轴字体、字号，边框设置为无边框，可取消水平轴文字上方的横线（见图 21-39）。

（6）设置柱形为渐变颜色填充：选中柱形图的柱形→右击选择“设置数据系列格式”→在弹出的“设置数据系列格式”→选择“填充”→“渐变填充”→用 ColorPix 取色器工具取色→拾取右侧目标效果图表的柱形图渐变的两个颜色→然后选中左侧待设置的图表，对柱形图进行渐变颜色的设置（见图 21-40）。

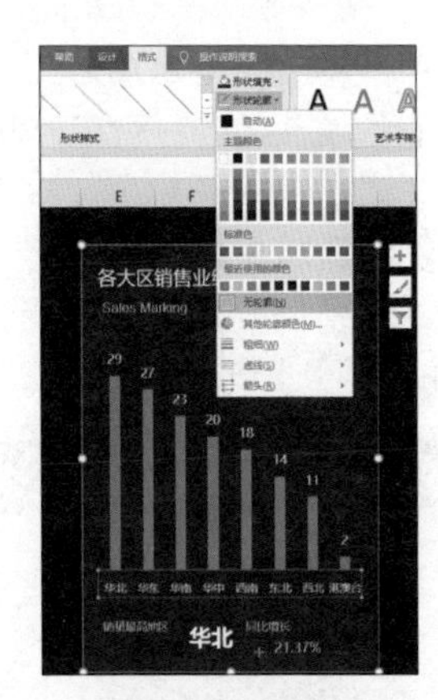

图 21-39

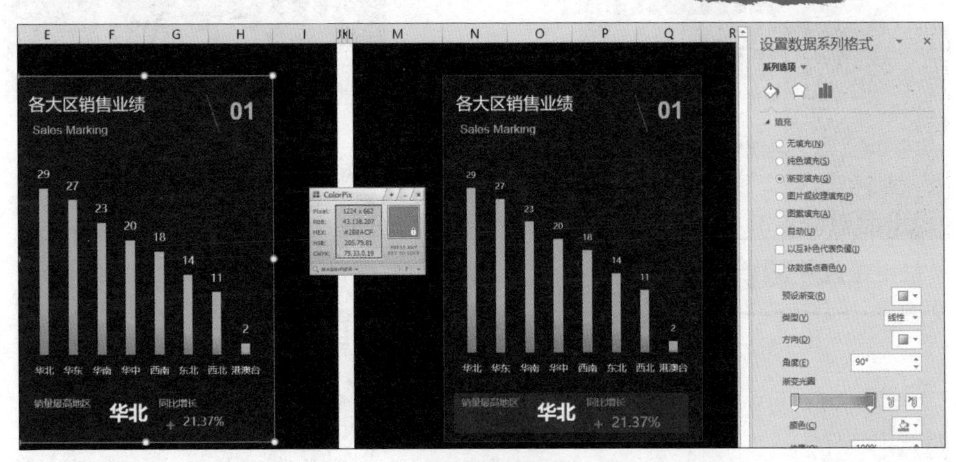

图 21-40

（7）插入尾缀说明内容。

① 选择“插入”选项卡→“形状”→选择“矩形”→鼠标拖曳插入图表底部（见图 21-41）。

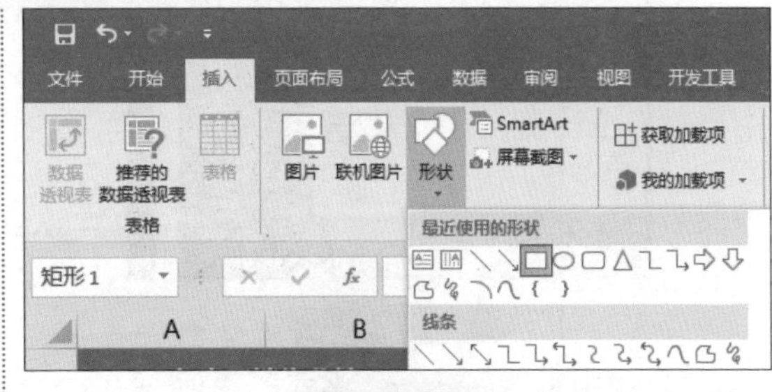

图 21-41

读书笔记

② 选择“格式”选项卡→“形状填充”→“其他填充颜色”→在弹出的“颜色”对话框→单击“自定义”，输入右侧目标效果图表的底部说明区域中的自定义颜色色值→单击“确定”→继续设置插入的矩形的“形状轮廓”为“无轮廓”（见图 21-42~ 图 21-43）。

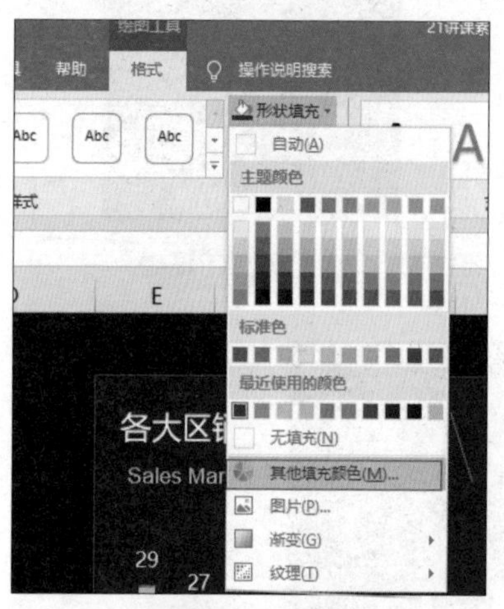

图 21-42

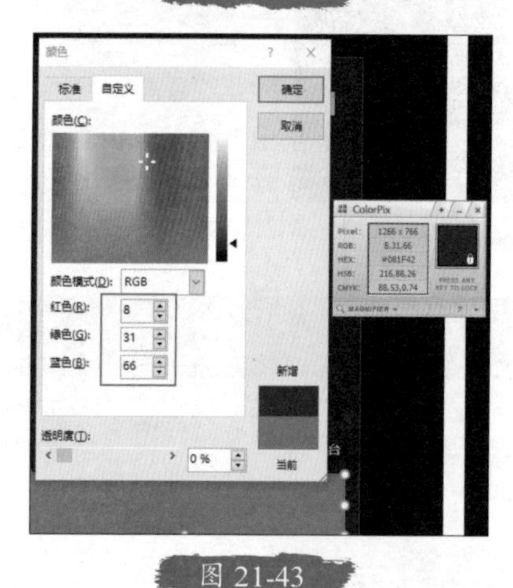

图 21-43

③ 选中矩形→选择“格式”选项卡→“下移一层”→“置于底层”（见图 21-44），然后继续插入文本框，添加其他图表尾缀内容，最终效果如图 21-45 所示。此时，我们已经一步步地完成了第 1 张子图表的美化。

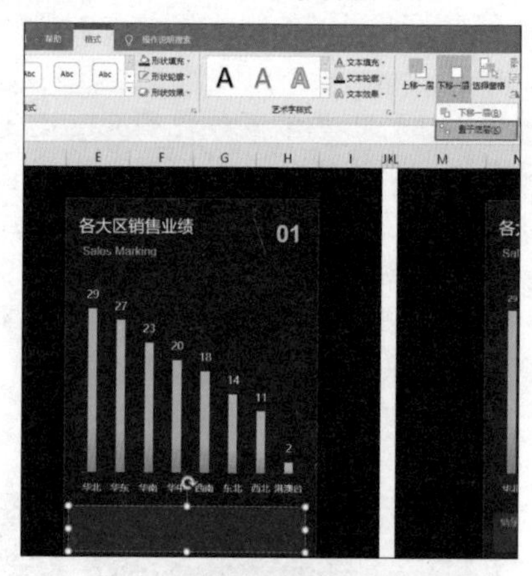

图 21-44

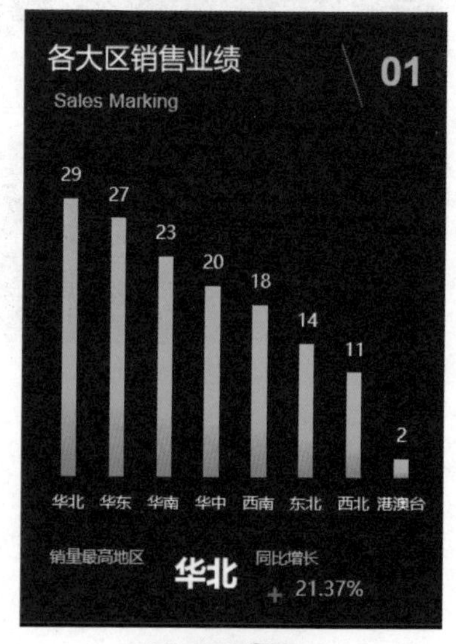

图 21-45

因为篇幅的关系，其他 6 张子图表的美化设计步骤和方法，与上文所讲基本一致，对于相同操作的部分，在此不做赘述；对于每张图表有所差异的、个性化的部分，整理如下。

（1）美化“年度趋势”折线图（见图 21-46）。

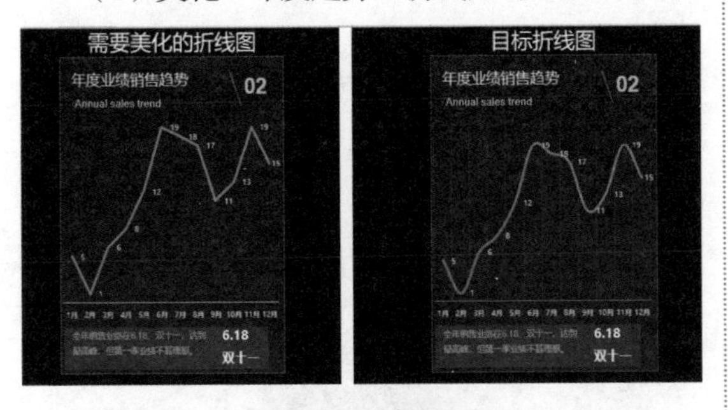

图 21-46

① 选中折线图的折线部分→右击选择“设置数据系列格式”→在弹出的“设置数据系列格式”→选择“线条”→选中“平滑线”（见图 21-47～图 21-48）。

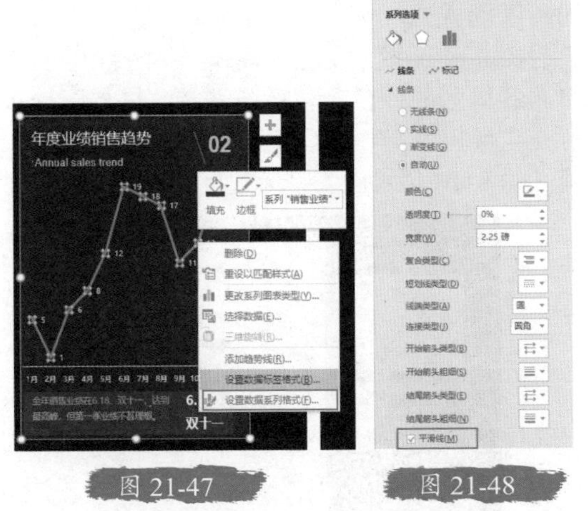

图 21-47　图 21-48

② 设置折线的渐变填充效果：选择“线条”→“渐变线”→设置“渐变光圈”→通过拾取素材文件中的目标颜色后，以自定义颜色的方式，修改色块的 RGB 值，从而更改图表配色效果（见图 21-49）。

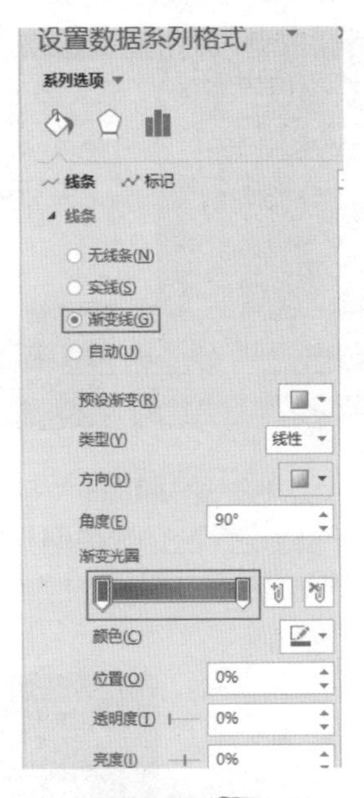

图 21-49

③ 修改渐变线条的填充方向：在“方向”中，修改线条渐变方向为第 4 个，即实现图 21-50 所示的“由蓝变红”的效果。

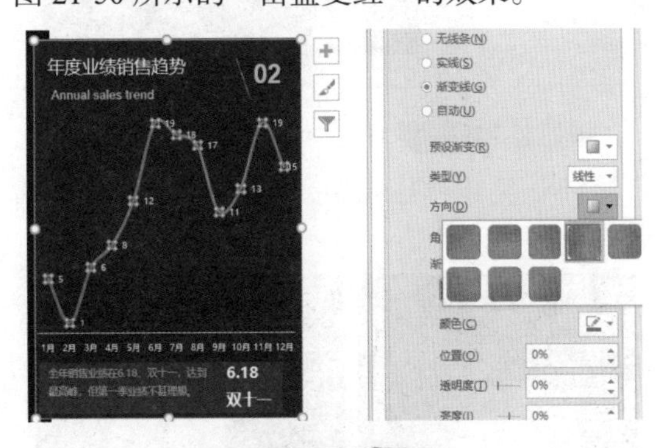

图 21-50

④ 添加网格线：选中图表→单击图表右上角“+”→选中“网格线”→选中“主轴主要垂直网格线”（见图 21-51）。

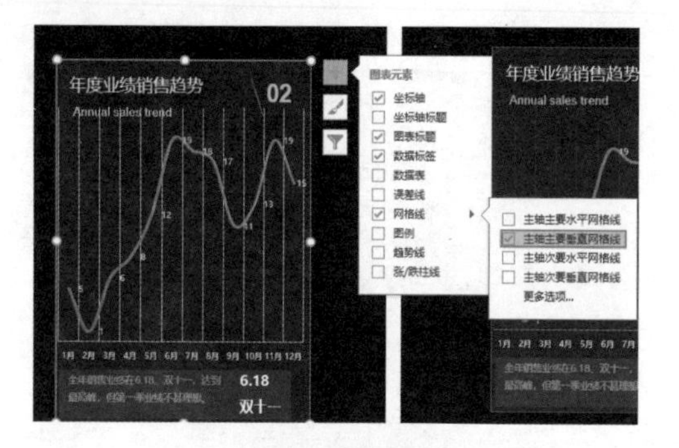

图 21-51

⑤ 设置网格线颜色：选中网格线，设置填充颜色为半透明的灰色（见图 21-52~ 图 21-53）。

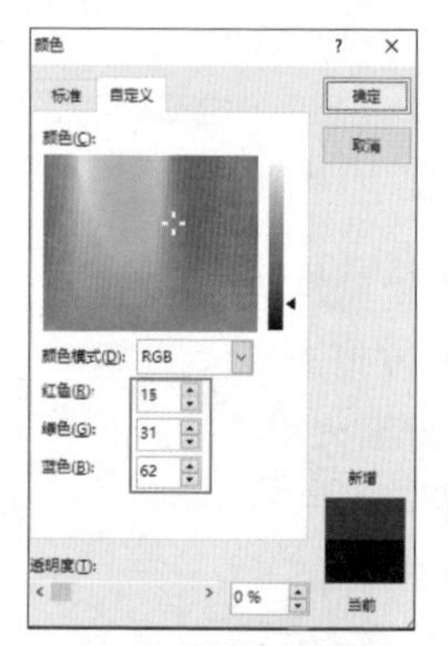

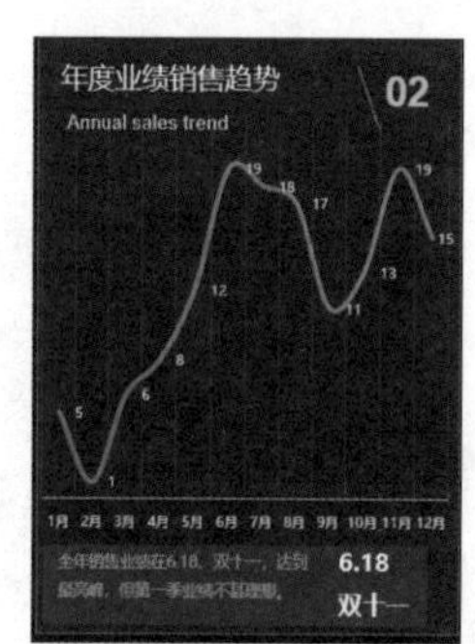

图 21-52　　图 21-53

（2）美化“渠道销售额占比”饼图（见图 21-54）。

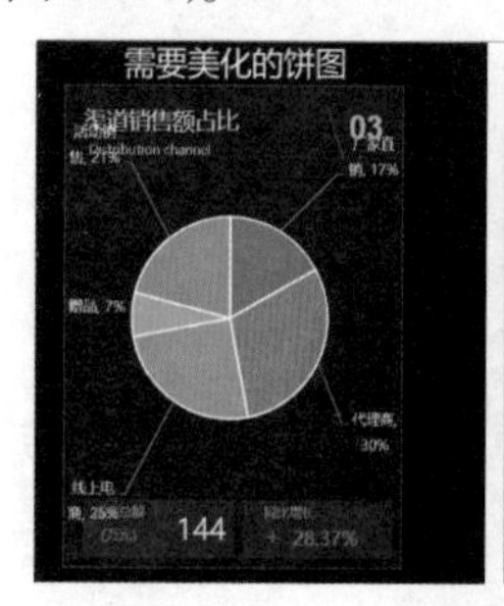

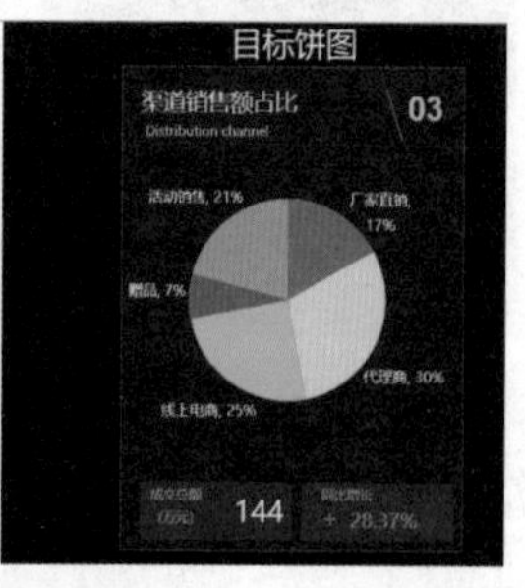

图 21-54

① 设置饼图轮廓颜色：选中饼图→选择“格式”选项卡→“形状轮廓”→选择“无轮廓”（见图 21-55）。

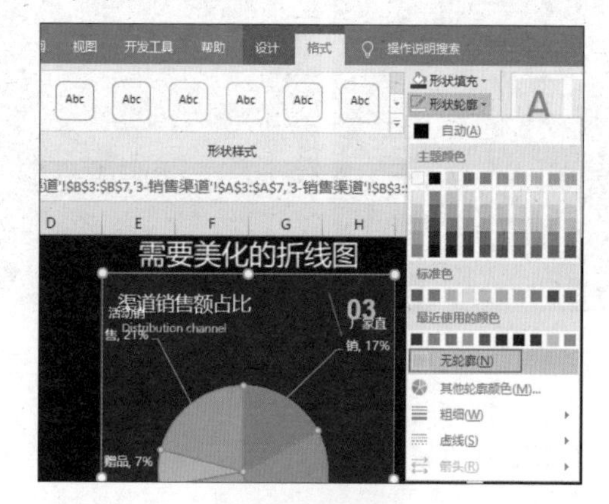

图 21-55

② 设置饼图填充颜色：通过单击 2 次饼图扇区的方式，选中某一个单一的扇形区域→通过 ColorPix 取色器工具获取右侧目标图表中，各扇区的颜色色值后→选择“格式”选项卡→“形状填充”→“其他填充颜色”，将对应扇区的 RGB 值设置为目标效果（见图 21-56）。

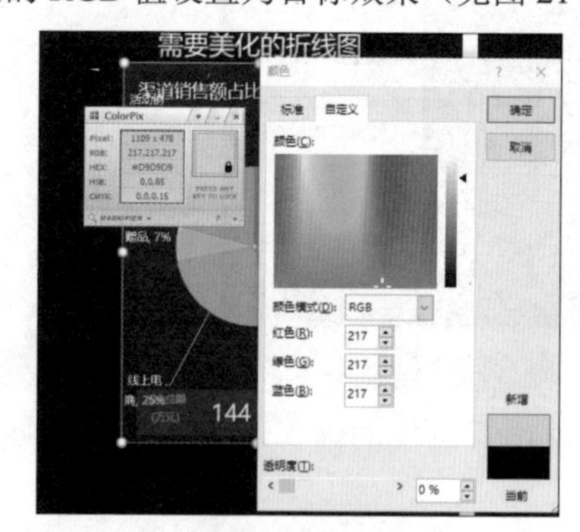

图 21-56

③ 删除引导线：选中引导线，按 Delete 键删除（见图 21-57）。

④ 调整数据标签：选中数据标签，依次调整数据标签位置和大小（见图 21-58）。

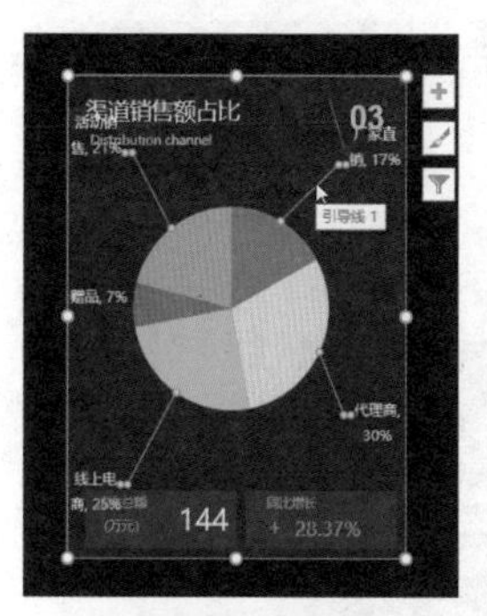

图 21-57

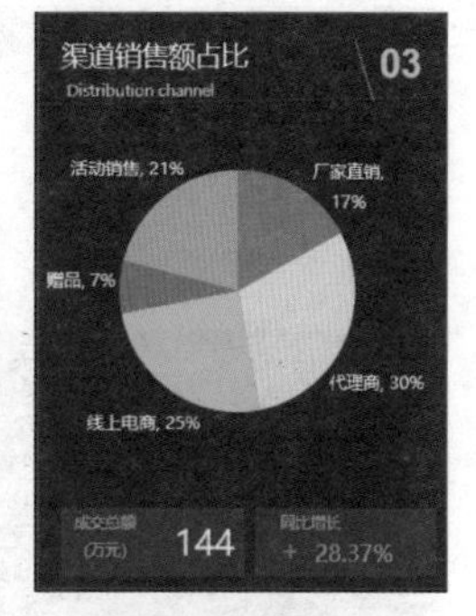

图 21-58

（3）美化各大区业绩目标完成情况温度计图（见图 21-59）。

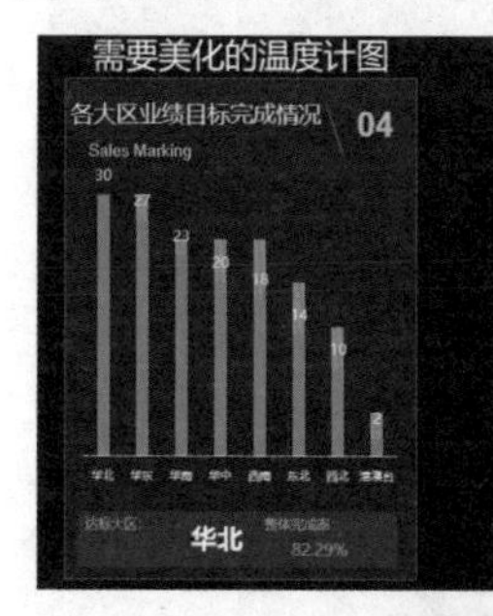

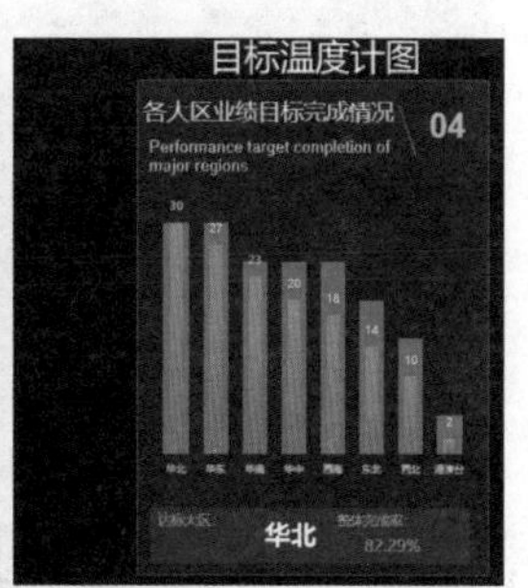

图 21-59

① 缩小绘图区域：选中左侧图表区域，发现柱形图太靠上方了。选中图表区域内部的绘图区域，用鼠标拖曳双向箭头的方式，缩小绘图区域（见图 21-60）。

② 设置外部柱形颜色：选中外部柱形→右击选择“设置数据系列格式”→“填充与线条”→选择“纯色填充”→设置与目标图表一样的自定义颜色色值（见图 21-61）。

③ 设置外部柱形宽度：选中外部柱形→右击选择“设置数据系列格式”→“系列选项”→缩小“间隙宽度”值，让外部柱形变得“胖一点”（见图 21-62）。

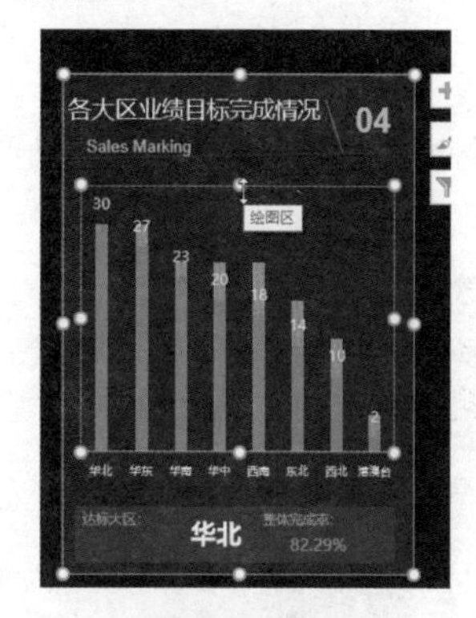

图 21-60

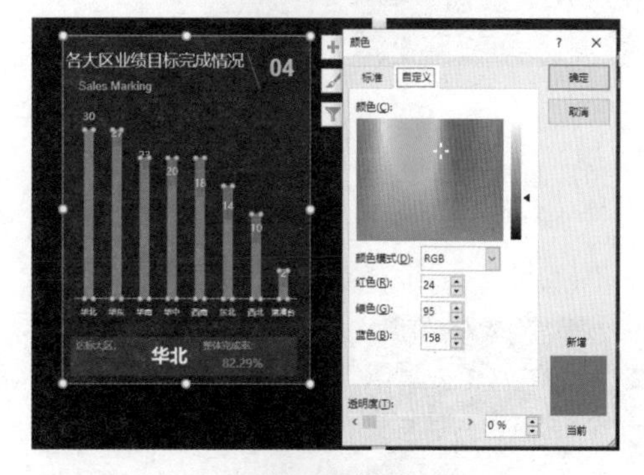

图 21-61

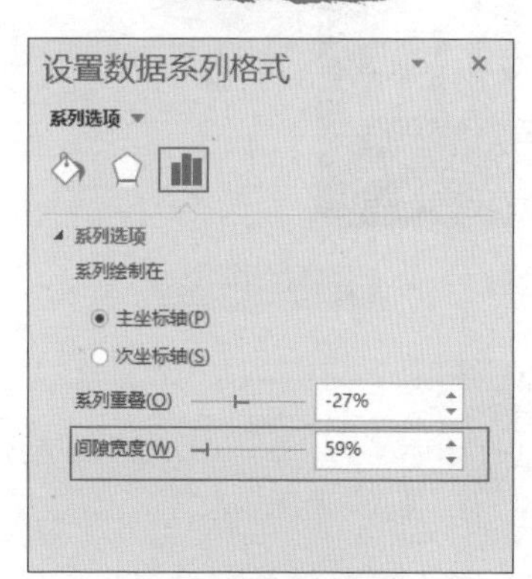

图 21-62

④ 设置里面柱形颜色：选中里面柱形→右击选择“设置数据系列格式”→“填充与线条”→选择“渐变填充”→设置与目标图表一样的自定义颜色色值→选择“渐变光圈”设置渐变颜色（见图 21-63）。

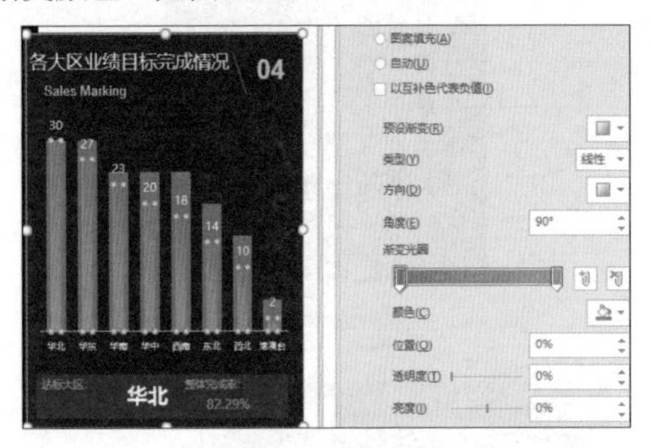

图 21-63

⑤ 调整颜色渐变方向：在“设置数据系列格式”→“填充”选择→“方向”，修改为上深下浅的效果（见图 21-64）。

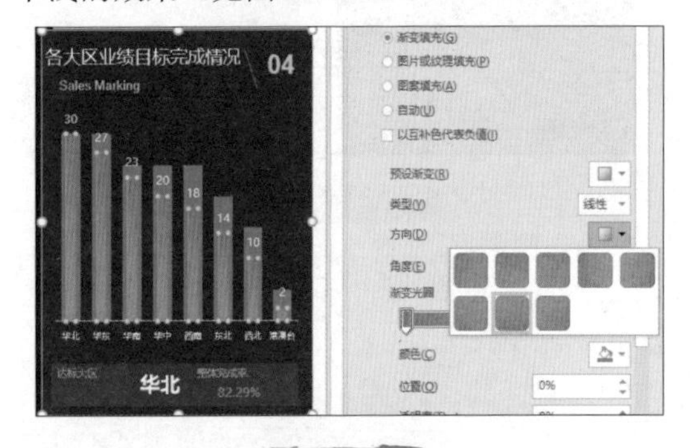

图 21-64

温馨提示

当设置渐变填充效果时，Excel 会自动“记忆”并应用上一次设置的效果。

⑥ 设置水平轴边框：选中图表水平轴→选择“格式”选项卡→“形状轮廓”→选择“无轮廓”（见图 21-65）。

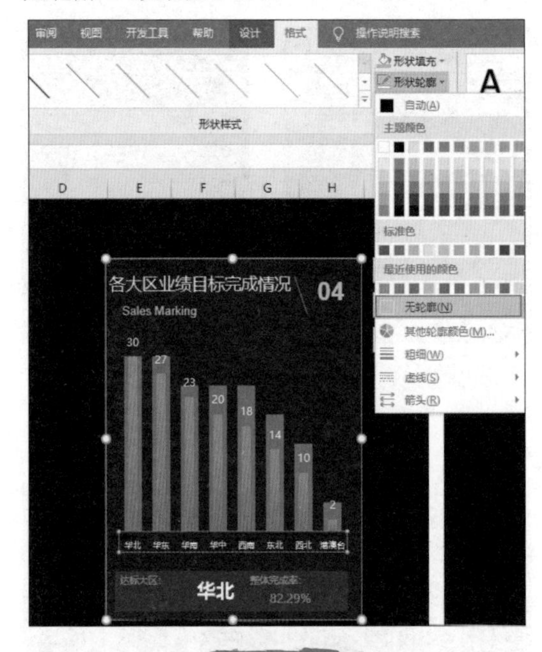

图 21-65

（4）美化“主要品牌”条形图（见图 21-66）。

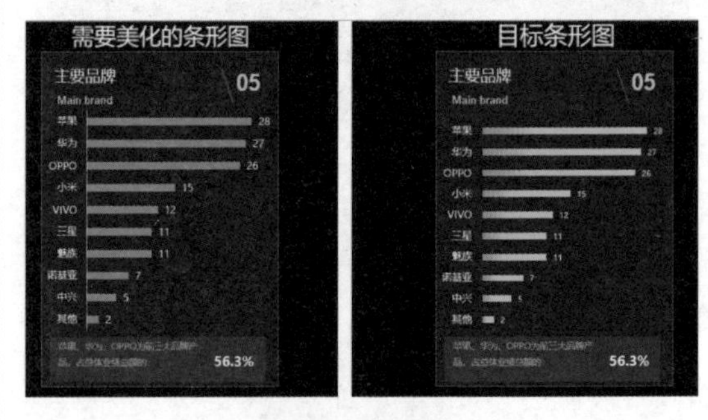

图 21-66

① 设置条形图填充颜色：选中条形图→右击选择“设置数据系列格式”→选择“填充与线条”→“渐变填充”→设置“渐变光圈”→

调整“方向”设置为水平（见图21-67）。

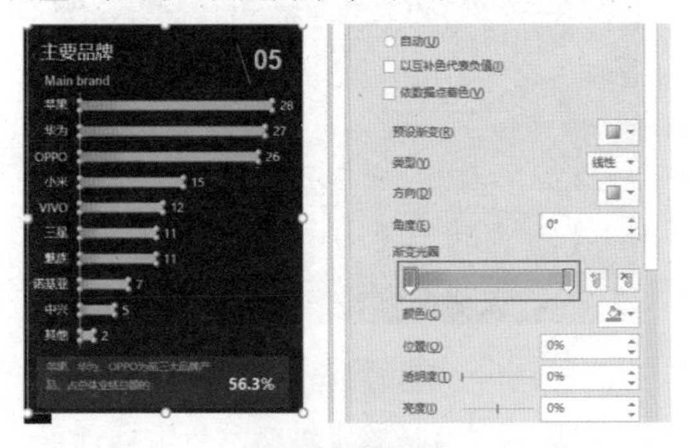

图 21-67

② 设置垂直轴边框：选中垂直轴→单击“格式”→“形状轮廓”→选择“无轮廓”（见图21-68）。

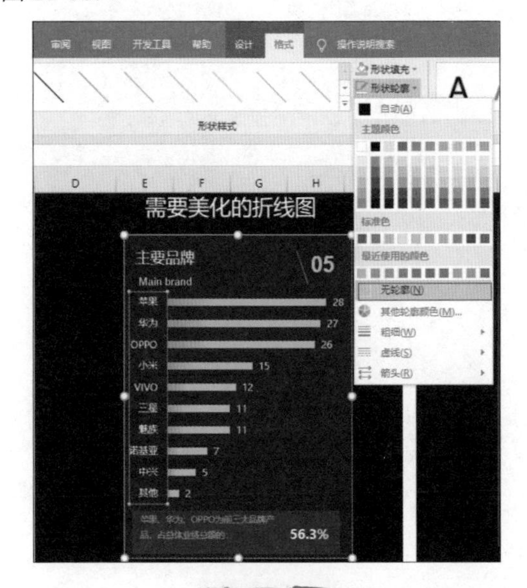

图 21-68

（5）美化“销售业绩完成率”环形图（见图21-69）。

① 更改图表轮廓：选中环形图→选择“格式”选项卡→单击“形状轮廓”→选择“无轮廓”（见图21-70）。

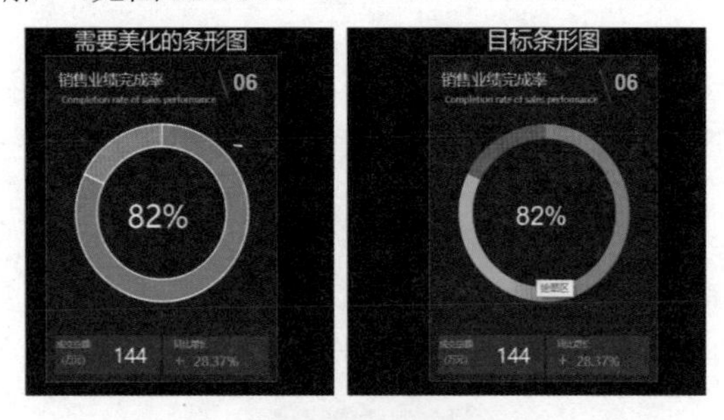

图 21-69

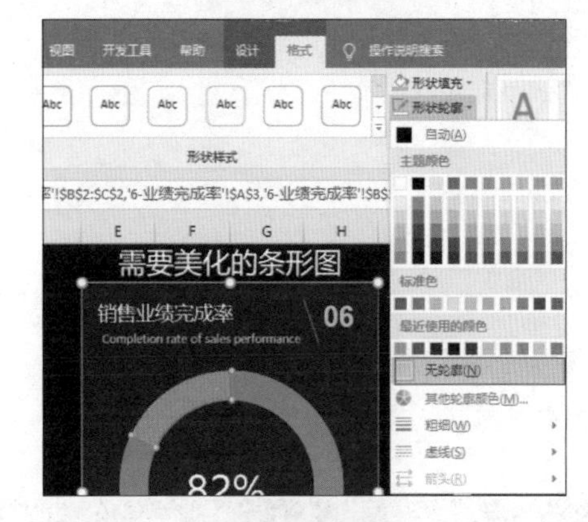

图 21-70

② 更改圆环内径：选中环形图→右击选择“设置数据系列格式”→单击“系列选项”→拖曳鼠标调整“圆环图圆环大小”（见图21-71）。

图 21-71

③ 设置圆环内径颜色。

a. “已完成”部分：“设置数据系列格式”→“填充与线条”→“渐变填充”→“渐变光圈”，设置填充颜色（见图 21-72）。

b. “未完成”部分：“设置数据系列格式”→“填充与线条”→“纯色填充”，设置填充颜色（见图 21-73）。

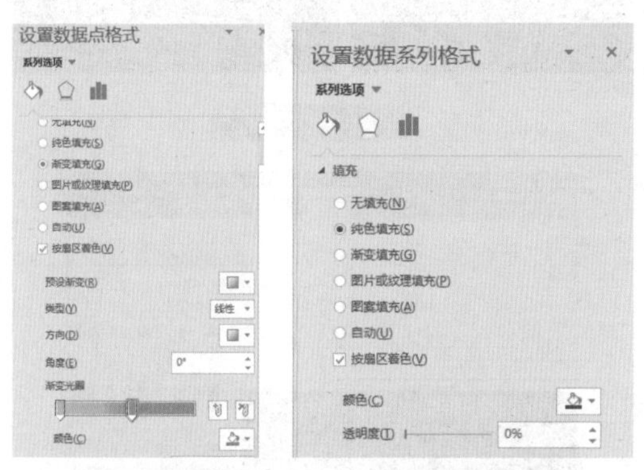

图 21-72　　图 21-73

（6）美化“新产品市场推广”组合图（见图 21-74）。

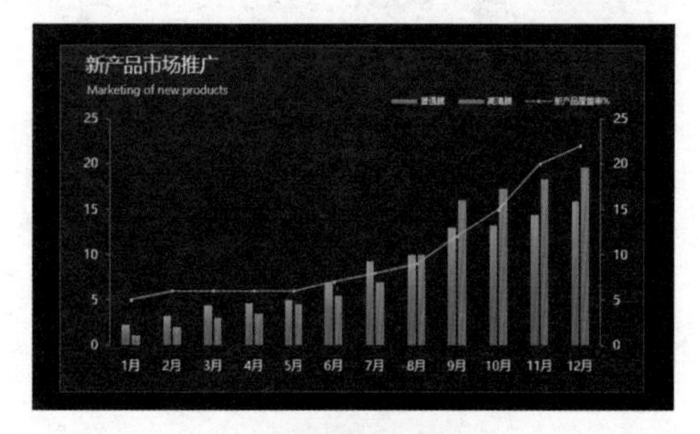

图 21-74

① 分别设置两个柱形填充颜色：选中柱形→右击选择“设置数据系列格式”→“填充与线条”→“渐变填充”→“渐变光圈”（见图 21-75）。

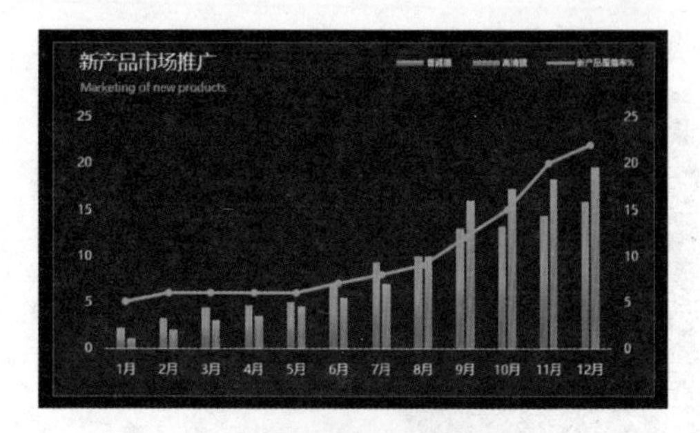

图 21-75

② 折线设置：选中折线→右击选择“设置数据系列格式”→“填充与线条”→“线条”→选择“实线”，设置颜色→设置“宽度”（见图 21-76）。

图 21-76

③ 单击“标记”→“数据标记选项”→设置标记类型和大小（见图 21-77）。

读书笔记

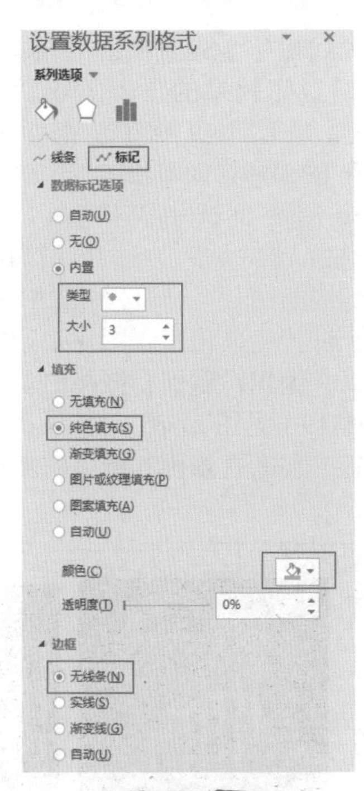

图 21-77

21.5 看板整体排版

经过以上操作，我们已经做好了 7 张子图表。最后一步，是将 7 张图表组合起来，形成案例中的看板（见图 21-78）。

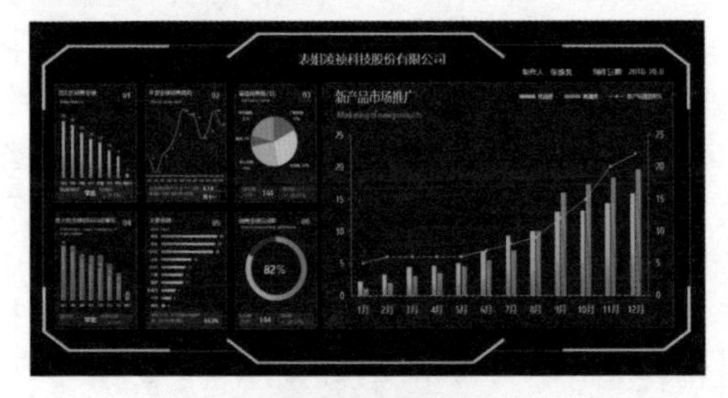

图 21-78

（1）新建空白工作表：单击工作表下方“+”按钮，新建一张空白工作表（见图21-79）。

（2）设置背景板：单击工作表左上角的小三角，即可选中整个工作表中所有的单元格→选择“开始”选项卡→“颜色填充”→在“最近使用的颜色”中，可以找到之前设置好的背景色（见图 21-80～图 21-81）。

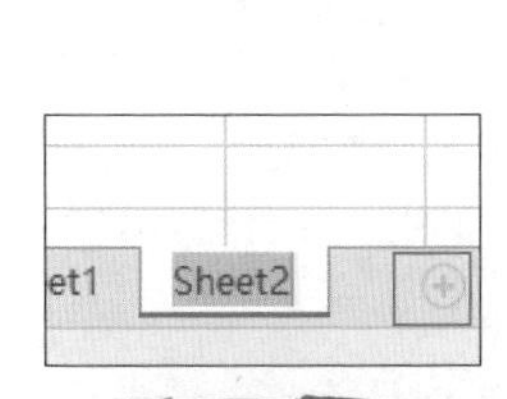

图 21-79

图 21-80

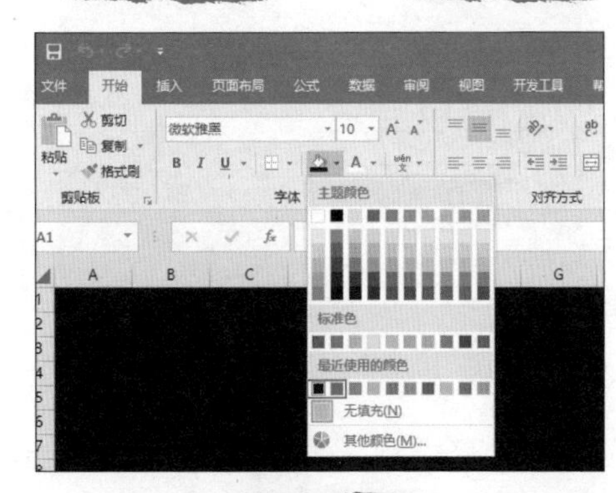

图 21-81

（3）取消网格线：选择“视图”选项卡→取消选中“网格线”（见图 21-82）。

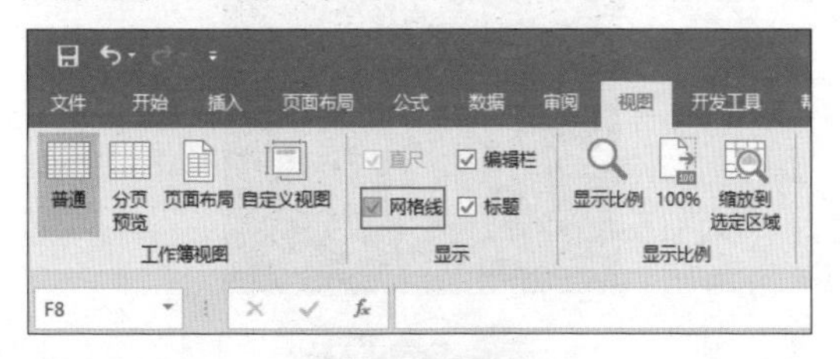

图 21-82

（4）使用“选择性粘贴链接为链接的图片”的方法，汇总7张子图表。

①【原理介绍】“选择性粘贴链接为链接的图片”，即将图片与表格联动，使图片链接到表格。

例如，选择数据源中A1:B13单元格→按Ctrl+C复制→单击空白单元格位置→单击选择“选择性粘贴”→选择“其他粘贴选项”→“链接的图片”（见图21-83），此时，Excel会粘贴出一个和表格“一模一样”联动更新的图片。效果测试：修改数据表中“港澳台”的数据为“30”，图片和图表同步变化（见图21-84），测试完毕后删除即可。

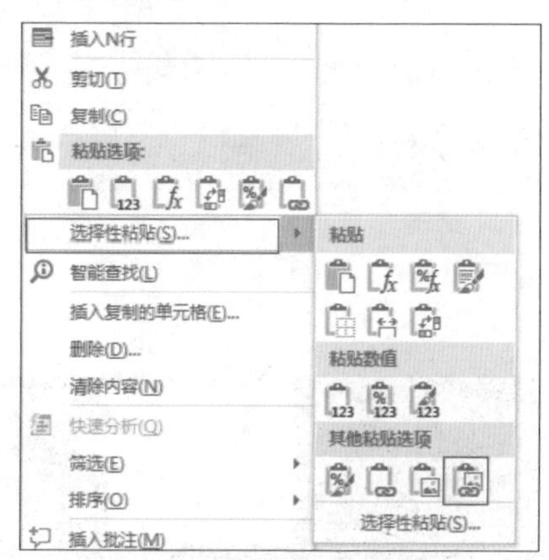

图 21-83

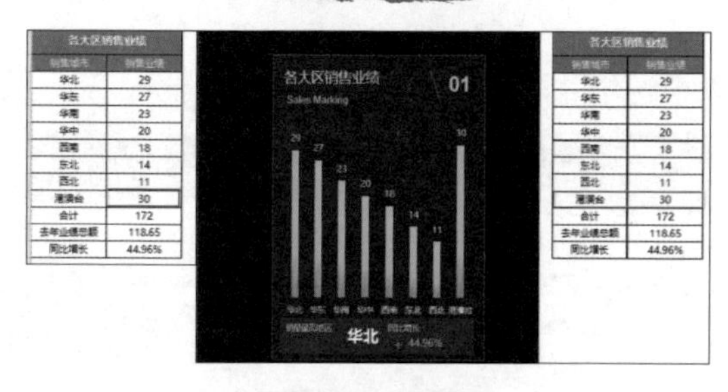

图 21-84

②【实践操作】设置图表为链接的图片：观察我们设置完效果的图表区域，它存放的单元格地址是E2:H19→在左上角的“名称框”中输入E2:H19，即可快速选中这片区域→按Ctrl+C复制→再选中表格空白区域→右击选择“选择性粘贴”→选择“其他粘贴选项”→“链接的图片”，即可将E2:H19单元格中的图表，链接生成出一张图片来。选中这张图表，可以在编辑栏看到它链接的单元格地址是$E$2:$H$19（见图21-85）。如果在编辑栏更改这个地址，那么这张图片链接的来源也便随之更改了。

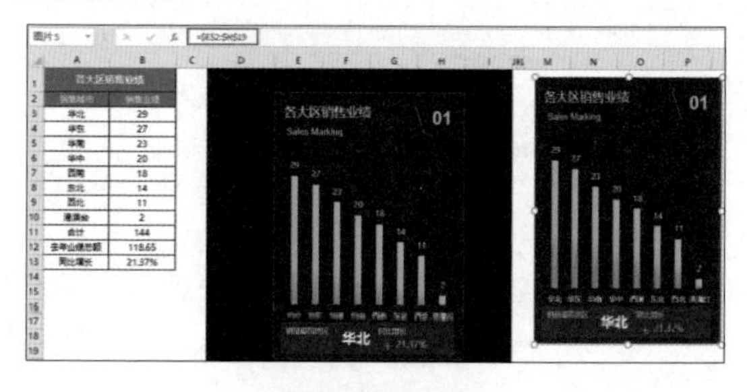

图 21-85

（5）子图表的跨工作表链接。选中上一步操作中，选择性粘贴出来的链接的图片→按Ctrl+X剪切→选中在第2步中创建、已经完成了背景填充颜色的空白工作表→按Ctrl+V粘贴→此时，该链接的图片，关联的是当前工作表的E2:H19单元格→选中图片后，在编辑区内，更改图片链接的地址，输入“='1-各地区业绩'!$E$2:$H$19”→按Enter键确认，此时，我们已经完成了原本在“1-各地区业绩”工作表中的，第1张子图表的关联，它已经放置在目标新工作表当中了（见图21-86）。

选中这张链接的图片后，通过按Shift+拖曳鼠标的方式，可以实现图片的同比例放大或缩小。

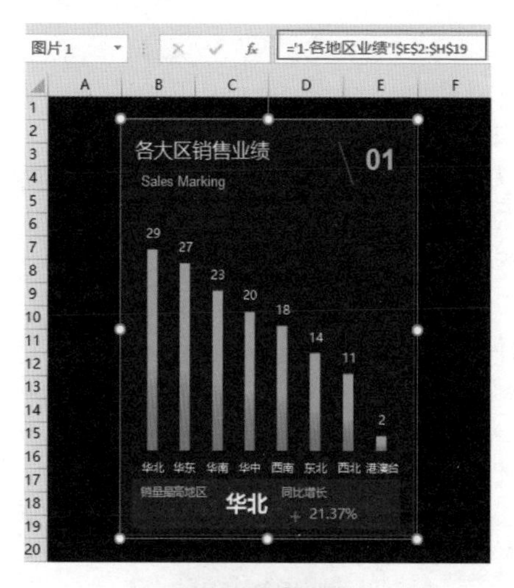

图 21-86

同理，将其他 6 张子图表，也链接至新建的空白工作表当中。

（6）多张图表的快速对齐与排版。按 Ctrl 键，同时单击选中多张图片后→选择“格式”选项卡→“对齐”（见图 21-87），通过“左对齐”“顶端对齐”“横向分布”等，可以快速实现选中图片的对齐。

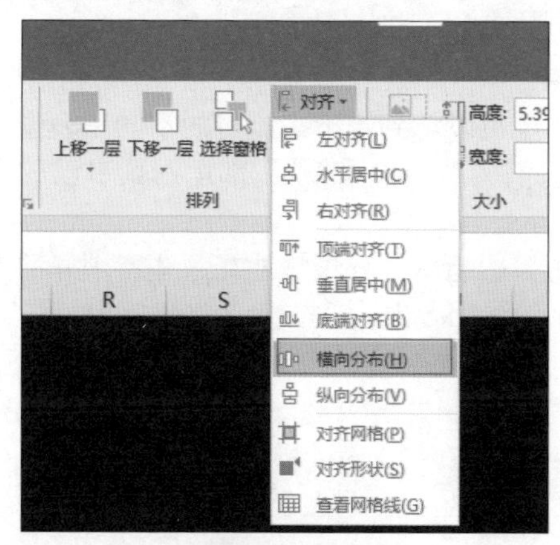

图 21-87

（7）制作看板边框。在图 21-89 所示看板中，还有一个边框，可以通过绘制图案，插入横线的方式，画出来。也可以通过 21.6 节表姐推荐的“工具网站”，直接从网站下载边框素材。

在子图表、边框都排版完毕后，还可以在组合看板的右上角空白位置处，插入 1 个文本框，输入“制作人”“制作日期”等信息。

最后，请选中任意一张图片后，按 Ctrl+A 全选看板中的所有元素→右击选择“组合”（见图 21-88），将所有的图片、文本框等，组合成一个整体，即可完成整个大数据科技风图表看板的制作，最终效果如图 21-89 所示。

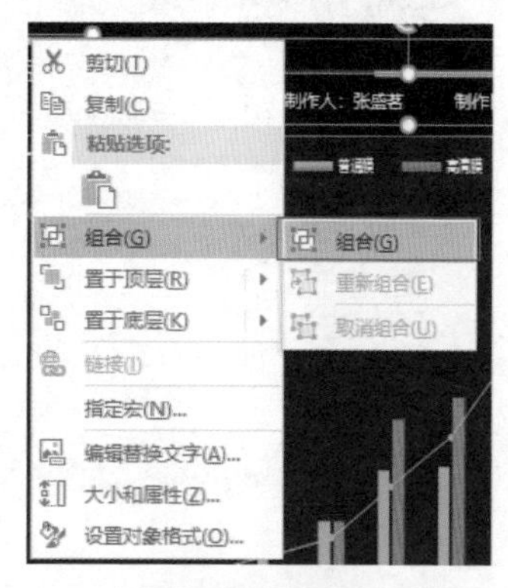

图 21-88

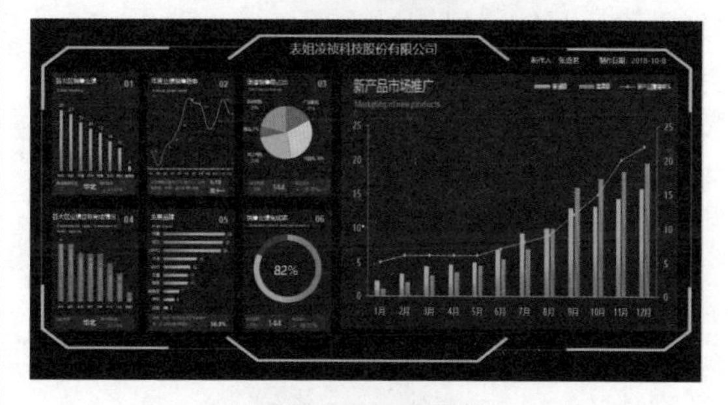

图 21-89

21.6 工具网站推荐

现在再来看小张的看板（见图 21-89），做过一遍以后，是不是觉得没那么难了？该看板只不过是在基础的图表之上加上了一些英文，显得比较“高大上”了。另外，用深色底色，配上蓝色或红色的渐变效果，这样整个图表就显得比较有科技感。这也是表姐目前特别喜欢的“大数据科技风”的图表看板。

当然，关于“美”，每个人的感受都不一样。表姐做的这个图表看板，实际上是受“双十一”阿里巴巴的大数据图表的启发。每年双“十一”，表姐都会关注一下阿里巴巴的图表，获取一下其中最流行的、最美的图表元素，将它运用到自己的工作当中。

最后，表姐给大家准备了几个非常优秀的设计师网站（见图 21-90）。

工具网站推荐

元素网	阿里巴巴	http://www.iconfont.cn/
	觅元素	http://www.51yuansu.com/
配色网站	渐变层生成器	https://codepen.io/pissang/full/geajpX
	色彩设计	https://www.materialui.co/colors
图表设计师网站	国双数据中心	http://www.gridsum.com/technical/data.html
	网易数读	http://data.163.com/special/datablog/
	站酷网	https://www.zcool.com.cn/
	花瓣网	http://huaban.com/
	我图网	http://www.ooopic.com/

我平时做图表常逛的工具网站

图 21-90

例如国双数据中心，该网站除了行业的报告以外，还可以学到当下最流行的不同图表设计风格。这些我们只要用 ColorPix 取色器工具，就可以把它们的“配色方案”，都运用到自己的图表当中，既好看又专业！

在图表的整体设计环节当中，我建议大家“先模仿，后超越”！慢慢地在这些特别好的图表基础之上，总结出自己的个人特点，也就能形成自己的“图表风格”了。

读书笔记

22 大数据科技风做汇报：动态图表

由于小张为领导制作的动态图表（见图 22-1），在集团老总那里得到了大力赞赏，领导升职、调动到了集团总部。小张因此接替了领导的位置，走上了自己的“升职加薪”之路（见图 22-2）。

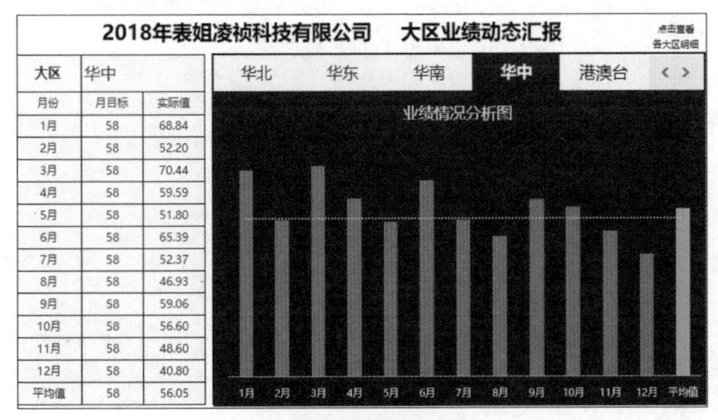

2018年表姐凌祯科技有限公司　大区业绩动态汇报

大区	华中	
月份	月目标	实际值
1月	58	68.84
2月	58	52.20
3月	58	70.44
4月	58	59.59
5月	58	51.80
6月	58	65.39
7月	58	52.37
8月	58	46.93
9月	58	59.06
10月	58	56.60
11月	58	48.60
12月	58	40.80
平均值	58	56.05

图 22-1

图 22-2

小张给领导做的“动态图表”，图表会随着作图的数据源发生变化而联动变化。例如，在图 22-3 所示的“2018 年营业收入月度统计表”中，如果直接插入一张柱形图，默认创建的图表如图 22-4 所示，图表信息很不直观，违背了“一图胜千言”的原则。所以表姐建议大家，在制作图表的时候牢记一句口诀：“复杂的数据抓重点，简单的数据多角度”。

2018年营业收入月度统计表 单位：万元

序号	大区	月目标	1月	2月	3月	4月	5月	6月	7月	8月	9月	10月	11月	12月	平均值
1	华北	55	56.9	45.7	40.5	76.9	75.9	68.7	82.8	53.4	59.4	37.8	70.5	41.9	59.19
2	华东	45	78.8	47.3	37.3	48.6	62.9	41.6	40.3	48.2	67.9	46.5	64.8	35.2	51.60
3	华南	44	44.2	83.7	31.9	40.3	44.7	47.5	28.9	64.2	53.2	55.1	64.7	33.2	49.30
4	华中	58	68.8	52.2	70.4	59.6	51.8	65.4	52.4	46.9	59.1	56.6	48.6	40.8	56.05
5	港澳台	53	64.9	33.6	46.6	34.1	54.5	54.8	74.2	41.7	76.0	31.9	43.6	51.9	50.65

图 22-3

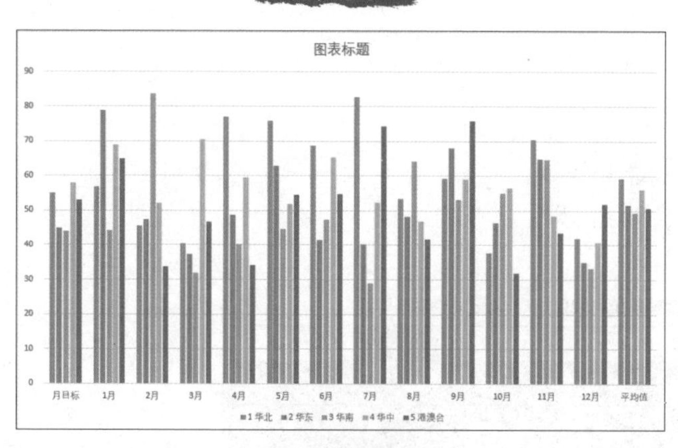

图 22-4

此处，我们可以将数据源（见图 22-5）中每个大区的业绩，单独列出来，整理为一个新的数据源表（见图 22-6）。

2018年营业收入月度统计表 单位：万元

序号	大区	月目标	1月	2月	3月	4月	5月	6月	7月	8月	9月	10月	11月	12月	平均值
1	华北	55	56.9	45.7	40.5	76.9	75.9	68.7	82.8	53.4	59.4	37.8	70.5	41.9	59.19
2	华东	45	78.8	47.3	37.3	48.6	62.9	41.6	40.3	48.2	67.9	46.5	64.8	35.2	51.60
3	华南	44	44.2	83.7	31.9	40.3	44.7	47.5	28.9	64.2	53.2	55.1	64.7	33.2	49.30
4	华中	58	68.8	52.2	70.4	59.6	51.8	65.4	52.4	46.9	59.1	56.6	48.6	40.8	56.05
5	港澳台	53	64.9	33.6	46.6	34.1	54.5	54.8	74.2	41.7	76.0	31.9	43.6	51.9	50.65

图 22-5

大区	华北	
月份	月目标	实际值
1月	55	56.87
2月	55	45.66
3月	55	40.51
4月	55	76.89
5月	55	75.95
6月	55	68.68
7月	55	82.80
8月	55	53.37
9月	55	59.35
10月	55	37.82
11月	55	70.48
12月	55	41.90
平均值	55	59.19

图 22-6

然后再根据图 22-6 中的作图数据源，去创建各自独立的不同大区的分析图。并且在分析图（见图 22-7）中，可以：

（1）用柱形长短表示实际营业额。

（2）用水平线表示月目标额。

（3）用一个特殊颜色柱形单独显示平均值。

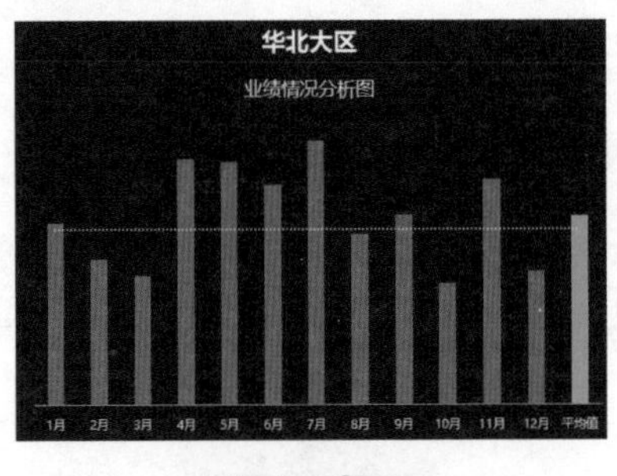

图 22-7

22.1 业务图表实战

1. 准备各大区作图数据源

（1）编制作图数据源空白表。

新建一个名为“华东”的工作表，并按图 22-8 所示，整理一个作图所用数据源的空白表。然后把数据源表（“营业收入月度统计表”，见图 22-5）中“华东”大区的业绩复制过来。

（2）用“手动挡”的方法，复制过来。

① 选中数据源表（“营业收入统计”表，见图 22-5）中 D4:P4 单元格→按 Ctrl+C 复制→在“华东”工作表中，选中 C4 单元格→右击选择“选择性粘贴”→在弹出的“选择性粘贴”对话框，选择“数值”→选中“转置”复选框→单击“确定”（见图 22-8）。

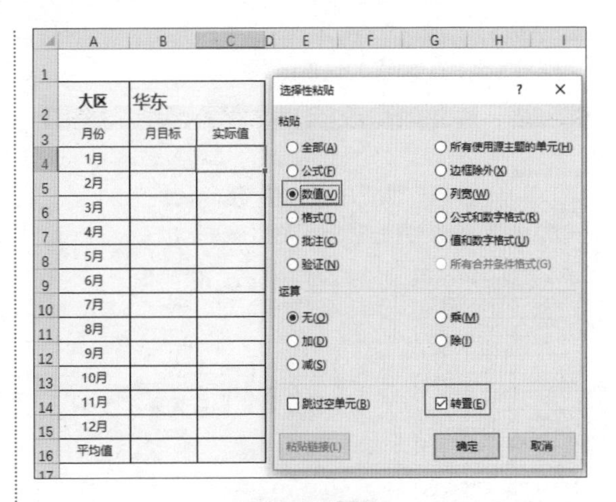

图 22-8

② 选中“营业收入统计”表中 C4 单元格→按 Ctrl+C 复制→在“华东”工作表中，选中 C4:B16 单元格区域→按 Ctrl+V 粘贴（见图 22-9）。

	A	B	C
1			
2	大区	华东	
3	月份	月目标	实际值
4	1月	45	78.80
5	2月	45	47.33
6	3月	45	37.27
7	4月	45	48.63
8	5月	45	62.86
9	6月	45	41.56
10	7月	45	40.29
11	8月	45	48.21
12	9月	45	67.91
13	10月	45	46.46
14	11月	45	64.77
15	12月	45	35.15
16	平均值	45	51.60

图 22-9

2. 创建柱形图

选中作图数据源中 A3:C16 单元格区域→选择“插入”选项卡→“柱形图”，创建基础柱形图（见图 22-10）。

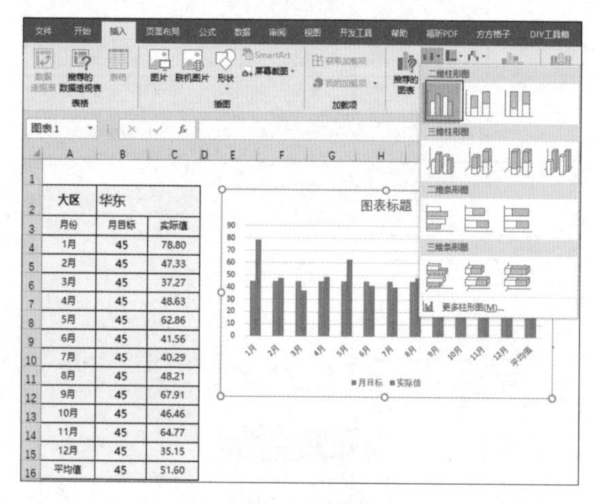

图 22-10

3. 更改图表类型，优化图表结构

选中柱形图→选择“设计”选项卡→“更改图表类型”→在弹出的“更改图表类型”对话框→选择“组合图”→将“月目标”图表类型设置为“折线图”→“实际值”设置为“簇状柱形图”→单击“确定”（见图 22-11）。

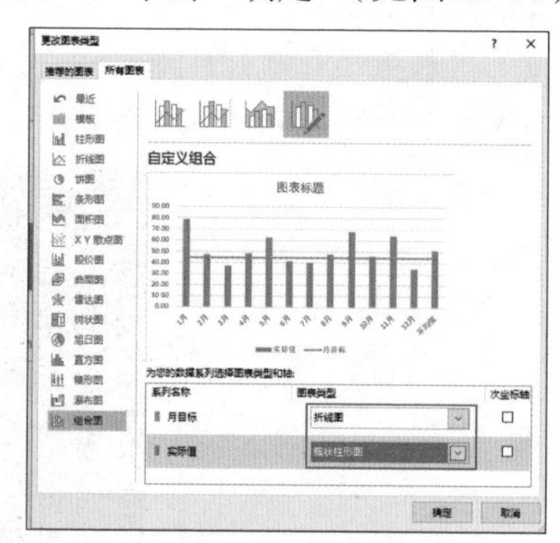

图 22-11

4. 美化图表

按照前面介绍的美化图表的方法，对默认图表进行颜色美化，最终效果如图 22-12 所示。

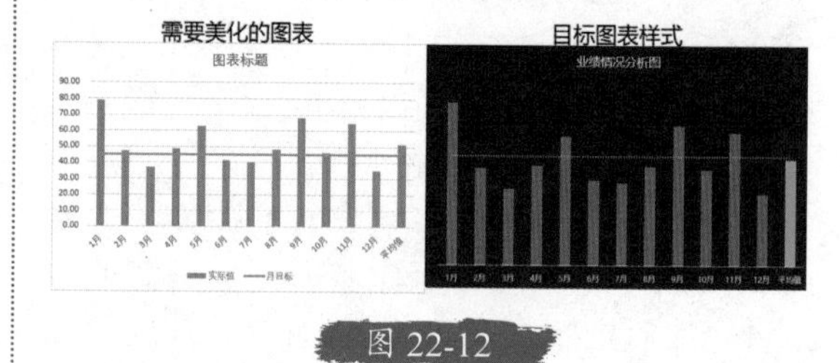

图 22-12

5. 制作华中大区图表

（1）选中工作簿底端“华东”工作表→按 Ctrl 键配合鼠标拖曳，即可快速复制一份“华东（2）”（见图 22-13）的工作表→双击工作表名称的位置→修改工作表名称为“华中”→将作图数据源表格“B2”单元格改为“华中”。

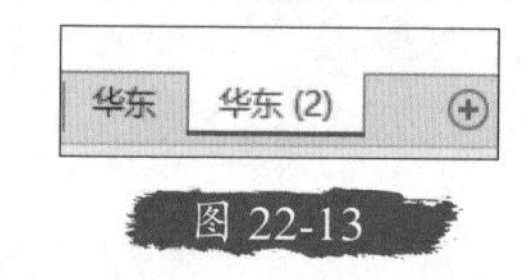

图 22-13

（2）整理作图数据源。

① 选中“营业收入统计”表中 D6:P6 单元格区域→按 Ctrl+C 复制→在“华中”工作表中，选中 C4 单元格→右击选择“选择性粘贴”→在弹出的“选择性粘贴”对话框→选择“数值”→选中“转置”复选框→单击“确定”。

② 选中“营业收入统计”表中 C4 单元格→按 Ctrl+C 键复制→在“华中”工作表中，选中 C4:B16 单元格区域→按 Ctrl+V 粘贴（见图 22-14）。

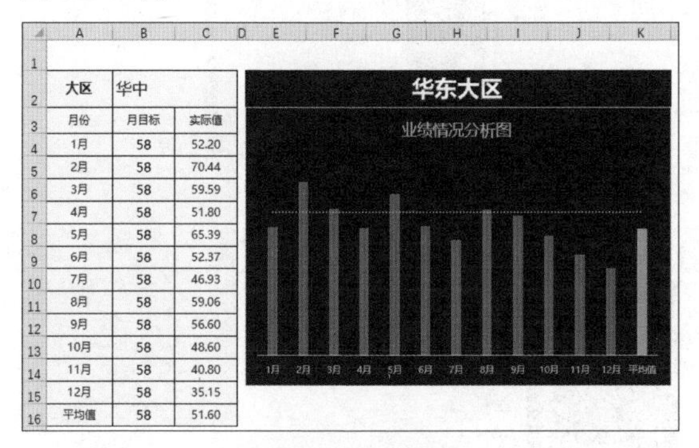

大区	华中	
月份	月目标	实际值
1月	58	52.20
2月	58	70.44
3月	58	59.59
4月	58	51.80
5月	58	65.39
6月	58	52.37
7月	58	46.93
8月	58	59.06
9月	58	56.60
10月	58	48.60
11月	58	40.80
12月	58	35.15
平均值	58	51.60

图 22-14

（3）修改图表标题：选中图表标题所在 E2 单元格，在编辑栏输入“=B2&A2”按 Enter 键确认（见图 22-15）。

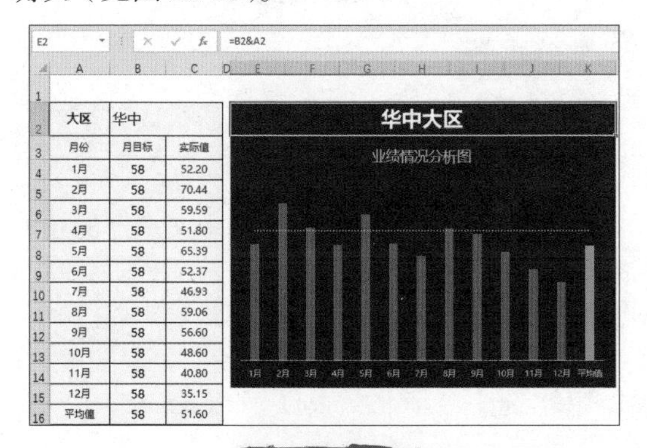

大区	华中	
月份	月目标	实际值
1月	58	52.20
2月	58	70.44
3月	58	59.59
4月	58	51.80
5月	58	65.39
6月	58	52.37
7月	58	46.93
8月	58	59.06
9月	58	56.60
10月	58	48.60
11月	58	40.80
12月	58	35.15
平均值	58	51.60

图 22-15

用同样的方法制作其他几个大区的工作表（作图数据源 + 图表）。

22.2 制作动态页签

为了使所有图表查看时位置一致，我们将所有工作表的活动单元格，都选中 B2 单元格。选中工作簿底部工作表名称的位置，按 Shift 键，同时依次选中“华北”“华东”“华中”“华南”和“港澳台”工作表→此时 Excel 变为工作组状态（见图 22-16）→在“港澳台”表中，选中 B2 单元格→单击工作组以外的任意工作表（如“营业收入统计”表），即可取消 Excel 工作组状态。

图 22-16

温馨提示

在工作组状态下对其中一张工作表调整行高、字体、字号等，即是对所有工作表做调整。

下面制作动态图表中，单击不同的页签，工作表间相互跳转的“动态页签”效果。先介绍一下简单的“链接法”。

（1）添加文本框。在任意一张工作表中，如“华北”，选择“开始”选项卡→“形状”→选择“文本框”→拖曳鼠标绘制一个文本框→在文本框中输入“华北”→美化文本框样式（白色背景，无色边框，微软雅黑加粗字体）→选中“华北”文本框，按 Ctrl+Shift+ 鼠标拖曳，即可快速复制出一个相同的文本框。拖曳 4 次以后，完成 5 个大区文本框的快速创建→修改文本框中内容为各大区名称（见图 22-17）。

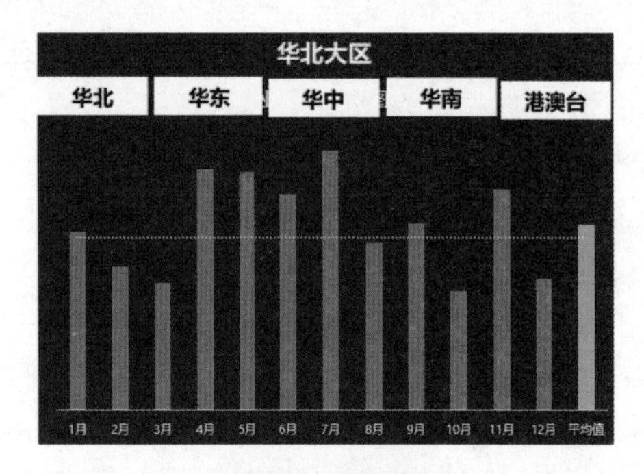

图 22-17

（2）用“绘图工具 - 格式”选项卡中的对齐工具（见图 22-18），进行排版，实现文本框与图表对齐。并将文本框调整到图表顶部（见图 22-19）。

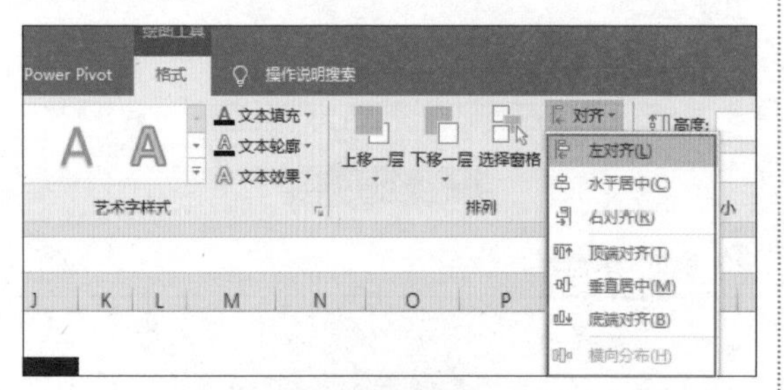

图 22-18

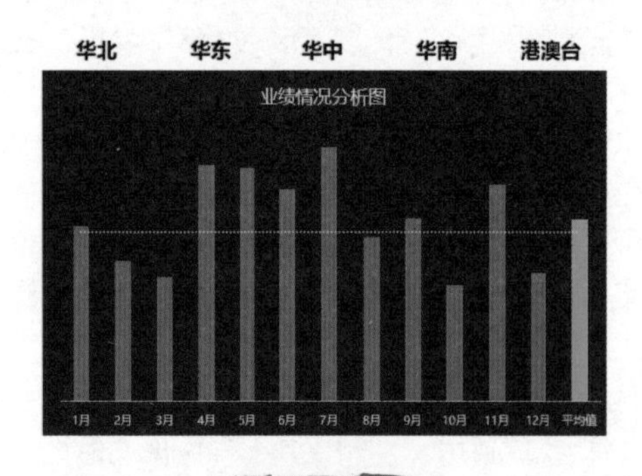

图 22-19

（3）创建文本框链接。

① 选中“华北”文本框→右击选择“链接”→在弹出的“插入超链接”对话框→选择“本文档中的位置”→选择“华北”→单击“确定”（见图 22-20~ 图 22-21）。用同样的方法分别设置其他文本框的超链接。

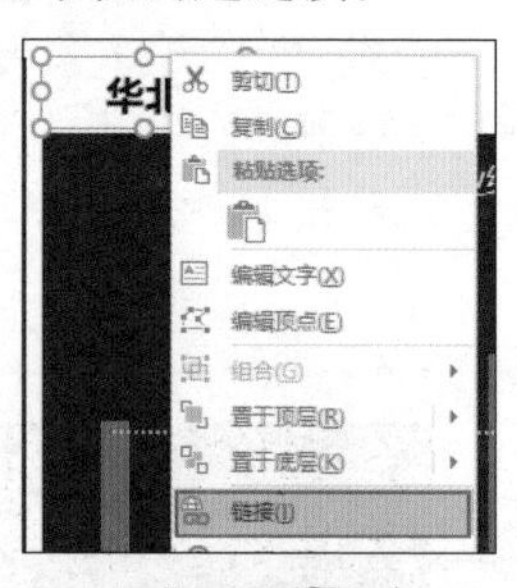

图 22-20

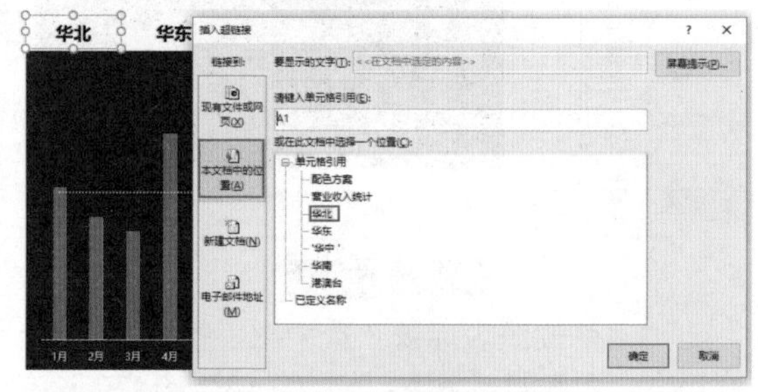

图 22-21

温馨提示

选中文本框，快捷键 Ctrl+K 可以快速调出“插入超链接”对话框。

② 按 Shift+ 右击（防止选中文本框的超链接），依次选中所有文本框→按 Ctrl+C 复制→再分别按 Ctrl +V 粘贴到其他 4 张表中。

（4）设置文本框突出效果。

① 选中“华北”大区工作表→选中“华

北”文本框→选择“开始”选项卡→“字体”→“填充颜色”设置为黑色→“字体颜色”设置为白色加粗（见图 22-22）。

② 同理，依次设置其他文本框效果，此时单击页签分别链接到对应的表格，动态图表效果如图 22-23 和图 22-24 所示。

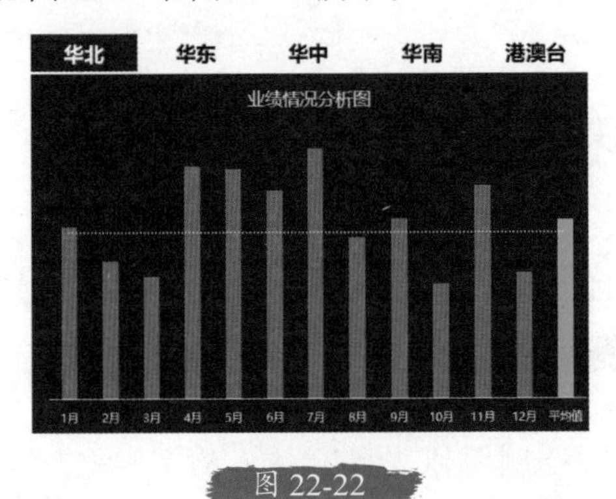

图 22-22

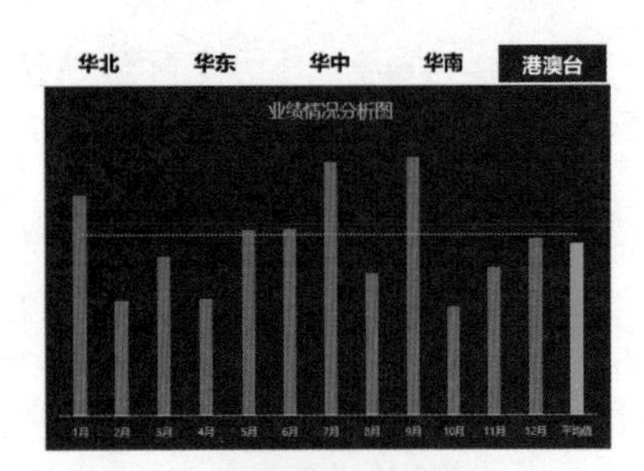

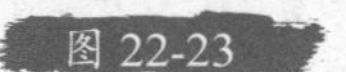
图 22-23

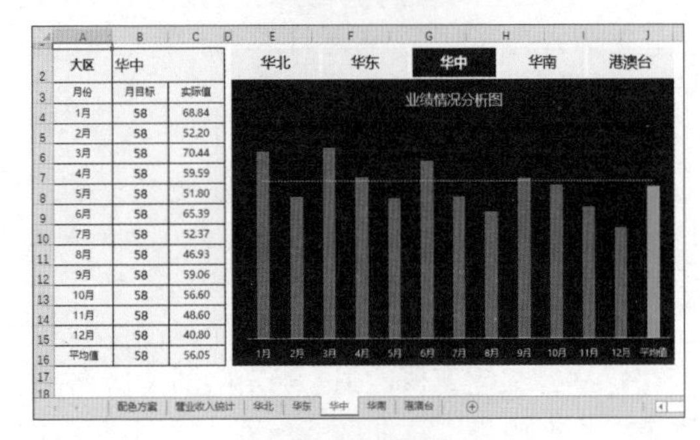

图 22-24

22.3 进阶动态图表：构建动态数据源

以上我们是利用手动粘贴的方式，做出动态图表的效果。“手动挡”的方法做出的图表无法保证：数据源表的数据发生变化，自动关联作图用数据源表，因此也无法同步图表的更新。

（1）利用 VLOOKUP 函数，构建动态数据源。

① 月目标。选中 B4 单元格，在编辑栏输入“=VLOOKUP($B$2, 营业收入统计 !$B$3:$P$7,2,0)”按 Enter 键确认，向下批量应用函数（见图 22-25）。

图 22-25

② 实际值。查询 1 月份实际值，选中 C4 单元格，在编辑栏输入“=VLOOKUP($B$2, 营业收入统计 !$B$3:$P$7,3,0)”。在设置 2 月份实际值查询的 VLOOKUP 函数中，我们不难看出，C5 单元格“=VLOOKUP($B$2, 营业收入统计 !$B$3:$P$7,4,0)”。也就是说 C4、C5 单元格的值，是要随着月份所在行号的增加，VLOOKUP 函数的第 3 个参数要从“3”变成“4”。在 Excel 中，计算行号的函数是 ROW 函数。“=ROW（A1）”，表示计算 A1 单元格的行号，返回值为“1”。

因此，我们可以将 C4 单元格中的第 3 个参数“3”改为“ROW（3）”，方便公式向下整列填充：“=VLOOKUP($B$2, 营业收入统计 !$B$3:$P$7,ROW(A3),0)”。输入完成，按 Enter 键确认，向下批量应用函数（见图 22-26）。

这样，只需要修改 B2 单元格的大区名称，就能将数据源表“营业收入统计”表中对应的业绩数量，关联过来了。从而实现数据表和图表，全部同步变化、联动更新的效果。

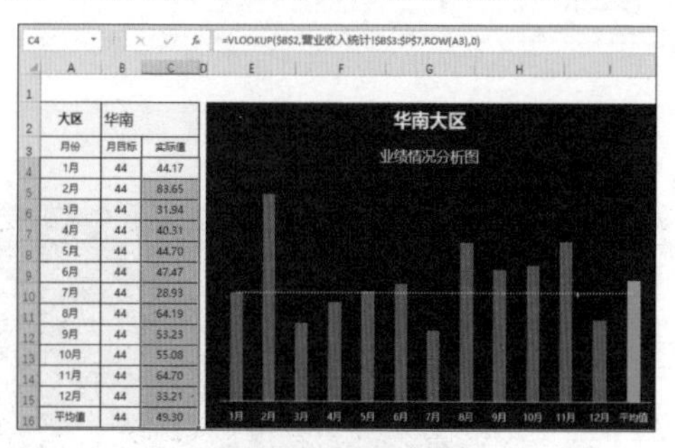

图 22-26

（2）利用数据验证，构建地区选择列表。

选中 B2 单元格→选择“数据”选项卡→“数据验证”→在弹出的“数据验证”对话框→“允许”中选择“序列”→单击来源右侧的小三角，选中数据区域为“营业收入统计”表中的 B3:B7 单元格→再次单击小三角返回“数据验证”对话框→单击“确定”按钮（见图 22-27 和图 22-28）。

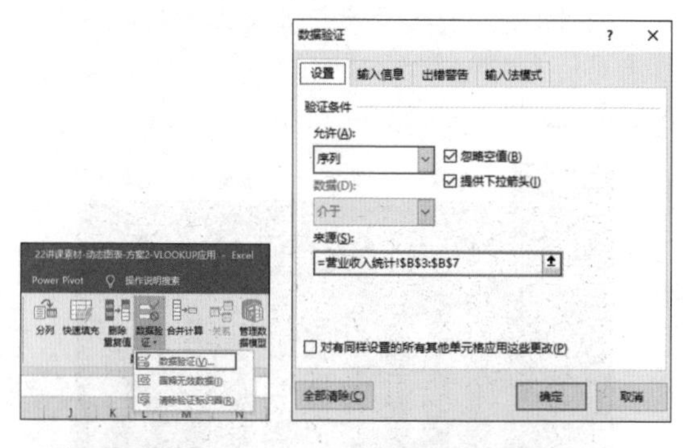

图 22-27　　图 22-28

（3）利用条件格式，构建动态标签。

① 删除原先已经插入的文本框，并在 E2:I2 单元格区域中，依次录入各大区的名称（见图 22-29）。

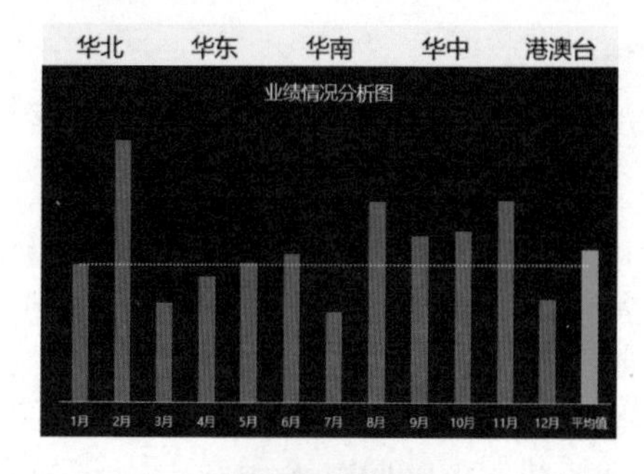

图 22-29

② 条件格式设置动态标签页。选中 E2:I2 单元格区域→选择“开始”选项卡→单击“条件格式”→选择“突出显示单元格规则”→选择“等于”→在弹出的“等于”对话框中输入“=$B$2”→在“设置为”中设置“自定义格式”，如黑底白字（见图 22-30 和图 22-31）。设置完以后，当 E2:I2 单元格区域中的值等于 B2

时，即会启动条件格式，让其突出显示。通过B2单元格数据验证的下拉列表，选择任意大区，即可实现数据源、图表和标签同步变化。

图 22-30

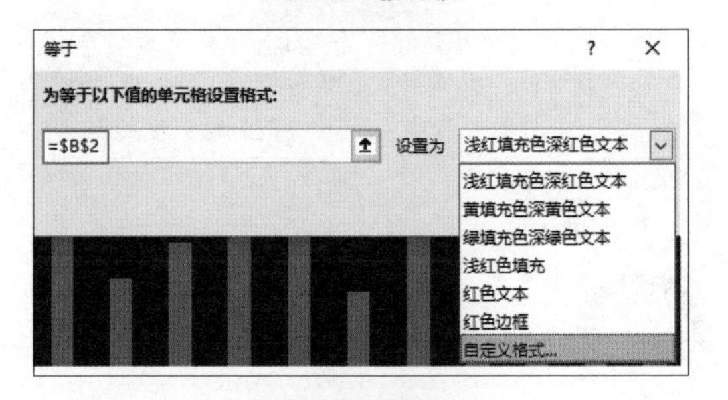

图 22-31

如果想要动态图表更加人性化一些，例如像本章案例小张做的图22-1那样，有个小按钮控制数据图表的动态切换，还可以使用Excel的“开发控件”，来提高图表的“人机交互”设计感。

（1）调用工具。调用“开发工具”选项：选择“文件”选项卡→“选项”→在弹出的“Excel选项”对话框→选择“自定义功能区”→选中“开发工具”→单击“确定”（见图22-32）。设置完毕后，可以在Excel工作簿窗口的顶部，看到“开发工具”选项卡。

图 22-32

（2）插入控件。选择“开发工具”选项卡→“插入”→单击“数值调节阀”即类似于“滚动条”的控件（见图22-33）→在单元格空白区域，单击，横向拖曳绘制控件。

图 22-33

（3）设置控件属性，建立控件与Excel的链接。

① 右击选中控件→选择“设置控件格式”→在弹出的“设置对象格式”对话框中设置（最小值：1；最大值：5；步长：1；单元格链接：C2单元格）（见图22-34和图22-35）。设置完毕后，单击控件左右侧小按钮，可以看到C2单元格中的值，也一同发生增减变化。

下面我们只需要把原本B2单元格中，用数据验证方法设置的“大区名称”，给其用VLOOKUP函数根据C2控件的值，对应地去数据源表“营业收入统计”表中查找出来就好。

这样就能单击开发控件按钮，实现C2单元格变化→使得B2单元格的大区名称变化→从而控制作图数据源B4:C16的数据区域变化→最终图表、用条件格式制作的图表标签，一同发生联动变化，实现了真正意义上的“动态图表”。

图 22-34

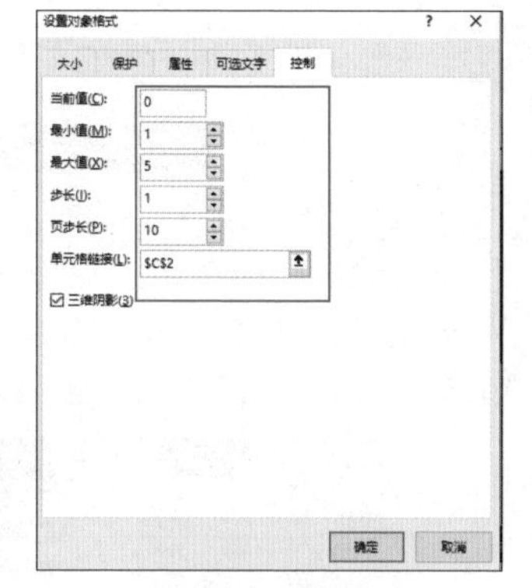

图 22-35

② 修改B2单元格，在编辑栏输入“=VLOOKUP($C$2,营业收入统计!$A$3:$B$7,2,0)”按Enter键确认。并设置C2单元格字体颜色与背景颜色一致，“假装”把它隐藏了，最后调整控件的摆放位置即可（见图22-36）。

读书笔记

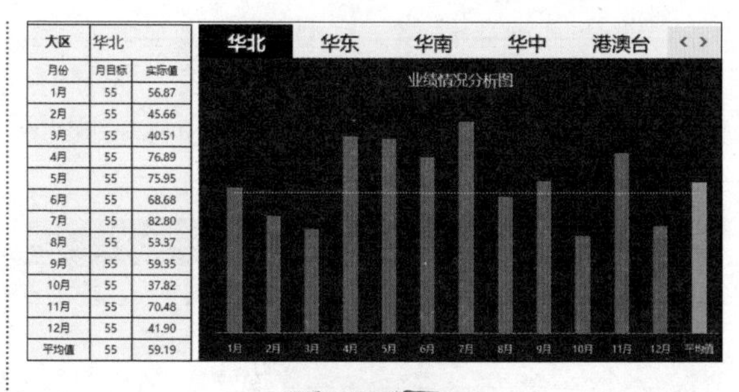

大区	华北	
月份	月目标	实际值
1月	55	56.87
2月	55	45.66
3月	55	40.51
4月	55	76.89
5月	55	75.95
6月	55	68.68
7月	55	82.80
8月	55	53.37
9月	55	59.35
10月	55	37.82
11月	55	70.48
12月	55	41.90
平均值	55	59.19

图 22-36

在实际工作中，还可以为图表添加上整体的图表标题，或是编写一些作图说明、分析结论等，最终实现如图22-1所示的整体效果。

表姐说

我们可以利用公司产品、logo中的主要颜色，来做图表美化，遵循“整体风格统一，辅助色点缀”的原则。在作图过程中，牢记“复杂的数据抓重点，简单的数据多角度”的图表分析原则，让图表成为我们的“代言人”。

22.4 彩蛋：数据模拟器

我们知道图表能够发挥价值，是因为它背后有数据做支撑。但如果大家是学生，没有那么多数据；或者我们准备跳槽去面试的时候，不能泄露以前的真实数据情况；再或者我们面对岗位竞聘，拿不到更多的数据……可我们都需要对未来的数据模型，做一个规划和分析，该怎么办？

表姐给大家支个招，我们可以使用RANDBETWEEN函数来做数据的模拟，这样也可以让我们的图表先“动”起来。

RANDBETWEEN函数是指，随机生成指定范围内的任意一个整数（见图22-37）：

RANDBETWEEN(最小整数,最大整数)。

图 22-37

按 F9 键刷新，RANDBETWEEN 函数即可随机取数，使作图所用数据表随机生成不同数据，数据表也控制了图表联动变化。

读书笔记

23 什么？Excel 图表还能与 PPT 联动更新！

职场小故事

马上要开新产品发布会了，但发布会用的 PPT 里面的数据还是旧数据！重新作图时间来不及了，老板非常着急。没想到小张只用了一分钟时间，点点鼠标就轻松地将数据更新为最新数据了，老板真是又惊又喜。（见图 23-1）

图 23-1

PPT 在工作汇报中作用很大，但唯独存在一点问题，就是图表是静态的，如果数据源发生变化，就需要重新截图，很麻烦。如何将 PPT 中的图表与 Excel 联动变化呢？本章我们就来学习 PPT 和 Excel 的数据联动！

23.1 建立链接

想要将 Excel 中的表格或图表，放到 PPT 当中，使两者之间进行联动变化，通过链接对象就可以实现。具体操作如下。

（1）选中 Excel 中表格→按 Ctrl+C 复制→打开 PPT 文件→选择“开始”选项卡→单击“粘贴”下方的小三角→单击“选择性粘贴”→在弹出的“选择性粘贴”对话框→选中“粘贴链接”→选择“Microsoft Excel 工作表对象”→单击“确定”（见图 23-2 和图 23-3）。

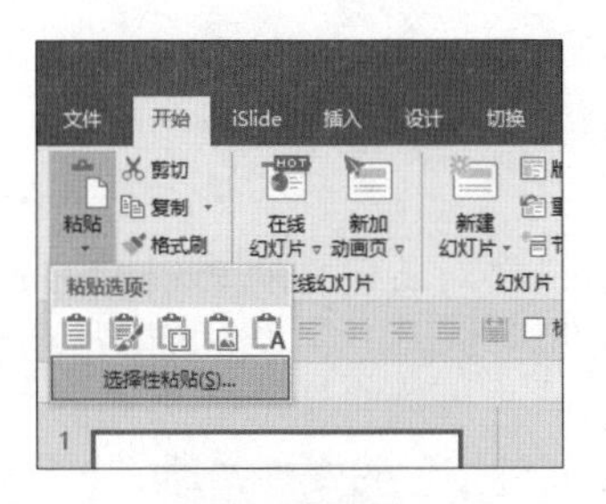

图 23-2

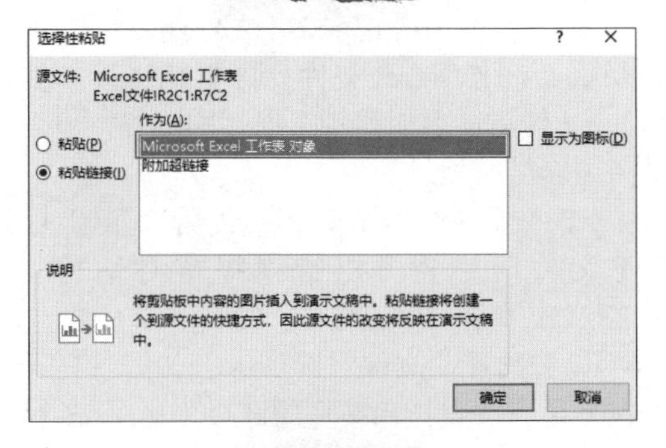

图 23-3

2. 同理，也可将图表链接到 PPT 中（见图 23-4）。

温馨提示

直接按 Ctrl+V 粘贴，PPT 不会与 Excel 建立链接，无法联动变化。使用链接对象粘贴的图表可以与 Excel 联动变化。

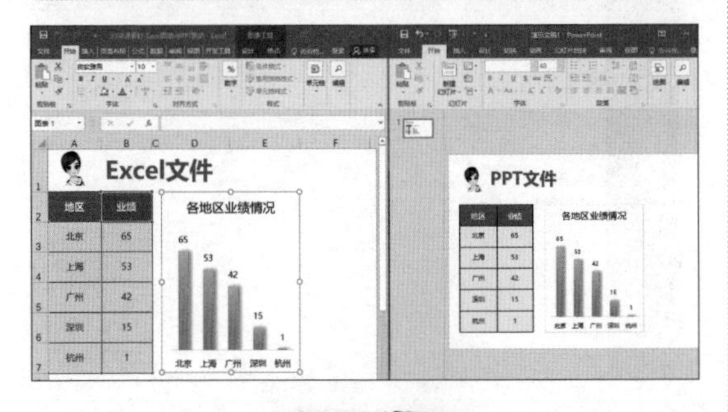

图 23-4

23.2 数据刷新

（1）在 Excel 中修改表格中数据（例如修改“深圳”的“业绩”“15”为“55”），PPT 中表格和图表自动更新数据，Excel 与 PPT 同步变化（见图 23-5）。

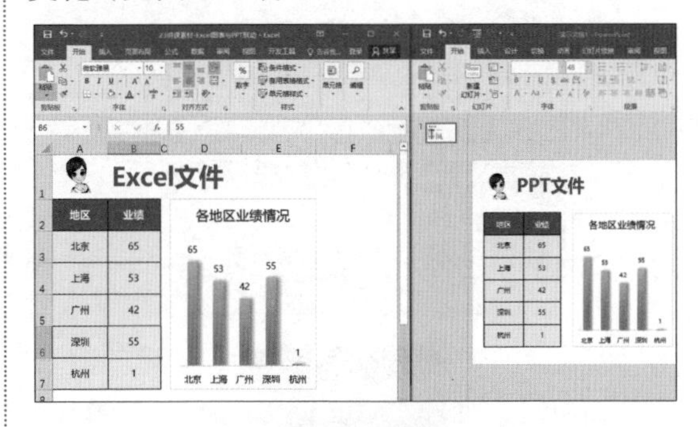

图 23-5

（2）如果 PPT 中数据未自动更新，还可以手动刷新，更新数据。选中 PPT 中链接的表格或图表→右击选择“更新链接”，即可更新最新数据（见图 23-6）。

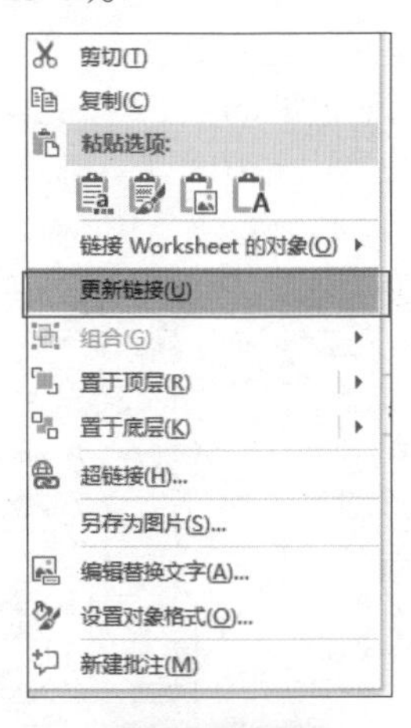

图 23-6

（3）如果修改 Excel 数据后，我们的 PPT 处于关闭状态，那么，当再次打开 PPT 时会弹出“Microsoft PowerPoint 安全声明”提醒（见图 23-7），单击“更新链接”，即可自动更新最新的 Excel 数据。

图 23-7

（4）逆向更新。如果 Excel 处于关闭状态，当我们需要修改 PPT 中的数据，Office 也支持从 PPT“穿越”回 Excel 中，逆向更新。

选中 PPT 中的表格或图表→双击→即可自动打开表格关联的 Excel 源文件→修改 Excel 中的数据，PPT 中的数据也随着 Excel 的变动而变动，自动更新（见图 23-8）。

如果出现 PPT 图表没有变化的情况时，还可以手动更新：选中图表→右击选择“更新链接”。

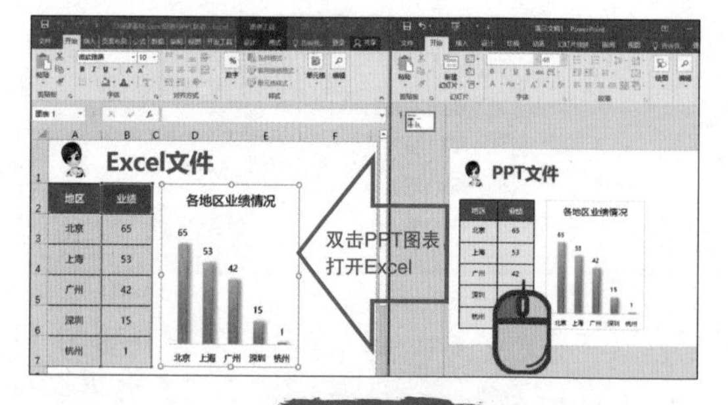

图 23-8

23.3 注意事项

通过链接对象建立的 Excel 与 PPT 之间的联动，实际上是固定在“链接的指定路径的指定文件”中。也就是说，如果删除、重命名、移动这个“链接”的文件，那么必须重新建立 Excel 与 PPT 之间的链接。

如果一不小心把 Excel 文件删除了，那么需要重新制作 Excel 文件，再更新链接。如果 Excel 文件重命名或移动了保存的位置，也需要重新更新链接地址。

（1）当修改 Excel 文件名后，重新打开 PPT 文件时，会弹出错误提醒对话框（见图 23-9），单击“确定”。

（2）选择“文件”选项卡→“信息”→单击右下角“编辑指向文件的链接”（见图 23-10）。

图 23-9

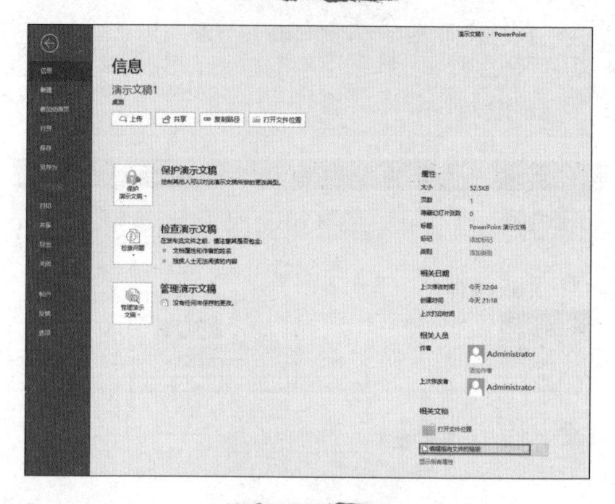

图 23-10

（3）在弹出的“链接”对话框→分别选中旧版本的链接文件→单击“更改源文件”→重新绑定新文件→单击“关闭”（见图 23-11）。

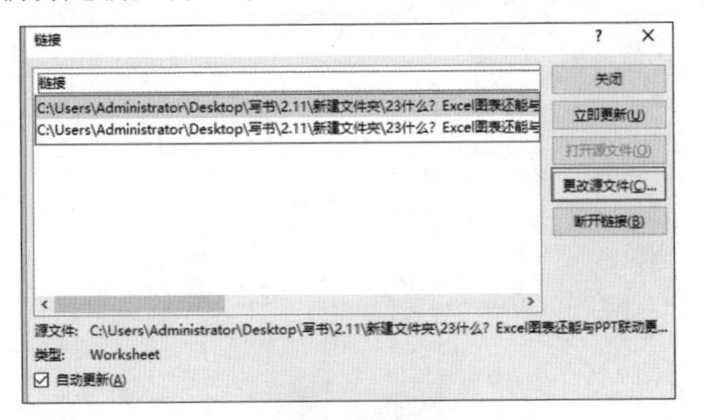

图 23-11

（4）也可以选择“立即更新”，将外部 Excel 文件一键更新（见图 23-12）。此时，就完成了 PPT 与重新命名后的新 Excel 文件的重新链接了。

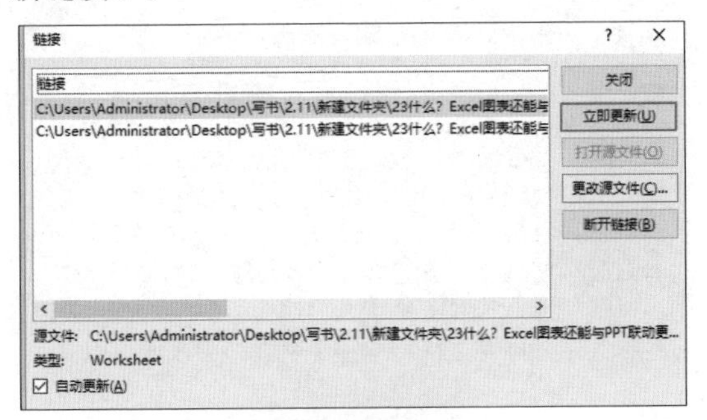

图 23-12

温馨提示

下载的素材文件，因为链接地址发生变化了，所以也需要重新建立 Excel 与 PPT 的链接。

（5）工作中，如果需要 PPT 的查阅者能够同时修改 PPT 中的数据、表格，我们需要将 Excel 与 PPT 的源文件同时发送给对方，并且帮助查阅者重新关联链接对象引用的地址，这样查阅者才能同步修改、刷新数据。否则的话，查阅者的PPT是无法“穿越”到Excel数据源的。

23.4 只保留链接数据

在Office软件跨平台粘贴时，单击“粘贴”下方的小三角，可以查看到有很多不同的粘贴方式。带“链接”符号的表示可以实现和原始数据进行关联。如果我们只需要保存链接的数据，而不要格式，可以选择“粘贴选项”下的第 3 个“只保留链接数据”。

（1）创建链接：选中 Excel 中表格→按 Ctrl+C 键复制→在 PPT 中选择“开始”选项卡→“粘贴”→单击“只保留链接数据”即可（见图 23-13）。

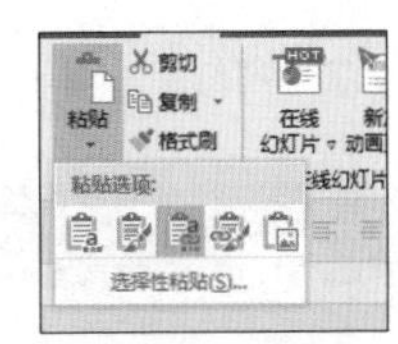

图 23-13

（2）刷新数据：选择“设计”选项卡→“数据”→“刷新数据”（见图 23-14）。

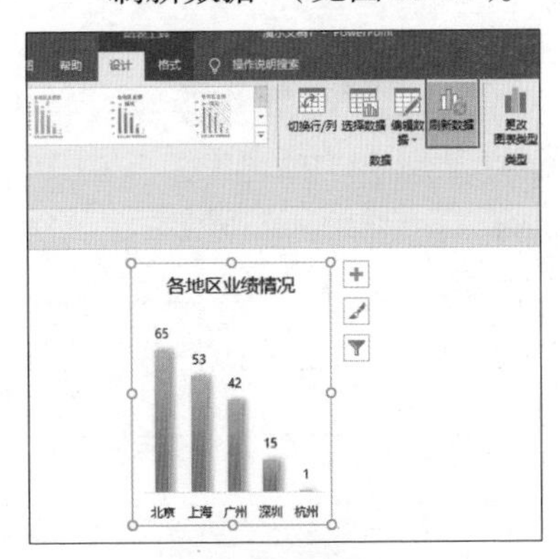

图 23-14

（3）此时只更新的是 Excel 表中的数据，我们可以通过“图表工具 - 设计”选项卡中的样式，对图表风格进行快速切换。当然也可以根据自己的 PPT 风格，进行个性化美化。

23.5 与WORD链接

Excel 不仅可以与 PPT 联动更新，同样的方法，还可以实现与 Word 间的链接。

选中 Excel 中表格→按 Ctrl+C 复制→打开 Word 文件→选择“开始”选项卡→单击“粘贴”下方的小三角→“选择性粘贴”→在弹出的“选择性粘贴”对话框→选择“粘贴链接”→“Microsoft Excel 工作表对象”→单击“确定”即可（见图 23-15 和图 23-16）。这样，无论 Excel 数据发生任何变化，Word 当中也同步更新。

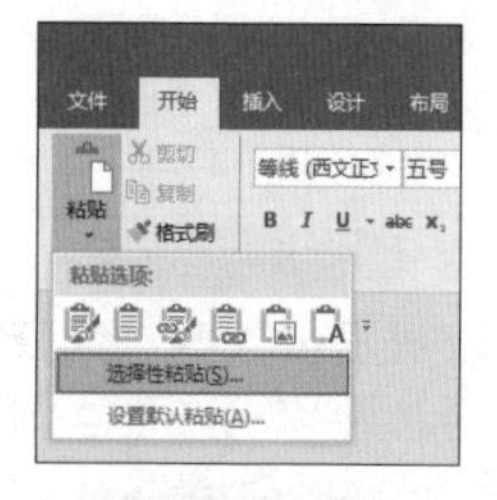

图 23-15

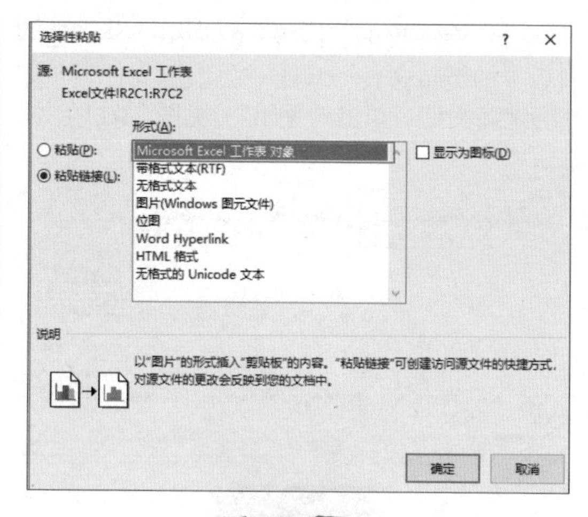

图 23-16

表姐说

在 Office 里，Excel、Word 和 PPT 是一个整体，所以数据可以在 3 个平台之间相互流动，建立关联关系，实现工作中某一个原始数据发生变化，其余二者同步更新的效果。

学完本篇，我们在成为“Excel 办公效率达人”的道路上已经修炼了 99%。在图表章节，我们不仅学会了制作、美化图表的技术，更关键的是体会到，图表主要是为了让制表人更加清晰、直观、高效地表达自己的观点。在工作中，如果我们的业绩和别人旗鼓相当，能够学会让我们的“汇报”更胜一筹，让成果被人认可，我们还怕不能升职加薪吗？

读书笔记

【打印保护篇】

“懂得与人方便，

撕掉‘做事不仔细’的标签。”

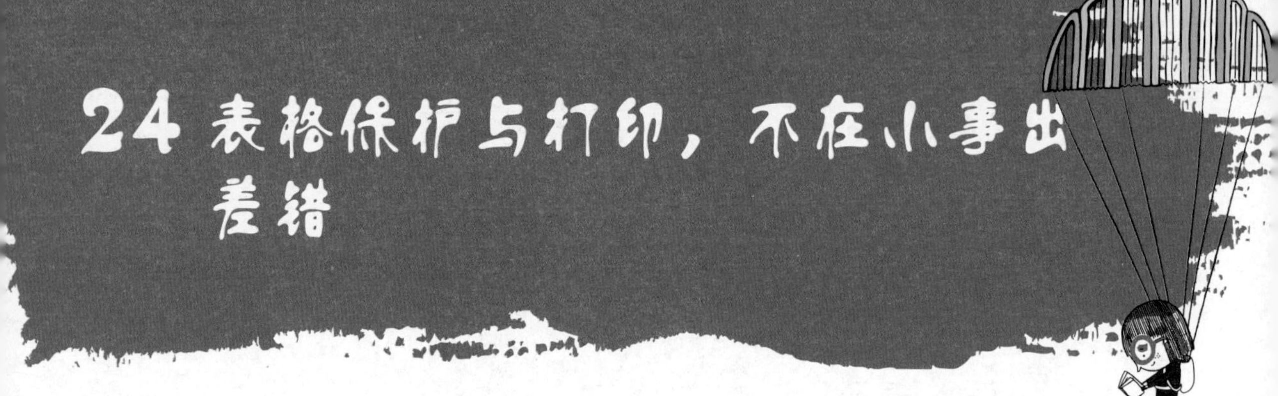

24 表格保护与打印，不在小事出差错

新晋领导小张对新人小陈说："公司社团五周年庆典快到了，你去把参加这次游轮盛会的VVIP客户资料给我打印出来。"（见图 24-1）

小陈很痛快地就答应了："好的，张总，我立马去办。"（见图 24-2）

图 24-1

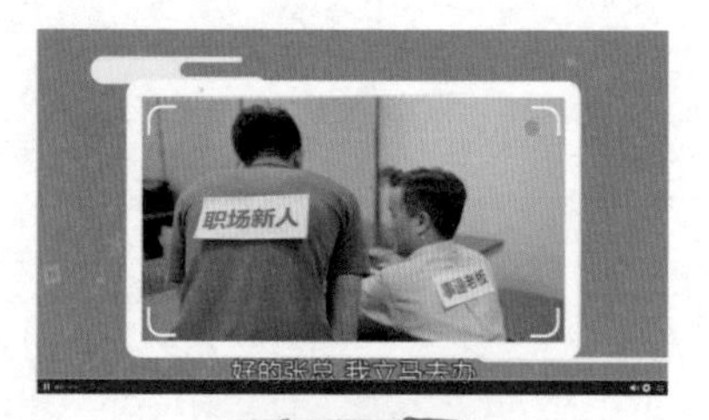

图 24-2

没过几分钟小陈信心满满地对小张说："张总，你要的客户资料打印好了。"（见图 24-3）

图 24-3

图 24-4

小张看到打印出来的资料很不满意，除了第 1 页之外所有的表格都没有标题行！于是对小陈斥责了一番："连一点小事都做不好，别以为小事就可以马虎，拿回去重做。"（见图 24-4）

在职场中，细微之处最能见品质，例如处理这种小事，往往是最能够体现我们认真负责的品质的。如果工作中打印出来的表格页数比较多，翻看起来每页都看不到表头很麻烦。本章我们就一起来学习，关于Excel打印和保护的技巧。

24.1 快速学打印

打开本书配套的Excel示例源文件，有一张比较长的“客户清单”。单击“文件”选项卡→“打印”，可以查看整体打印预览效果（见图24-5）。

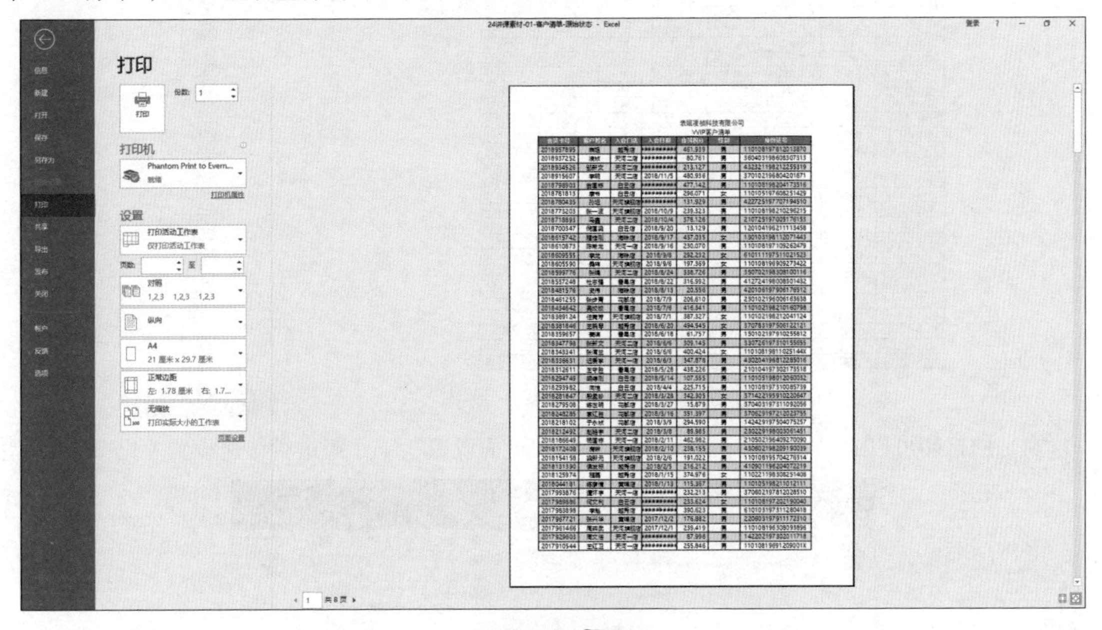

图24-5

打印效果一共8页纸，从第2页开始顶端没有标题行，并且从第5页开始原本应该在第1页纸上的“手机号码”和“备注”两列被挤到了下一页。这是因为在打印之前，没有进行打印设置（见图24-6～图24-7）。

读书笔记

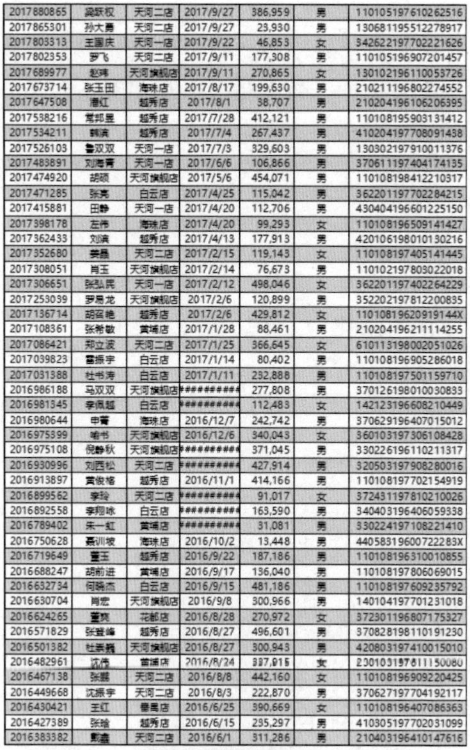

2017880865	梁跃权	天河二店	2017/9/27	386,959	男	110105197610262516
2017865301	孙大勇	天河二店	2017/9/27	23,930	男	130681195512278917
2017803313	王国庆	天河一店	2017/9/22	46,853	女	342622197702221626
2017802353	罗飞	天河二店	2017/9/11	177,308	男	110105196907201457
2017689977	赵玮	天河旗舰店	2017/9/11	270,865	女	130102196110053726
2017673714	张玉田	海珠店	2017/8/17	199,630	男	210211196802274552
2017647508	潘红	越秀店	2017/8/1	38,707	男	210204196106206395
2017538216	常邦显	越秀店	2017/7/28	412,121	男	110108195903131412
2017534211	韩滨	越秀店	2017/7/4	267,437	男	410204197708091438
2017526103	鲁双双	天河一店	2017/7/3	329,603	男	130302197910011376
2017483891	刘海青	天河一店	2017/6/6	106,866	男	370611197404174135
2017474920	胡硕	天河旗舰店	2017/5/6	454,071	男	110108198412210317
2017471285	张亮	白云店	2017/4/25	115,042	男	362201197702284215
2017415881	田静	天河一店	2017/4/20	112,706	男	430404196601225150
2017398178	左伟	海珠店	2017/4/20	99,293	女	110108196509141427
2017362433	刘滨	越秀店	2017/4/13	177,913	男	420106198010130216
2017352680	姜晶	天河二店	2017/2/15	119,143	女	110108197405141445
2017308051	肖玉	天河旗舰店	2017/2/14	76,673	男	110102197803022018
2017306651	张弘民	天河一店	2017/2/12	498,046	女	362201197402264229
2017253039	罗易龙	天河旗舰店	2017/2/6	120,899	男	352202197812200835
2017136714	胡召艳	越秀店	2017/2/6	429,812	女	11010819620919144X
2017108361	张希敏	黄埔店	2017/1/28	88,461	男	210204196211114255
2017086421	郑立波	天河二店	2017/1/25	366,645	女	610113198002051026
2017039823	雷振宇	白云店	2017/1/14	80,402	男	110108196905286018
2017031388	杜书涛	白云店	2017/1/11	232,888	男	110108197501159710
2016986188	马双双	天河旗舰店	##########	277,808	男	370126198010030833
2016981345	李佩超	白云店	##########	112,483	女	142123196608210449
2016980644	申菁	海珠店	2016/12/7	242,742	男	370629196407015012
2016975399	喻书	天河旗舰店	2016/12/6	340,043	女	360103197306108428
2016975108	倪静秋	天河旗舰店	##########	371,045	男	330226196110211317
2016930996	刘西松	天河二店	##########	427,914	男	320503197908280016
2016913897	黄俊格	越秀店	2016/11/1	414,166	男	110108197702154919
2016899562	李玲	天河二店	##########	91,017	女	372431197810210026
2016892558	李翔咏	白云店	##########	163,590	男	340403196406059338
2016789402	朱一虹	黄埔店	##########	31,081	男	330224197108221410
2016750628	聂训坡	海珠店	2016/10/2	13,448	男	44058319600722283X
2016719649	董玉	越秀店	2016/9/22	187,186	男	110108196310010855
2016688247	胡前进	黄埔店	2016/9/17	136,040	男	110108197806069015
2016632734	何晓杰	白云店	2016/9/15	481,186	男	110108197609235792
2016630704	肖宏	天河旗舰店	2016/9/8	300,966	男	140104197701231018
2016624265	董爽	花都店	2016/8/28	270,972	女	372301196807175327
2016571829	张登峰	越秀店	2016/8/27	496,601	男	370828198110191230
2016501382	杜美毅	天河旗舰店	2016/8/27	300,943	男	420803197410015010
2016482961	沈倩	黄埔店	2016/8/24	337,915	女	230103197611150080
2016467138	张璐	天河二店	2016/8/8	442,160	女	110108196909220425
2016449668	沈振宇	天河二店	2016/8/3	222,870	男	370627197704192117
2016430421	王红	番禺店	2016/6/25	390,669	女	110108196407086363
2016427389	张晗	越秀店	2016/6/15	235,297	男	410305197702031099
2016383382	鄢鑫	天河二店	2016/6/1	311,286	男	210403196410147616

图 24-6

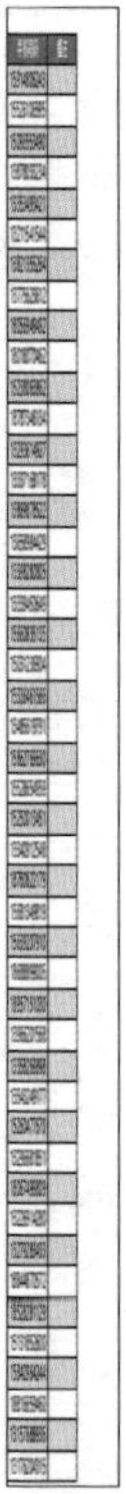

图 24-7

文件的打印可以通过“页面布局”选项卡→“页面设置”工作组进行快速设置（见图 24-8）。

表姐凌祯科技有限公司

VVIP客户清单

会员卡号	客户姓名	入会门店	入会日期	会员积分	性别	身份证号	手机号码	备注
2018957895	表姐	越秀店	#########	461,939	男	110108197812013870	15914806243	
2018937252	凌祯	天河二店	#########	80,761	男	360403198608307313	15526106595	
2018934526	邹新文	天河二店	#########	213,127	男	432321198212255319	15096553490	
2018915607	李明	天河二店	2018/11/5	480,936	男	370102196804201871	13878033234	

图 24-8

（1）设置工作表打印区域：选择“页面布局”选项卡→“打印标题”→在弹出的“页面设置”对话框→选择“工作表”→将“打印区域”设置为“$A:$I”（见图 24-9）。

温馨提示

（1）单击“打印区域”右侧的折叠窗口按钮，手动拖曳，快速选择 Excel 工作表区域。

（2）设置打印区域，能够有效避免表格以外不必要的内容打印出来。

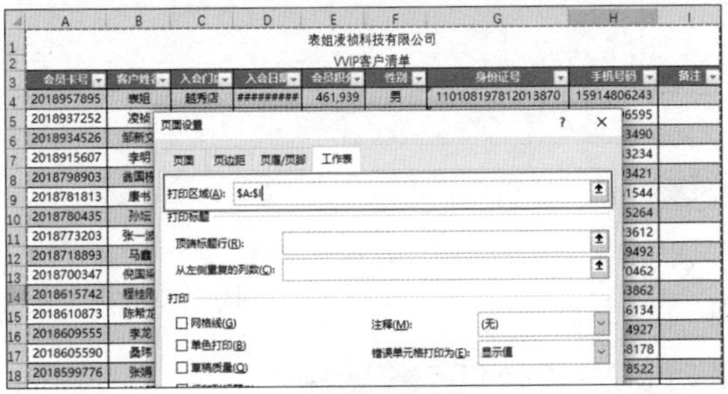

A B C D E F G H I
表姐凌祯科技有限公司
VVIP客户清单
会员卡号 客户姓名 入会门店 入会日期 会员积分 性别 身份证号 手机号码 备注
2018957895 表姐 越秀店 ######### 461,939 男 110108197812013870 15914806243
2018937252 凌祯
2018934526 邹新文
2018915607 李明
2018798903 翁国栋
2018781813 康书
2018780435 孙坛
2018773203 张一波
2018718893 马鑫
2018700347 倪国梁
2018615742 程桂刚
2018610873 陈帑龙
2018609555 李龙
2018605590 桑玮
2018599776 张娟
页面设置 ? ×
页面 页边距 页眉/页脚 工作表
打印区域(A): $A:$I
打印标题
顶端标题行(R):
从左侧重复的列数(C):
打印
网格线(G) 注释(M): (无)
单色打印(B) 错误单元格打印为(E): 显示值
草稿质量(Q)

图 24-9

（2）设置长表格每页都有打印标题行的效果：选择“顶端标题行”→设置区域为“$1:$3”（见图 24-10）。

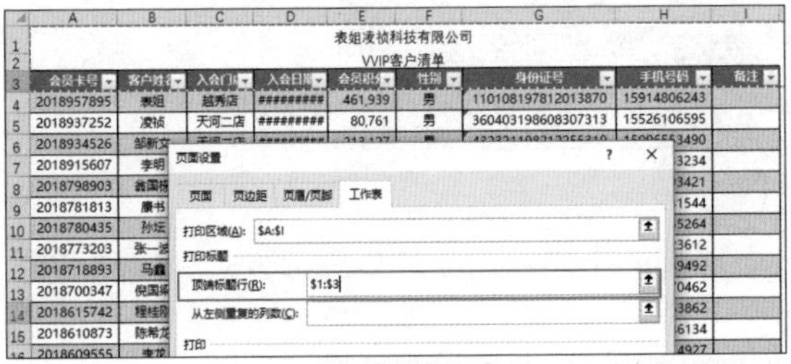

A B C D E F G H I
表姐凌祯科技有限公司
VVIP客户清单
会员卡号 客户姓名 入会门店 入会日期 会员积分 性别 身份证号 手机号码 备注
2018957895 表姐 越秀店 ######### 461,939 男 110108197812013870 15914806243
2018937252 凌祯 天河二店 ######### 80,761 男 360403198608307313 15526106595
2018934526 邹新文
2018915607 李明
2018798903 翁国栋
2018781813 康书
2018780435 孙坛
2018773203 张一波
2018718893 马鑫
2018700347 倪国梁
2018615742 程桂刚
2018610873 陈帑龙
页面设置 ? ×
页面 页边距 页眉/页脚 工作表
打印区域(A): $A:$I
打印标题
顶端标题行(R): $1:$3
从左侧重复的列数(C):
打印

图 24-10

注：如果表格是横向的，需要设置横向标题时，还可以继续设置“从左侧重复的列数”，即左侧标题（见图 24-11）。

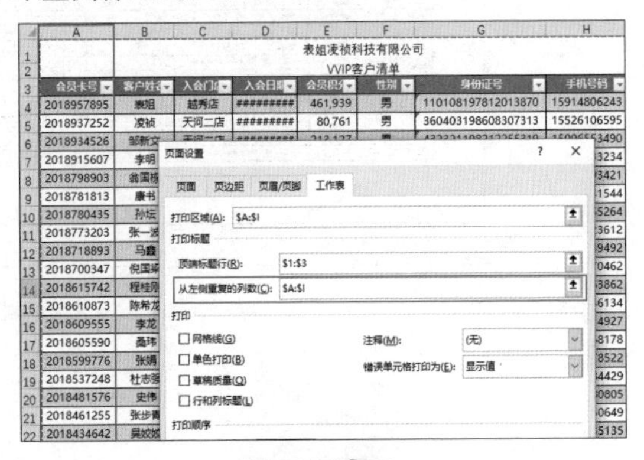

图 24-11

设置完毕后，可以按 Ctrl+P 键，通过“打印预览”，查看到每一页都有顶端标题了。

（3）显示页面边距：选择“文件”选项卡→“打印”→在打印预览页面→单击右下角的“显示边距”（见图 24-12）。

温馨提示

当打印预览页面太小时，可以通过按 Ctrl+ 鼠标滚轮，快速调整打印页面预览大小（见图 24-13）。

读书笔记

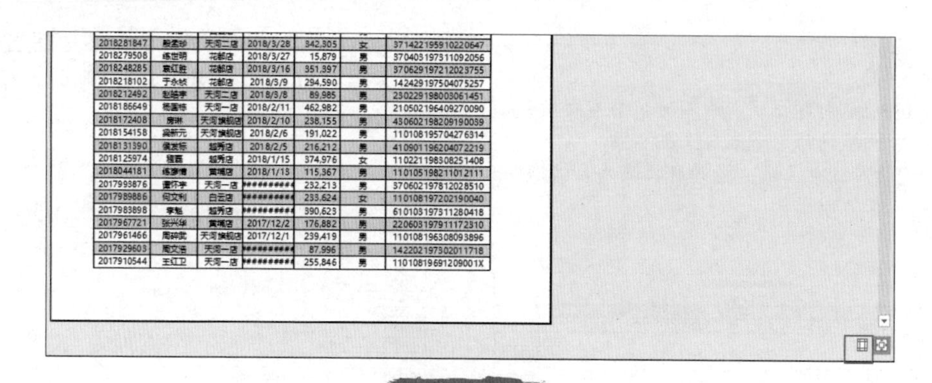

2018281847	殷孟珍	天河二店	2018/3/28	342,305	女	371422195910220647
2018279508	练世明	花都店	2018/3/27	15,879	男	370403197311092056
2018248285	袁红胜	花都店	2018/3/16	351,397	男	370629197212023755
2018218102	于永桢	花都店	2018/3/9	294,590	男	142429197504075257
2018212492	赵皓宇	天河二店	2018/3/8	89,985	男	230229198003061451
2018186649	杨国栋	天河一店	2018/2/11	462,982	男	210502196409270090
2018172408	房琳	天河旗舰店	2018/2/10	238,155	男	430602198209190039
2018154158	吴新元	天河旗舰店	2018/2/6	191,022	男	110108195704276314
2018131390	侯发标	越秀店	2018/2/5	216,212	男	410901196204072219
2018125974	程磊	越秀店	2018/1/15	374,976	女	110221198308251408
2018044181	练彦倩	黄埔店	2018/1/13	115,367	男	110105198211012111
2017993876	谭怀宇	天河一店	##########	232,213	男	370602197812028510
2017989886	何文利	白云店	##########	233,624	女	110108197202190040
2017983898	李魁	越秀店	##########	390,623	男	610103197311280418
2017967721	张兴华	黄埔店	2017/12/2	176,882	男	220603197911172310
2017961466	周碎武	天河旗舰店	2017/12/1	239,419	男	110108196308093896
2017929603	周文浩	天河一店	##########	87,996	男	142202197302011718
2017910544	王红卫	天河一店	##########	255,846	男	11010819691209001X

图 24-12

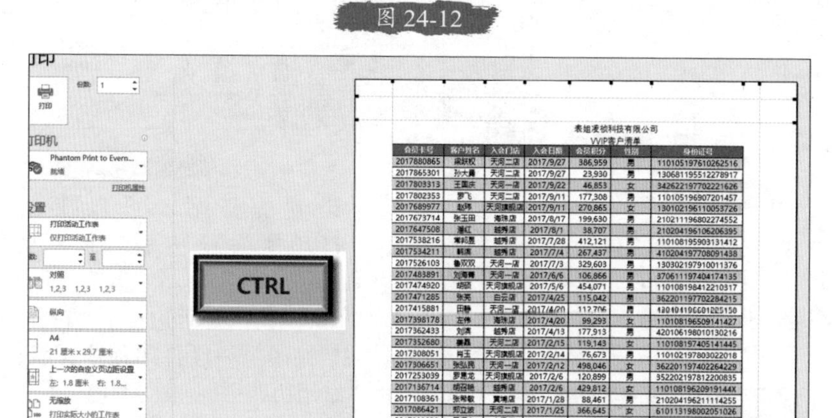

表姐凌祯科技有限公司

VVIP客户清单

会员卡号	客户姓名	入会门店	入会日期	会员积分	性别	身份证号
2017880865	梁跃权	天河二店	2017/9/27	386,959	男	110105197610262516
2017865301	孙大勇	天河二店	2017/9/27	23,930	男	130681195512278917
2017803313	王国庆	天河一店	2017/9/22	46,853	女	342622197702221626
2017802353	罗飞	天河二店	2017/9/11	177,308	男	110105196907201457
2017689977	赵玮	天河旗舰店	2017/9/11	270,865	女	130102196110053726
2017673714	张玉田	海珠店	2017/8/17	199,630	男	210211196802274552
2017647508	潘红	越秀店	2017/8/1	38,707	男	210204196106206395
2017538216	常邦昱	越秀店	2017/7/28	412,121	男	110108195903131412
2017534211	韩滨	越秀店	2017/7/4	267,437	男	410204197708091438
2017526103	鲁双双	天河一店	2017/7/3	329,603	男	130302197910011376
2017483891	刘海青	天河一店	2017/6/6	106,866	男	370611197404174135
2017474920	胡硕	天河旗舰店	2017/5/6	454,071	男	110108198412210317
2017471285	张昊	白云店	2017/4/25	115,042	男	362201197702284215
2017415881	田静	天河一店	2017/4/20	112,706	男	120104196601225150
2017398178	左伟	海珠店	2017/4/20	99,293	女	110108196509141427
2017362433	刘滨	越秀店	2017/4/13	177,913	男	420106198010130216
2017352680	秦磊	天河二店	2017/2/15	119,143	女	110108197405141445
2017308051	肖玉	天河旗舰店	2017/2/14	76,673	男	110102197803022018
2017306651	张弘民	天河一店	2017/2/12	498,046	女	362201197402264229
2017253039	罗恩龙	天河旗舰店	2017/2/6	120,899	男	352202197812200835
2017136714	胡召艳	越秀店	2017/2/6	429,812	女	11010819620919144X
2017108361	张帮敏	黄埔店	2017/1/28	88,461	男	210204196211114255
2017086421	郑立波	天河二店	2017/1/25	366,645	女	610113198002051026
2017039823	雷振宇	白云店	2017/1/14	80,402	男	110108196905286018
2017031388	杜书涛	白云店	2017/1/11	232,888	男	110108197501159710

图 24-13

（4）调整页面边距：单击选中打印预算区域页面顶端的小黑点，通过拖曳的方式，快速调整工作表列宽（见图 24-14）。

表姐凌祯科技

VVIP客户

会员卡号	客户姓名	入会门店	入会日期	会员积分	性别	身份证号
2017880865	梁跃权	天河二店	2017/9/27	386,959	男	110105197610262516
2017865301	孙大勇	天河二店	2017/9/27	23,930	男	130681195512278917
2017803313	王国庆	天河一店	2017/9/22	46,853	女	342622197702221626
2017802353	罗飞	天河二店	2017/9/11	177,308	男	110105196907201457
2017689977	赵玮	天河旗舰店	2017/9/11	270,865	女	130102196110053726
2017673714	张玉田	海珠店	2017/8/17	199,630	男	210211196802274552
2017647508	潘红	越秀店	2017/8/1	38,707	男	210204196106206395
2017538216	常邦昱	越秀店	2017/7/28	412,121	男	110108195903131412
2017534211	韩滨	越秀店	2017/7/4	267,437	男	410204197708091438
2017526103	鲁双双	天河一店	2017/7/3	329,603	男	130302197910011376
2017483891	刘海青	天河一店	2017/6/6	106,866	男	370611197404174135

图 24-14

温馨提示

单击“设置”→“无缩放”→“将所有列调整为一页”，可以快速将所有的打印列缩至一页当中（见图 24-15）。

设置
打印活动工作表
仅打印活动工作表
页数:
至
对照
1,2,3 1,2,3 1,2,3
纵向
A4
21 厘米 x 29.7 厘米
上一次的自定义页边距设置
左: 1.8 厘米 右: 1.8...
将所有列调整为一页
缩减打印输出使其只有一...
无缩放
打印实际大小的工作表
将工作表调整为一页
缩减打印输出以显示在一个页面上
将所有列调整为一页
缩减打印输出使其只有一个页面宽
将所有行调整为一页
缩减打印输出使其只有一个页面高
自定义缩放选项...

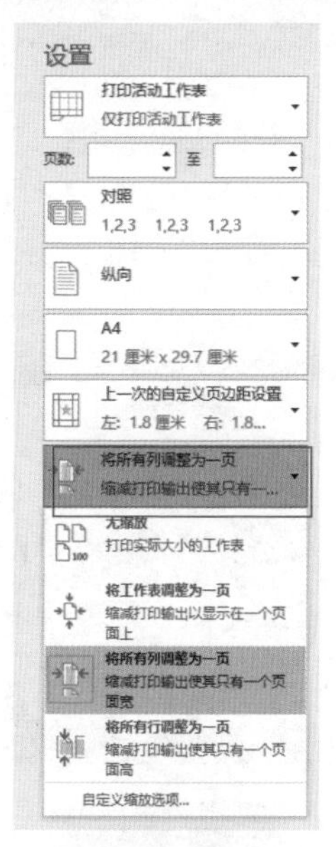

图 24-15

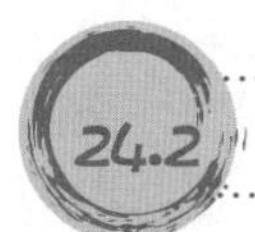

24.2 高级打印设置

1. 设置行高

如果打印出来需要在备注里填写内容，建议将行高数值调大一些，例如 30 大小。因为默认的行高太窄，不便于手写填入。

选中表格区域，单击，选择“行高”，在弹出的“行高”对话框，输入“30”，单击“确定”（见图 24-16 和图 24-17）。

2. 打印设置

按 Ctrl+P 键，打开打印预览，此时打印效果为 6 页纸张，且第 6 页就只有几行数据。在打印设置时，可以通过“页面设置”→“缩放”功能，快速调整打印页数：单击“页面设置”→在弹出的“页面设置”对话框→将“缩放”调整为“1”页宽“5”页高，单击“确定”，即可将打印效果快速设置为 1 页的宽幅 5 页的长度了（见图 24-18 和图 24-19）。

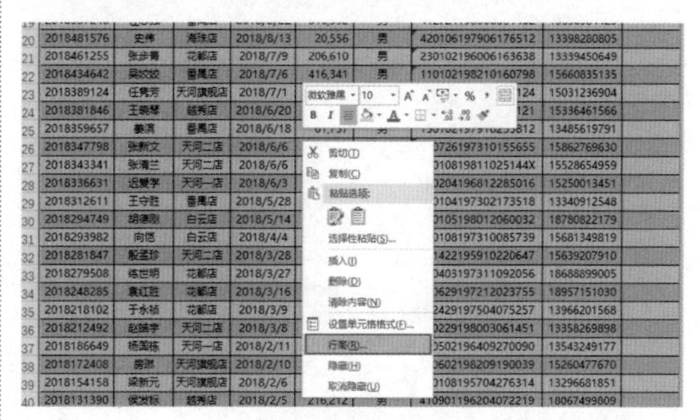

图 24-16

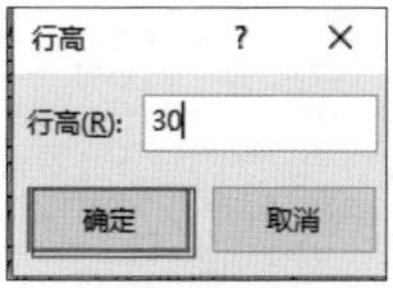

行高
?
×
行高(R): 30
确定
取消

图 24-17

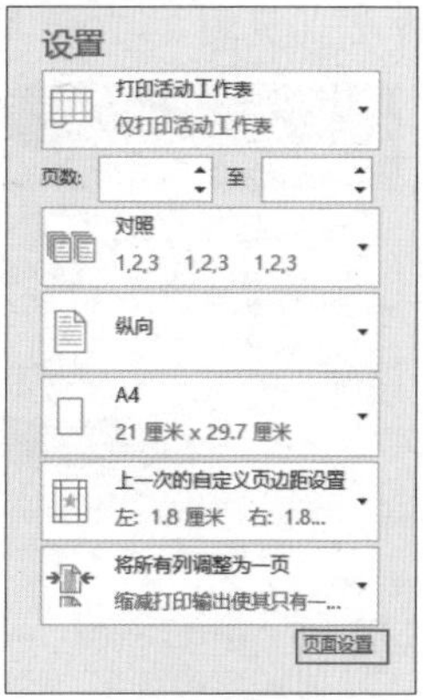

设置
打印活动工作表
仅打印活动工作表
页数:
至
对照
1,2,3 1,2,3 1,2,3
纵向
A4
21 厘米 x 29.7 厘米
上一次的自定义页边距设置
左: 1.8 厘米 右: 1.8...
将所有列调整为一页
缩减打印输出使其只有一...
页面设置

图 24-18

读书笔记

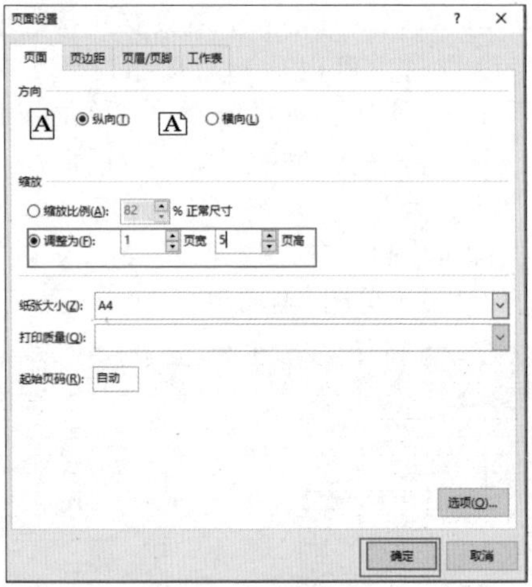

页面设置
页面 页边距 页眉/页脚 工作表
方向
纵向(T) 横向(L)
缩放
缩放比例(A): 82 % 正常尺寸
调整为(F): 1 页宽 5 页高
纸张大小(Z): A4
打印质量(Q):
起始页码(R): 自动
选项(O)...
确定 取消

图 24-19

3. 插入公司 logo

单击“插入”选项卡→“图片”→在弹出的“插入图片”对话框→选择公司 logo →单击“插入”（见图 24-20 和图 24-21）。

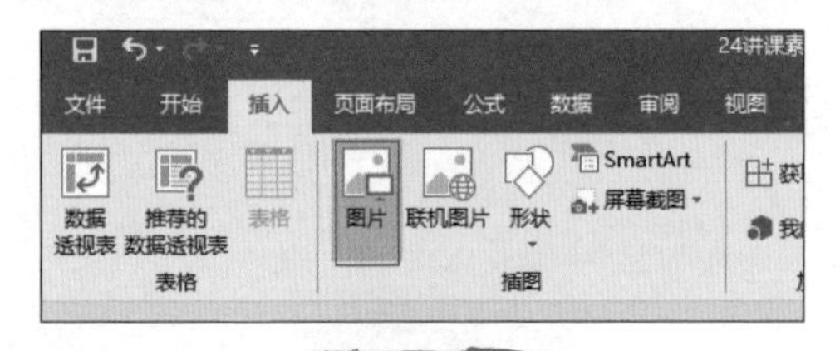

图 24-20

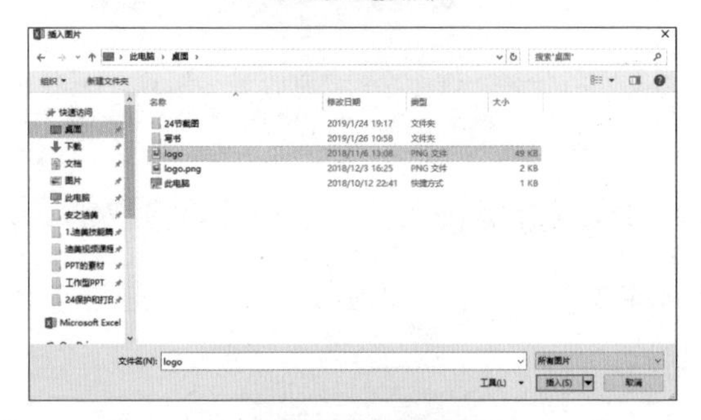

图 24-21

图片调整：插入的 logo 图片有背景填充色（图 24-22 所示的白底效果），若需删除操作如下。

图 24-22

（1）选中 logo 图片，单击“图片工具－格式”选项卡→“裁剪”，缩减图片外边框（见图 24-23）。

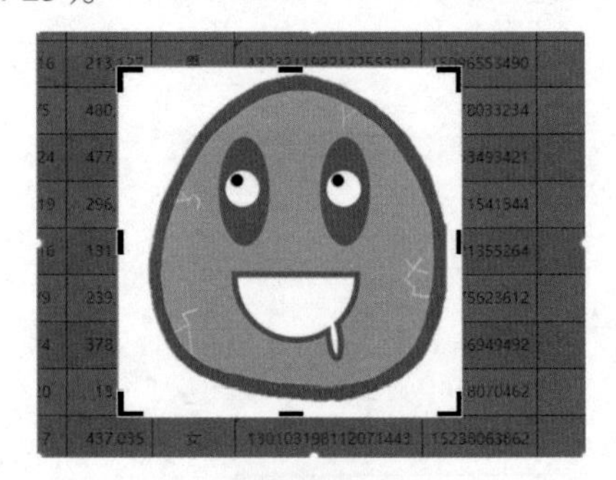

图 24-23

（2）单击“图片工具－格式”选项卡→“删除背景”→通过单击“标记要保留的区域”/“标记要删除的区域”，选中要保留/删除的区域，单击“保留更改”来实现 Excel 内的图片“抠图”效果（见图 24-24）。

图 24-24

温馨提示

玫红色区域表示已经删掉的内容，图片原色部分为保留区域（见图 24-25）。

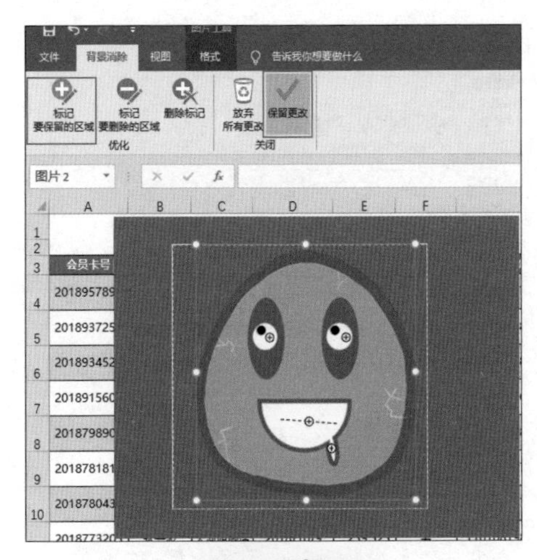

图 24-25

"抠图"完毕后，选中图片，按住 Shift 键，将鼠标指针移动到图片右下角，变成双向箭头时，拖曳鼠标，实现图片等比缩放（见图 24-26）。

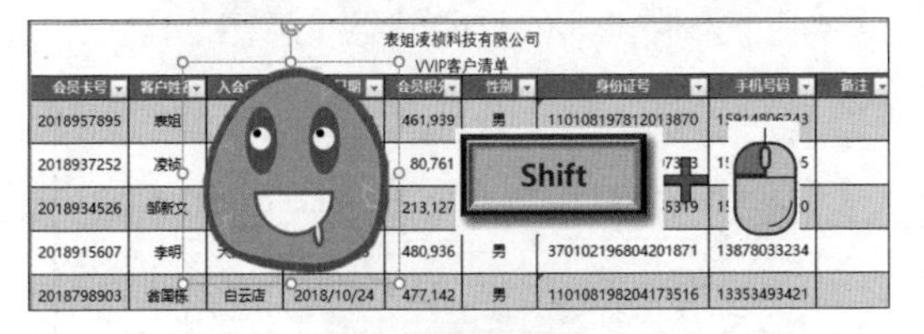

图 24-26

调整完毕后，将图片移动到工作表顶部位置，最终效果如图 24-27 所示。

图 24-27

4. 插入页码

在表格底部添加页码、页数，单击"页面布局"选项卡→"页面设置"功能组右下角的折叠按钮→快速打开"页面设置"对话框→选择"页眉 / 页脚"→选择合适的"页脚"样式（见图 24-28 和图 24-29）。

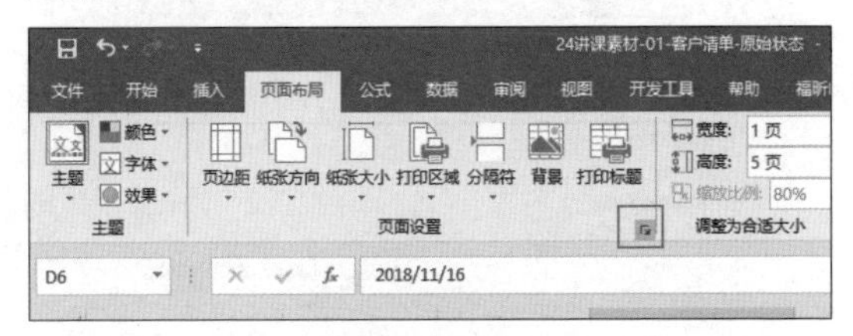

图 24-28

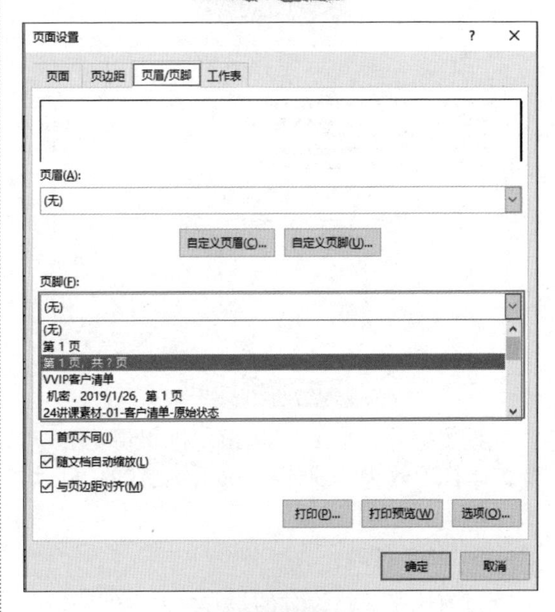

图 24-29

通过"自定义页脚"，进一步设置字体、字号，或者插入的时间日期路径等；页眉的设置类似，这里不多做说明了（见图 24-30～图 24-31）。

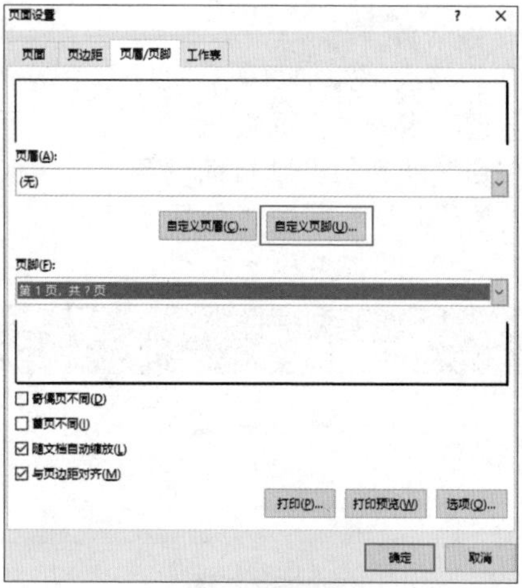

页面设置
页面
页边距
页眉/页脚
工作表
页眉(A):
(无)
自定义页眉(C)...
自定义页脚(U)...
页脚(F):
第 1 页，共 ? 页
奇偶页不同(D)
首页不同(I)
随文档自动缩放(L)
与页边距对齐(M)
打印(P)...
打印预览(W)
选项(O)...
确定
取消

图 24-30

页脚
左部(L):
中部(C):
右部(R):
第 &[页码] 页，共 &[总页数] 页
确定
取消

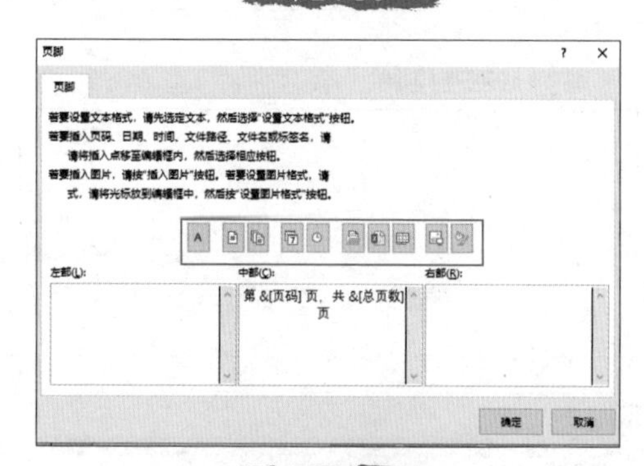

图 24-31

设置完毕后，可以单击“打印预览”，查看整体打印效果：顶部有 logo，底部的每页均包含页码、页数信息。

5. 单色打印

目前这张表格设置的是彩色的，但公司的打印机大多数都是黑白的。为了打印的效果能够比较清晰，推荐大家设置成黑白的单色打印效果。

选择“页面布局”选项卡→打开“页面设置”对话框→选择“工作表”→选中“单色打印”即可（见图 24-32）。

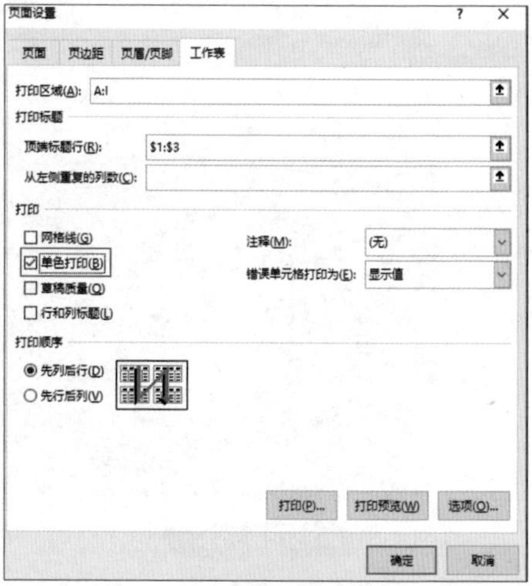

页面设置
页面
页边距
页眉/页脚
工作表
打印区域(A):
A:I
打印标题
顶端标题行(R):
$1:$3
从左侧重复的列数(C):
打印
网格线(G)
单色打印(B)
草稿质量(Q)
行和列标题(L)
注释(M):
(无)
错误单元格打印为(E):
显示值
打印顺序
先列后行(D)
先行后列(V)
打印(P)...
打印预览(W)
选项(O)...
确定
取消

图 24-32

设置完毕后，在打印预览状态下，表格已经变成了白底黑字的打印效果（见图 24-33）。

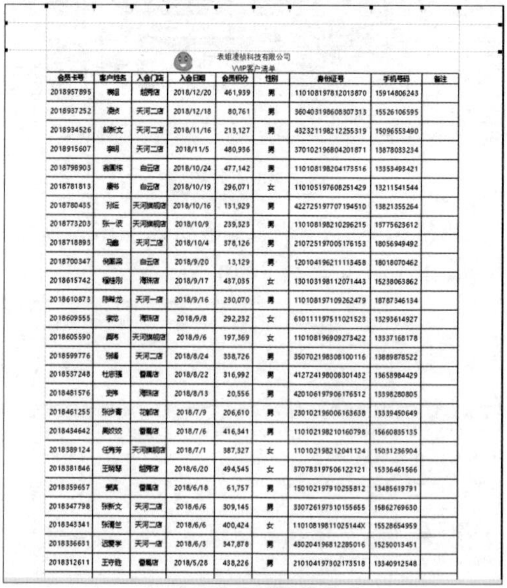

表姐凌祯科技有限公司
VVIP客户清单

会员卡号	客户姓名	入会门店	入会日期	会员积分	性别	身份证号	手机号码	备注
2018957895	魏娟	越秀店	2018/12/20	461,939	男	110108197812013870	15914806243	
2018937252	凌然	天河二店	2018/12/18	80,761	男	360403198608307313	15526106595	
2018934526	郝新文	天河二店	2018/11/16	213,127	男	432321198212255319	15096553490	
2018915607	李明	天河二店	2018/11/5	480,936	男	370102196804201871	13878033234	
2018798903	肖国栋	白云店	2018/10/24	477,142	男	110108198204173516	13353493421	
2018781813	康书	白云店	2018/10/19	296,071	女	110105197608251429	13211541544	
2018780435	孙运	天河旗舰店	2018/10/16	131,929	男	422725197707194510	13821355264	
2018773203	张一波	天河旗舰店	2018/10/9	239,323	男	110108198210296215	15775623612	
2018718893	马鑫	天河二店	2018/10/4	378,126	男	210725197005176153	18056949492	
2018700347	何国燕	白云店	2018/9/20	13,129	男	120104196211113458	18018070462	
2018615742	穆桂刚	海珠店	2018/9/17	437,035	女	130103198112071443	15238063862	
2018610873	陈腾龙	天河一店	2018/9/16	230,070	男	110108197109262479	18787346134	
2018609555	李龙	海珠店	2018/9/8	292,232	女	610111197511021523	13293614927	
2018605590	薛伟	天河旗舰店	2018/9/6	197,369	女	110108196909273422	13337168178	
2018599776	张涵	天河二店	2018/8/24	338,726	男	350702198308100116	13889878522	
2018537248	杜宗强	番禺店	2018/8/22	316,992	男	412724198008301432	13658984429	
2018481576	安伟	海珠店	2018/8/13	20,556	男	420106197906176512	13398280805	
2018461255	张步青	花都店	2018/7/9	206,610	男	230102196006163638	13339450649	
2018434642	周皎皎	番禺店	2018/7/6	416,341	男	110102198210160798	15660835135	
2018389124	任秀芳	天河旗舰店	2018/7/1	387,327	女	110102198212041124	15031236904	
2018381846	王晓琴	越秀店	2018/6/20	494,545	女	370783197506122121	15336461566	
2018359657	樊真	番禺店	2018/6/18	61,757	男	150102197910255812	13485619791	
2018347798	张新文	天河二店	2018/6/6	309,145	男	330726197310155655	15862769630	
2018343341	张湘兰	天河二店	2018/6/6	400,424	女	11010819811025144X	15528654959	
2018336631	迟爱学	天河一店	2018/6/3	347,878	男	430204196812285016	15250013451	
2018312611	王守胜	番禺店	2018/5/28	438,226	男	210104197302173518	13340912548	

图 24-33

6. 其他打印技巧

前面我们所有的设置，都是通过打印预览界面，或者是启用“页面设置”对话框进行设置的。除了这种方法外，在 Excel 窗口右下角的视图模式中，分别提供了 3 种模式：普通、页面布局、分页预览。通常情况下，我们使用的是第 1 种“普通”视图。

单击第 2 个视图按钮，启用“页面布局”视图模式。双击 Excel 表格顶部，则出现“页眉和页脚工具 - 设计”选项卡，此时可进行页眉和页脚的具体设置（见图 24-34～图 24-35）。

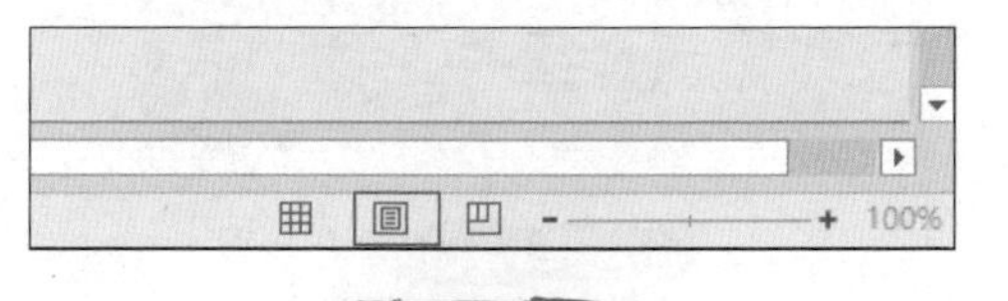

图 24-34

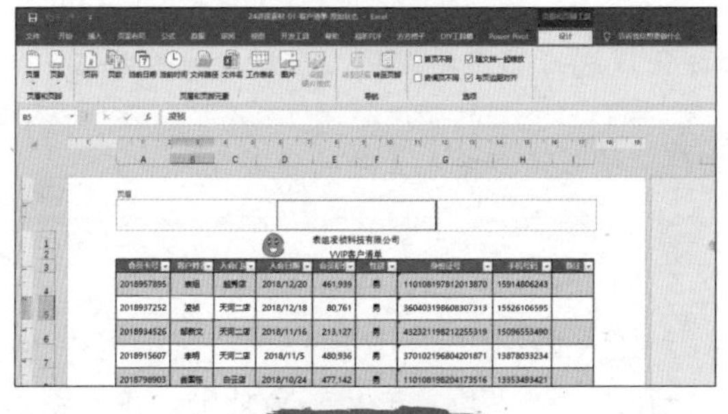

图 24-35

单击第 3 个视图按钮，启用“分页预览”视图模式。此时 Excel 自动显示出当前选中单元格区域，所在页数（打印时不显示），并且非打印区域呈现出灰色提示效果。

在“分页预览”视图模式下，按打印所在页面，会以蓝色粗线分隔开。选中蓝色框线后，按住鼠标左键进行拖曳调整，即可快速对打印页面的边界位置进行调整（见图 24-36 和图 24-37）。

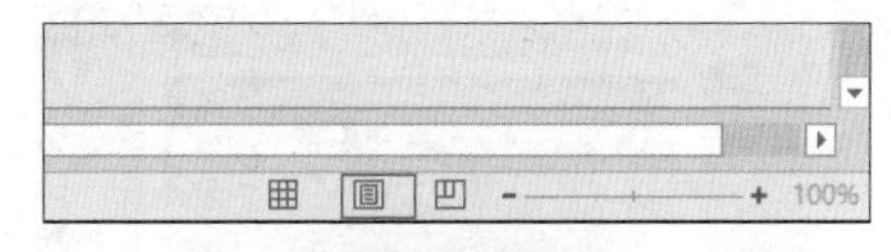

图 24-36

图 24-37

在这 3 种视图模式下设置的打印效果都是相同的，可以根据自己的习惯进行选择。

24.3 保护工作表有三招

小陈将重新打印后的表格拿给小张审阅，一番肯定后，小张接着说道：“这些 VVIP 资料都很重要，你把这些文档加密以后保存起来。”（见图 24-38 ~ 图 24-39）

小陈疑惑道：“这可怎么加密呢？”（见图 24-40）

Excel 的保护共有 3 种模式（见图 24-41）。

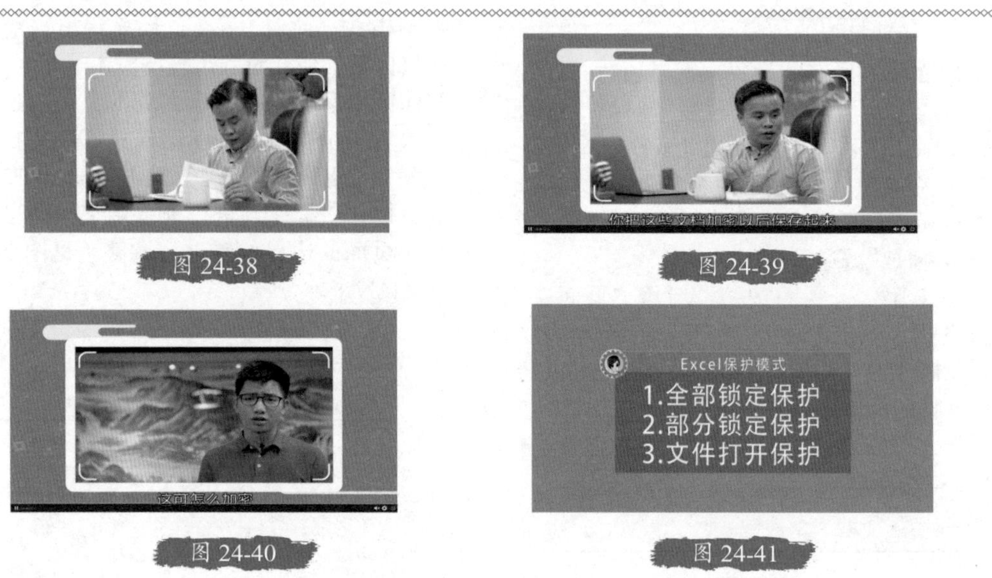

图 24-38　图 24-39　图 24-40　图 24-41

（1）全部锁定保护：指的是对工作表中所有内容都进行锁定和保护，不允许操作者进行任何的修改。

（2）部分锁定保护：指的是对工作表中一部分区域进行锁定和保护，而对其他单元格不做保护，操作者可以在其中填写想要的信息。

（3）文件打开保护：操作者要想打开 Excel 文件，就必须得输入正确的密码才行。

1. 第 1 种保护模式：全部锁定保护

（1）设置保护工作表。单击“审阅”选项卡→“保护工作表”→在弹出的“保护工作表”对话框中输入密码（如输入“1”）→单击“确定”→在弹出的“确认密码”对话框，再次输入密码→单击“确定”（见图 24-42～图 24-44）。

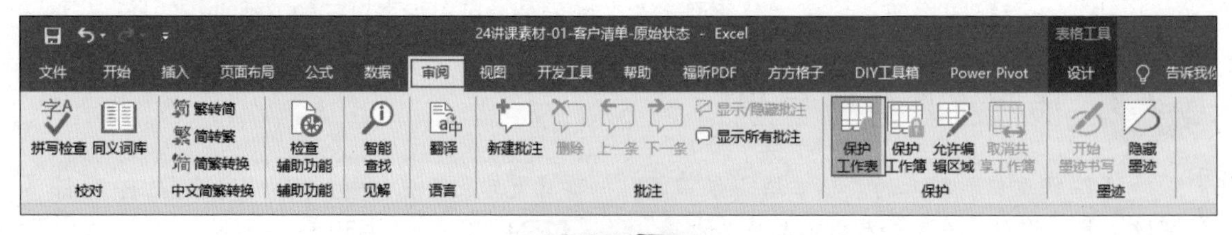

图 24-42

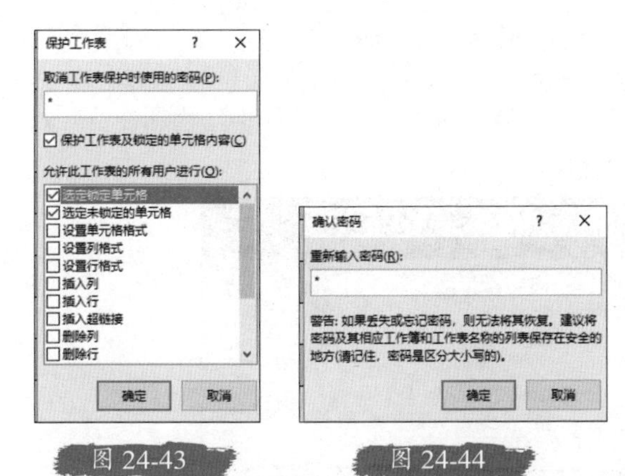

图 24-43　　图 24-44

测试效果：在表格中任一单元格输入内容，Excel 会弹出报错提示对话框，提示我们现在正在修改受保护的工作表（见图 24-45）。

图 24-45

并且在这种保护的状态下，功能区部分按钮变为灰色，即不能使用状态（见图 24-46）。

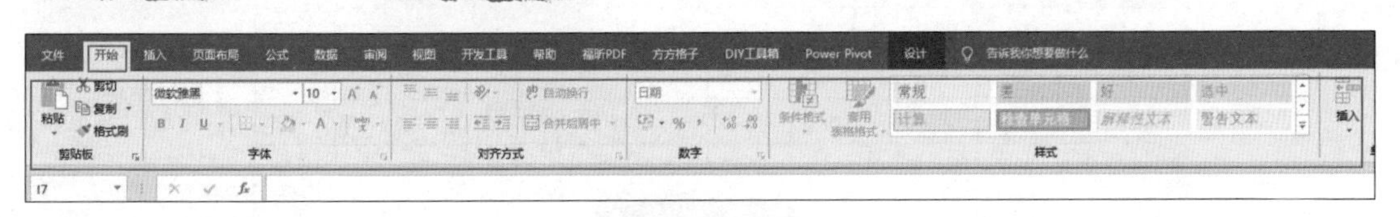

图 24-46

温馨提示

如果平时工作时，打开的 Excel 工作表中有很多功能无法使用，就需要检查一下工作表是否设置了保护。

（2）取消保护工作表。选择“审阅”选项卡→“保护”功能组→单击“撤销工作表保护”→在弹出的“撤销工作表保护”对话框中输入之前设置的密码（如“1”），即可解除工作表保护，恢复普通填写状态，同时功能区的功能按钮恢复为可使用状态（见图 24-47）。

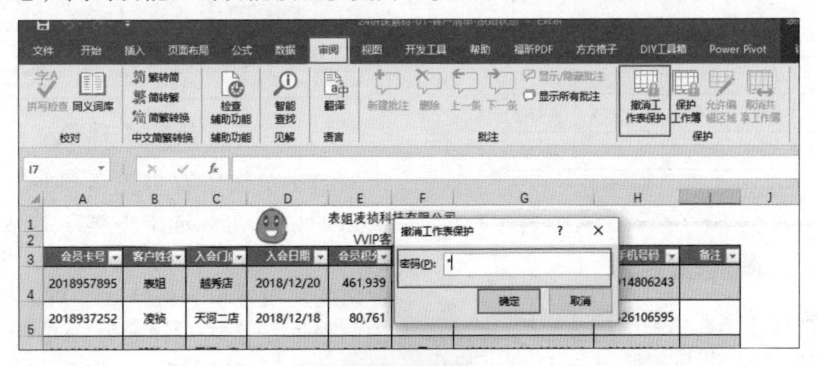

图 24-47

（3）保护工作簿。除了保护工作表以外，在“保护工作表”的旁边还有一个“保护工作簿”，能够有效避免我们对工作簿的结构进行更改，即对工作表增减、显示或隐藏的保护。

单击“审阅”选项卡→“保护”功能组→“保护工作簿”→在弹出的“保护结构和窗口”对话框中设置一个密码（如“1”）→单击“确定”（见图 24-48）。

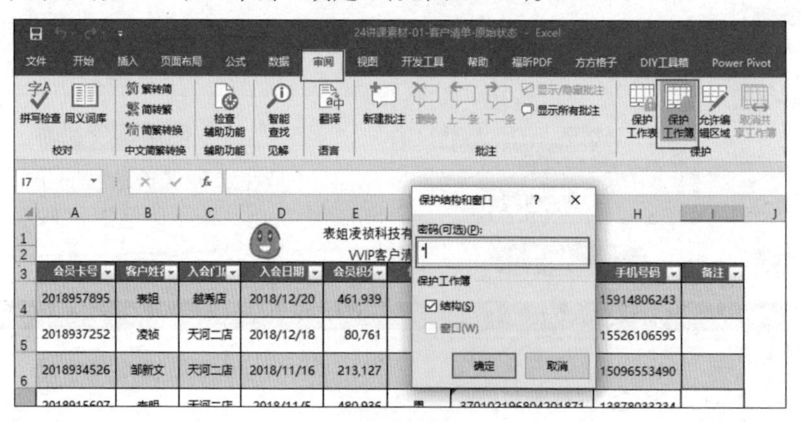

图 24-48

测试效果：单击“新建工作表”的 + 号按钮，功能失效，无法新建工作表。此时，只能取消工作簿保护后，才能够恢复新增工作表的功能（见图 24-49～图 24-50）。取消工作簿保护的方法和取消工作表保护的方法一致，在此不做赘述。

行					
24	2018381846	王晓琴	越秀店	2018/6/20	494,545
25	2018359657	姜滨	番禺店	2018/6/18	61,757
26	2018347798	张新文	天河二店	2018/6/6	309,145
27	2018343341	张清兰	天河二店	2018/6/6	400,424
28	2018336631	迟爱学	天河一店	2018/6/3	347,878

VVIP客户清单 ⊕ 新工作表

图 24-49

2. 第 2 种保护模式：部分锁定保护

在示例文件中，若只想保护 A~H 列，禁止操作者随意修改，而 I 列以后的内容，可以根据需要进行填写。则需要对 Excel 表格，进行部分锁定保护设置。

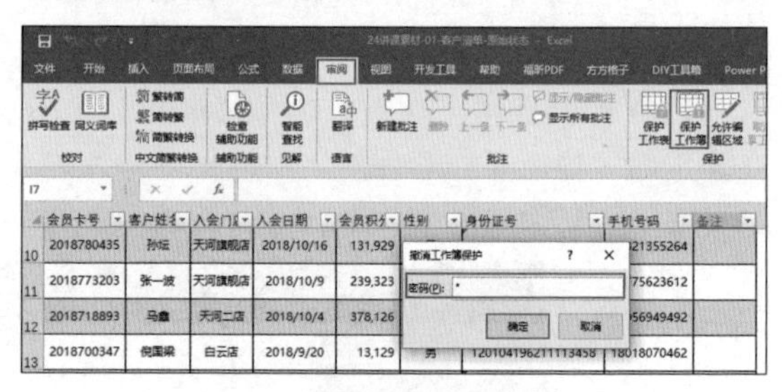

图 24-50

（1）关闭所有单元格保护。首先单击左上角的小三角，选中整体工作表→右击（或按 Ctrl+1 键）→选择“设置单元格格式”→在弹出的“设置单元格格式”对话框，选择“保护”→取消选中“锁定”→单击“确定”。此时已将所有单元格的“保护”都取消了（见

图 24-51 和图 24-52）

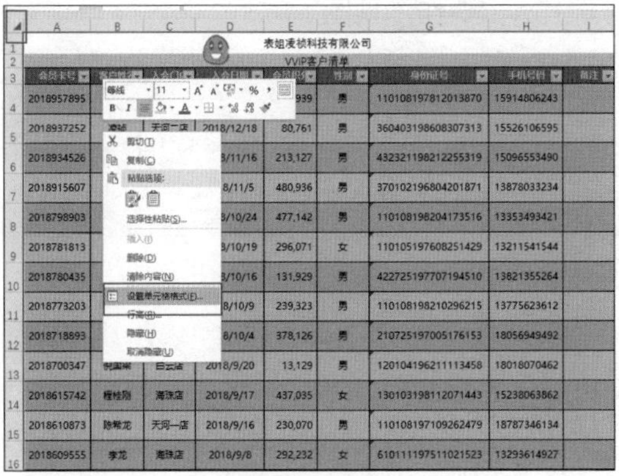

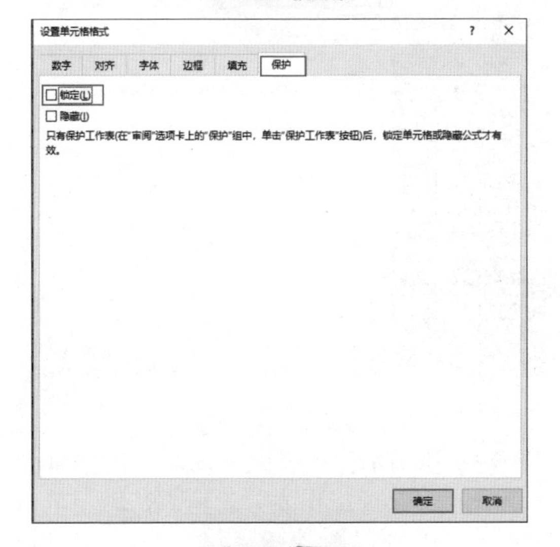

图 24-51

设置单元格格式

数字 对齐 字体 边框 填充 保护

☐ 锁定(L)

☐ 隐藏(I)

只有保护工作表(在"审阅"选项卡上的"保护"组中，单击"保护工作表"按钮)后，锁定单元格或隐藏公式才有效。

确定 取消

图 24-52

（2）仅锁定 A~H 列。选中 A~H 列→右击（或按 Ctrl+1 键）→选择“设置单元格格式”→在弹出的“设置单元格格式”对话框，选择“保护”→选中“锁定”→单击“确定”（见图 24-53 和图 24-54），即针对 A~H 列开启“保护”。

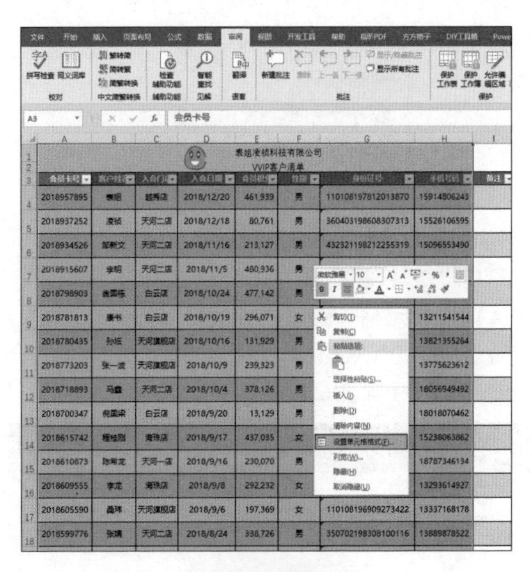

图 24-53

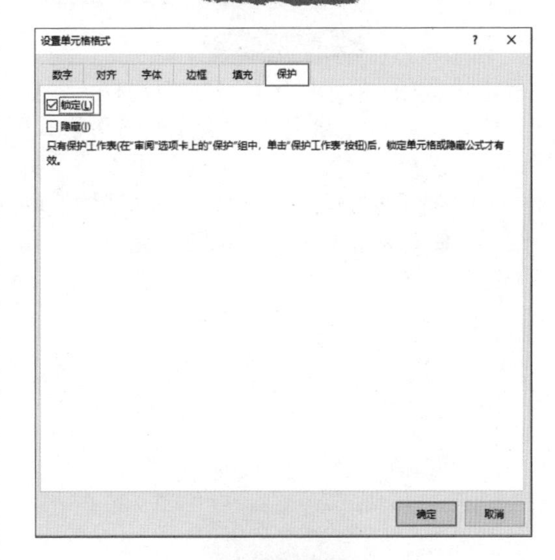

图 24-54

观察示例表格，不难发现 A1:I1、A2:I2 存在合并单元格的情况。因此，设置完毕后会出现：“无法对合并单元格执行此操作”错误提示，单击“确定”（见图 24-55）。

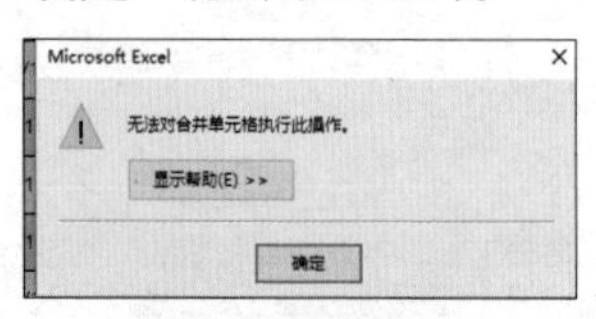

图 24-55

（3）巧妙解决合并单元格的标题问题。选中 A1:I2 单元格→单击“开始”选项卡→“合并后居中”→“取消单元格合并”，来取消已合并的单元格（见图 24-56）。

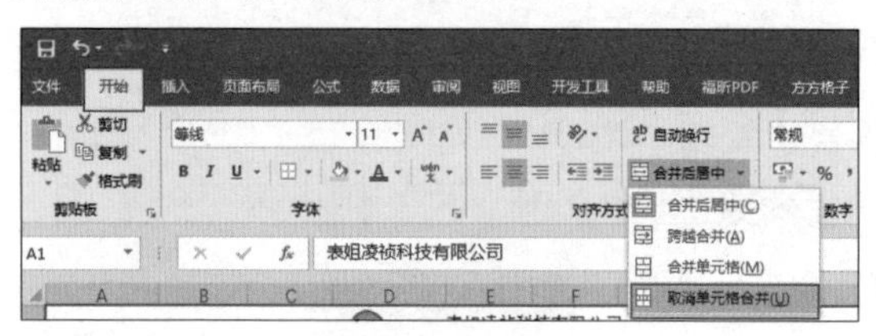

图 24-56

选中 A1:I1 单元格区域→右击选择“设置单元格格式”→在弹出的“设置单元格格式”对话框，选择“对齐”→“跨列居中”→单击“确定”，即可通过设置单元格“跨列居中”的障眼法，实现标题类似于“合并单元格”的效果（见图 24-57）。

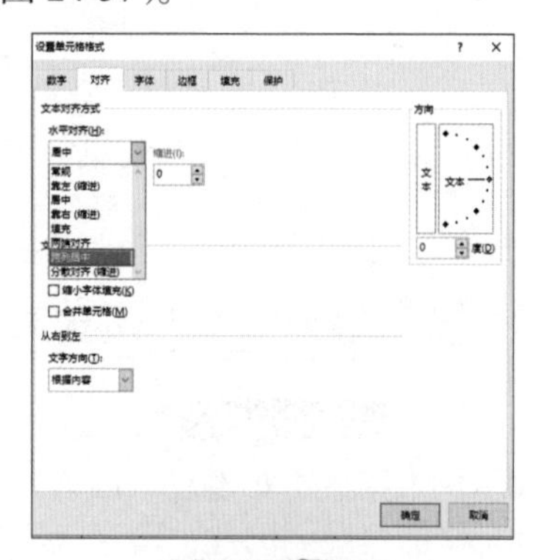

图 24-57

同理，选中 A2:I2 单元格区域，按 F4 键重复上一步操作（见图 24-58）。

图 24-58

（4）局部锁定。再次选中 A~H 列→右击选择“设置单元格格式”→在弹出的“设置单元格格式”对话框选择“保护”→选中“锁定”→单击确定（见图 24-59）。

图 24-59

（5）添加工作表保护。继续单击“审阅”选项卡→“保护工作表”→输入密码→单击“确定”即可（见图 24-60）。

测试效果：现在 A~H 列已处于锁定、保护的状态，其他部分没有锁定。在 A~H 列填写内容，Excel 弹出报错提示（见图 24-61）。

读书笔记

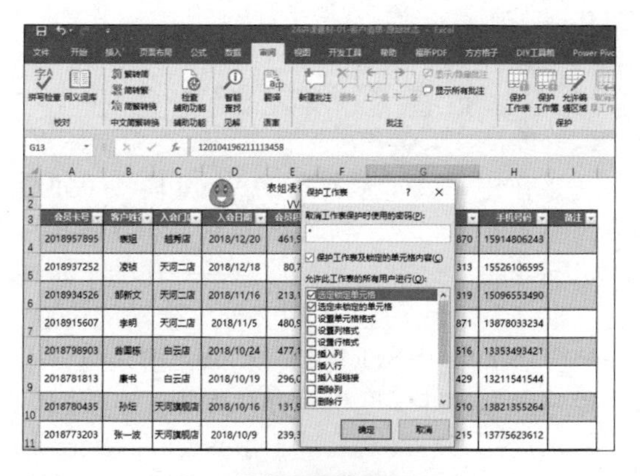

图 24-60

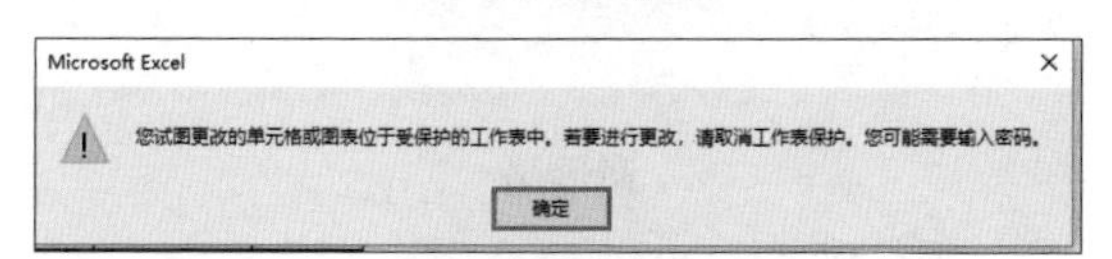

图 24-61

若在 I 列填内容（如“123”），则可以正常录入（见图 24-62）。

图 24-62

上述两种方法都是在可以打开 Excel 文件的情况下做的保护。

3. 第 3 种保护模式：文件打开保护

（1）对于需要保护的 Excel 文件，打开后单击“文件”选项卡→选择“另存为”→在弹出的“另存为”对话框中选择文件需要保存的路径及文件名→单击“工具”按钮右侧的小三角→选择“常规选项”（见图 24-63）。

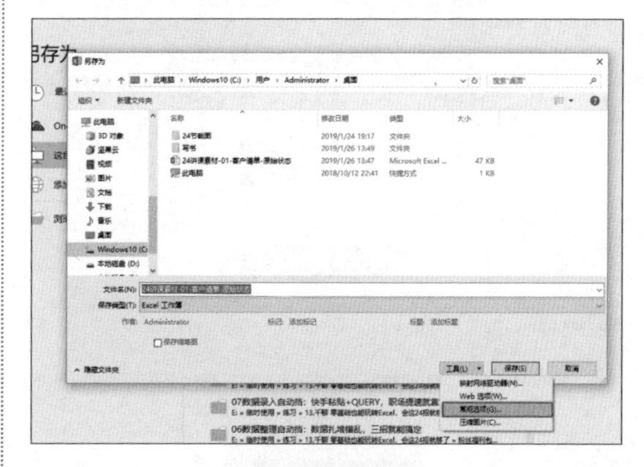

图 24-63

（2）在弹出的“常规选项”对话框→输入“打开权限密码”及“修改权限密码”（如都设为“1”）→单击“确定”→弹出“确认密码”对话框，再次输入密码→单击“确定”→单击“保存”，完成工作表另存为（见图 24-64）。

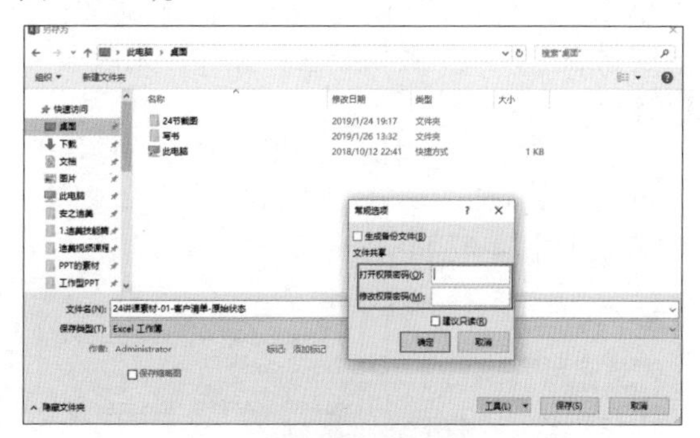

图 24-64

（3）打开刚刚另存为的文件，Excel 提示需要输入密码，首先输入一个错误的密码（如“2”）试试，Excel 提示密码不正确，无法进入 Excel 文件当中（见图 24-65~ 图 24-66）。

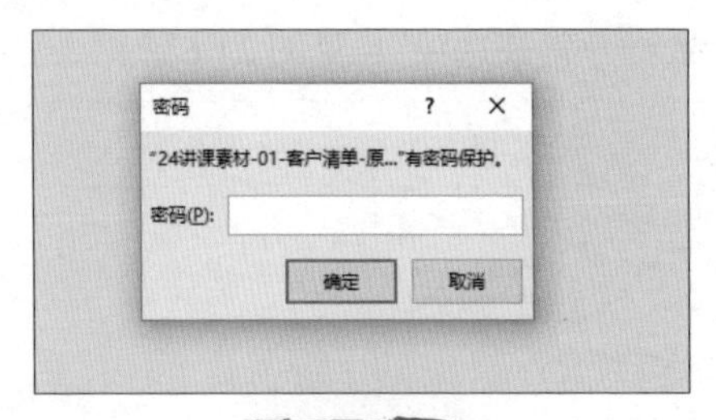

图 24-65

图 24-66

若需要打开此文件，需要输入正确的密码（如之前设置的“1”）。重新双击打开另存为的Excel文件→输入“打开”密码→继续输入“编辑”密码。

如果只需要打开查看，不需修改内容，可以单击“只读”按钮，直接打开Excel文件。只读状态下，操作者只能查看文件，无法编辑内容。

若继续输入正确的“编辑”密码，操作者即可对该Excel文件进行正常的读取和修改、编辑（见图 24-67 和图 24-68）。

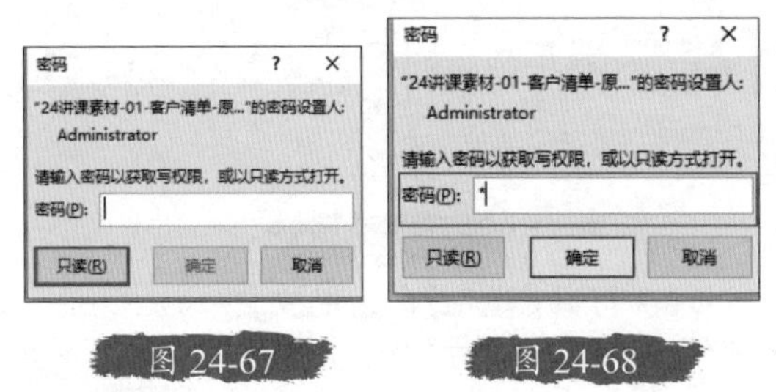

图 24-67　　图 24-68

读书笔记

24.4 批量打印之邮件合并

工作中需要批量打印的Word模板（如邀请函、证书、奖状、快递单等）大部分格式是固定不变的，只有少部分信息是变化的（如姓名、收件人地址等）。此时，如将变动的信息，一个个从清单中手动复制、粘贴到模板里，不仅费时费力，准确度也没办法保障。本节我们一起来启用“自动挡”，利用Excel和Word联合办公当中的“邮件合并”来批量制作邀请函（见图 24-69）。

邀请函

尊敬的 XXXXXX：

XXXX 年 XX 月 XX 日，你我第一次相识在 XXX 省 XXX 市 XXX 店，在过去 XX 次相知的时光里，感谢您一直以来的支持与厚爱。

在此，诚挚地邀请您参加“2018 年度表姐集团公司五周年庆典”即游轮盛会活动。

庆典时间：2018 年 11 月 27 日~28 日

庆典地点：三亚，盛世丽景游轮号

详细庆典流程及注意事项，详见附件。

期待您的到访。

表姐集团有限公司

2018 年 11 月 1 日

图 24-69

使用“邮件合并”工具之前，我们需要准备以下两个文件（见图 24-70）：

（1）固定不变的，用于批量打印的Word模板。

（2）变动信息的Excel清单。

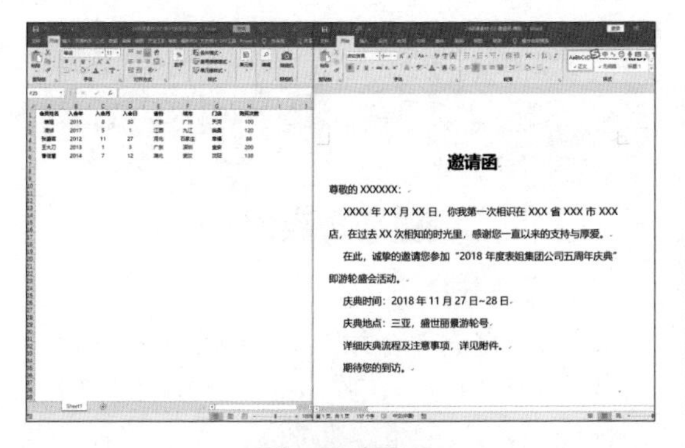

图 24-70

“邮件合并”是利用变动信息，逐条插入 Word 模板指定位置，从而完成批量制作。具体操作步骤如下。

1．开始邮件合并

打开 Word 模板文件，单击“邮件”选项卡→“开始邮件合并”→“普通 Word”文档（见图 24-71）。

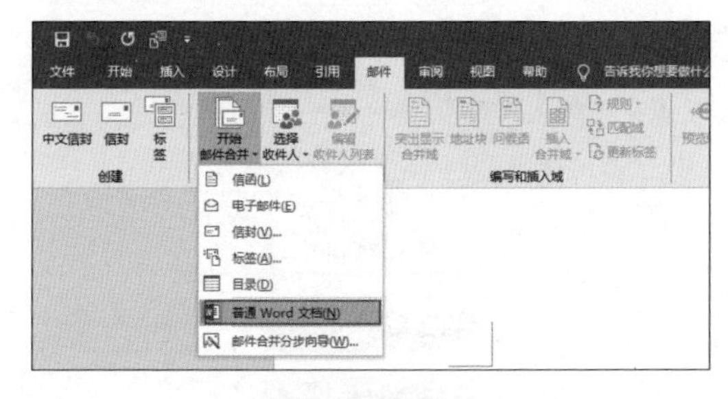

图 24-71

2．选择数据清单 Excel 文件

选择“邮件”选项卡→“选择收件人”→选择“使用现有列表”（见图 24-72）。

在弹出的“选择数据源”对话框→选择提前准备好的客户信息表→单击“打开”→找到该文件中对应工作表后单击“确定”（见图 24-73～图 24-74）。

图 24-72

注：如果 Excel 工作簿中有多个工作表，注意清单所在的工作表的名称。

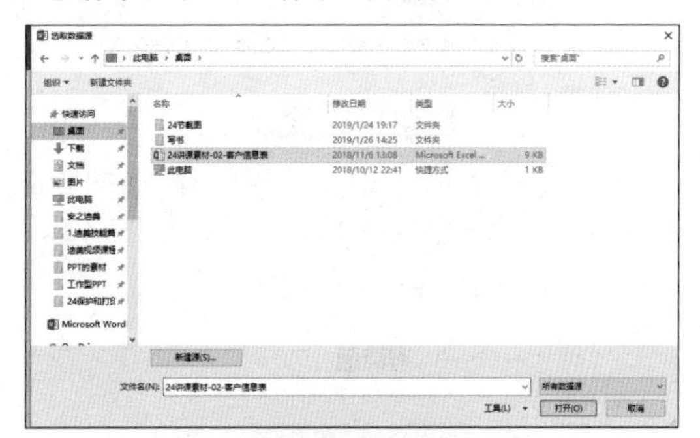

图 24-73

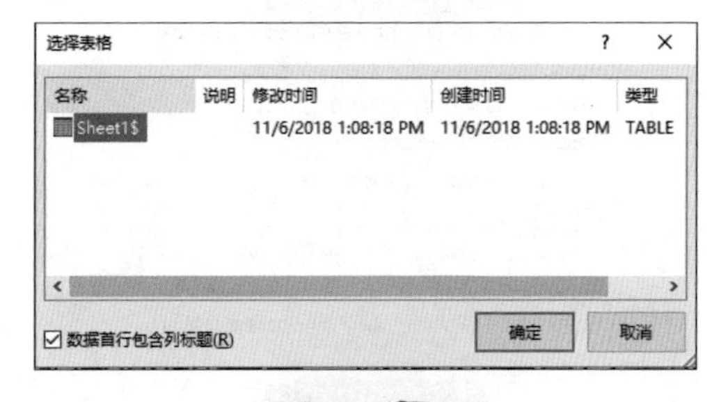

图 24-74

3．插入合并域

在示例文件中“×...×”所对应的位置，就是需要替换为 Excel 清单中变动信息的地方。

首先选中尊敬的“××××××”位置→

选择“插入合并域”→单击小三角选择“会员姓名”，这时原本的“××××××”就变成了《会员姓名》(即为 Word 域插入后的状态)(见图 24-75)。

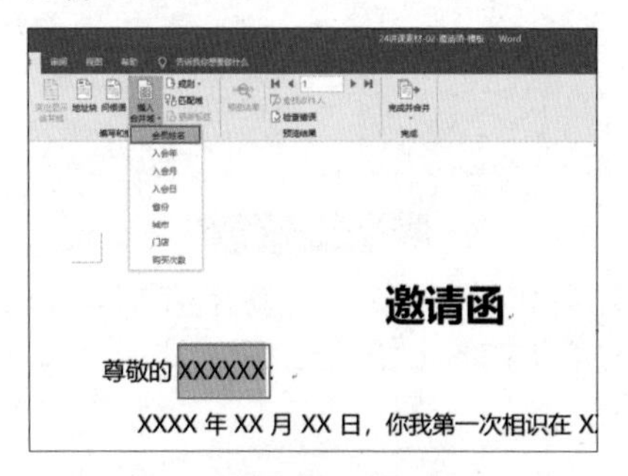

图 24-75

继续把所有的“×…×”都用同样的方法“插入合并域”，替换成 Excel 清单中对应的字段名(见图 24-76)。

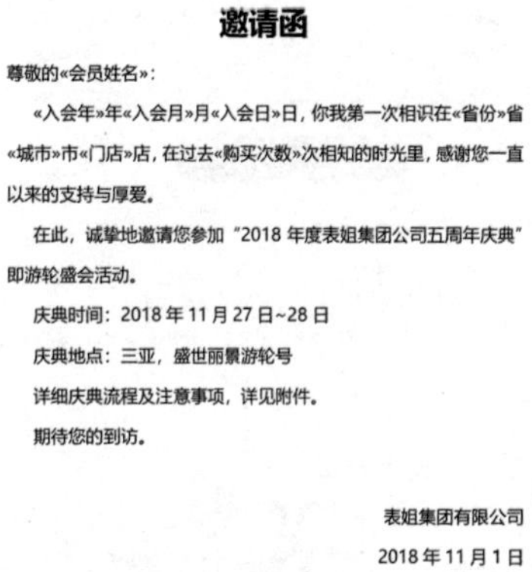

邀请函

尊敬的«会员姓名»：

«入会年»年«入会月»月«入会日»日，你我第一次相识在«省份»省«城市»市«门店»店，在过去«购买次数»次相知的时光里，感谢您一直以来的支持与厚爱。

在此，诚挚地邀请您参加“2018 年度表姐集团公司五周年庆典”即游轮盛会活动。

庆典时间：2018 年 11 月 27 日~28 日

庆典地点：三亚，盛世丽景游轮号

详细庆典流程及注意事项，详见附件。

期待您的到访。

表姐集团有限公司

2018 年 11 月 1 日

图 24-76

4．预览效果

完成以后单击“预览效果”，这时邀请函中的 Word 域块都变成了 Excel 清单中的具体信息(见图 24-77)。单击“预览结果”右侧的左右小箭头，可以查看不同序号记录中的对应内容。

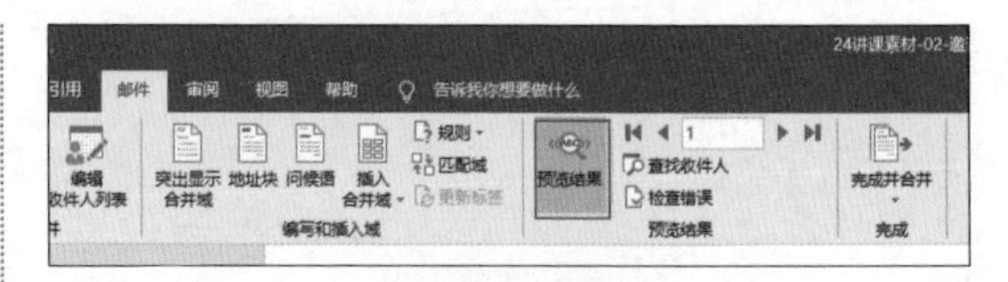

图 24-77

5．完成并合并

单击“完成并合并”下方的小三角→选择“编辑单个文档”→在弹出的“合并到新文档”对话框→选择“全部”，即将“全部”的客户信息都生成为 Word 模板效果→单击“确定”(见图 24-78～图 24-79)。

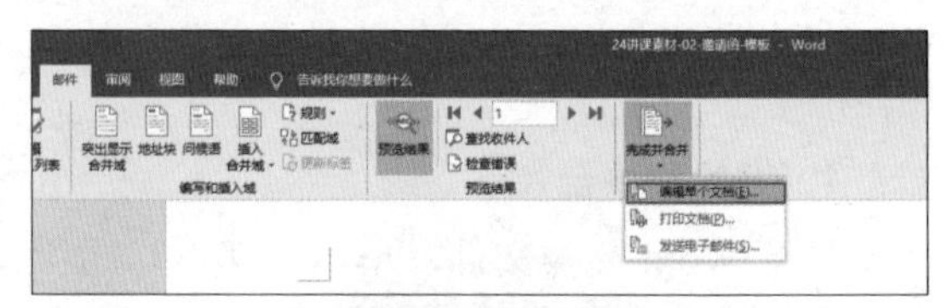

图 24-78

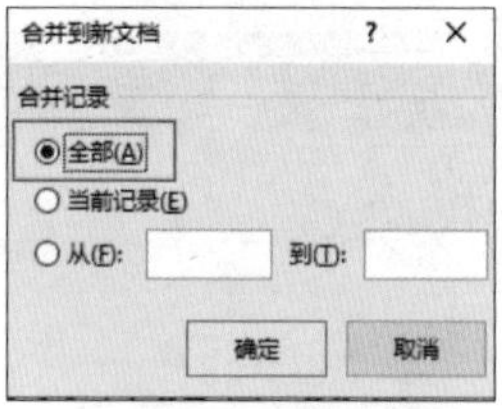

合并到新文档 ? ×

合并记录

◉ 全部(A)

○ 当前记录(E)

○ 从(F): 到(T):

确定 取消

图 24-79

此时 Word 会自动生成一个“信函 1”的文件，且已经根据 Excel 清单中的信息，按照邀请人，每人生成一张独立的邀请函。我们只需要按 Ctrl+P 键，直接打印就可以了(见图 24-80～图 24-81)。

读书笔记

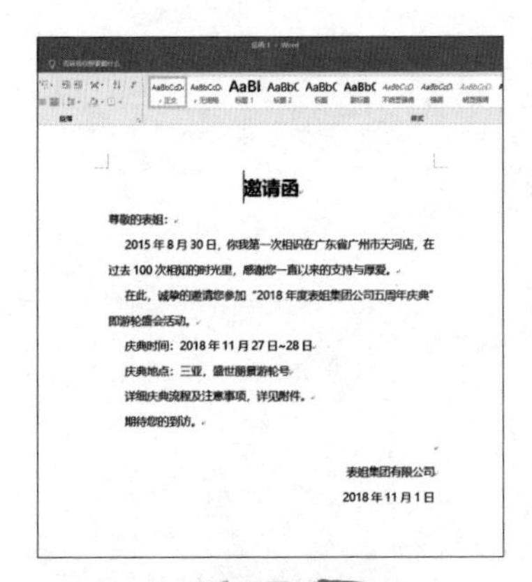

邀请函

尊敬的表姐：

2015 年 8 月 30 日，你我第一次相识在广东省广州市天河店，在过去 100 次相知的时光里，感谢您一直以来的支持与厚爱。

在此，诚挚的邀请您参加"2018 年度表姐集团公司五周年庆典"邮游轮盛会活动。

庆典时间：2018 年 11 月 27 日~28 日

庆典地点：三亚，盛世丽景游轮号

详细庆典流程及注意事项，详见附件。

期待您的到访。

表姐集团有限公司

2018 年 11 月 1 日

图 24-80

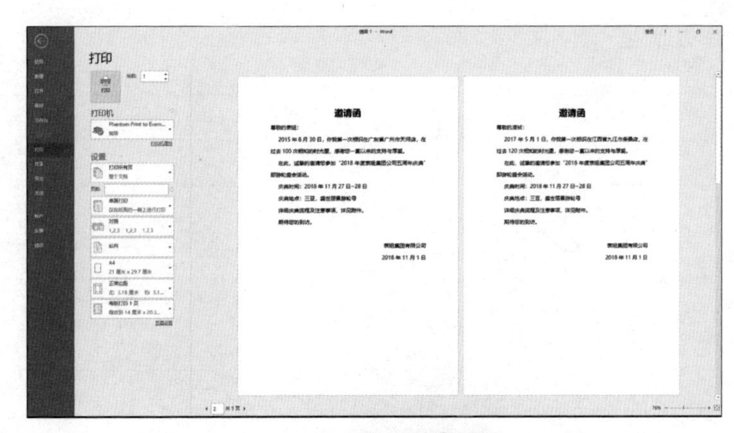

图 24-81

表姐说

虽然"打印、保护"这些都只是工作中的小事，但只要我们把这些做得好，懂得与人方便，就能够撕掉"做事不仔细"的标签。当然，看会不等于学会，就让我们从 Ctrl+P 开始，对照示例源文件，赶紧练习起来吧。

非常高兴地告诉大家，学到这里，在成为"Excel 办公效率达人"修炼的道路上，你已经通关啦！

读书笔记

读书笔记

【福利篇】

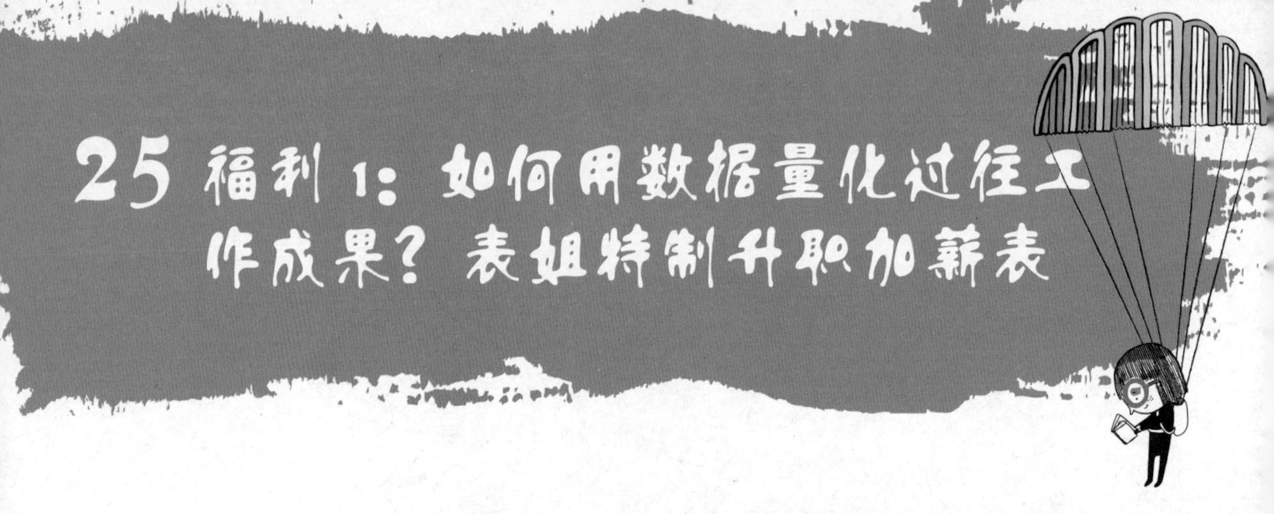

25 福利1：如何用数据量化过往工作成果？表姐特制升职加薪表

我们学习 Excel，提高工作效率，其实目的是要实现“升职加薪”。因此，表姐结合自己的工作心得，特别整理了本篇福利内容，给大家讲讲我的一些想法，期望对大家能够有所启发。

当然，每个人的工作情况表姐不可能穷举，但我给大家的是一个比较实用的表格、汇报结构（见图 25-1）。

升职加薪表【结构】　MADE BY 表姐凌祯

工作成果	工作情况回顾			
负责的工作、苦劳基础	业务概述	1.分模块	市场活动	1.营销活动
				2.用户运营
		2.量化工作量	销售业绩统计	1.总部数据整理
				2.月报、季报、年报
		3.说明工作难度	市场调研	各大区市场调研方案制定与数据统计分析
主要产出的业绩贡献	业绩成果	1.业绩数据	业绩数据	市场营销数据统计
			沟通效率	跨部门业务协作
		2.趋势分析	与往年对比	显著增长
			与目标对比	高于目标
你的不可替代性	关键性突破	1.重大产出	单个项目突破	开发了海外市场
			破纪录	单个合同金额TOP1，全公司最大订单
		2.建模，从0~1	新产品推广	新产品，第一次被客户埋单
			建立工作模型	工作管理信息化平台
		3.优化流程	改革、规范、提高效率	客户回款、分款流程自动化
		4.风控及预防	对风险、危机处理得很好	技术合作项目
能更上一个台阶的条件	能力提升	1.组织能力	独立统筹事项	
			项目管理能力	
		2.领导能力	部门能力提升	
			成员能力提升	
			组织间配合	
		3.建模能力	已有工作标准化	
			新增工作规范化	
			部门工作模块化	
		4.外联能力	对外沟通的职位需求	
申请目标	**个人提升目标**			
我希望得到什么	加薪	目标：XXXXX元/月	加薪的考核：是你的阶段性贡献	
	升职	目标：XXXXX岗位	升职的考核：是你的能力、综合素质	
	参考来源	行业标准	搜索招聘信息：城市、行业、岗位、资历	
		个人总结	公司规模、工龄、学历、部门领导	
未来贡献	**未来工作计划**			
原因/依据/未来贡献 往后我还能带来什么贡献	规划目标	业绩目标	个人业绩目标	具体量化目标
			团队业绩目标	整体统筹规划
		团队成长	成员综合提升	单点优化方案
			管理水平提升	管理优化方案
		新的突破	新产品、新市场	

图 25-1

无论总结报告、升职加薪报告，无非是将以下的3件事说清楚：

第一，我们都干了什么。

第二，我们要申请什么。

第三，我们以后的工作计划是什么。

25.1 工作情况回顾

1. 业务概览

首先是我们干了什么，也就是说我们要对现在的工作情况做一个回顾：我们的工作成果是什么。

这是我们说自己苦劳的基础，我们写工作报告的时候不能太口语化，起码要描述出：业务概览。

（1）分模块介绍工作内容

我们以小张为例，例如他是一位市场专员。首先第1部分，在业务概览当中，分模块介绍自己的工作都负责了什么：

① 做了哪些具体的市场活动。

② 做了什么样的营销活动。

③ 达到了什么样的效果。

④ 或者说做了哪些用户运营。

⑤ 出现了什么样的好的市场反馈。

（2）量化工作量

描述我们的工作量，这也是我们平时工作苦劳的一部分：

① 销售业绩是什么样的情况，可以使用数据透视表来做统计和分析。

② 假如它是一个市场统计的专员，全年一共汇总了多少条数据、多少个门店。

例如：公司全国有500家门店，是从四个大区15个城市，陆陆续续汇总出来；那么全年参与的数据分析，就是几十万条数据……

每个月都要生成不同的报表，并且还要做季报、年报等，这些都是可量化的基础数据。

（3）说明工作难度

参加了什么样的市场调研，这些调研的成果为我们销售数据的统计分析，和未来市场方案的制定奠定了什么样的基础。

2. 业绩成果

在第2部分要描述出：我们的产出物是什么，我们做出了哪些业绩贡献。我们的业绩成果 = 业绩数据 + 趋势分析。

（1）业绩数据

例如，我们这个市场的具体的业绩数据如何，这里我们不管用函数，还是数据透视表都能做得出来。

除了业绩可量化的营销数据以外，还包括我们部门之间的沟通效率有没有提升。

原来一件事，得花三天来沟通。现在，这种跨部门的沟通由于用了新的优化流程方式，只要三个小时就能办完了！

（2）趋势分析

我们在业绩成果上做一些趋势对比的分析：

和自己去年的情况做分析。

①和自己今年年初制定的目标做对比。

②是有显著增长高于我们期初的目标。

……

3. 关键性突破

第3部分要侧重描述出：我们在职场当中的不可替代性！

例如：今年我们工作做了哪些关键性的突破。这里我们要分为以下4个方面。

（1）重大产出

例如：单个项目的突破，如我们市场部开发了海外市场，那么海外市场上的订单量就可以直接在业绩表当中突出显示出来！

我们即使没有单个突破，就以往的数据有哪些重大的、破纪录的，如小张今年签了一个公司最大的合同订单，是公司的“销售冠军”。

（2）建模性的工作，是从 0 到 1，从无到有的

例如：技术研发中心研发出了一个新产品，然后要求我们做市场推广。新产品第一次被客户买单了，这就可以作为我们业绩当中关键性的突破！

当然除了业绩之外，还有一些是工作模型的建立。例如：我们建立了一个合同账的信息化管理的登记小系统，在这个系统平台上，我们用 Excel 表把数据从各个分公司之间，用 Power Quary 的方式给集中合并到一块。然后，我们可以通过数据透视表图表，来生成自己公司的业绩管理看板。

（3）优化流程

例如我们做了一些改革规范，提高了工作效率。举出实实在在的我们做的工作。

（4）风控及预防

例如我们遇到了什么样的风险，危机处理得很好。也可以在我们的升职加薪报告当中写出来。

4．能力提升

第 4 部分是我们做了哪些工作，可以让我们更上一个台阶。

因为我们升职和加薪是一一对应的：不是说光提升职，相对应的我们的薪水到了一定层次以后，必须要职位的提升才能有一个质上的飞跃。

更上一个台阶的条件，主要是我们在能力上的提升。这些能力又分为 4 个方面：组织能力、领导能力、建模能力和外联能力。

（1）组织能力

我们在处理一件事情的时候，去统筹组织管理一件事项，也就是对于项目的管理能力。例如组办重要客户年会活动。

对于新入职的员工，可能并没有独立做项目经理的经验。那么你在项目当中，参与的项目数据的管理、业务工作的配合……都可以在这里进行体现！

（2）领导能力

如果是部门领导，当然不能只是自己的业务干得好，也需要部门综合能力的一起提升。

如果不是部门领导，作为团队的成员自己个人能力有哪些提升。

此外还有组织之间的配合，在企业工作中，不仅仅只是我们和同事之间，还有一些是跨部门之间的组织协调，也是需要个人能力上的提升。

（3）建模能力

建模能力的提升，主要是指，已有工作标准化，新增工作规范化，组织工作模块化。

表姐在工作当中得出的经验是：Excel 是最好的建模工具！

不管是沟通信息，还是收集数据。我们提前用数据验证的方法，把这些需要别人提供的数据的规范性原则都给设置好。那么，采集到的信息表格，就是我们所需要的。

不要指望别人可以提前帮我们，把数据信息都分析好。他们能够配合我们，把数据填好已经非常好了！

我们拿到规范的数据以后，再用透视表做分析，或者是做图表来呈现都会非常准确、高效了。

所以说，我们先建立好模型，让别人按照我们的规矩，有一说一地填好数据。

（4）外联能力

有一些需要对外沟通的职位，如销售员或者采购员，或者是总经理办公室工作人员。

25.2 个人提升目标

我们描述完了都干了什么，就要清晰地提出我们的申请目标是什么了，这里就明确地说出我们希望得到什么。

如果是加薪：提出来目标是每月多少元，或者多少的年薪。

加薪考核的是我们阶段性的贡献！所以前面说的：我们的个人业绩情况阐述要尽量够量化！

如果是升职：我们可能要转正，或者是从专职转成主管，希望达到什么样的岗位。

升职考核的是我们的能力、综合素质！

表姐不推荐大家口头上打听别人的收入情况，这种行为在企业当中是不被鼓励、甚至是禁止的！推荐大家以下两个参考来源。

①参考行业标准：可以上各种各样的招聘网站，去看岗位招聘信息。当然要考虑自己所在的城市、行业、现在的岗位以及资历。

②企业实际情况：结合自己的个人情况进行总结。例如公司的规模、工龄、学历，还有部门领导情况。

25.3 未来工作计划

最后一大部分是关于我们未来的工作计划，不管是升职还是加薪，哪怕是没有达到既定的目标。表姐都希望大家在升职加薪表当中，罗列出关于未来工作的计划。因为成为自己人生的积极掌控者，是生活中最重要的目标与动力。

下面我们列一个关于工作相关的计划。

1. 规划目标

第一个，当然是我们的业绩目标。我们个人的业绩要达到一个什么样量化的目标？如果作为领导，我们的团队业绩目标要进行怎样的统筹规划？这里都可以用条件格式给列出来，让我们的数据更直观。

2. 团队成长

我们如果是领导，关于团队成员当中每个人的具体优化，要提出单点优化方案。

如果是个人，针对自己不同能力模块有哪些提升：对产品的了解、对市场的了解、对沟通能力的提升、对办公能力的提升……都可以提出单点优化的方案。

关于管理水平的提升和优化。如果我们是领导，就要考虑自己部门和外部部门之间的，信息输入和输出提高流程优化。如果只是针对个人，最好优化我们和同事之间的信息沟通。

最后，也希望可以提出一些关于我们工作上的突破：不管是新市场、新产品，或者是有什么新的创意改革优化点。

以上就是表姐关于“升职加薪表”的一点心得，希望能够对大家有所启发，期待大家的升职加薪！

读书笔记

26 福利2：表姐独门推荐——巧用超级表提高做表效率

职场小故事

学完所有的课程后，小张对表姐感慨道："对于你教给我的Excel应用技巧，真是相见恨晚，如果当年第一次接触Excel能学到这些就好了。如果时光能倒流，回到学Excel的第一天，表姐，你有什么特别想告诉我的吗？"（见图26-1）

表姐："把你计算机中所有的数据源表格，都换成超级表！"

图 26-1

现在，我们已经能够深刻认识到，规范的数据源是挖掘数据价值的基础！在此基础上，才能使用其他技巧如函数、数据透视表等，进行数据分析。表姐认为，超级表是制作规范数据源的最佳搭档。下面让我们一起感受一下超级表的魔力吧！

26.1 启用超级表

（1）选中数据源区域的任意单元格→选择"开始"选项卡→"套用表格格式"→选择一种样式→在弹出的"套用表格格式"对话框中选中"包含标题行"→单击"确定"完成（见图26-2）。

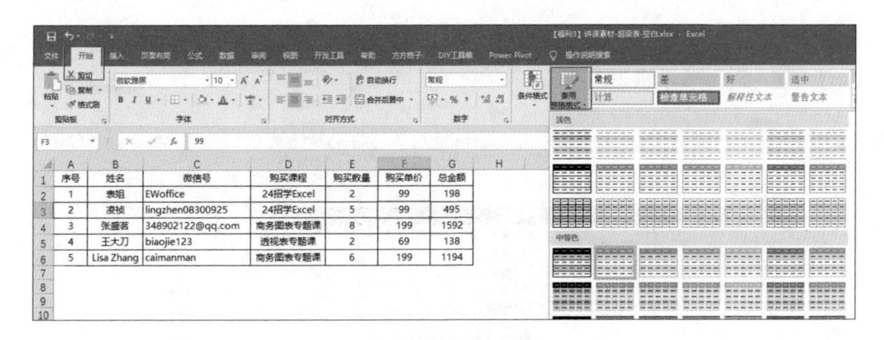

图 26-2

（2）现在，这张表已经自动加粗了标题行字体，并且下面的数据内容变成：一行有底纹，一行无底纹的效果，表姐把这种套用了表格格式的表称为“超级表”。

（3）更换表格样式：选中超级表区域的任意单元格→选择“表格工具－设计”选项卡→在“表格样式”功能区，选择一个喜欢的样式，就能快速更改超级表的样式了（见图 26-3）。通常来说，建议选择公司的 logo 配色色系，或者是蓝色系，会显得比较商务一些。

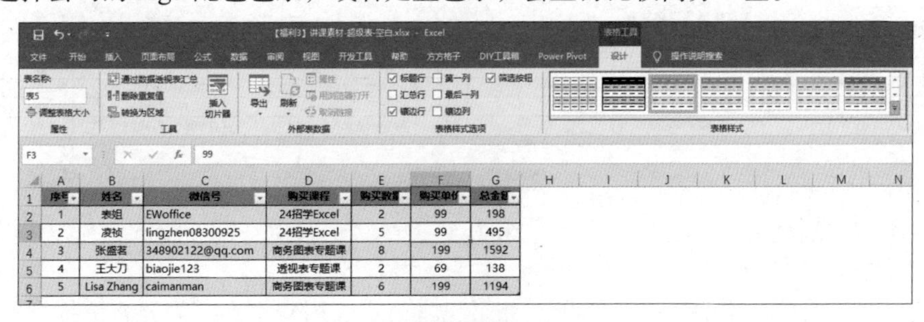

图 26-3

26.2 解密超级表

1. 超级表和普通表的区别

简单区分超级表和普通表：选中超级表区域内的任意单元格时，功能区顶部会出现“表格工具－设计”选项卡；而普通表没有该选项卡（见图 26-4）。

2. 超级表特点

（1）快速更改表格样式。超级表可以通过“设计”选项卡，更换它的表格样式。而普通表需要选中要调整样式的表格区域，通过“开始”选项卡中“填充颜色”和“字体颜色”逐个修改（见图 26-5）。

图 26-4

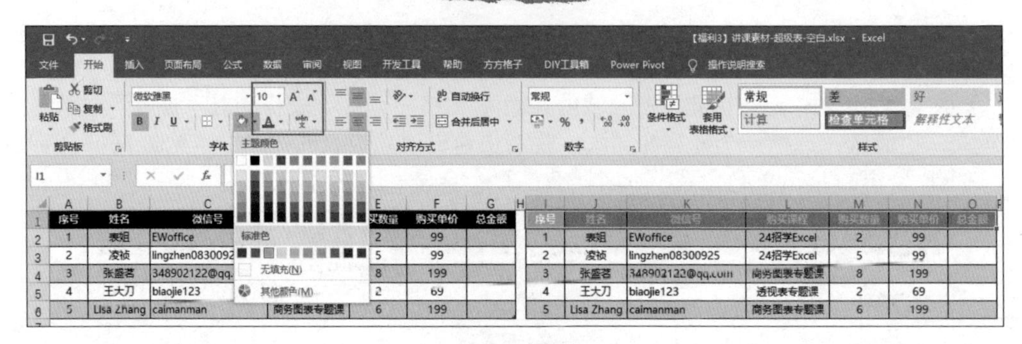

图 26-5

（2）快速填充函数公式。分别在普通表和超级表中“总金额”列，输入公式“= 购买数量 * 购买单价”按 Enter 键确认。

普通表只有当前单元格输出计算结果。如果想将公式应用到整列，需要将鼠标指针移动到单元格右下角，变成十字句柄的样式时，向下拖曳才能应用函数。而超级表，当输入公式按 Enter 键后，表格整列都会自动向下填充公式，快速输出结果（见图 26-6）。

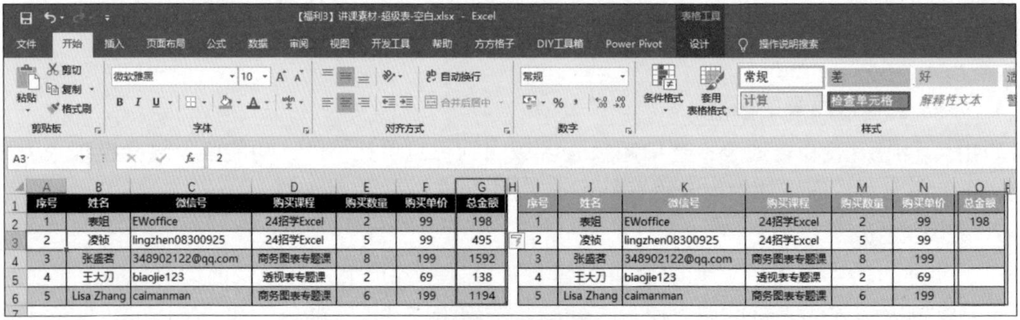

序号	姓名	微信号	购买课程	购买数量	购买单价	总金额
1	表姐	EWoffice	24招学Excel	2	99	198
2	凌祯	lingzhen08300925	24招学Excel	5	99	495
3	张盈茗	348902122@qq.com	商务图表专题课	8	199	1592
4	王大刀	biaojie123	透视表专题课	2	69	138
5	Lisa Zhang	caimanman	商务图表专题课	6	199	1194

序号	姓名	微信号	购买课程	购买数量	购买单价	总金额
1	表姐	EWoffice	24招学Excel	2	99	198
2	凌祯	lingzhen08300925	24招学Excel	5	99	
3	张盈茗	348902122@qq.com	商务图表专题课	8	199	
4	王大刀	biaojie123	透视表专题课	2	69	
5	Lisa Zhang	caimanman	商务图表专题课	6	199	

图 26-6

（3）自动扩充表格区域，构建动态数据源。在超级表中，无论是在表体中间，或者是向下或是向右新增数据时，超级表的表格区域都将自动扩大。并且无论插入行或列，表格中包含的公式，都会自动填充、引用（见图 26-7）。这就是超级表最棒的地方，拥有“自扩充”属性。这也是在数据透视表里，我们能用超级表构建动态数据源的奥义所在。

序号	姓名	微信号	购买课程	购买数量	列1	购买单价	总金额	备注
1	表姐	EWoffice	24招学Excel	2		99	198	
2	凌祯	lingzhen08300925	24招学Excel	5		99	495	
							0	
							0	
3	张盛茗	348902122@qq.com	商务图表专题课	8		199	1592	
4	王大刀	biaojie123	透视表专题课	2		69	138	
5	Lisa Zhang	caimanman	商务图表专题课	6		199	1194	
	张三						0	
	李四						0	

图 26-7

（4）修改超级表表格区域。选中超级表中任意单元格→选择“表格工具－设计”选项卡→单击“调整表格大小”→在弹出的“调整表大小”对话框中修改表格数据区域→单击“确定”即可（见图 26-8）。

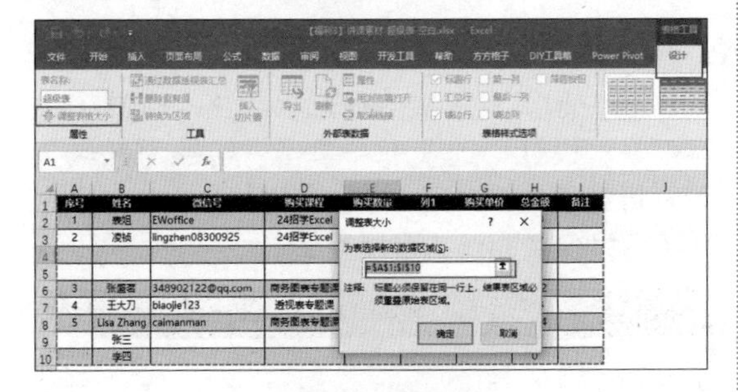

图 26-8

或者，可以将鼠标指针移动到超级表区域右下角最后一个单元格→拖曳表格边框，即可手动调整表格区域（见图 26-9）。

序号	姓名	微信号	购买课程	购买数量	列1	购买单价	总金额	备注
1	表姐	EWoffice	24招学Excel	2		99	198	
2	凌祯	lingzhen08300925	24招学Excel	5		99	495	
							0	
							0	
3	张盛茗	348902122@qq.com	商务图表专题课	8		199	1592	
4	王大刀	biaojie123	透视表专题课	2		69	138	
5	Lisa Zhang	caimanman	商务图表专题课	6		199	1194	
	张三						0	
	李四						0	
							0	
							0	

图 26-9

（5）设置名称。选中超级表区域内任意单元格→选择“表格工具－设计”选项卡→在“表名称”下面输入名称，如“数据源表格”→按 Enter 键确认即可（见图 26-10）。

序号	姓名	微信号	购买课程	购买数量	列1	购买单价	总金额	备注
1	表姐	EWoffice	24招学Excel	2		99	198	
2	凌祯	lingzhen08300925	24招学Excel	5		99	495	
							0	
							0	
3	张盛茗	348902122@qq.com	商务图表专题课	8		199	1592	
4	王大刀	biaojie123	透视表专题课	2		69	138	
5	Lisa Zhang	caimanman	商务图表专题课	6		199	1194	
	张三						0	
	李四						0	

图 26-10

（6）自带切片器。选中超级表区域内任意单元格→选择“表格工具－设计”选项卡→单击“插入切片器”→在弹出的“插入切片器”对话框→选中需要切片的字段，如“购买课程”→单击“确定”即可（见图 26-11）。插入后的切片器，与数据透视表中插入的切片器具有同样功能。设计方法也是同样的，可以修改样式、设置行数等（见图 26-12）。

读书笔记

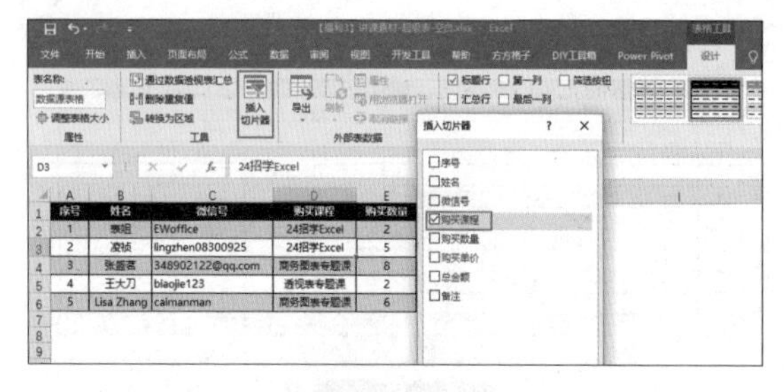

图 26-11

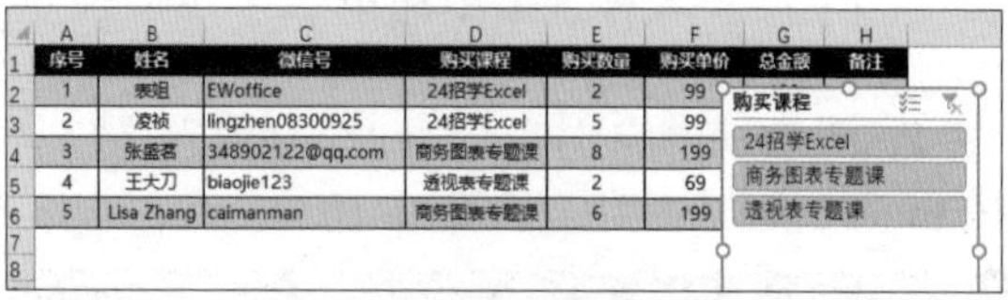

序号	姓名	微信号	购买课程	购买数量	购买单价	总金额	备注
1	表姐	EWoffice	24招学Excel	2	99		
2	凌祯	lingzhen08300925	24招学Excel	5	99		
3	张盛茗	348902122@qq.com	商务图表专题课	8	199		
4	王大刀	biaojie123	透视表专题课	2	69		
5	Lisa Zhang	caimanman	商务图表专题课	6	199		

图 26-12

（7）自带汇总与筛选。选中超级表区域内任意单元格→选择“表格工具 - 设计”选项卡→选中“汇总行”→此时在超级表底部，自动出现一行汇总行→单击下拉小按钮，可以选择不同的汇总方式（如求和、平均值、最大值、最小值、数值计数等）。并且当单击切片器按钮进行表格切片时，超级表汇总行的统计数据结果也会同步变化（见图 26-13）。

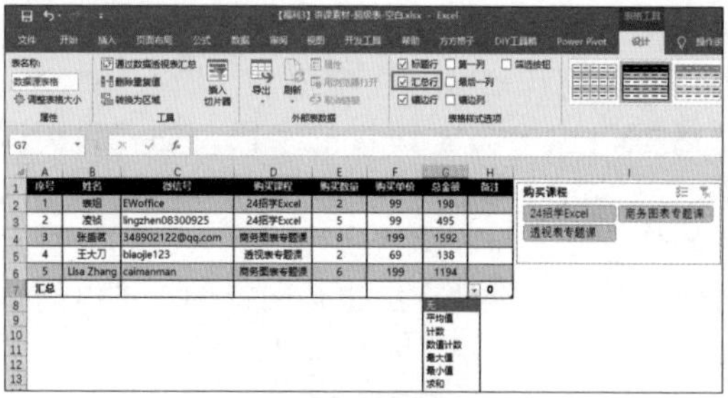

序号	姓名	微信号	购买课程	购买数量	购买单价	总金额	备注
1	表姐	EWoffice	24招学Excel	2	99	198	
2	凌祯	lingzhen08300925	24招学Excel	5	99	495	
3	张盛茗	348902122@qq.com	商务图表专题课	8	199	1592	
4	王大刀	biaojie123	透视表专题课	2	69	138	
5	Lisa Zhang	caimanman	商务图表专题课	6	199	1194	
汇总							0

图 26-13

（8）显示标题行。在超级表状态下，向下滚动鼠标滚轮，表格顶端列号会变成字段名称，呈现类似冻结窗格的效果（见图 26-14）。

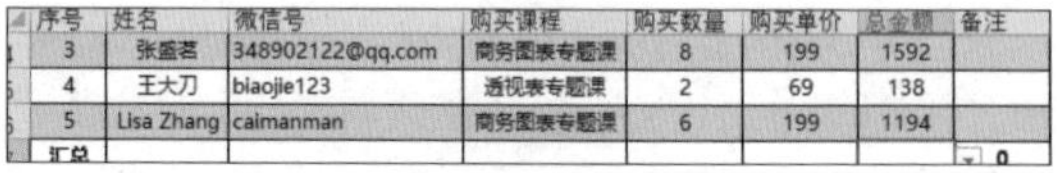

序号	姓名	微信号	购买课程	购买数量	购买单价	总金额	备注
3	张盛茗	348902122@qq.com	商务图表专题课	8	199	1592	
4	王大刀	biaojie123	透视表专题课	2	69	138	
5	Lisa Zhang	caimanman	商务图表专题课	6	199	1194	
汇总							0

图 26-14

（9）设置自动序号列。单击图 26-14 状态下的“序号”→即可快速选中“序号”列中，除标题外的表体部分→按 Delete 键删除已录入数据→在表体第 1 行，即 A2 输入函数“=ROW()-1”按 Enter 键确认（见图 26-15）。

整个“序号”列就实现自动编号了，并且当我们对超级表进行插入或删除行的处理时，不会影响序列变化，不会乱码。

A2 =ROW()-1

序号	姓名	微信号	购买课程	购买数量	购买单价	总金额
1	表姐	EWoffice	24招学Excel	2	99	
2	凌祯	lingzhen08300925	24招学Excel	5	99	
3	张盛茗	348902122@qq.com	商务图表专题课	8	199	
4	王五					
5	王大刀	biaojie123	透视表专题课	2	69	
6	Lisa Zhang	caimanman	商务图表专题课	6	199	
7	张三					
8	李四					

图 26-15

（10）超级表还原普通表。

选中超级表区域内任意单元格→选择“表格工具 - 设计”选项卡→单击“转换为区域”，即可将超级表还原为普通表（见图 26-16），并且还可以保留超级表的样式设计。

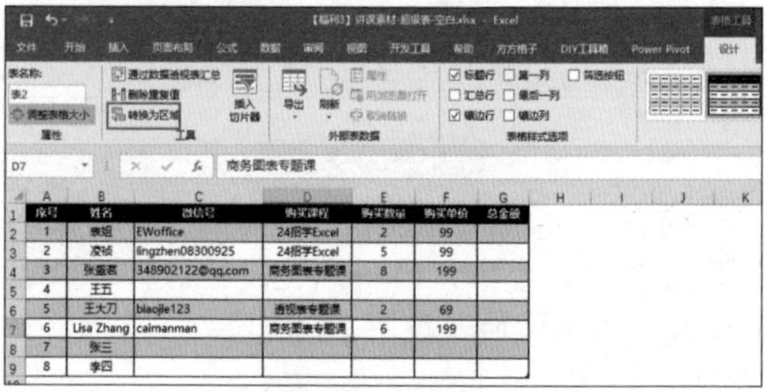

序号	姓名	微信号	购买课程	购买数量	购买单价	总金额
1	表姐	EWoffice	24招学Excel	2	99	
2	凌祯	lingzhen08300925	24招学Excel	5	99	
3	张盛茗	348902122@qq.com	商务图表专题课	8	199	
4	王五					
5	王大刀	biaojie123	透视表专题课	2	69	
6	Lisa Zhang	caimanman	商务图表专题课	6	199	
7	张三					
8	李四					

图 26-16

26.3 巧用超级表制作动态数据验证

前面我们学习了用数据验证的功能，实现数据下拉列表的效果。现在，表姐再带大家解密：利用超级表的自动扩充的属性，实现动态数据验证效果。

1. 普通表做数据验证

选中 D 列→选择“数据”选项卡→“数据验证”→在弹出的“数据验证”对话框→选择“序列”→选择“来源”为“=$H$3:$H$5”→单击“确定”。

此时，在“中心”（H$3:$H$5）的下面添加一项“生产中心”，下拉列表中没有更新（见图 26-17）。

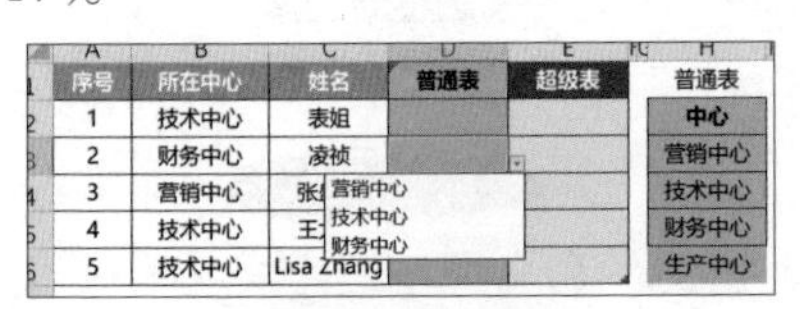

图 26-17

2. 超级表做数据验证

为了解决此类问题，我们可以使用超级表构建动态数据源，利用 INDIRECT 函数来实现。

INDIRECT 函数：返回文本字符串所指定的引用。

先来看一个简单的例子，我们在 B1 单元格输入“=INDIRECT（"A1"）”，输出的结果是“表姐”（见图 26-18）。

注：A1 为单元格地址，需要在两端加上一对英文状态下的双引号转为文本。

在超级表中，要读取某一列单元格的名称，也是使用 INDIRECT 函数。只是写法要“讲究”一些：

INDIRECT（"超级表名称 [超级表字段名]"）。

下面我们来用超级表构建动态数据验证。

（1）设定列表来源为超级表：将“中心”数据区域选中→套用表格格式→修改超级表名称为“中心的名称”（见图 26-19）。

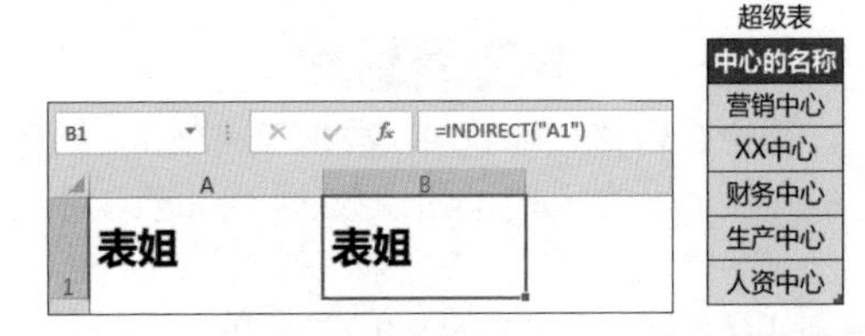

图 26-18　　图 26-19

（2）设置一级数据验证。选中超级表 E 列→选择“数据”选项卡→单击“数据验证”→在弹出的“数据验证”对话框→选择“序列”→在“来源”中输入“=INDIRECT("中心的名称 [中心的名称]")”→单击“确定”（见图 26-20）。这样，在字段下面新增新的部门，或者修改已设置的部门名称，下拉选项也能同步变化。

图 26-20

（3）设置二级动态数据验证。

目标实现的效果是：根据一级筛选结果，自动调整对应的二级下拉选项（见图 26-21）。例如，我们选择了“营销中心”，就只能在二级列表中，选择“销售部”“商务部”，不能选择其他中心下的部门。

	A	B	C	D	G	I	K	M
1	序号	一级选择	二级选择	姓名	中心	营销中心	技术中心	财务中心
2	1	技术中心	销售部	表姐	营销中心	销售部	设计部	财务部
3	2	营销中心		凌祯	技术中心	商务部	研发部	会计部
4	3	营销中心		张盛茗	财务中心		开发小组	结算
5	4	技术中心	ABC项目组	王大刀			ABC项目组	
6	5	财务中心	财务部	Lisa Zhang				

图 26-21

选中C列整列→选择“数据”选项卡→“数据验证”→在弹出的“数据验证”对话框→选择“序列”→在“来源”内输入“=INDIRECT(B1&"["&B1&"]")”→单击“确定”。

也就是从 C 列选中的整列第 1 行 C1 单元格开始，将 B1 单元格的值，分别作为 C1 单元格 INDIRECT 函数中表名、字段名的引用值。并且用 & 连接符，拼接起公式中的其他元素（[ ]），设置后最终效果如图 26-22 所示。

当我们更改 B 列中的一级下拉选项时，C 列对应的二级下拉列表可选项也会发生变化。

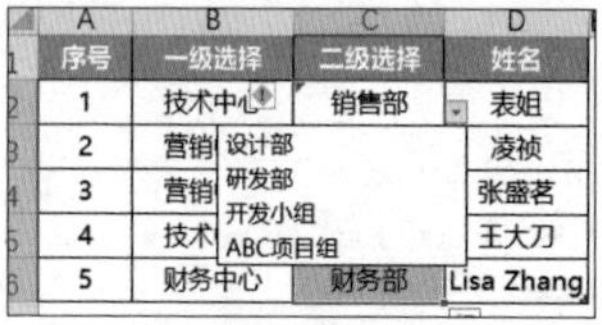

	A	B	C	D
1	序号	一级选择	二级选择	姓名
2	1	技术中心	销售部	表姐
3	2	营销	设计部	凌祯
4	3	营销	研发部	张盛茗
5	4	技术	开发小组	王大刀
6	5	财务中心	ABC项目组 / 财务部	Lisa Zhang

图 26-22

读书笔记

26.4 表姐的两个 TIPS

1. 文件命名

有序的文件命名，能大大地提高工作效率。这里，表姐分享一下自己的文件命名心得。

通常，表姐会将存储文件的文件夹，按照序号 01、02、03 的前缀去命名。每个文件夹展开后，里面的子文件夹也依据同样序号方式，进行命名（见图 26-23），这样就不怕单纯用汉字命名时，顺序乱掉。

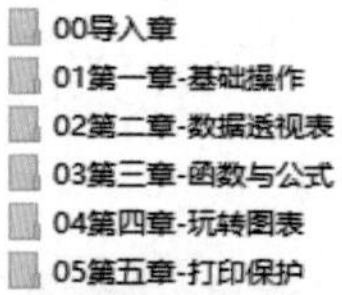

00导入章
01第一章-基础操作
02第二章-数据透视表
03第三章-函数与公式
04第四章-玩转图表
05第五章-打印保护

图 26-23

表姐文件命名原则：字母编号 + 文件名 - 文件生成日期 - 版本号 - 每个版本之间新增的功能和变化的内容。

这种方式命名方便具体地索引和修改以往的文件，大大地缩减管理文件重新做的时间（见图 26-24）。

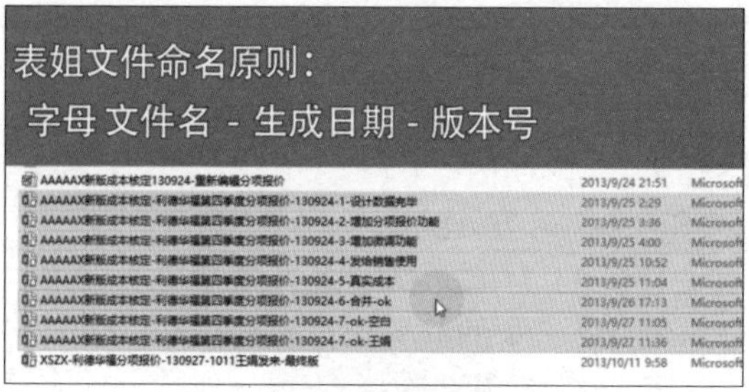

表姐文件命名原则：

字母 文件名 - 生成日期 - 版本号

AAAAAX新版成本核定130924-重新编辑分项报价	2013/9/24 21:51	Microsoft
AAAAAX新版成本核定-利德华福第四季度分项报价-130924-1-设计数据完毕	2013/9/25 2:29	Microsoft
AAAAAX新版成本核定-利德华福第四季度分项报价-130924-2-增加分项报价功能	2013/9/25 3:36	Microsoft
AAAAAX新版成本核定-利德华福第四季度分项报价-130924-3-增加微调功能	2013/9/25 4:00	Microsoft
AAAAAX新版成本核定-利德华福第四季度分项报价-130924-4-发给销售使用	2013/9/25 10:52	Microsoft
AAAAAX新版成本核定-利德华福第四季度分项报价-130924-5-真实成本	2013/9/25 11:04	Microsoft
AAAAAX新版成本核定-利德华福第四季度分项报价-130924-6-合并-ok	2013/9/26 17:13	Microsoft
AAAAAX新版成本核定-利德华福第四季度分项报价-130924-7-ok-空白	2013/9/27 11:05	Microsoft
AAAAAX新版成本核定-利德华福第四季度分项报价-130924-7-ok-王娟	2013/9/27 11:36	Microsoft
XSZX-利德华福分项报价-130927-1011王娟发来-最终版	2013/10/11 9:58	Microsoft

图 26-24

2. 快捷键

表姐将工作中会用到的100个Excel快捷键，进行了分类整理（见图26-25～图26-29），原始的Excel文件可以通过本书配套的资源包，下载进行查阅。

快　捷　键　大　全　MADE BY 表姐凌祯

基础操作

Ctrl	Shift	ALT	按键	快捷键	功能
Ctrl			S	Ctrl+S	保存
Ctrl			P	Ctrl+P	打印
	Shift		F11	Shift+F11	插入新工作表
	Shift	ALT	F11	Shift+ALT+F11	插入新工作表
Ctrl			PageDown	Ctrl+PageDown	移动到工作簿中的下一张工作表
Ctrl			PageUp	Ctrl+PageUp	移动到工作簿中的上一张工作表
Ctrl	Shift		PageDown	Ctrl+Shift+PageDown	选定当前工作表和下一张工作表
Ctrl	Shift		PageUp	Ctrl+Shift+PageUp	选定当前工作表和上一张工作表
		ALT	O H R	ALT+O H R	对当前工作表重命名
		ALT	E M	ALT+E M	移动或复制当前工作表
		ALT	E L	ALT+E L	删除当前工作表
Ctrl			C	Ctrl+C	复制选定单元格
Ctrl			C+C	Ctrl+C+C	显示剪贴板
Ctrl			V	Ctrl+V	粘贴复制的单元格
Ctrl			X	Ctrl+X	剪切选定的单元格
Ctrl			Z	Ctrl+Z	撤销上一步操作
Ctrl			F	Ctrl+F	弹出“查找”对话框
Ctrl			H	Ctrl+H	弹出“替换”对话框
			F4	F4	重复上一步操作
Ctrl			Y	Ctrl+Y	重复上一步操作，等同于F4
Ctrl	Shift		+	Ctrl+Shift++	快速插入一行
Ctrl			-	Ctrl+-	删除当前行

图 26-25

快　捷　键　大　全　MADE BY 表姐凌祯

选中移动

Ctrl	Shift	ALT	按键	快捷键	功能
			箭头键↑↓←→	箭头键↑↓←→	箭头，向上下左右移动一个单元格
Ctrl			箭头键	Ctrl+箭头键	移动到当前数据区域的边缘
			Home	Home	移动到行首
Ctrl			Home	Ctrl+Home	移动到工作表的开头
Ctrl			End	Ctrl+End	移动到工作表的最后一个单元格，位于数据中的最右列的最下方
			PageDown	PageDown	向下移动一屏
			PageUP	PageUP	向上移动一屏
		ALT	PageDown	ALT+PageDown	向右移动一屏
		ALT	PageUP	ALT+PageUP	向左移动一屏
Ctrl			F6	Ctrl+F6	切换到被拆分的工作表中的上一个窗格
			F5	F5	弹出“定位”对话框
	Shift		F5	Shift+F5	弹出“查找”对话框
	Shift		F4	Shift+F4	查找下一个
			Tab	Tab	在选定区域中从左向右移动。如果选定单列中的单元格，则向下移动。
Ctrl		ALT	→	Ctrl+ALT+→	选中当前单元格到最右侧所有单元格
Ctrl		ALT	←	Ctrl+ALT+←	选中当前单元格到最左侧所有单元格
Ctrl	Shift		End	Ctrl+Shift+End	选中到表格最尾位置
Ctrl	Shift		Home	Ctrl+Shift+Home	选中到表格起始位置
Ctrl	Shift		↓	Ctrl+Shift+↓	选定整列
Ctrl	Shift		→	Ctrl+Shift+→	选定整行
Ctrl			A	Ctrl+A	选定整张工作表

图 26-26

快　捷　键　大　全　MADE BY 表姐凌祯

条件选择

Ctrl	Shift	ALT	按键	快捷键	功能
Ctrl	Shift		O	Ctrl+Shift+O	选定含有批注的所有单元格
Ctrl			\	Ctrl+\	在选定的行中，选取与活动单元格中的值不匹配的单元格
		ALT	;	ALT+;	只选择可见单元格
Ctrl			G	Ctrl+G	打开定位条件对话框

图 26-27

快　捷　键　大　全　MADE BY 表姐凌祯

录入计算

Ctrl	Shift	ALT	按键	快捷键	功能
			Enter	Enter	完成单元格输入并选取下一个单元格
Ctrl			Enter	Ctrl+Enter	用当前输入项批量填充选定单元格区域
	Shift		Enter	Shift+Enter	完成单元格输入并向上选取上一个单元格
		ALT	Enter	ALT+Enter	在单元格内强制换行
	Shift		Tab	Shift+Tab	完成单元格输入并向左选取下一个单元格
			Esc	Esc	取消单元格输入
			F4	F4	公式中快速切换单元格引用方式
			$	$	单元格引用方式，锁定行或列
Ctrl			D	Ctrl+D	向下填充
Ctrl			R	Ctrl+R	向右填充
Ctrl			K	Ctrl+K	插入超链接
Ctrl			;	Ctrl+;	输入日期
Ctrl	Shift		;	Ctrl+Shift+;	输入时间
		ALT	↓	ALT+↓	打开输入列表
			=	=	键入公式
Ctrl			[	Ctrl+[	选定当前单元格公式引用的单元格
Ctrl			]	Ctrl+]	选定当前单元格公式从属的单元格
			&	&	单元格内拼接内容
			F2	F2	启用单元格编辑状态
Ctrl	Shift		Enter	Ctrl+Shift+Enter	输入数组公式
		ALT	=	ALT+=	自动求和
			F9	F9	重新计算结果
		ALT	F11	ALT+F11	打开VBA编辑窗口
		ALT	F8	ALT+F8	打开宏命令对话框
			F8	F8	VBA窗口中，代码逐句调试
			F5	F5	VBA窗口中，运行程序
			Del	Del	删除录入
Ctrl			Del	Ctrl+Del	删除光标选择位置到结尾的所有录入
			Backspace	Backspace	删除录入
			F7	F7	弹出“拼写检查”对话框
	Shift		F2	Shift+F2	编辑单元格批注
Ctrl			~	Ctrl+~	启用或关闭“显示公式”状态

图 26-28

快　捷　键　大　全　MADE BY 表姐凌祯

格式设置

Ctrl	Shift	ALT	按键	快捷键	功能
		ALT		ALT+	弹出”样式“对话框
Ctrl			1	Ctrl+1	弹出“单元格格式”对话框
Ctrl	Shift		~	Ctrl+Shift+~	应用“常规”数字格式
Ctrl	Shift		$	Ctrl+Shift+$	应用带两位小数的“货币”格式
Ctrl	Shift		%	Ctrl+Shift+%	应用不带小数位的“百分比”格式
Ctrl	Shift		、	Ctrl+Shift+、	应用带两位小数的“科学计数”数字格式
Ctrl	Shift		#	Ctrl+Shift+#	应用含年、月、日的“日期”格式
Ctrl	Shift		@	Ctrl+Shift+@	应用含小时、分钟并标明上午或下午的“时间”格式
Ctrl	Shift		!	Ctrl+Shift+!	应用带两位小数位、使用千分位分隔符且负数用负号（-）表示的“数字“格式
Ctrl			B	Ctrl+B	应用或取消加粗格式
Ctrl			2	Ctrl+2	应用或取消加粗格式
Ctrl			I	Ctrl+I	应用或取消字体倾斜格式
Ctrl			3	Ctrl+3	应用或取消字体倾斜格式
Ctrl			U	Ctrl+U	应用或取消下画线
Ctrl			4	Ctrl+4	应用或取消下画线
Ctrl			5	Ctrl+5	应用或取消删除线
Ctrl			9	Ctrl+9	隐藏选定行
Ctrl			0	Ctrl+0	隐藏选定列
Ctrl	Shift		(	Ctrl+Shift+(	取消选定区域内所有的隐藏行的隐藏状态
Ctrl	Shift		)	Ctrl+Shift+)	取消选定区域内所有的隐藏列的隐藏状态
		ALT	鼠标拖拽	ALT+鼠标拖拽	让图案、图片元素自动对齐到单元格边界处

图 26-29

读书笔记